Die Zahlen

In seinem neuen Buch vollzieht Georges Ifrah die wichtigsten Entwicklungslinien der Zifferngeschichte nach, wobei er diese Geschichte um neueste, bislang unveröffentlichte Forschungsergebnisse ergänzt. Auf knappem Raum ist so eine systematische, reich illustrierte und unterhaltsam geschriebene Darstellung entstanden, in der die Denkweisen und die materielle Kultur der verschiedensten Zivilisationen anhand der scheinbar so trockenen Zahlen und Ziffern lebendig werden.

In 10 Kapiteln – für jede Ziffer eines – schlägt Ifrah einen großen Bogen: von der Steinzeit, in der es überhaupt noch keinen abstrakten Zahlenbegriff gab, über die allmähliche Entwicklung eines Zahlenbewußtseins bis hin zu den Erfindungen der Sumerer und Maya, Babylonier und Griechen, Ägypter und Inder, Südseeinsulaner und Chinesen, Römer und Azteken, Juden und Araber. Viele dieser Versuche – wie die der Griechen und Römer – erwiesen sich als unzureichend und konnten auf die Dauer den Notwendigkeiten der Buchführung, Kalenderrechnung oder der Weiterentwicklung der Mathematik nicht genügen.

Zu welchen poetischen, mystisch-religiösen, wahrsagerischen oder spielerischen Zwecken die Ziffern gebraucht wurden – auch davon erzählt dieses Buch. Und leicht verwundert erfahren wir, daß Zahlen auch zum Politikum werden konnten, wie es die jahrhundertelange Verteufelung der arabischen Ziffern durch die katholische Kirche beweist.

Georges Ifrah, geb. 1947 in Marrakesch, war Mathematiklehrer, bevor er – auf seine Weise – zum Ethnologen, Historiker und Archäologen der Zahl, des Rechnens, der Rechenmaschinen und der Computer wurde. Er lebt in Paris, wenn er nicht gerade in irgendeinem Archiv seinen Studien nachgeht. Bei Campus erschien 1986 sein Standardwerk *Universalgeschichte der Zahlen.*

Georges Ifrah

Die Zahlen

Die Geschichte einer großen Erfindung

Aus dem Französischen
von Peter Wanner

Campus Verlag
Frankfurt/New York

Die französische Originalausgabe *Les Chiffres ou l'Histoire d'une grande Invention* erschien 1985 bei Editions Robert Laffont, S.A., Paris.

Die deutsche Ausgabe wurde im Einvernehmen mit dem Autor gekürzt.

Redaktion: Margret Klösges

Die Deutsche Bibliothek – CIP-Einheitsaufnahme

Ifrah, Georges:
Die Zahlen : die Geschichte einer grossen Erfindung /
Georges Ifrah. Aus dem Franz. von Peter Wanner. –
Frankfurt/Main ; New York : Campus Verlag, 1992
Einheitssacht.: Les chiffres ou l'histoire
d'une grande invention ‹dt.›
ISBN 3-593-34622-2

Umschlaggestaltung: Atelier Warminski, Büdingen
Satz: Fotosatz L. Huhn, Maintal/Bischofsheim
Druck und Bindung: Druckhaus Beltz, Hemsbach
Printed in Germany

Voller Leidenschaft und Begeisterung
ist dieses Buch gewidmet:
meiner Frau Hanna,
meinen Töchtern Gabrielle und Emmanuelle,
außerdem allen jungen und neugierigen Köpfen
... und meinem Freund Gérard Klein.
Es ist meine Antwort auf ihre Fragen.

Inhalt

Einleitung
Wo kommen eigentlich die Ziffern her?

Der Umgang mit den Ziffern 1, 2, 3, 4, 5, 6, 7, 8, 9 und 0 ist für uns so alltäglich, daß wir darin fast eine angeborene Fähigkeit des Menschen sehen – wie das Gehen oder das Sprachvermögen. Wir müssen uns erst daran erinnern, wie mühsam wir die Anwendung der Zahlen erlernt haben – das große Einmaleins! –, um zu erahnen, daß es sich dabei um etwas Erfundenes und Überliefertes handelt. Und allein der Hinweis auf die römischen Ziffern macht uns bewußt, daß man nicht immer so gezählt hat, wie wir das heute tun, und daß man Ziffern nicht immer in derselben Weise geschrieben hat.

Die Geschichte der Ziffern verlief alles andere als geradlinig, und wir kennen sie nur in Bruchstücken. Aber letztlich führte sie doch zu den Ziffern, die wir heute gebrauchen, und zum Positionssystem, das heute auf der ganzen Welt verbreitet ist. Es ist die Geschichte einer großen Erfindung – oder vielmehr einer kaum überschaubaren Reihe von Erfindungen, verteilt über viele Jahrtausende und vielleicht sogar Jahrzehntausende. Ich habe diese Geschichte ausführlich beschrieben in der *Universalgeschichte der Zahlen* (Ifrah 1987), möchte aber nun für eine breitere Öffentlichkeit die wichtigsten Abschnitte nachzeichnen. Deshalb habe ich hier auf überflüssige Einzelheiten und Bezüge verzichtet, die die Klarheit der Darstellung beeinträchtigt hätten. Aber der Leser kann dadurch – ohne übertriebene Vereinfachung – den Hauptlinien einer vielfältigen und komplexen Entwicklung folgen und mit Hilfe zahlreicher Abbildungen, Rekonstruktionen und Anekdoten entdecken, wie die großen Zivilisationen der Vergangenheit gezählt haben: die Sumerer, Babylonier, Ägypter, Griechen, Römer, Juden, Maya, Chinesen, Inder und vor allem die Araber. Der Leser wird verstehen, weshalb die vier Grundrechenarten, die für uns heute so elementar sind, für Millionen Menschen über Jahrhunderte hinweg eine obskure Kunst blieben, deren Ausübung einer kleinen und im allgemeinen geistlichen Elite vorbehalten war. Vielleicht wird es den Leser erstaunen zu erfahren, daß noch vor wenigen Jahrhunderten in Europa nicht mit Ziffern gerechnet wurde, sondern mit den Fingern oder mit Spielsteinen auf Tafeln, und daß mit Kerbhölzern Buch geführt wurde. Der Sohn eines reichen Kaufmannes im Mittelalter mußte mehrere Jahre studieren und mühsame Reisen durch ganz Europa unternehmen, um in die Mysterien der Multiplikation und der Division einzudringen – ein Aufwand wie heute für eine Promotion.

Die Geschichte der Ziffern ist durchaus nicht so abstrakt und folgerichtig, wie man sich manchmal die Geschichte der Mathematik vorstellt. Vielmehr ist es eine Geschichte unterschiedlicher Bedürfnisse und Aufgaben sozialer Gruppen, die ihre Mitglieder zählen wollten, ihre Vorräte, ihre Verluste und ihre Gefangenen, und die die Gründung ihrer Städte und ihre Siege datieren wollten. Dabei benutzten sie die für sie nächstliegenden Mittel: manchmal ganz konkrete wie das Kerbholz, manchmal auch ganz mythologische (z.B. die Ägypter). Und diese Gruppen offenbarten damit oft einen Teil ihrer Weltsicht.

Da gab es diejenigen, die ganz praktisch dachten und ihren Ehrgeiz auf tatsächlich zählbare Gegenstände begrenzten; andere versuchten Himmel und Erde zu zählen, um sich selbst in die Unendlichkeit und die Ewigkeit einzubinden und die Anzahl der Tage, Monate und Jahre seit Erschaffung der Erde oder zumindest seit einem anderen Ausgangsdatum auszudrücken. Und gerade sie waren auf dem richtigen Weg, obwohl man sie als Träumer abtun könnte – denn durch die Notwendigkeit, sehr große Zahlen darzustellen, überwanden sie die unübersichtliche Vielfalt von Symbolen und fanden den Weg hin zum Positionssystem und der Null.

Aber solche Entdeckungen waren nie ungefährdet: Wenn eine Zivilisation wie die der Babylonier oder die der Maya mit ihrer kleinen Priesterkaste unterging, dann verschwand auch ein Stück Wissen um die Zahlen und mußte erneut gefunden werden. So ist die Geschichte der Ziffern chaotisch und turbulent, voller brillanter Durchbrüche, aber auch Rückschläge und Fehler. Sie verlief nach dem Prinzip von *trial and error,* und so mancher Lösungsversuch endete in einer Sackgasse, wurde vergessen oder aufgegeben.

Trotz der Bedeutung dieser Erfindungen ist es eine anonyme Geschichte. Gemacht von und für Gemeinschaften, hat sie keine Patente hinterlassen. Zwar sind auf Dokumenten aus Stein, Papyrus, Pergament, Papier und Stoff reichlich Namen erhalten: So wurden in Verbindung mit Ziffern Namen von Herdenbesitzern oder Feldherren unsterblich, die über die Ziffern nichts aussagen. Auch die

Namen derer, die die Ziffern und Zahlensysteme überliefert, erforscht und kommentiert haben, kennen wir häufig. Aber die der genialen Erfinder sind uns für immer verlorengegangen. Vielleicht, weil die Erfindungen zu weit zurückliegen, vielleicht auch, weil sie das Werk relativ unbedeutender Menschen waren, die nicht in Chroniken erscheinen. Und vielleicht, weil sie das Ergebnis gemeinschaftlicher Tätigkeit waren und nicht eindeutig einer Person zuzuordnen sind. Der Erfinder der Null, ein peinlich genauer Schreiber, der sich abmühte, eine Stelle in einer Reihe von Ziffern nach dem Positionsprinzip abzugrenzen, war sich wahrscheinlich nie der Revolution bewußt, die er in Gang setzte.

Schließlich hat es mich erstaunt, daß zwar die Erfindung der Schrift in den Mythologien oft einem Gott zugeschrieben wird, im allgemeinen aber nicht die der Ziffern, obwohl ihre Erfindung der der Buchstaben sicherlich vorausging. Das heißt allerdings nicht, daß nun die Zahlen innerhalb des mystischen und religiösen Denkens eine geringere Rolle gespielt hätten. Im Gegenteil. Man kennt die abergläubische Furcht, die die Menschen seit unvordenklichen Zeiten vor ihnen haben. Das ging so weit, daß oft jede Zahl mit bestimmten Kräften oder sogar Gottheiten in Verbindung gebracht wurde, mit guten oder bösen, je nachdem. Ihre symbolische Bedeutung wurde zu einem wesentlichen Bestandteil ihres Namens und ihrer Eigenart. So schrieben beispielsweise die babylonischen Magier jedem Gott ihres Pantheons eine Zahl zu, wobei sie die Hierarchie unter den Göttern auf eine abnehmende Zahlenfolge übertrugen: Anu, dem Gott des Himmels, wurde die 60 zugeschrieben; Enlil, dem Gott der Erde, die 50; Ea, dem Gott des Wassers, die 40 etc. Vielleicht wollten die Menschen die unaufhebbare Überlegenheit der Götter anklagen, indem sie ihnen die Gestalt der abstraktesten Begriffe gaben, über die sie verfügten: die *Zahlen,* deren äußeres Gewand die *Ziffern* bilden.

Nein, Logik war nicht der rote Faden in dieser Geschichte. Vielmehr standen die Bemühungen der Buchhalter und der Priester, der Astronomen und Astrologen, und erst an letzter Stelle die der Mathematiker bei der Erfindung und Entwicklung der Zahlensysteme Pate. Und konservative gesellschaftliche Strukturen haben oft genug ihre Vervollkommnung und allgemeine Verbreitung verhindert. Denn einem in unseren Augen vielleicht unwissenden, in denen unserer Vorfahren jedoch äußerst gebildeten Priester verlieh sein Wissen Macht; und es wird ihm gefährlich und gottlos erschienen sein, dieses Wissen zu teilen.

Aber es gibt noch weitere Gründe. Eine Erfindung, eine Entdekkung kann sich nur dann weiterentwickeln, wenn sie auf gesellschaftliche Bedürfnisse einer Zivilisation eine Antwort gibt; Wissenschaftler reagieren auf historische Anforderungen, sobald sie ihnen bewußt geworden sind. Im Gegenzug kann auch eine Erfindung eine Zivilisation verändern oder erschüttern.

Die uralte Anziehungskraft der Ziffern, die oft noch nichts mit Mathematik zu tun hatte, hat unzählige Spuren im Lauf der Zeit hinterlassen: Ziffern begegnet man in mystischen, wahrsagerischen, poetischen, spielerisch ausgelassenen oder gar anzüglichen Zusammenhängen. Man wird davon in diesem Buch etliche Zeugnisse finden, und solche Anwendungen zeigen, daß die Ziffern – lange bevor sie zum Leitsymbol unserer technisierten und statistikversessenen Gesellschaft wurden – zu allen Zeiten auch Grundlage von Träumen, phantastischen Vorstellungen und metaphysischen Spekulationen waren. Ziffern waren immer schon Stoff der Poesie, literarisches Material und Sonden in eine ungewisse Zukunft oder zumindest des Wunschs, sie vorauszusagen. Ziffern sind zutiefst menschlich.

Vielleicht spüren Kinder das am meisten, wenn sie beginnen, Zahlen und Ziffern zu entdecken. Im übrigen gehen meine Forschungen auf die Frage eines Kindes zurück – als ich Mathematik unterrichtete, sah ich mich eines Tages vor eine naive und gleichzeitig furchtbare Frage gestellt: »Wo kommen eigentlich die Ziffern her? Wie hat man früher gezählt? Wer hat die Null erfunden?« Fast demütig begriff ich während meiner ungeschickten Antwort das ganze Ausmaß meiner Unwissenheit und verstand die Schwächen eines Unterrichts, in dem die Geschichte der Wissenschaften unglücklicherweise keinen Platz hat. Nach Jahren voller Arbeit und Forschung, die mich tatsächlich oder in Gedanken auf alle fünf Kontinente geführt haben, kann ich zwar nicht erschöpfend, aber doch weit genauer als damals antworten. Dieses Buch, das den neugierigen jungen Köpfen gewidmet ist, ist der ganze Ausdruck meiner Leidenschaft und meine wahrhaftige Antwort auf die oben gestellte Frage.

Bestärkt haben mich die ganzen Jahre hindurch die Fragen der Zuhörer meiner Vorträge und die Ermutigungen und wertvollen Hinweise vieler hilfreicher Gelehrter, denen ich mein gesamtes Wissen schulde. Darüber hinaus wäre ich ohne Unterstützung meines Verlegers und Freundes Gérard Klein niemals in der Lage gewesen, gewisse Teile dieses so lange unerforschten Gebietes zu erkunden; seine Fragen, seine Hinweise und seine Kritik waren dazu der beste Führer. So war es eine seiner absichtsvoll naiven Fragen, die mich zur Lösung eines Problems gebracht hat, das die Archäologen seit Anfang unseres Jahrhunderts beschäftigt: die Entzifferung der Zahlzeichen, die vor fast 5 000 Jahren im Iran gebraucht wurden.

Im wesentlichen faßt das vorliegende Buch die Materialien zusammen, die in der *Universalgeschichte der Zahlen* zusammengestellt sind. Aber die Forschung ist immer in Bewegung, so daß ich zu mehreren Punkten bisher unveröffentlichte Präzisierungen vorbringen kann, insbesondere zum faszinierenden und delikaten Problem der Herkunft »unserer« Ziffern, die »arabische« heißen und in Indien geboren wurden, vor mehr als fünfzehn Jahrhunderten in einer glücklichen Verbindung verschiedener Gewohnheiten und Traditionen – eine erstaunliche Geschichte, eng verbunden mit der Geschichte der menschlichen Intelligenz. Doch bevor der Leser dieses letzte Kapitel erreicht, muß er die neun anderen durchschreiten, eines für jede Ziffer...

Kapitel 1
Die Vorgeschichte der Zahlen

Wann und wo hat dieses phantastische Abenteuer der menschlichen Intelligenz begonnen? In Asien, in Europa oder irgendwo in Afrika? Zur Zeit des Cro-Magnon-Menschen vor 30 000 Jahren? Oder zur Zeit des Neandertalers vor fast 50 Jahrtausenden? Oder gar vor 100 000, vor einer Million Jahren?

Wir wissen nichts darüber. Dieses Ereignis verliert sich im Dunkel der Vorzeit und hat keine Spuren hinterlassen.

Eines aber ist gewiß: *Es gab eine Zeit, in der der Mensch überhaupt nicht zählen konnte.*

Der Beweis: Es gibt auch heute noch Menschen, die unfähig sind, irgendeine abstrakte Zahl zu begreifen, und die nicht wissen, daß zwei und zwei vier sind!

Als Zahlen noch »gefühlt« wurden

Bis in unsere Tage stehen mehrere »primitive« Volksstämme am Nullpunkt der Kenntnis der Zahlen – beispielsweise die Zulu und die Pygmäen in Afrika, die Aranda und die Kamilarai in Australien, die Ureinwohner der Murray-Inseln und die Botokuden in Brasilien.

Eins, zwei und *viele* sind die einzigen numerischen Größen dieser Eingeborenen, die noch immer in der Steinzeit leben.

Sie kennen im engeren Sinne nur zwei Zahlwörter: eines für die Einheit und eines für das Paar. Die besten Rechenkünstler unter ihnen bilden die Zahlen Drei und Vier, indem sie so etwas wie *zwei-eins* und *zwei-zwei* sagen. Aber das führt auch nicht viel weiter. Danach wird es ungenau und konfus: Sie gebrauchen nun Worte oder Begriffe, die man mit *viele, mehrere, eine Menge, eine Vielzahl* übersetzen könnte. Und es fällt ihnen genauso schwer, sich eine Vorstellung von einer Zahl zu machen, die größer oder gleich fünf ist, wie uns die Vorstellung von *einer Trillion Billionen.* Einige von ihnen zeigen deshalb bei mehr als drei oder vier Elementen auf ihre Haare, als wollten sie sagen: »Das ist so unzählbar wie die Haare auf dem Kopf!«

Im Grunde erfassen sie die Zahl nicht abstrakt, sondern erfühlen sie – vergleichbar damit, wie man einen Duft, eine Farbe, ein Geräusch oder die Gegenwart eines Wesens oder eines Gegenstandes wahrnimmt. Die Zahl wird in ihrem Geist auf einen ziemlich konfusen, globalen Begriff reduziert – auf die »materielle Vielheit« –, der die Form einer konkreten Realität annimmt und nicht von der Natur der betrachteten Lebewesen oder Gegenstände gelöst werden kann. Damit fehlt diesen Eingeborenen beispielsweise das Bewußtsein, daß fünf Menschen, fünf Pferde, fünf Schafe, fünf Büffel, fünf Finger, fünf Kokosnüsse oder fünf Kanus ein gemeinsames Merkmal haben, das exakt darin besteht, »fünf« zu sein.

Die numerischen Möglichkeiten dieser Völker beschränken sich auf eine Fähigkeit, die man häufig als *direkte Zahlenwahrnehmung* oder einfacher als *Zahlengefühl* bezeichnet. Es handelt sich dabei um eine natürliche Fähigkeit, die ohne die *Fähigkeit des abstrakten Zählens* auskommt – letztere geht auf ein weit komplexeres mentales Phänomen zurück und stellt eine relativ junge Erwerbung der menschlichen Intelligenz dar.

Eins und Zwei: die Erfindung der ersten beiden Zahlen

Die Menschen am Anfang der Geschichte der Zahlen waren zweifellos nicht begabter als diese Eingeborenen und geistig ebenfalls nicht in der Lage, die Zahlen an sich zu erfassen. Ihre numerischen Fähigkeiten beschränkten sich gleichermaßen auf das globale Abschätzen von Dingen und Lebewesen in ihrer Umgebung, und sie konnten höchstens die Einheit, das Paar und die Vielheit unterscheiden.

Eins und *Zwei* waren in der Tat die ersten numerischen Begriffe, die dem Menschen verständlich waren. Die Eins – das ist der Einzelne, verbunden mit dem Werk der Schöpfung, das eigene Selbst innerhalb einer sozialen Gruppe, die eigene Einsamkeit gegenüber Leben und Tod. Sie ist das Symbol des aufrecht gehenden Menschen, des einzigen Lebewesens, das diese Fähigkeit besitzt, und sie steht für den Phallus, der Mann und Frau unterscheidet. Die Zwei dagegen entspricht der Dualität zwischen Mann und Frau und der Symmetrie des menschlichen Körpers. Sie ist auch Symbol des Gegensatzes, der Komplementarität, der Teilung, der Rivalität, des Konflikts, des Antagonismus. Sie manifestiert sich in Leben und Tod, Gut und Böse, Richtig und Falsch.

Verschiedene Sprachen und Schriften, alte und moderne, tragen noch deutliche Spuren dieser primitiven Abgrenzungen – angefangen mit der grammatikalischen Unterscheidung zwischen Singular, Dual und Plural, die mehrere Völker gemacht haben und bis heute machen. So bedeutete im Altgriechischen *ho lukos* »der Wolf«, *to luko* »zwei Wölfe« und *hoi lukoi* »die Wölfe«, und im modernen Arabisch benutzt man die Form *rajulun* für »ein Mensch«, *rajulani* für »zwei Menschen« und *rijalun* für »die Menschen«.*

Aus dem Ägypten der Pharaonen ist folgende »Rechtschreibregel« für die piktographischen Inschriften bezeugt: Die dreimalige Wiederholung einer Hieroglyphe oder drei vertikale Striche unter dem entsprechenden Bild bedeuten nicht nur, daß drei Exemplare des entsprechenden Wesens oder Gegenstandes gemeint sind, *sondern stehen auch für den Plural.*

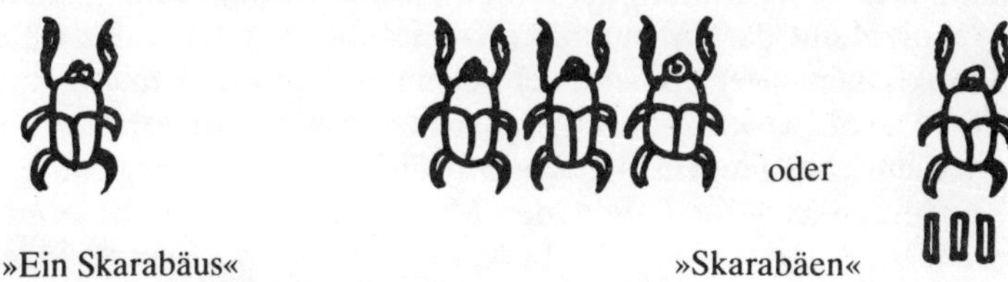

Im Altchinesischen wurde der Begriff »Wald« durch die dreimalige Wiederholung des Piktogramms eines Baumes ausgedrückt, der Begriff »Menge«, indem man dreimal einen Menschen zeichnete.

Noch besser: In der Sprache der Sumerer lauteten die Begriffe für eins, zwei und drei *gesch, min* und *esch. Gesch* bedeutete außer-

* Im folgenden werden Namen und Worte aus Sprachen, deren Lautsystem vom Deutschen abweicht – v.a. Arabisch, Hebräisch, Ägyptisch, Chinesisch – nach folgenden Grundsätzen transkribiert:
– Personennamen, geographische Bezeichnungen und feststehende Begriffe folgen in ihrer Schreibweise der allgemein im Deutschen gebräuchlichen (Brockhaus, Duden);
– für alle anderen Worte wird kein wissenschaftliches Transkriptionssystem benutzt; die Schreibweise wird möglichst an die deutschen Ausspracheregelungen angepaßt, um dem Leser die Erschließung der Aussprache zu erleichtern. Daraus folgt der weitgehende Verzicht auf phonetische Sonderzeichen wie diakritische Punkte, Längenzeichen etc. (Anm. d. Übers.)

dem »der Mann, das Männliche, das männliche Glied«, und *min* hatte als zusätzlichen Sinn »die Frau«. *Esch* bedeutete »viel« und diente normalerweise als Pluralendung.

Ebenso besteht im Französischen ein offensichtlicher Zusammenhang zwischen dem Wort *trois* (drei), dem Adverb *très* (sehr) – das vor einem Adjektiv oder einem Adverb dessen Intensivierung ausdrückt – und der Präposition lateinischen Ursprungs *trans,* die für »jenseits, darüber hinaus« steht. Im Altfranzösischen wurde *très* als Präposition im Sinne von »bis« gebraucht, und das Verb *transir* bedeutete »sterben« (wörtlich: »überqueren, darüber hinaus gehen«).

Im Lateinischen entsprangen *tres* (drei) und die Vorsilbe *trans* demselben Stamm, und das Wort *ter* diente nicht nur dazu, »drei Mal« auszudrücken, sondern auch eine gewisse Pluralität.

Auch das englische Wort *thrice* hat zwei Bedeutungen: »drei Mal« und »mehrere«. Und die Worte *three* (drei), *throng* (die Menge) und *through* (durch) haben eindeutig dieselbe etymologische Wurzel.

Schließlich besitzt das altsächsische Wort *thria* – eng verwandt sowohl mit dem englischen Wort *three* wie mit den germanischen Wörtern *dri, drio, driu,* die zum deutschen »drei« wurden – eine gemeinsame Wurzel mit dem Wort *throp* (Anhäufung, Haufen), das früher im Fränkischen – der Sprache der germanischen Franken – benutzt wurde. Davon wurde einerseits das französische Adverb *trop* und sein italienisches Gegenstück *troppo* (viel, mehr als nötig) abgeleitet, andererseits – im Latein des Mittelalters – das Wort *troppus* (Herde, Schar), das zur Entstehung der Wörter *troupe* und *troupeau* im Französischen, *tropa* im Spanischen, *truppa* im Italienischen, *troop* im Englischen und »Trupp«, »Truppe« im Deutschen führte.

So war die Zahl Drei seit grauer Vorzeit ein Synonym für Vielheit, Mehrzahl, Anhäufung, eine Art Grenze, die weder erfaßbar noch präzisierbar war. Die Erfindung der Zahlen fand also in der Zahl Zwei vorläufig ihr Ende.

Kind und Zahl

Diese Grenze kann durch die Untersuchung des kindlichen Verhaltens veranschaulicht werden. Im Alter zwischen sechs und zwölf Monaten erwirbt ein Säugling die Fähigkeit, Dinge und Lebewesen in seiner direkten Umgebung einzuschätzen, indem er sich relativ begrenzte Ansammlungen von Dingen und Lebewesen vorstellt, die ihm durch ihre Art und ihre Anzahl vertraut sind. Dadurch kann das Baby in diesem Alter im allgemeinen ähnliche Dinge, die vorher voneinander getrennt wurden, zu einer Gruppe zusammenfügen. Und es bemerkt es sofort, wenn ein Teil in einer ihm vertrauten Gruppe fehlt. Aber das Kleinkind erfaßt die Anzahl noch nicht abstrakt, sondern *fühlt* sie und nimmt sie *direkt* wahr. Es käme auch nie auf den Gedanken, seine zehn Finger zu benutzen, um eine der ersten Zahlen zu bezeichnen.

Zwischen zwölf und achtzehn Monaten lernt das Kind dann nach und nach, zwischen *einem, zwei* und *mehreren* Dingen zu unterscheiden und auf einen Blick die relative Größe zweier begrenzter Ansammlungen von Lebewesen oder Dingen abzuschätzen. Aber seine numerischen Fähigkeiten sind noch so gering, daß es nicht klar unterscheiden kann zwischen den Zahlen und den Dingen, die sie bezeichnen.

Meinen eigenen Beobachtungen zufolge kommt im Alter zwischen zwei und drei Jahren schließlich eine Zeit – nachdem das Kind sprechen gelernt hat und die ersten Zahlen wiedergeben kann –, in der es meist große Schwierigkeiten hat, die Zahl Drei zu erfassen und zu sagen. Es zählt dann, indem es natürlich mit *eins* und *zwei* beginnt, dann aber die dritte Zahl vergißt: *eins, zwei, vier...*

Die Grenzen des Zahlengefühls

Auch verschiedene Tierarten verfügen über eine Art direkter Zahlenwahrnehmung. So können einige Tiere feststellen, ob eine zahlenmäßig kleine Ansammlung durch Hinzufügen oder Wegnehmen eines oder mehrerer Bestandteile verändert wurde. Ein Stieglitz beispielsweise, der darauf dressiert ist, seine Nahrung aus zwei verschiedenen kleinen Körnerhäufchen auszuwählen, kann gewöhnlich drei von eins, drei von zwei, vier von zwei, vier von drei und sechs von drei unterscheiden. Dagegen verwechselt der Vogel fast immer vier und fünf, sieben und fünf, sechs und acht sowie sechs und zehn.

Zahlreiche Experimente haben zudem bewiesen, daß Nachtigallen, Elstern und Raben fähig sind, konkrete Mengen von eins bis vier zu unterscheiden. Ein Schloßherr hatte beispielsweise beschlossen, einen Raben zu töten, der sein Nest im Wachturm des Schlosses gebaut hatte. Der Schloßherr hatte mehrmals versucht, den Vogel zu überraschen, aber sobald er sich näherte, verließ der Rabe sein Nest, flog auf einen benachbarten Baum und kam erst zurück, nachdem der Mann den Turm verlassen hatte. Der Schloßherr griff daraufhin zu einer List: Er ließ zwei seiner Freunde in den Turm ein, und nach wenigen Augenblicken ging einer der beiden weg, während der andere blieb. Aber der Rabe fiel auf diesen Trick nicht herein, sondern wartete, bis auch der zweite gegangen war, bevor er in sein Nest zurückkehrte. Das nächste Mal gingen drei Männer in den Turm, von denen sich zwei wieder entfernten; aber der listige Vogel wartete mit noch größerer Geduld als der dritte Mann im Turm. Sodann wiederholte man das Experiment mit vier Männern – immer noch erfolglos. Erst mit fünf Personen führte die Strategie zum Erfolg, da der Rabe nicht in der Lage war, mehr als vier Menschen zu unterscheiden.

Es wäre ein Irrtum anzunehmen, daß wir Menschen das besser könnten, *wenn wir uns nur von unserer natürlichen Fähigkeit der unmittelbaren Zahlenwahrnehmung leiten ließen*.

Wenn wir in der Praxis Mengen unterscheiden müssen, dann nehmen wir unser Gedächtnis zu Hilfe oder stützen uns auf unsere Fähigkeiten wie Vergleichen, Halbieren, Untergruppen bilden oder – noch besser – abstraktes Zählen. Deshalb fällt es uns im allgemeinen schwer, uns der Grenzen unserer eigenen natürlichen Zahlenwahrnehmung bewußt zu werden.

Wir sollten trotzdem einmal versuchen, die Anzahl einer Reihe

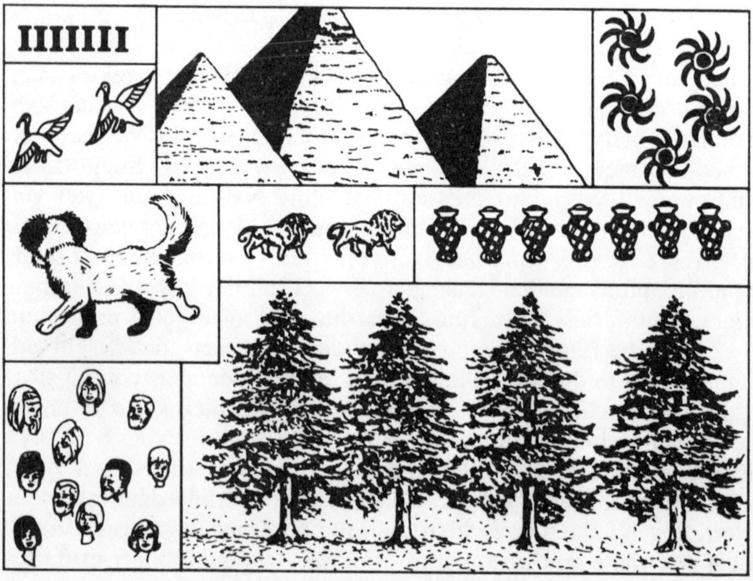

von Lebewesen oder Gegenständen auf einen einzigen und schnellen Blick zu erfassen – wie weit können wir kommen?

Wir unterscheiden fehlerlos und auf den ersten Blick *eins, zwei, drei* und sogar *vier* Elemente. Aber damit hat es sich. Jenseits der Vier verwirrt sich alles, und unsere globale Vorstellung ist uns keine Hilfe mehr. Sind dort 15 oder 20 Teller übereinander gestapelt? Stehen auf der Straße 13 oder 14 Autos nebeneinander? Sind das 11 oder 12 Büsche, 10 oder 15 Stufen, neun oder acht oder sogar nur sechs Fenster? *Man muß sie zählen, um es genau zu wissen.* Unser Auge ist als Meßinstrument nicht ausreichend präzise, denn seine Fähigkeit zur direkten Zahlenwahrnehmung geht selten oder nie über die Zahl Vier hinaus.

Diese Tatsache läßt sich durch die Grammatik der Sprachen einiger ozeanischer Stämme veranschaulichen: Sie deklinieren im *Singular,* im *Dual,* im *Trial,* im *Quatrial* und – im *Plural.* Im Gegensatz zu den Grammatiken der meisten modernen Sprachen haben die Namen der Lebewesen und Gegenstände bei diesen Stämmen bis zur Zahl Vier je nach Anzahl eigene Formen. Aber über die Zahl Vier hinaus werden Namen wie auch Zahlen nicht mehr dekliniert; sie drücken nur noch vage materielle Vielheit aus. Das ist etwa so, als ob man im Französischen beispielsweise für einen, zwei, drei, vier und viele Esel jeweils eigene Formen hätte, indem man *baudet* für »ein Esel«, *baudeta* für »zwei Esel«, *baudeti* für »drei Esel«, *baudeto* für »vier Esel« und *baudets* für »viele Esel« sagen würde.

Ein weiteres Beispiel: Im Lateinischen sind die vier ersten Zahlwörter die einzigen, die dekliniert werden; ab fünf haben sie weder Deklination noch Genus. Ebenso bekamen die männlichen Kinder der Römer (die Mädchen erhielten keinen eigentlichen Vornamen) bis einschließlich dem vierten eigene Rufnamen wie *Appius, Aulius, Gaius, Lucius, Marcus* etc. Dagegen wurde ab dem fünften Sohn einfach durchnumeriert: *Quintus* (der Fünfte), *Sextus* (der Sechste), *Octavius* (der Achte), *Decimus* (der Zehnte) oder gar nur *Numerius* (der Zahlreiche). Prominente Beispiele dafür sind der Historiker Quintus Fabius Pictor, der Dichter Quintus Horatius Flaccus (besser bekannt als Horaz), Sextus Pompeius Magnus (ein Sohn des großen Pompeius) und der Satiriker Juvenal, der in Wirklichkeit Decimus Junius Juvenalis hieß.

In ähnlicher Weise waren die vier ersten Monate des ursprünglichen römischen Jahres – das dem Stadtgründer Romulus zugeschrieben wird – die einzigen, die eigene Namen hatten: *Martius, Aprilis, Maius, Junius.* Ab dem fünften Monat wurde als Name die jeweilige Ordinalzahl benutzt: *Quintilis, Sextilis, September, October, November, December.**

Weitere Bestätigungen liefern uns die Kulturen der Ägypter, Sumerer, Elamiter, Babylonier, Phönizier, Griechen, Maya, Azteken und anderer Völker. Am Anfang der Geschichte ihrer jeweiligen Schrift drückten diese Völker die ersten neun Zahlen in der Regel dadurch aus, daß sie jeweils ebenso viele vertikale Striche, Kreise, Punkte oder ähnliche Zeichen, die die Einheit darstellten, wiederholten; diese Ziffern wurden dann auf einer Linie etwa folgendermaßen dargestellt:

I	**II**	**III**	**IIII**	**IIIII**	**IIIIII**	**IIIIIII**	**IIIIIIII**	**IIIIIIIII**
1	2	3	4	5	6	7	8	9

Aber sie kamen schnell von diesem Prinzip ab, denn solche Reihen identischer Zeichen für Zahlen über vier erschwerten es dem eiligen Leser, die entsprechenden Einheiten unmittelbar zu addieren.

Um diese Schwierigkeit zu umgehen, hatten beispielsweise die Ägypter und die Kreter die Idee, die Einheiten ihrer Ziffern nach einem Prinzip anzuordnen, das man als *Zerlegung* bezeichnen könnte:

I	**II**	**III**	**IIII**	**III**	**III**	**IIII**	**IIII**	**IIIII**
				II	**III**	**III**	**IIII**	**IIII**
1	2	3	4	5	6	7	8	9
				(3 + 2)	(3 + 3)	(4 + 3)	(4 + 4)	(5 + 4)

Andere Völker wie die Babylonier oder die Phönizier nahmen dagegen das *Prinzip der Dreierbündelung* zu Hilfe, um diese Schwierigkeit zu überwinden:

I	**II**	**III**	**III**	**III**	**III**	**III**	**III**	**III**
			I	**II**	**III**	**III**	**III**	**III**
						I	**II**	**III**
1	2	3	4	5	6	7	8	9
			(3 + 1)	(3 + 2)	(3 + 3)	(3 + 3 + 1)	(3 + 3 + 2)	(3 + 3 + 3)

* Das ursprüngliche römische Jahr aus 304 Tagen umfaßte nur 10 Monate und begann mit dem Monat *Martius* (März). Später wurde das Jahr um zwei Monate verlängert, die man *Januarius* (Januar) und *Februarius* (Februar) nannte. Durch die Kalenderreform Julius Caesars wurde der Anfang des Jahres auf den 1. Januar verschoben, und das römische Jahr umfaßte nun 365 Tage. Außerdem wurde der Geburtsmonat Caesars – der *Quintilis* – ihm zu Ehren in *Julius* umbenannt, etwas später der *Sextilis* zu Ehren seines Nachfolgers in *Augustus*.

Wiederum andere Völker lösten dieses Problem, indem sie sich ein eigenes Zeichen für die Zahl Fünf ausdachten – wozu sie zweifellos durch die fünf Finger der Hand angeregt wurden. Sie benutzten also, wie beispielsweise die Römer, das *Prinzip der Fünferbündelung* zur Darstellung der Zahlen von sechs bis neun:

I	**II**	**III**	**IIII**	**V**	**VI**	**VII**	**VIII**	**VIIII**
1	2	3	4	5	6	7	8	9
					(5 + 1)	(5 + 2)	(5 + 3)	(5 + 4)

Ähnlich gehen auch Gastwirte und Kellner vor, wenn sie die unbezahlten Getränke der Kunden folgendermaßen auf einem Bierdekkel notieren:

1	**I**	6	~~**IIII**~~ **I**	11	~~**IIII**~~ ~~**IIII**~~ **I**
2	**II**	7	~~**IIII**~~ **II**	12	~~**IIII**~~ ~~**IIII**~~ **II**
3	**III**	8	~~**IIII**~~ **III**	13	~~**IIII**~~ ~~**IIII**~~ **III**
4	**IIII**	9	~~**IIII**~~ **IIII**	14	~~**IIII**~~ ~~**IIII**~~ **IIII**
5	~~**IIII**~~	10	~~**IIII**~~ ~~**IIII**~~	15	~~**IIII**~~ ~~**IIII**~~ ~~**IIII**~~

Und genau das gleiche macht ein Gefangener, der an der Zellenwand die Tage zählt, die seit seiner Gefangennahme verstrichen sind.

Es kann also keinen Zweifel geben: *Die Fähigkeit des Menschen zur unmittelbaren Wahrnehmung der Zahlen geht nicht über die Zahl Vier hinaus*.

Diese rudimentäre numerische Fähigkeit übertrifft kaum die Fähigkeiten einiger Tiere – aber sie ist offensichtlich der ursprüngliche Kern der modernen Arithmetik. Und es steht ebenso außer Frage, daß der menschliche Geist so wenig wie die Tiere zum abstrakten Rechnen gelangt wäre, wenn er nur auf diese Fähigkeit beschränkt gewesen wäre.

Glücklicherweise konnte der Mensch die Möglichkeiten seines derart begrenzten Zahlengefühls durch eine Reihe intellektueller Verfahren erweitern – Verfahren, die sich als überaus fruchtbar erwiesen, da sie dem Menschen das Universum der Zahlen eröffneten.

Kapitel 2
Wie der Mensch das Zählen lernte

Die Erfindung der Zahlen war zweifellos nur auf empirischer Grundlage möglich – sie mußten vorhandenen praktischen Bedürfnissen entsprechen und zweckbezogen sein.

Diejenigen nämlich, die beispielsweise Schafe oder Ziegen hüteten, mußten sich nach der Rückkehr von der Weide vergewissern können, daß alle Tiere in den Stall zurückgekehrt waren. Diejenigen, die Waffen und Werkzeuge lagerten und die Nahrungsreserven einer Gemeinschaft bewahrten, mußten von Zeit zu Zeit überprüfen können, ob sich der Zustand der Lebensmittel, der Waffen und der Geräte verändert hatte. Diejenigen schließlich, die in Feindschaft mit ihren Nachbarn lebten, mußten am Ende eines Kriegszugs ermessen können, ob ihre Truppen noch komplett waren. Und auch diejenigen, die direkten Tauschhandel betrieben, mußten »rechnen« können, um Lebensmittel oder Waren gegen andere einzutauschen...

Das erste Rechenverfahren

Alles hat mit dem Kunstgriff begonnen, Einheit mit Einheit in Beziehung zu setzen. Damit kann selbst der einfachste Kopf mühelos den Umfang zweier Mengen von Dingen oder Lebewesen – der gleichen oder auch nicht der gleichen Art – vergleichen, ohne auf das abstrakte Zählen zurückgreifen zu müssen.

Ein einfaches Beispiel kann uns dieses Verfahren bewußt machen, das auch die heutigen exakten Wissenschaften noch beherrscht und aus der Vorzeit der Arithmetik stammt.

Wenn wir einen Autobus besteigen, so haben wir – den Fahrer auf seinem privilegierten Platz ausgenommen – zwei Mengen vor uns: die *Sitze* und die *Reisenden*. Wir können mit einem Blick feststellen, ob diese beiden Mengen *die gleiche Anzahl* von Elementen haben oder nicht. Wenn nicht, so können wir ohne Zögern angeben, welche der beiden Mengen aus *mehr* Elementen besteht als die andere. Dieses Abschätzen der Anzahl ohne Hilfe des Zählens beruht genau auf dem Verfahren, Einheit mit Einheit in Beziehung zu setzen.

Wenn es in diesem Autobus freie Sitzplätze gibt und niemand steht, dann wissen wir in der Tat ganz genau, daß zwar jedem Passagier ein Sitzplatz zugeordnet ist, nicht aber jedem Sitzplatz ein Passagier – es gibt also *weniger* Reisende als Sitzplätze. Wenn dagegen einige Leute stehen und kein Platz mehr frei ist, dann gibt es *mehr* Reisende als Sitzplätze. Und wenn niemand steht und kein Platz frei ist, dann wissen wir, daß jedem Reisenden ein Sitzplatz zugeordnet ist und umgekehrt: Es gibt *gleich viele* Sitzplätze wie Reisende. Man spricht in diesem Zusammenhang von *paarweiser Entsprechung* oder *Bijektion* zwischen der Menge der Sitzplätze und der Reisenden in diesem Autobus.

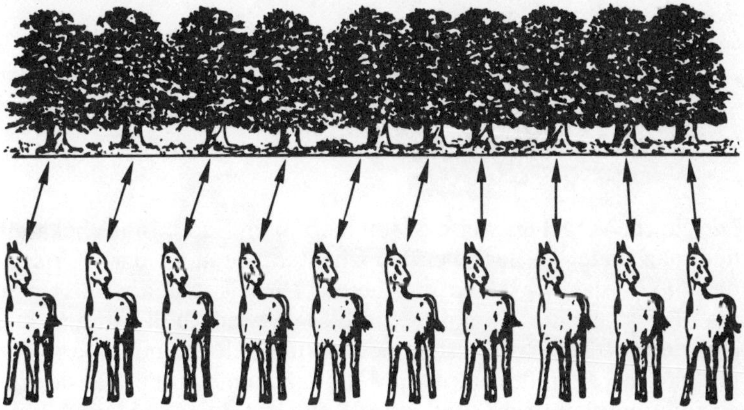

Eine gegebene Menge kann einer anderen Menge ***paarweise zugeordnet*** *werden, wenn jedem Element der einen Menge ein Element der anderen Menge entspricht und umgekehrt.*

Wenn ein Kind 15 oder 16 Monate alt wird, überwindet es das Stadium der einfachen Beobachtung seiner Umgebung. Es ist dann bereits in der Lage, das Prinzip der paarweisen Zuordnung zu erfassen. Wenn wir dem Kind beispielsweise gleich viele Puppen wie kleine Stühle geben, so wird es wahrscheinlich auf jedes Stühlchen eine Puppe setzen und so im Spiel den Elementen einer ersten

Menge – *den Puppen* – die Elemente einer zweiten Menge – *die Stühle* – paarweise zuordnen. Geben wir ihm jedoch mehr Puppen als Stühle (oder umgekehrt), so werden wir das Kind nach einer Weile ratlos sehen: Es hat dann die Unmöglichkeit der paarweisen Zuordnung festgestellt.

Aber mit diesem Kunstgriff können nicht nur zwei Mengen miteinander verglichen werden; *mit seiner Hilfe können darüber hinaus Zahlen gebildet werden, ohne zu zählen, ohne diese Zahlen zu benennen und ohne die jeweilige Anzahl an Elementen zu kennen.*

Um die Namen Allahs aufzuzählen – Allah hat 99 Namen, der 100. entspricht dem »wahren Namen Gottes« – oder die pflichtgemäßen 99 + 1 Lobpreisungen nach dem Gebet zu zählen, benutzen die Moslems meist einen Rosenkranz, dessen Perlen den Namen und den einzelnen Lobpreisungen paarweise zugeordnet werden. Deshalb besteht ein solcher Rosenkranz meist aus 99 kleineren und einer größeren Perle, die man beim Beten durch die Finger gleiten läßt.

Die gleiche Vorgehensweise ist seit langem im Buddhismus bekannt, und man findet sie auch bei den Christen, wenn sie das *Vaterunser,* das *Gloria,* das *Ave Maria* etc. beten. Diese Litaneien müssen in jeweils festgelegter Anzahl mehrere Male wiederholt werden. Der christliche Rosenkranz besteht deshalb in der Regel aus einer Kette mit fünf mal zehn Perlen, die jeweils durch eine größere Perle voneinander getrennt sind, und einer Kette mit einer größeren Perle, drei kleinen, einer weiteren größeren und einem Kreuz. Damit kann man die Litaneien beten, ohne sie zu zählen und ohne eine zu vergessen: ein *Ave Maria* für jede kleine Perle, ein *Gloria* für jede größere Perle am Ende jeder Zehnerreihe, ein *Vaterunser* für jede große Perle der zweiten Kette etc.

Dieses System auf der Grundlage der paarweisen Zuordnung wurde von den Religionen entwickelt, um den Gläubigen die Anrufungen der göttlichen Namen und die zahlreichen Wiederholungen ihrer Gebete zu erleichtern. Dies zeigt, daß dieses Prinzip durchaus auch von den »zivilisiertesten« Menschen benutzt wird – und für die völlig »unzivilisierten« kann es noch von weit größerem Nutzen sein.

Stellen wir uns einen Mann ohne jegliche arithmetische Kenntnisse vor, der zum Laden an der Ecke gehen soll, um zehn Zuckerbrote, fünf Flaschen Öl und vier Säcke Kartoffeln zu kaufen. Wie kann jemand, der nicht in der Lage ist, zu zählen und deshalb auch nicht wie wir mit Geld umzugehen, eine solche Aufgabe lösen?

Er wird es unter der Voraussetzung können, daß ihm ein Kunstgriff verständlich gemacht wird, der auf der Zuordnung von Einheit zu Einheit beruht. Man könnte also dem Mann zehn kleine Säckchen aus weißem Stoff geben, die den zehn Zuckerbroten zugeordnet sind, fünf gelbe Säckchen, die den fünf Flaschen Öl zugeordnet sind, und schließlich vier braune Säckchen, die für die vier Säcke Kartoffeln stehen. In jedes dieser Säckchen kommt genau so viel Geld, wie der jeweilige Artikel kostet. Nun genügt es, dem Mann zu erklären, daß er beim Händler für jedes weiße Säckchen ein Zuckerbrot, für jedes gelbe Säckchen eine Flasche Öl und für jedes braune Säckchen einen Sack Kartoffeln eintauschen soll – und das Problem ist gelöst.

Einfache Methoden der Buchführung

Mit diesem Prinzip konnte der prähistorische Mensch über Jahrtausende hinweg mit Zahlen operieren, ohne sich dessen bewußt zu sein und ohne überhaupt zu wissen, was eine abstrakte Zahl ist. Dies läßt sich durch Untersuchungen des Verhaltens völlig ungebildeter Menschen und verschiedener Völker in Ozeanien, Afrika und Australien belegen. Denn diese Menschen verfügen über Techniken, die man im Gegensatz zu unseren als »konkret« bezeichnen könnte und mit deren Hilfe sie bis zu einem gewissen Punkt zu den gleichen Ergebnissen kommen wie wir.

Verdeutlichen wir uns dies am Beispiel eines Schäfers, der eine Herde aus 55 Schafen hütet, die er jeden Abend in einer Höhle einschließt. Aber dieser Schäfer kann ebensowenig zählen wie der oben beschriebene Mann und weiß nicht, was die Zahl 55 bedeutet. Er weiß nur, daß er »viele« Schafe hat. Trotzdem möchte er feststellen, ob abends alle Schafe in Sicherheit sind, und so hat er eines Tages eine Idee. Ohne es zu wissen, nimmt er ein konkretes Verfahren zu Hilfe, das die Menschen schon vor Jahrtausenden gekannt haben: das Schnitzen von *Einkerbungen*.

Er setzt sich an den Eingang seiner Höhle und läßt seine Schafe eins nach dem anderen hinein. Mit einem Feuersteinmesser macht er jedes Mal, wenn ein Schaf an ihm vorbeikommt, eine Kerbe in einen Knochen. Und so hat er ohne Kenntnis der Zahlen beim letzten Tier exakt 55 Kerben gemacht. Er kann nun in Zukunft ohne Schwierigkeiten überprüfen, ob seine Herde vollständig ist oder nicht, indem er bei der Rückkehr von der Weide die Tiere eins nach dem anderen in die Höhle läßt und dabei jedesmal den Finger in eine Kerbe legt. Bleiben einige Kerben übrig, wenn alle Schafe vorbei sind, so hat er einige verloren. Anderenfalls ist alles in Ordnung. Und wenn in der Zwischenzeit ein Lamm geboren worden ist, so braucht er nur eine weitere Kerbe in seinen Knochen zu machen.

Mit dem Prinzip der Zuordnung von Einheit zu Einheit kann man sich also auch dann zurechtfinden, wenn Sprache, Gedächtnis und abstraktes Denken noch völlig unentwickelt sind.

Bei der paarweisen Zuordnung der Elemente einer ersten Menge zu den Elementen einer zweiten Menge wird in Wirklichkeit ein abstrakter Begriff gebildet, der ein gemeinsames Merkmal der beiden Mengen bezeichnet und gänzlich unabhängig von der Natur der tatsächlichen Gegenstände oder Lebewesen ist. So haben Mengen wie Tag und Nacht, Zwillinge, ein Tierpaar, die Flügel eines Vogels, Augen, Ohren, Arme, Brüste und Beine des Menschen ein völlig abstraktes, gemeinsames Merkmal, nämlich *zwei* zu sein. Die Paarbildung unterdrückt also den Unterschied, der zwischen den Elementen zweier Mengen aufgrund ihrer jeweiligen Beschaffenheit besteht. Durch diese Abstraktion spielt der Kunstgriff der paarweisen Zuordnung eine wichtige Rolle für das Zählen, kann in der Praxis allerdings nur auf relativ begrenzte Mengen angewandt werden.

Aus diesem Grund kann sich auch der Rückgriff auf materielle Hilfsmittel als äußerst nützlich erweisen. Dadurch wird eine *Hilfs-* oder *Modellmenge* gebildet, auf die man sich unabhängig von der Beschaffenheit ihrer Elemente jederzeit beziehen kann. Indem man beispielsweise zwanzig Kerben in einen Knochen oder einen Holzstab schnitzt, kann man zwanzig Menschen, zwanzig Schafe oder zwanzig Ziegen ebenso wie zwanzig Büffel, zwanzig Pferde, zwanzig Tage, zwanzig Felle, zwanzig Kanus oder zwanzig Maß Getreide bestimmen. Die Zähltechnik beschränkt sich dann darauf, unter den zur Verfügung stehenden Hilfsmengen diejenige auszuwählen, deren Elemente der zu »zählenden« Menge paarweise zugeordnet werden können.

Zur Anwendung dieses Prinzips können natürlich außer Kerben

auch andere materielle Hilfsmittel benutzt werden. Unser Schäfer hätte mit Kieselsteinen ebenso feststellen können, ob alle Schafe, die er am Morgen hinausgelassen hat, am Abend wieder zurückkehren. Dabei hätte er für jedes Tier, das die Höhle verläßt, einen Stein auf ein Häufchen legen und bei der Rückkehr wieder abtragen können. Wenn das letzte Tier dem letzten Stein des Häufchens entspräche, könnte er sicher sein, daß sich kein Schaf verlaufen hätte. Und für ein neugeborenes Lamm hätte er dem Häufchen lediglich einen neuen Stein hinzufügen müssen.

Zum gleichen Zweck haben Menschen auf der ganzen Erde Muscheln, Perlen, getrocknete Früchte, Knochen, Stäbchen, Kokosnüsse, Tonkügelchen, Kakaobohnen und sogar getrockneten Kot benutzt, indem sie daraus Reihen oder Häufchen machten, die der Anzahl der Lebewesen oder Dinge entsprachen, die sie zählen wollten. Oder sie haben Striche in den Sand gemalt, Knoten in Schnüre gemacht oder Rosenkränze aus Perlen oder Muscheln abgebetet. Aber auch die Finger der Hand und die verschiedenen Körperteile wurden zu Hilfe genommen.

Die Elema und die Papua Neuguineas, die Buschmänner in Südafrika, die Lengua aus dem Chaco von Paraguay haben ebenso wie andere Eingeborene Ozeaniens, Afrikas und Amerikas noch zu Beginn dieses Jahrhunderts dieses Verfahren benutzt. Sie bezogen sich in vorher festgelegter Reihenfolge auf die Finger der Hand und die Fußzehen, die Gelenke von Armen und Beinen, die Augen, die Ohren, die Nase, den Mund, auf den Brustkorb, die Brüste, die Hüften, das Brustbein, ja sogar auf die Genitalien. Und damit konnten sic je nach Stamm sozusagen »visuell« bis 17, 29, 33 oder noch weiter zählen.

Zählen, ohne zählen zu können

Stellen wir uns eine Gruppe Eingeborener vor, die noch nicht in der Lage sind, abstrakte Zahlen zu erfassen. Trotzdem wissen sie sich bei relativ begrenzten Mengen durchaus zu helfen, indem sie alle möglichen materiellen Hilfsmittel benutzen. Aber am häufigsten zählen sie »visuell« und setzen dabei ihren Körper in folgender Weise ein:

Man berührt nacheinander die Finger der rechten Hand, beginnend mit dem kleinen Finger, dann das Handgelenk, den Ellbogen, die Schulter, das Ohr und das Auge der rechten Körperhälfte. Danach berührt man die

1. rechter kleiner Finger
2. rechter Ringfinger
3. rechter Mittelfinger
4. rechter Zeigefinger
5. rechter Daumen
6. rechtes Handgelenk
7. rechter Ellbogen
8. rechte Schulter
9. rechtes Ohr
10. rechtes Auge
11. Nase
12. Mund
13. linkes Auge
14. linkes Ohr
15. linke Schulter
16. linker Ellbogen
17. linkes Handgelenk
18. linker Daumen
19. linker Zeigefinger
20. linker Mittelfinger
21. linker Ringfinger
22. linker kleiner Finger
23. rechte Brustwarze
24. linke Brustwarze
25. rechte Hüfte
26. linke Hüfte
27. Genitalien
28. rechtes Knie
29. linkes Knie
30. rechter Knöchel
31. linker Knöchel
32. rechter kleiner Zeh
33. nächster Zeh
34. nächster Zeh
35. nächster Zeh
36. rechter großer Zeh
37. linker großer Zeh
38. nächster Zeh
39. nächster Zeh
40. nächster Zeh
41. linker kleiner Zeh

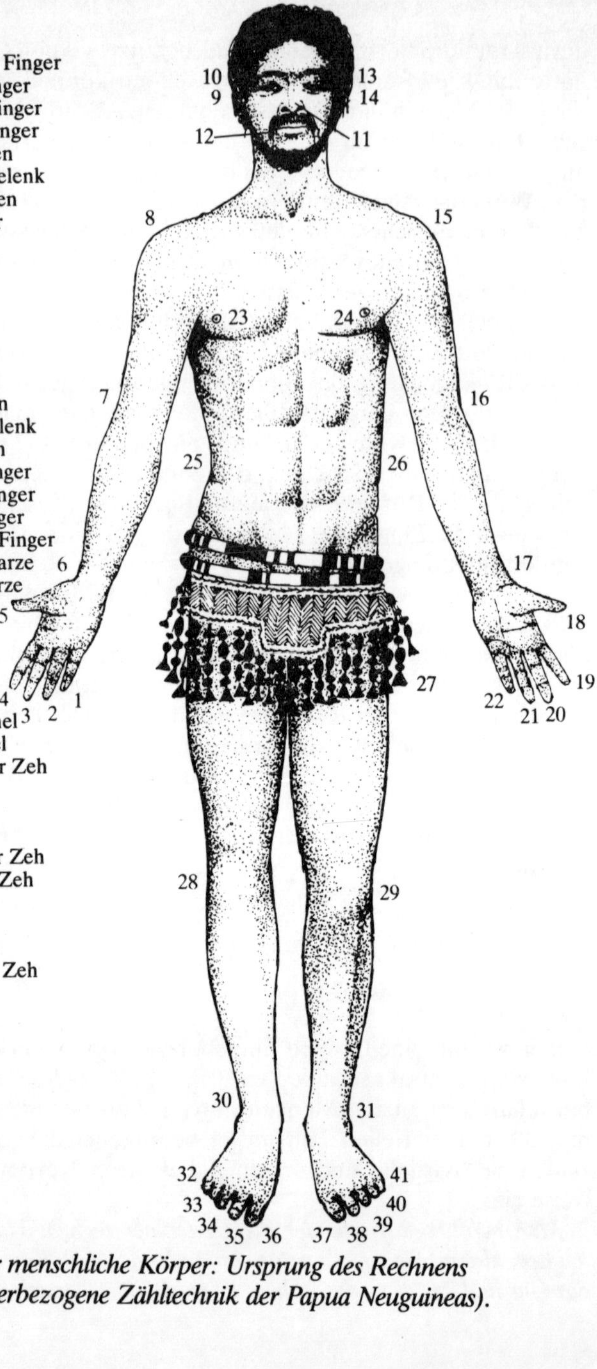

Der menschliche Körper: Ursprung des Rechnens (körperbezogene Zähltechnik der Papua Neuguineas).

Nase und den Mund, dann das Auge, das Ohr, die Schulter, den Ellbogen und das Handgelenk der linken Körperhälfte, zuletzt den kleinen Finger der linken Hand. So gelangt man zur Zahl 22. Wenn das nicht ausreicht, fügt man zuerst die Brüste, die Hüften und das Geschlecht, dann die Knie, die Knöchel und die Fußzehen von rechts nach links hinzu. Das sind 19 weitere Einheiten, so daß man insgesamt die Zahl 41 erreicht.

Diese Eingeborenen haben vor kurzer Zeit einen Kriegszug gegen ein Nachbardorf unternommen, das sich erhoben hatte und daraufhin unterworfen wurde. Am Ende des Kriegsrates beschließt der siegreiche Häuptling, von den Besiegten eine Entschädigung zu fordern, und gibt einigen seiner Männer den Auftrag, im Nachbardorf den Tribut einzufordern:

»Für jeden Krieger, den wir im Kampf verloren haben, müssen sie uns so viele Perlenketten geben, wie es vom kleinen Finger meiner rechten Hand bis zum Auge derselben Seite sind, außerdem so viele Felle wie vom kleinen Finger meiner rechten Hand bis zu meinem Mund und so viele Körbe mit Nahrungsmitteln wie vom kleinen Finger meiner rechten Hand bis zum linken Handgelenk.«

Auf diese Weise hat der Häuptling der Eingeborenen die Höhe des Tributs der Aufständischen exakt festgelegt und seinen Männern mitgeteilt:

10 Perlenketten *12 Felle* *17 Körbe mit Nahrungsmitteln*	für jeden im Kampf gefallenen Krieger

Unsere Eingeborenen haben in diesem Kampf 16 Krieger verloren. Aber obwohl sie die Zahl 16 nicht kennen, können sie sie doch zuverlässig feststellen: Vor der Schlacht hat jeder Krieger einen Stein auf einen Haufen gelegt, und nach der Rückkehr hat jeder der Überlebenden einen dieser Steine vom Haufen weggenommen. Die übrig bleibenden Steine entsprechen exakt der Zahl der im Kampf erlittenen Verluste.

Einer der Abgesandten des Häuptlings nimmt also die 16 Steine an sich, aber man ersetzt diese Steine durch ein Bündel mit derselben Anzahl kleiner Stöckchen, die leichter zu tragen sind. Der Häuptling überzeugt sich noch davon, daß seine Botschafter alles verstanden und behalten haben, und läßt sie ins Dorf der Aufständischen ziehen.

Nachdem sie dort den Besiegten die Höhe der Strafe mitgeteilt haben, muß die Kriegsbeute abgezählt werden: Einer der Abgesandten tritt vor und befiehlt, daß jedes Mal, wenn er auf einen Teil seines Körpers zeigt, eine Perlenkette gebracht wird. Er berührt dann nacheinander den kleinen Finger, den Ringfinger, den Mittelfinger, den Zeigefinger und den Daumen seiner rechten Hand – und man bringt ihm eine erste Kette, eine zweite und so fort bis zur fünften. Der Abgesandte deutet dann auf sein Handgelenk, den Ellbogen, die Schulter, sein Ohr und sein rechtes Auge, worauf er weitere fünf Ketten erhält. Am Ende des Vorgangs hat er die zehn verlangten Perlenketten erhalten, ohne daß er die Zahl abstrakt erfaßt hat. Auf dieselbe Weise erhält ein anderer Bote zwölf Felle und ein dritter 17 Körbe mit Nahrungsmitteln.

Nun legt der Mann mit dem Holzbündel, das die Anzahl der getöteten Krieger repräsentiert, eines der 16 kostbaren Stöckchen zur Seite, und der ganze Vorgang beginnt wieder von vorne, bis ein zweites Stöckchen zur Seite gelegt wird. Und man macht auf diese Art weiter, bis keine Stöckchen mehr übrig sind und die »Rechnung« damit beglichen ist – die Abgesandten kehren mit der Kriegsbeute in ihr Dorf zurück.

Diese Ureinwohner leiten ihre körperbezogene Zähltechnik also von einer etwas anderen Vorstellung ab als wir. Für uns mit unserer Fähigkeit des abstrakten Zählens bildet die festgelegte Reihenfolge der einzelnen Körperteile im Grunde eine *arithmetische Reihe,* und jeder Körperteil verwandelt sich in unserem Denken in eine *Ordnungs- bzw. Ordinalzahl.* Ebenso könnte jeder dieser nacheinander markierten Körperteile für uns auch ein Merkmal einer bestimmten Anzahl von Lebewesen, Gegenständen oder anderen Elementen sein. Um beispielsweise die Zahl der Wochentage anzuzeigen, müßten wir uns nicht die entsprechende Abfolge – ausgehend vom kleinen Finger der rechten Hand bis zum Ellbogen derselben Seite – ins Gedächtnis rufen. Es würde vielmehr genügen, die Ordnungszahl des letzten Tages der Woche anzugeben, indem wir auf den Ellbogen deuten, da dadurch in unseren Augen die Anzahl der sieben Elemente dieser Menge zum Ausdruck gebracht würde. Wir verfügen damit über die Fähigkeit zur *verallgemeinernden Abstraktion,* die es uns erst ermöglicht, Begriffe im eigentlichen Sinn und hier insbesondere den Zahlenbegriff zu entwickeln.

Anders unsere Eingeborenen: *Sie können nicht von individuellen Unterschieden abstrahieren, und ihre Vorstellungen sind noch an die Besonderheiten einer jeweils betrachteten Menge gebunden.* Sie kennen in der Tat nur die Zuordnung von Einheit zu Einheit, und sie müssen jeweils alle aufeinanderfolgenden Bewegungen ausführen, um einer vorhandenen Anzahl eine oder mehrere Einheiten hinzuzufügen oder davon abzuziehen.

Keiner der markierten Körperteile wird demnach von den Eingeborenen als Zahl angesehen. In ihren Augen handelt es sich bei jedem dieser körperlichen Anhaltspunkte vielmehr um das jeweils letzte Element einer Grundmenge, das man am Ende einer festgelegten Bewegungsabfolge erreicht. Das bedeutet, *daß für sie die einfache Berührung eines Körperteils nicht ausreicht, um eine gegebene Anzahl von Lebewesen oder Dingen zu bezeichnen, wenn ihr nicht die festgelegte Reihe der entsprechenden Gesten vorausgeht.* Und in einem Gespräch über bestimmte Dinge wird nicht deren Anzahl benannt, sondern man begnügt sich damit, die entsprechende Anzahl von Körperteilen in der festgelegten Ordnung aufzuzählen. Dazu werden alle aufeinanderfolgenden Gesten ausgeführt, denn eine solche Aufzählung stellt für sich genommen noch keine wirkliche arithmetische Reihe dar – was natürlich den Zuhörer zwingt, seine Augen fest auf den Sprecher zu richten.

Trotz allem haben sich unsere Eingeborenen mit ihren begrenzten Mitteln – und ohne sich darüber bewußt zu sein – über relativ große Zahlen verständigt:

> 16 x 10 = 160 Perlenketten,
> 16 x 12 = 192 Felle,
> 16 x 17 = 272 Körbe mit Lebensmitteln,
> – insgesamt haben sie also *624 Einheiten* gesammelt.

Dies konnte ihnen nur gelingen, indem sie die vorgegebenen verschiedenen Körperteile mit konkreten Gegenständen verknüpften, die leichter zu handhaben waren. Sie haben zwar die Ketten, Felle und Körbe mit ihrer gewohnten körperbezogenen Technik »gezählt«, die getöteten Krieger jedoch – deren Anzahl die Höhe der Entschädigung bestimmte – mit Hilfe von Kieselsteinen oder Stöckchen...

Diese Methode, die beispielsweise für die Ureinwohner Australiens bezeugt ist, ist dem einfachen Einkerben oder der Anhäufung von Kieselsteinen, die ausschließlich auf der paarweisen Zuordnung beruhen, weit überlegen, denn sie stützt sich nicht nur auf die Zuordnung von Einheit zu Einheit, sondern darüber hinaus auf eine so wichtige Beziehung wie die der *Abfolge* oder *Sukzession.* Darin drücken sich erste Vorstellungen eines Ordnungsbegriffs aus, auch wenn sie noch nicht bewußt werden. Und das ist ein beträchtlicher Fortschritt, von dem aus es nicht mehr weit bis zum richtigen »Zählen« ist.

Das Bewußtsein der Ordnung und die Entdeckung der Zahlen

Ein Schäfer aus dem Nahen Osten begann eines Tages, die ihm auf der Weide anvertrauten Schafe abzuzählen, indem er einfach folgende Litanei aufsagte:

Gelobt sei Allah, der Herrscher des Universums,
Der Gnädige und Barmherzige,
Gebieter am Tage des Jüngsten Gerichts.
Zu dir beten wir, dich flehen wir um Hilfe an.
Führe uns auf den rechten Weg,
Auf den Pfad derer, die du mit Wohltaten überhäufst,
Die dein Zorn nicht trifft und die sich niemals verirren.
Amen.

Der Schäfer zählte die Herde nicht, indem er in seiner Sprache so etwas wie *eins, zwei, drei, vier...* sagte, sondern er rezitierte die Worte der Litanei, wobei er jedesmal eines aussprach, wenn ein Schaf an ihm vorüberging. Beim letzten Schaf merkte er sich ein für alle Mal das entsprechende Wort, das für ihn nun die zahlenmäßige Stärke der Herde symbolisierte.

Der Schäfer war sehr abergläubisch und fürchtete sich vor der seit alters bekannten »Sünde des Zählens«, getreu dem Sprichwort: »Gezählte Kinder und Schafe holt der Wolf«. Dieser alte Glaube ist noch in unseren Tagen verbreitet – zu seinen Resten gehört auch der Aberglaube um die Zahl Dreizehn – und bringt die Furcht und die Abneigung gegenüber der Zahl und der Kunst des Zählens zum Ausdruck, die seit Menschengedenken Teil vieler Volkstraditionen waren (und manchmal noch sind).

So haben in Afrika beispielsweise viele Hütten nur einen Eingang, und alle, die darin schlafen wollen, werden gewarnt, sich nicht mit den Füßen zum Ausgang hin zu legen: Sonst würden die bösen Geister der Nacht, die alles zählen müssen, was ihnen in den Weg kommt, die Zehen des Schlafenden zählen und ihn auf der Stelle mitnehmen.

Es entspricht demselben Glauben, daß den Zahlen nicht nur arithmetische Bedeutung zugeschrieben wird; sie haben auch Bedeutungen und Kräfte, die den meisten Menschen unbekannt bleiben. Diese Kräfte können heilsam, aber auch unheilbringend sein, deshalb sollte man sich ihrer nicht in unpassenden Momenten bedienen. So kann man zwar gefahrlos Dinge oder Lebewesen zählen, die anderen gehören, aber man sollte die Zahl von Dingen oder

Lebewesen, die einem selbst teuer sind, nie nennen – *denn eine Anzahl nennen heißt: sie verfügbar machen.* Deshalb darf man weder die Zahl seiner Brüder, Ehefrauen oder Kinder nennen, noch die seiner Rinder, Schafe oder Häuser, ebensowenig wie sein Alter oder die Höhe seines Vermögens: All das könnte die bösen Geister dazu bringen, die versteckte Macht dieser Zahlen zu beschwören, wodurch sie Gewalt über die gezählten Menschen oder Dinge bekämen.

Unser Schäfer hat also aus reinem Aberglauben mit einer Litanei die Zahl seiner Tiere bestimmt und gleichzeitig das böse Schicksal gebannt. Diese Litanei war für ihn eine Art »Rechenmaschine« mit zugleich schützenden Kräften: Es handelt sich dabei nämlich um die sieben Verse der *Fatiha* (»Einleitung«), mit denen der Koran beginnt und die jeder Moslem exakt in der richtigen Reihenfolge auswendig aufsagen können muß.

In gewisser Weise benutzte der Schäfer diese Litanei auch unabhängig von jedem religiösen oder abergläubischen Bezug wie einen Abzählreim. Kinder gebrauchen solche Abzählreime, um durch die Reihenfolge der entsprechenden Silben denjenigen auszumachen, dem beim Spielen eine bestimmte Rolle zufällt – und germanische Krieger haben sie benutzt, um ihre Gefangenen auszuzählen.

Eine andere Art, mündlich zu zählen, habe ich vor einigen Jahren bei einem schwer erziehbaren Kind beobachtet. Es pflegte Lebewesen oder Gegenstände in seiner Umgebung zu zählen, indem es folgende Vornamen in dieser Reihenfolge aufsagte: *André, Jacques, Paul, Alain, Georges, François, Gérard, Robert...* Tatsächlich lag sein Freund André im Schlafsaal im ersten Bett, Jacques im zweiten, Paul im dritten etc. Diese Reihenfolge hatte sich seinem visuellen Gedächtnis so tief eingeprägt, daß sie sich in seinem Kopf in einen numerischen Begriff verwandelt hatte.

Ähnlich zählte ein kleines Mädchen seine Bonbons mit der bekannten Folge: Januar, Februar, März, April, Mai, Juni... Sie hätte dazu ebenso die Buchstaben des Alphabets benutzen können – denn jede Folge von Wörtern oder Symbolen wird zu einer Art »Zählmaschine«, sobald sie in der Reihenfolge ihrer Glieder exakt festgelegt ist. Und das gilt ebenso für körperbezogene Kennzeichen.

Wenn man einzelne Körperteile immer in derselben Reihenfolge benennt, so wird diese Folge im Gedächtnis und durch Gewohnheit schließlich früher oder später numerisch oder abstrakt. Die entsprechenden Markierungen – vor allem die ersten, die im Alltag die gängigsten sind – beziehen sich dann immer seltener einfach auf die Körperteile und erzeugen im Denken zunehmend die Vorstellung einer Zahlenfolge. Die Kennzeichen lösen sich aus ihrem ursprünglichen Kontext, um auf alle möglichen Lebewesen, Gegenstände oder andere Elemente anwendbar zu werden.

Aus diesem Grund nehmen körperbezogene Zähltechniken eine derart wichtige Stellung in der Weltgeschichte der Arithmetik ein. Sie gruben sich tief in das Bewußtsein unserer Vorfahren als Ausdruck einer Vorstellung von Ordnung ein, die in der Mathematik wie in jeder anderen Wissenschaft eine entscheidende Rolle spielen sollte. Ausgehend von dieser Vorstellung konnten sie nach und nach die Fähigkeit des Zählens erwerben, die ihnen die Möglichkeit eröffnete, abstrakte Zahlen wirklich zu begreifen. Ohne solche körperbezogenen Zähltechniken wären unsere Rechenverfahren wahrscheinlich nie über die elementare Paarbildung hinaus gekommen.

Zählen: eine rein menschliche Fähigkeit

Im Gegensatz zur unmittelbaren Zahlenwahrnehmung ist das Zählen keine naturgegebene Fähigkeit. Wie wir gesehen haben, besitzen einige Tierarten mehr oder weniger eine Art Zahlengefühl. Aber das bedeutet nicht, daß sie wie wir zählen können. Soweit wir das überhaupt wissen können, ist das Zählen eine *ausschließlich menschliche Fähigkeit:* Sie ist abhängig von einem sehr komplexen mentalen Phänomen und eng mit der Entwicklung der Intelligenz verknüpft.

Die Elemente einer Menge zu zählen bedeutet, jedem Element ein Symbol zuzuordnen – beispielsweise ein Wort, eine Geste oder ein graphisches Zeichen. Jedes Symbol entspricht einer Zahl aus einer »natürlichen Folge von Einheiten«, beginnend bei der Grundeinheit und in der festgelegten Ordnung fortschreitend bis zum letzten Element der Gesamtheit. Innerhalb der so auf einen Vorgang übertragenen Menge wird jedes Symbol zur *Ordnungszahl* des Elements, dem es zugeschrieben wird. Und die Zahl der Bestandteile dieser Menge ist nichts anderes als die Ordnungszahl ihres letzten Elements.

Durch den Kunstgriff des Zählens wird aus einer konfusen, heterogenen und unpräzisen Vorstellung einer konkreten Vielheit in unserem Kopf ein abstrakter und homogener Begriff – die absolute Anzahl. Und ob die Aufzählung nun mit diesem oder jedem Element beginnt: Der Vorgang des Zählens führt immer zum selben Resultat, denn die Anzahl der Elemente einer Gesamtheit ist unabhängig von ihrer »Numerierung«.

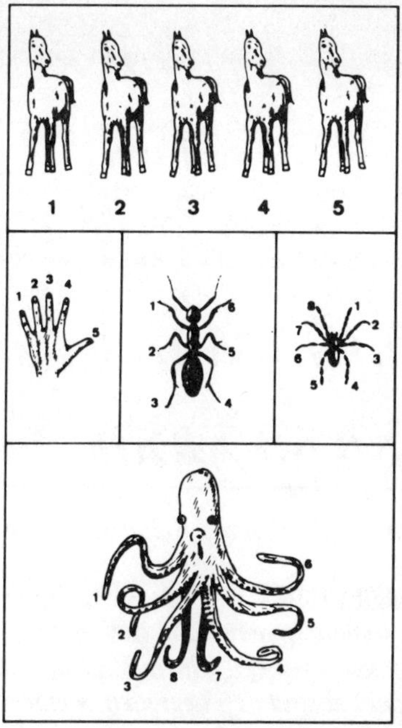

Zählen ermöglicht den Übergang von der konkreten Gesamtheit zur abstrakten Zahl.

Drei psychische Voraussetzungen sind notwendig, damit ein Mensch zählen kann und die Zahlen in unserem Sinne begreift:

- Er muß jedem Wesen und jedem Ding, das er vor sich hat, einen Rangplatz zuordnen können.
- Er muß dabei jede neue Einheit auf die vorangegangenen zurückbeziehen können.
- Er muß diese Folge gleichzeitig umsetzen können.

Um in der Kunst des abstrakten Zählens einen echten Fortschritt zu erzielen, müssen die Zahlen innerhalb eines Systems aus einander übergeordneten Zahleneinheiten, die jeweils die vorhergehenden umfassen, eingeordnet werden können. Diese Anordnung von Zahlenbegriffen in einer invariablen Abfolge beruht auf dem Gedanken, daß die ganzen Zahlen als Mengen abstrakter Einheiten begriffen werden, die schrittweise, ausgehend von der Einheit, durch das Hinzufügen je einer weiteren Einheit gebildet werden.

Tatsächlich wird jede Zahl der Reihe ganzer Zahlen (außer der Einheit selbst) dadurch gebildet, daß der ganzen Zahl, die ihr vorausgeht, eine weitere Einheit hinzugefügt wird. Dies nennt man

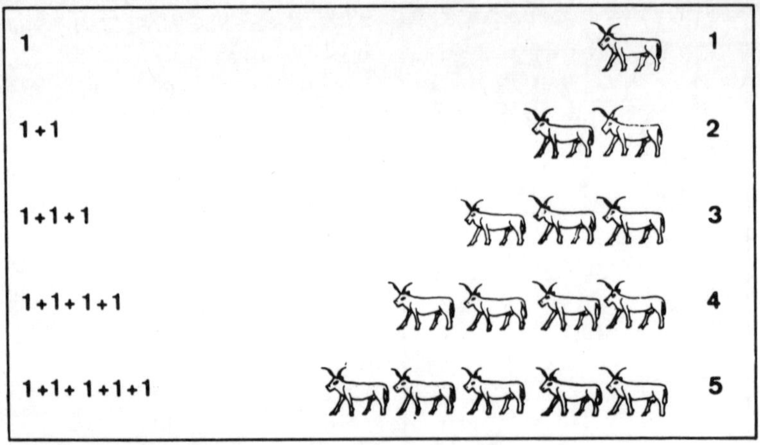

Die Bildung ganzer Zahlen durch das Prinzip der Rekursion.

das *Prinzip der Rekursion.* Daraus ergibt sich – wie schon Schopenhauer festgestellt hat –, daß jede natürliche ganze Zahl die vorangehenden als Ursache ihrer Existenz voraussetzt. *Unser Verstand ist demnach nur dann in der Lage, eine Zahl abstrakt zu begreifen, wenn er sich die vorangehenden bereits angeeignet hat.* Fehlt diese intellektuelle Fähigkeit, so werden die Zahlen im Denken des Menschen wieder zu konfusen und globalen Begriffen.

Der Zahlenbegriff, auf den ersten Blick elementar, scheint doch wesentlich komplexer zu sein.

Die folgende Anekdote von Paul Bourdin unterstützt diese Beobachtung:

»Ich kannte jemanden, der es beim Einschlafen hatte vier Uhr schlagen hören und folgendermaßen mitzählte:

Eins, eins, eins, eins!

Angesichts der Absurdität seiner Vorstellung rief er aus:

Jetzt ist die Turmuhr verrückt geworden, sie hat viermal ein Uhr geschlagen!«

Die beiden Aspekte der ganzen Zahl

Der Begriff der ganzen Zahl hat zwei komplementäre Aspekte: den *kardinalen,* der auf dem Prinzip der paarweisen Zuordnung beruht, und den *ordinalen,* der zusätzlich zur paarweisen Zuordnung die

Folge der natürlichen Zahlen voraussetzt. Dieser Unterschied kann durch ein einfaches Beispiel verdeutlicht werden.

Der Monat Januar hat 31 Tage. Die Zahl 31 gibt hier die Anzahl der Tage dieses Monats an – es handelt sich also um eine Kardinalzahl. Wenn wir uns dagegen den Ausdruck »31. Januar« ansehen, so ist die Zahl 31 eine Ordinalzahl. Trotzdem hat sie im Französischen die sprachliche Form einer Kardinalzahl – eine sprachliche Unkorrektheit, die sich im Gebrauch festgesetzt hat. Dieser Ausdruck bezeichnet den »dreißig und ersten« Tag des Januars: Er legt den Rang – und zwar in diesem Fall den letzten – eines Elements innerhalb einer Gruppe aus 31 Tagen fest. Es handelt sich also eindeutig um eine Ordinalzahl.

»Wir gehen so leicht von Kardinal- zu Ordinalzahlen über, daß wir diese beiden Aspekte der ganzen Zahl nicht mehr auseinanderhalten. Wenn wir die Anzahl der Gegenstände einer Menge, also ihre Kardinalzahl, bestimmen wollen, suchen wir nicht mehr nach einer Hilfsmenge, mit der wir sie vergleichen können, wir ›zählen‹ sie ganz einfach. *Dieser Fähigkeit, die beiden Aspekte der Zahl gleichzusetzen, verdanken wir unsere Fortschritte in der Mathematik.* Während uns in der Praxis nur die Kardinalzahl interessiert, kann diese Zahl doch nicht die Grundlage der Arithmetik bilden, da die Rechenarten auf der stillschweigenden Voraussetzung beruhen, daß wir stets von jeder Zahl auf die ihr nachfolgende übergehen können – die Zahl also als Ordinalzahl begriffen wird. Die paarweise Zuordnung allein reicht nicht aus, um zu rechnen; ohne unsere Fähigkeit, die Gegenstände durch die natürliche Zahlenfolge zu gliedern, wäre nur ein sehr geringer Fortschritt möglich geworden. Unser Zahlensystem beruht auf den beiden Prinzipien der Zuordnung und der Rangfolge, die das Gewebe der Mathematik und aller Bereiche der exakten Wissenschaften bilden.« (Dantzig 1931, 16 f.)

Zählen lernen mit zehn Fingern

Dank seiner zehn Finger konnte sich der Mensch nach und nach diese Prinzipien aneignen, und es ist sicherlich kein Zufall, daß auch heute noch unsere Schüler auf diese Weise zählen lernen und wir selbst ebenfalls auf diese Gesten zurückgreifen, wenn wir einen Gedankengang unterstreichen wollen.

Betrachten wir als Beispiel ein kleines Kind. Solange es in seiner Entwicklung noch nicht in der Lage ist, mit den Fingern zu zählen, steckt es noch im allerersten Stadium. Sobald es das jedoch gelernt hat – in der Regel zwischen dem dritten und vierten Lebensjahr –, kann es schon bald abstrakt zählen; dadurch öffnet sich ihm der Weg zur Aneignung des Rechnens. Die Pädagogen sprechen in diesem Alter vom »vorrechnerischen« Stadium. Das Kind wird also zunächst lernen, bis zehn zu zählen, wobei es vor allem seine zehn Finger zu Hilfe nimmt, um die Zahlenfolge dann immer weiter auszudehnen, je mehr es abstrahieren kann.

In seinem kleinen Erinnerungsbuch über die Kindheit seiner Söhne erzählt Georges Duhamel, wie Bernard, genannt »Baba«, dank seiner zehn Finger bereits eine Vorstellung von der regelmäßigen Folge der ganzen natürlichen Zahlen und der Rekursion hatte, noch ehe er die Namen der Zahlen kannte:

»Aller Anfang ist schwer. Baba hilft sich, so gut er kann. Er erklärt:

›Ich möchte Bonbons haben. Gib mir welche für alle.‹

›Wieviele?‹

›Eins, eins und eins.‹

Nun ist alles klar, aber richtige Arithmetik ist das noch nicht.

Dann lernt er mit den Fingern zu zählen. Wenn man ihn nach seinem Alter fragt, dem von Maryse oder dem von Robert, hebt er mit ziemlicher Genauigkeit die richtige Anzahl von Fingern. Zuerst mit der einen Hand, dann mit der anderen. Und nun wird es plötzlich kompliziert:

›Wie alt ist Jacqueline?‹

Er überlegt einen Augenblick und antwortet:

›Ja, für Jacqueline braucht man einen kleinen Zeh!‹«

Der Bezug auf die Hand hat unter den körperbezogenen Zähltechniken in der Tat eine bedeutende Rolle gespielt. Die gesamte Menschheit hat gelernt, mit den Fingern der einen Hand abstrakt bis fünf zu zählen und die Reihe dann durch die Symmetrie der Finger der anderen Hand bis zehn zu erweitern. Nun erst war sie in der Lage, die regelmäßige Folge der ganzen natürlichen Zahlen unendlich weiterzuführen.

In zahlreichen Sprachen gibt es noch Spuren des anthropomorphen Ursprungs des Zählens. So heißen die Zahlen Fünf und Zehn in *Ali,* einer zentralafrikanischen Sprache, *moro* und *mbouna.* Etymologisch hat dabei das Wort *moro* die Bedeutung »die Hand«, und das zweite Wort entsteht durch die Zusammenziehung von *moro* (fünf) und *bouna* (zwei) – heißt also »zwei Hände«. In der Sprache der *Bugilai* Neuguineas weisen die Namen der ersten fünf Zahlen sozusagen denselben Fingerabdruck auf: eins heißt *tarangesa,* wörtlich »der kleine Finger der linken Hand«, zwei *meta kina* (»der nächste Finger«), drei *guigimeta kina* (»der Mittelfinger«), vier *topea* (»der Zeigefinger«) und fünf *manda* (»der Daumen«).

Demnach könnten auch die heutigen indoeuropäischen, semitischen oder mongolischen Worte für die zehn ersten ganzen Zahlen vor langer Zeit aus einer fingerbezogenen Zähltechnik hervorgegangen sein – was jedoch eine Hypothese bleiben muß, da sich die wirkliche Bedeutung der ursprünglichen Worte im Dunkel der Vorzeit verloren hat.

Immerhin bietet die Hand in diesem Zusammenhang weitgehende Möglichkeiten. Sie ist ein »natürliches Werkzeug« zur Aneignung der zehn ersten Zahlen und zum Erlernen elementarer Rechenvorgänge. Sie ist durch die Anzahl der Finger und deren relative Unabhängigkeit wie durch ihre Beweglichkeit die einfachste Hilfs- oder Modellmenge, die der Mensch sozusagen an der Hand haben kann.

Mit der asymmetrischen Anordnung der Finger trägt die Hand zudem auch der Begrenzung der menschlichen Fähigkeit zur unmittelbaren Zahlenwahrnehmung Rechnung: Durch die Stellung des Daumens gegenüber den anderen vier Fingern wird aus den fünf ersten Zahlen eine auf den ersten Blick wahrnehmbare Reihe, was mit dazu beigetragen haben mag, daß sich die Zahl Fünf neben der Zehn als Zähleinheit angeboten hat.

Schließlich kann die Hand durch die gut unterscheidbare Eigenart jedes Fingers auch als Folge abstrakter Einheiten betrachtet

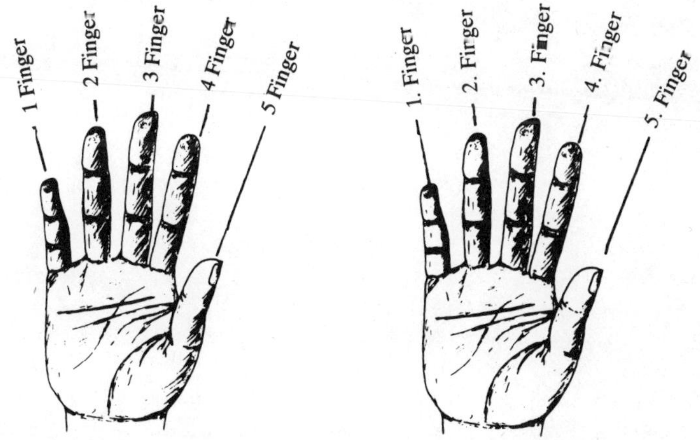

Aspekt der Kardinalzahl *Aspekt der Ordinalzahl*

werden, die auf Hinzufügen jeweils einer weiteren Einheit aufgebaut ist.

Durch die Hand werden auch die beiden komplementären Aspekte der ganzen Zahl anschaulich: Sie stellt ein Mittel dar, um unmerklich von der Kardinalzahl zur entsprechenden Ordinalzahl überzugehen oder umgekehrt. Um anzugeben, daß eine Menge aus drei, vier, sieben oder zehn Elementen besteht, hebt oder schließt man *gleichzeitig* drei, vier, sieben oder zehn Finger und benutzt so die Hand als Modell der Kardinalzahl. Möchte man dieselben Elemente jedoch zählen, so hebt oder schließt man *nacheinander* drei, vier, sieben oder zehn Finger und bringt sie so in ein Ordinalsystem.

Die Hand des Menschen ist damit die einfachste und natürlichste »Rechenmaschine«, die man sich vorstellen kann. Und aus diesem Grunde hat sie in der Folge eine derart wichtige Rolle in der Entstehung unseres Zahlensystems gespielt.

Kapitel 3
Die Erfindung der Zahlensysteme

Nachdem der Mensch den Schritt zur Abstraktion der Zahlen gemacht und die Unterscheidung zwischen Kardinal- und Ordinalzahlen erlernt hatte, griff er wieder zu seinen alten »Werkzeugen« – Kieselsteinen, Muscheln, Stöckchen, Perlenketten, Kerbhölzern, Knotenschnüren etc. Aber er betrachtete sie nun unter dem Aspekt des Zählens – einfache materielle Hilfsmittel wurden so zu *numerischen Zeichen,* mit denen die ganzen Zahlen weitaus besser erfaßt, behalten, differenziert und kombiniert werden konnten.

Dann lernte er, immer größere Mengen zu begreifen, stieß dabei aber nun auf neue Schwierigkeiten: Zur Darstellung immer größerer Zahlen kann man offensichtlich nicht unbegrenzt Kieselsteine, Stöckchen, Kerben oder Knoten auf Schnüren verwenden. Und weder die Zahl der Finger noch die der Körperteile läßt sich beliebig erweitern. Ebensowenig kann man weder ein und dasselbe Wort unbegrenzt wiederholen noch unendlich viele neue Zahlworte oder neue Symbole erfinden. Stellen wir uns einmal vor, wie viele Namen wir uns merken oder wie viele Symbole wir benutzen müßten, nur um die Anzahl Pfennige auszudrücken, die dem Wert eines 500-Mark-Scheins entsprechen…

Der Mensch stand also einem auf den ersten Blick unlösbaren Problem gegenüber: *Wie können – mit konkreten Mitteln, mündlich oder später schriftlich – hohe Zahlen mit möglichst wenig Symbolen bezeichnet werden?*

Die Basis Zehn – das gängigste Zahlensystem

Vor nicht allzulanger Zeit hatten die Schäfer in einigen Gegenden Westafrikas eine sehr praktische Gewohnheit beim Zählen ihrer Herde. Sie ließen die Tiere eines nach dem anderen an sich vorbeiziehen; beim ersten fädelten sie eine Muschel auf einen weißen Lederriemen, beim zweiten noch eine Muschel und so weiter. Beim zehnten Schaf wurden die Muscheln wieder abgestreift und dafür eine Muschel auf einen blauen Riemen gezogen, der für die Zehner stand. Danach wurden erneut Muscheln auf den weißen Riemen gesteckt, bis das zwanzigste Tier vorbeizog, bei dem man eine zweite Muschel auf den blauen Riemen fädelte. Wenn dieser wiederum zehn Muscheln umfaßte – und damit bereits 100 Tiere gezählt waren –, wurden die Muscheln vom Zehnerriemen abgestreift und eine Muschel auf einen roten Riemen gefädelt, der den Hundertern vorbehalten war. Und so ging es weiter, bis alle Tiere gezählt waren – beim Zählen von 258 Tieren waren am Ende acht Muscheln auf dem weißen, fünf auf dem blauen und zwei auf dem roten Riemen.

Aber wir sollten nicht meinen, daß diese Menschen »primitiv« dachten – vielmehr zählen wir nach dem gleichen Prinzip wie sie, allerdings mit anderen Symbolen.

Der Grundgedanke dieses Verfahrens besteht in der vorherrschenden Gruppierung in Zehner (oder »Bündel« aus zehn Einheiten), in Hunderter (oder Zehner von Zehnern) etc. In diesem konkreten Verfahren steht jede Muschel auf dem weißen Riemen für eine einfache Einheit, während jede Muschel auf dem zweiten und dritten Riemen eine Gruppe aus zehn bzw. hundert Einheiten kennzeichnet – in der Sprache der Mathematik wird dies als »Gebrauch der Basis Zehn« bezeichnet.

In den indoeuropäischen, semitischen und mongolischen Sprachen werden die Zahlwörter im allgemeinen auf dezimaler Grundlage gebildet, und unsere heutige Zahlschrift beruht ebenfalls auf der Basis Zehn; sie bedient sich dabei der folgenden graphischen Symbole, die gewöhnlich als »arabische Ziffern« bezeichnet werden:

1 2 3 4 5 6 7 8 9 0

Dabei repräsentieren die ersten neun Ziffern die Einheiten der ersten Dezimalordnung und die zehnte den Begriff der »Null«. Die Basis Zehn als erste Zahl, die durch zwei Ziffern dargestellt wird, schreibt sich 10 – was »*ein* Zehner und *null* Einer« bedeutet. Damit werden die Zahlen von eins bis neunundneunzig dargestellt, indem aufeinanderfolgend zwei dieser zehn Ziffern kombiniert werden:

11 (»*ein* Zehner und *ein* Einer«)
12 (»*ein* Zehner und *zwei* Einer«)
...

20 (»*zwei* Zehner und *null* Einer«)
30 (»*drei* Zehner und *null* Einer«)
...
99 (»*neun* Zehner und *neun* Einer«).

Hundert entspricht dem Quadrat der Basis Zehn, wird 100 geschrieben (»*ein* Hunderter, *null* Zehner und *null* Einer«) und ist die kleinste Zahl mit drei Ziffern. Die Zahlen von einhunderteins bis neunhundertneunundneunzig werden dargestellt, indem aufeinanderfolgend drei der zehn Grundziffern kombiniert werden:

101 (»*ein* Hunderter, *null* Zehner und *ein* Einer«)
358 (»*drei* Hunderter, *fünf* Zehner und *acht* Einer«) etc.

Danach kommt die Tausend – sie entspricht der Kubikzahl der Basis und wird 1000 geschrieben (»*ein* Tausender, *null* Hunderter, *null* Zehner und *null* Einer«), dann die Zahl Zehntausend, die 10000 geschrieben wird, etc.

Die Basis Zehn war die im Laufe der Geschichte am weitesten verbreitete und wird dies aller Wahrscheinlichkeit nach auch bleiben; sie wird heute fast überall verwendet. Allerdings ist dies weder auf ihre praktischen noch auf mathematische Vorteile zurückzuführen.

Die Basis Zehn hat zwar deutliche Vorteile gegenüber einer so großen Basis wie beispielsweise Dreißig oder Sechzig, da sie eine für das menschliche Gedächtnis überschaubare Größenordnung besitzt. Die erforderlichen Zahlennamen und Symbole für die Basis sind nicht sehr zahlreich, und das Einmaleins kann ohne große Schwierigkeiten auswendig gelernt werden. Ebenso ist sie so kleinen Basen wie zwei oder drei überlegen, da mit ihr größerer Aufwand in der Darstellung vermieden wird: Während man in unserer Zahlschrift die Zahl zweitausendvierhundertzweiundfünfzig mit nur vier Ziffern schreibt – 2452 –, müßte diese Zahl in einem System mit der Basis Zwei – das nur über zwei Ziffern verfügt, nämlich 1 und 0 – mit zwölf Ziffern dargestellt werden: 100110010100!

Aber unter diesen Gesichtspunkten wären auch andere Zahlen geeignet gewesen, vielleicht sogar besser als die Basis Zehn, und es hätte keinerlei Nachteil, den Maßstab zu ändern und mit einer anderen Basis zu rechnen.

Eine Basis wie Sieben, Acht, Elf, Zwölf oder Dreizehn hätte eine Größenordnung, die ebenso überschaubar für das menschliche Gedächtnis wäre wie die Zehn. Rechenaufgaben könnten mit denselben Techniken ausgeführt werden, die wir heute im Dezimalsystem anwenden. Natürlich wären die Zehn und ihre Potenzen dann nichts Besonderes mehr, und die entsprechenden Bezeichnungen und Symbole wären in einem System, in dem man beispielsweise mit Zwölfern und den Potenzen von Zwölf zählt, sinnlos.

Falls eines Tages eine vollständige Reform unseres Zahlensystems beschlossen und diese Aufgabe einer Expertengruppe übertragen würde, so könnte man vermutlich einen endlosen Expertenstreit erleben, in dem sich wie so oft Praktiker und Theoretiker gegenüberstehen würden:

»Wir brauchen heute eine mathematisch befriedigende Basis«, würde der eine sagen.

»Keineswegs«, hielte ihm der andere entgegen. »Die besten Zahlensysteme sind die, deren Basis eine größtmögliche Zahl von Teilern hat. Dabei erscheint mir unter Berücksichtigung des begrenzten menschlichen Gedächtnisses die Zwölf am geeignetsten. Während unsere Basis Zehn nur ein Vielfaches von zwei und fünf ist, ist zwölf durch zwei, drei, vier und sechs teilbar. Gerade das ist der Hauptvorteil des *Duodezimalsystems.* Denken Sie nur an Buchhalter und Händler, die sehr einverstanden mit einem solchen Zähl- und Rechenverfahren wären. Sie könnten auf einmal die Basis leicht halbieren, dritteln, vierteln und sogar sechsteln – Brüche, die häufig vorkommen. Aber das ist nicht alles! Denken Sie an die Vorteile, die man daraus für die Berechnung der Zeit ziehen könnte: Die Anzahl der Monate eines Jahres würde der Basis entsprechen, die Stunden eines Tages dem Doppelten der Basis, die Minuten einer Stunde und die Sekunden einer Minute dem Fünffachen der Basis.

Denken Sie zudem an die Vorteile für Geometer, die Kreise und Winkel in Minuten messen würden, deren Anzahl das Fünffache der Basis betragen würde, ebenso wie die Zahl der Sekunden je Minute. Das Maß eines ganzen Kreises entspräche dem Dreißigfachen der Basis Zwölf, der gestreckte Winkel dem Fünfzehnfachen dieser Basis. Denken Sie schließlich an die Astronomen, die die Ekliptik (die scheinbare Sonnenbahn) in dreißig Teilen messen könnten, die der Basis Zwölf entsprechen würden!«

»Sie irren sich«, würde der Theoretiker sagen. »Der wichtigste Sinn eines Zahlensystems liegt darin, den Anwendern eine einfache und eindeutige Darstellung der ganzen Zahlen ebenso wie der Brüche zu ermöglichen. Deshalb müßte das Zahlensystem auf einer Primzahl beruhen, d.h. auf einer Basis, die als Teiler nur sich selbst hat – beispielsweise ein Zahlensystem mit der Basis Elf. Diese Basis wäre einer Basis wie Zehn oder Zwölf überlegen, da Brüche dann im allgemeinen nicht gekürzt werden könnten und nur auf eine einzige Art darzustellen wären. So entspricht im Dezimalsystem die Zahl 0,68 gleichzeitig den Brüchen 68/100, 34/50 und 17/25. *In einem Zahlensystem auf der Basis Sieben, Elf oder allgemein einer Primzahl würden solche Zweideutigkeiten völlig verschwinden.* Stellen Sie sich doch die Vorteile einer solchen Reform vor!«

Kein Mitglied dieser Kommission würde demnach die Basis Zehn verteidigen, da sie einerseits keine Primzahl ist und andererseits nur zwei Teiler hat!

Dennoch ist die Annahme illusorisch, man könnte einen Schritt zurück machen und die Basis unseres Zahlensystems verändern. Die Gewohnheit, in Zehnern zu zählen, ist so stark in unserer Tradition verankert, daß sich die Wahl dieser Einheit als unumkehrbar erweist. Somit war es äußerst sinnvoll, alte Gewichts- und Maßeinheiten mit ihren merkwürdigen und unbequemen Einteilungen dem Dezimalsystem anzugleichen – wie es in Frankreich zur Zeit der Französischen Revolution mit der Einführung des *metrischen Systems* durch die Nationalversammlung im Dezember 1799 im *Gesetz vom 19. Frimaire des Jahres VIII* geschah.

Aber woher stammt die Basis Zehn? Einige Autoren wollen darin ein Werk der Vorsehung erblicken; so schreibt einer von ihnen: »Die Zahl Zehn ist die vollkommenste aller Zahlen. Nach ihr hat Gott die Unterteilungen unserer Hände und Füße festgelegt. Es ist deshalb ein Zeichen unserer göttlichen Natur, daß die Menschen aller Länder mit dieser vollkommenen Zahl zählen« – eine Tatsache, die einfach auf die physiologische Evolution der Säugetiere zurückzuführen ist, wird damit zur vorbestimmten Harmonie erhoben. Das erinnert an die berühmte Überlegung des Joseph Prudhomme: »Mein Sohn, bewundere die göttliche Weisheit, die die Flüsse mitten durch unsere Städte fließen läßt!«

Tatsächlich lernte der Mensch mit seinen zehn Fingern zählen, so daß die fast allgemeine Vorliebe zur Bildung von Zehnergruppen durch die zufällige Anatomie unserer Hände bestimmt wird.

Nur deshalb nimmt diese Basis in unseren Zahlensystemen eine fast unantastbare Stellung ein.

Wenn die Natur jeder Hand sechs Finger gegeben hätte, wären die meisten Zahlensysteme auf der Basis Zwölf aufgebaut. Hätte die Evolution bei den Menschen dagegen wie bei den Fröschen zu vier Fingern geführt, so würden unsere Rechenverfahren und unsere Zahlensysteme heute auf der Basis Acht beruhen.

Eine andere Lösung: die Basis Fünf

Aber nicht alle Kulturen haben das Problem der Basis auf dieselbe Weise gelöst – die Zehn war nicht die einzige Basis, die der Mensch im Laufe der Geschichte benutzt hat. Einige Völker hatten etwa die Gewohnheit, Lebewesen und Dinge in Fünfergruppen zusammenzufassen.

Ein Beispiel dafür entstammt der *Api-Sprache* der Neuen Hebriden, in der die fünf ersten Zahlen eigene Namen haben:

tai für 1
lua für 2
tolu für 3
vari für 4
luna für 5 (wörtlich: »die Hand«)

Die Zahlen zwischen fünf und zehn haben dagegen zusammengesetzte Namen:

otai für 6 (wörtlich: »die neue Eins«)
olua für 7 (wörtlich: »die neue Zwei«)
otolu für 8 (wörtlich: »die neue Drei«)
ovari für 9 (wörtlich: »die neue Vier«)
lualuna für 10 (wörtlich: »die beiden Hände«)

Danach wird der letzte Name wie eine neue Zähleinheit benutzt:

für 11 sagt man: *lualuna i tai* (= 2 x 5 + 1)
für 12 sagt man: *lualuna i lua* (= 2 x 5 + 2) etc.

Diese Art zu zählen geht natürlich ebenfalls auf den menschlichen Körper zurück: Die Basis Fünf wurde bei den Völkern benutzt, die mit einer Hand zählten und die zweite Hand als Erinnerungsstütze bei der Weiterführung der Zahlenreihe zu Hilfe nahmen.

Dies zeigt sich auch bei der folgenden Fingertechnik, deren Spuren man in verschiedenen Regionen Afrikas und Ozeaniens findet und die noch heute von indischen Händlern in der Gegend von Bombay für einfache Rechnungen im Alltag verwendet wird.

Man zählt zunächst die fünf ersten Einer, indem nacheinander die Finger der linken Hand ausgestreckt werden. Sobald die Zahl Fünf erreicht ist, wird der rechte Daumen ausgestreckt, und man zählt dann bis zehn weiter, indem man erneut die Finger der linken Hand hebt. Danach streckt man den rechten Zeigefinger, um die fünf weiteren Einer, die gerade gezählt wurden, festzuhalten. Auf diese Weise kann man bis 25 zählen, und sollte dies nicht genügen,

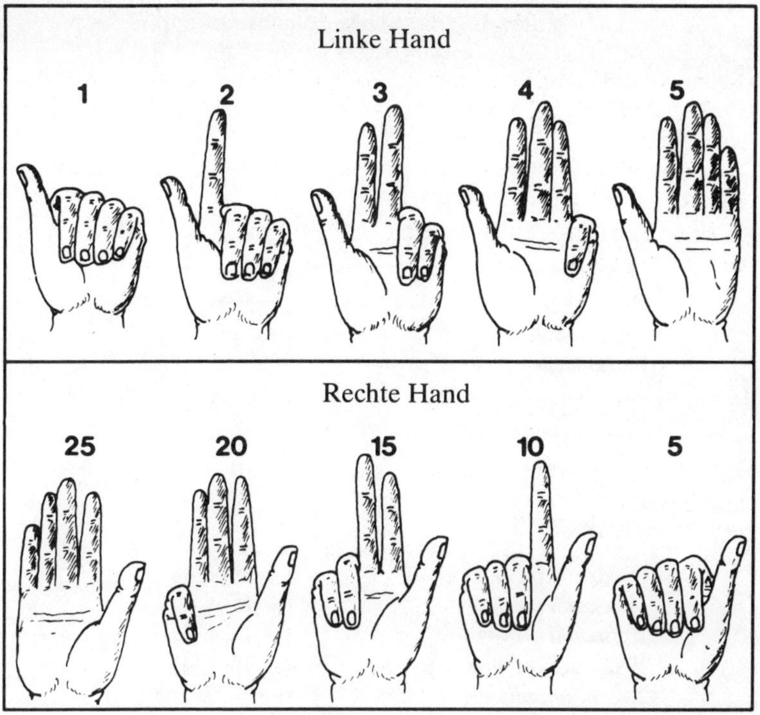

so kann dieses Zählverfahren bis 30 erweitert werden, indem ein weiteres Mal die Finger der linken Hand gezählt werden.

Zählen mit zwanzig Fingern und Zehen

Andere Völker haben eine *vigesimale Basis* bevorzugt und Lebewesen und Dinge in Zwanzigergruppen und deren Potenzen gezählt.

Dies war unter anderem der Fall bei den Malinke in Westafrika, bei den Banda in Zentralafrika, den Yebu und den Yoruba in Nigeria, den Tamana am Orinoco (am Fuße der Hochebene von Guyana in Venezuela), bei den Eskimo in Grönland, den Ainu auf der Insel Sachalin (nahe der ostasiatischen Küste, zwischen Japanischem und Ochotskischem Meer) und bei den Maya und den Azteken im präkolumbianischen Mittelamerika.

Die Azteken zählten beispielsweise folgendermaßen:

1 *ce*	
2 *ome*	
3 *yey*	
4 *naui*	
5 *chica* (oder *macuilli*)	
6 *chica-ce*	(= 5 + 1)
7 *chic-ome*	(= 5 + 2)
8 *chicu-ey*	(= 5 + 3)
9 *chic-naui*	(= 5 + 4)
10 *matlactli*	
11 *matlactli on ce*	(= 10 + 1)
12 *matlactli on ome*	(= 10 + 2)
13 *matlactli on yey*	(= 10 + 3)
14 *matlactli on naui*	(= 10 + 4)
15 *caxtulli*	
16 *caxtulli on ce*	(= 15 + 1)
17 *caxtulli on ome*	(= 15 + 2)
18 *caxtulli on yey*	(= 15 + 3)
19 *caxtulli on naui*	(= 15 + 4)
20 *cem poualli*	(»ein Zwanziger«)
30 *cem poualli on matlactli*	(= 1 x 20 + 10)
40 *ome poualli*	(= 2 x 20)
53 *ome poualli on matlactli on yey*	(= 2 x 20 + 10 + 3)
100 *macuil poualli*	(= 5 x 20)
400 *cen tzuntli*	(»ein Vierhunderter«)
800 *ome tzuntli*	(»zwei Vierhunderter«)
etc.	

Der Grundgedanke dieses Beispiels zeigt, weshalb diese Völker die Zwanzig als Basis benutzten, und daß auch dieses Zählverfahren anthropomorphen Ursprungs ist: Die fünf ersten Zahlennamen der Aztekensprache können tatsächlich mit den Fingern einer Hand in Verbindung gebracht werden, die fünf folgenden mit den Fingern der anderen Hand, die nächsten fünf mit den Zehen eines Fußes und die fünf letzten mit den Zehen des anderen Fußes.

Versetzen wir uns beispielsweise einmal irgendwohin in Mexiko vor einigen Tausenden von Jahren, zu einem Indianerstamm, dessen Nachkommen einmal die aztekische Kultur begründen werden.

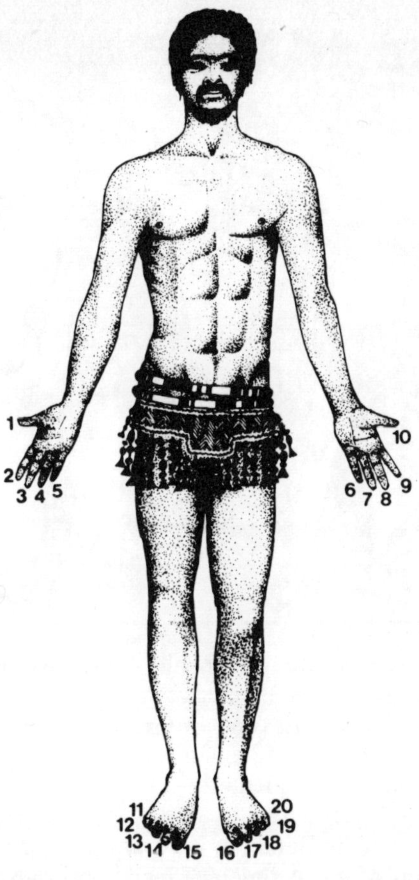

1 rechter Daumen
2 rechter Zeigefinger
3 rechter Mittelfinger
4 rechter Ringfinger
5 rechter kleiner Finger

6 linker kleiner Finger
7 linker Ringfinger
8 linker Mittelfinger
9 linker Zeigefinger
10 linker Daumen

11 rechter kleiner Zeh
12 nächster Zeh
13 nächster Zeh
14 nächster Zeh
15 rechter großer Zeh

16 linker großer Zeh
17 nächster Zeh
18 nächster Zeh
19 nächster Zeh
20 linker kleiner Zeh

Der Stamm bereitet einen Kriegszug vor und muß deshalb die Anzahl seiner Krieger ermitteln. Zu diesem Zweck haben sich einige Männer aufgestellt, die als »Zählmaschine« dienen. Ein Helfer nimmt die Zählung der Soldaten folgendermaßen vor:

Er berührt einen Finger des ersten Mannes, sobald der erste Krieger vorbeigeht, einen zweiten Finger für den zweiten und so fort bis zum zehnten Krieger. Dann fährt er mit den Zehen desselben Mannes fort bis zum zwanzigsten Krieger.

Danach geht er zum zweiten Mann. Wenn er dessen letzten Zeh berührt, sind zwanzig weitere Krieger – insgesamt also vierzig – gezählt worden. Er fährt auf diese Weise bei so vielen Männern wie notwendig fort, bis die Zählung der Krieger abgeschlossen ist –

beim Passieren des 53. Kriegers berührt der Zähler beispielsweise *den dritten Zeh des ersten Fußes des dritten Mannes.*

Bemerkenswert ist dabei, daß die Eskimo in Grönland ebenso wie die Tamana am Orinoco für die Zahl 53 einen Ausdruck verwenden, der wörtlich übersetzt folgendes bedeutet:

»vom dritten Mann drei am ersten Fuß«.

Bleibt noch zu erwähnen, daß die Banda in Zentralafrika für die Zahl 20 so etwas wie »einen Mann nehmen« sagen, und daß in einigen Dialekten der Maya der Ausdruck *hun uinic* (ein Zwanziger) auch »ein Mann« bedeutet. Die Malinke in Westafrika sagen »ein ganzer Mann« für Zwanzig und »ein Bett« für Vierzig, wobei sie auf die Anzahl von Fingern und Zehen von Mann und Frau in einem Bett anspielen.

Es kann also keinen Zweifel geben: *Diese Völker haben die Basis Zwanzig benutzt, weil sie auch mit den zehn Zehen gezählt haben – wozu man sich nur ein wenig nach vorne beugen muß.*

Die Verbreitung des Vigesimalsystems war im Laufe der Geschichte relativ gering, aber es gibt in verschiedenen Sprachen Spuren einer vielleicht sehr alten Tradition, in Zwanzigern zu zählen.

So bedeuten die englischen Ausdrücke *one score, two score, three score* etc. 20, 40, 60 etc. William Shakespeare hat sich dieser Wendungen häufig bedient, beispielsweise in *Henry IV.* (1. Teil, II. Akt, 4. Szene):

»I'll procure this fat rogue a charge of foot;
And I know, his death will be a march of twelve-score...«

(Diesem fetten Schlingel verschaffe ich eine Stelle zu Fuß; und ich weiß, ein Marsch von 240 Fuß bedeutet seinen Tod)

Im Französischen wie im Lateinischen hat die Zahl Zwanzig – französisch *vingt,* lateinisch *viginti,* mittellateinisch *vinti* – eine von den Zahlen Zwei (*deux* bzw. *duo*) und Zehn (*dix* bzw. *decem*) unabhängige Form und ist vielleicht ein Überrest eines verschwundenen Vigesimalsystems. Im Altfranzösischen waren Formen wie das heute noch erhaltene *quatre-vingts* (80 bzw. wörtlich »vier Zwanziger«) weit verbreitet, und für 60, 120 oder 140 sagte man im allgemeinen *trois-vingts* (drei Zwanziger), *six-vingts* (sechs Zwanziger) oder *sept-vingts* (sieben Zwanziger).

Aus diesem Grund wurde ein Corps aus 220 Polizisten der Stadt Paris früher auch das *Corps des onze-vingts* (Corps der elf Zwanziger) genannt, und das Pariser Hospital, das im 13. Jahrhundert zur Unterbringung von 300 blinden Kriegsveteranen gebaut wurde, trug und trägt noch heute den Namen *Hôpital des Quinze-Vingts* – Hospital der fünfzehn Zwanziger...

Mit dem Dutzend zählen

Weite Verbreitung hat das Zählen mit dem Dutzend gefunden, das sich erweitert zu einem vollständigen Zahlensystem auf der Basis Zwölf hätte entwickeln können. Das Duodezimalsystem wäre – wie wir gesehen haben – sicherlich viel bequemer als unser Dezimalsystem, da die Zahl Zwölf gleichzeitig durch zwei, drei, vier und sechs teilbar ist.

Im Handel wurde früher mit der Zahl Zwölf gezählt, wovon bis heute das *Dutzend* und das *Gros* (ein Dutzend Dutzend) zeugen. Heute noch zählt man so mancherorts beispielsweise Eier oder Austern.

Sumerer und nach ihnen Assyrer und Babylonier verliehen dieser Basis mit ihren Vielfachen und Teilern eine vorherrschende Rolle bei der Berechnung von Entfernungen, Oberflächen, Rauminhalten und Gewichten. Sie teilten den Tag in zwölf gleiche Teile, die *danna* genannt wurden und je zwei unserer Stunden entsprachen. Darüber hinaus teilten sie den Kreis ebenso wie die Ekliptik und den Tierkreis in 12 *bérû* (oder »Sektoren«) von jeweils 30°.

Die Römer benutzten ein System von Brüchen, das auf der Teilung des *As* (eine Rechen-, Geld- oder Gewichtseinheit) in zwölf *Unzen* beruhte.

Und am Vorabend der Französischen Revolution gaben die europäischen Völker ihr Vermögen immer noch in *sols tournois* (Tourer Sous oder Turnosen) an, die zwölf *deniers tournois* (Tourer Pfennige) entsprachen, und verwendeten als Längenmaße *Fuß, Daumen, Strich* und *Punkt,* wobei ein *Fuß* zwölf *Daumen,* ein *Daumen* zwölf *Strich* und ein *Strich* zwölf *Punkte* zählte.

Der beträchtliche Erfolg dieser Basis beruht sicherlich auf ihren praktischen Vorzügen. Ihr Ursprung ist bis heute fraglich geblieben – nach meiner Überzeugung geht auch sie auf die Hand zurück.

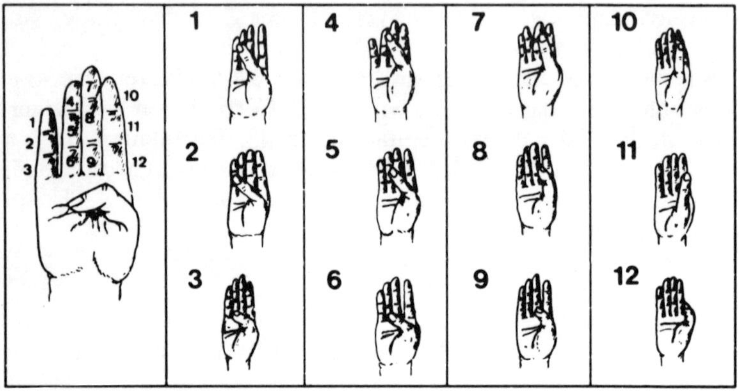

Es ist nämlich ohne weiteres möglich, von 1 bis 12 zu zählen, indem man die Finger einer einzigen Hand benutzt: *Man berührt mit dem Daumen nacheinander jedes der drei Glieder oder der drei Gelenke der vier Finger dieser Hand.* Jeder Finger hat drei Glieder oder Gelenke und die Glieder des Daumens werden nicht gezählt (da der Daumen die Zählung vornimmt), so daß sich das Dutzend dabei als Basis eines Zahlensystems ergeben kann – wahrscheinlich hat dieses Verfahren dazu geführt, daß mehrere Völker das Dutzend als zweite Zähleinheit neben dem Dezimalsystem übernommen haben.

Diese Hypothese kann zwar nur schwer nachgeprüft werden, aber dieses konkrete Zählverfahren existiert bis heute: Es wird noch in Indien, in Indochina, in Pakistan und in Afghanistan ebenso wie in Ägypten, Syrien, in der Türkei, im Irak und im Iran verwendet.

Zumindest hat diese Hypothese den Vorzug, eine Erklärung für den mysteriösen Ursprung der Basis Sechzig nahezulegen.

Die rätselhafte Basis Sechzig

Als Zähleinheit ist Sechzig eine sehr hohe Basis, die das Gedächtnis erheblich belastet: Sie erfordert die Kenntnis von sechzig verschiedenen Wörtern oder Zeichen, um die Zahlen von 1 bis 60 darzustellen. Die in diesem System notwendigen Zahlennamen oder Grundsymbole sind so zahlreich, daß eine Additions- oder Multiplikationstabelle nicht ohne Schwierigkeiten auswendig gelernt werden kann.

Und dennoch haben im Laufe der Geschichte einige Völker mit der Zahl Sechzig als Basis gezählt, wovon auch in unserer Kultur noch Spuren vorhanden sind, wenn wir sie verwenden, um die Zeit in Stunden, Minuten und Sekunden oder Winkel in Grad, Minuten und Sekunden anzugeben.

Die Basis Sechzig wurde zunächst von den Sumerern angewandt. Sie wurde dann an die Mathematiker und Astronomen der Babylonier – der Nachfolger der Sumerer in Mesopotamien – weitergegeben, die auf dieser Basis ein gelehrtes Zahlensystem ausgearbeitet haben, das über griechische und arabische Astronomen an uns vererbt wurde.

Bis heute ist nur schwer erklärbar, warum sich bei den Sumerern eine so hohe Basis durchgesetzt hat, und keine der bislang aufgestellten Hypothesen erscheint überzeugend.

Einigen Autoren zufolge war die Wahl dieser Basis metrologischen Ursprungs – aber diese Hypothese ist nicht haltbar, da sie die Frage auf eine theoretische Ebene verlagert. Tatsächlich konnte das Sexagesimalsystem erst auf das Maßsystem der Sumerer übertragen werden, nachdem es als Zahlensystem bereits existierte.

Nach anderen Meinungen hat die Anzahl der Tage eines Jahres, auf 360 abgerundet, zur Einteilung des Kreises in 360° geführt. Und daß die Sehne eines Sextanten – eines Sechstelkreises – gleich dem Radius ist und der Kreis dadurch in sechs Teile zu 60° geteilt wird, habe zur Bevorzugung der Sechzig geführt.

Wieder andere glauben, den Ursprung des Sexagesimalsystems im Verhältnis zwischen der sumerischen »Stunde« – die zwei unserer Stunden entspricht – zum scheinbaren Durchmesser der Sonne gefunden zu haben, das in Zeiteinheiten ausgedrückt zwei unserer Minuten gleich käme.

Eine andere Hypothese stützt sich auf die Geometrie: Das gleichseitige Dreieck habe dazu gedient, Richtungsunterschiede in der Ebene zu messen; aus der mit dieser Figur gegebenen dezimalen Unterteilung des 60-Grad-Winkels sei die sexagesimale Unterteilung der Ebene und also auch die des Kreises hervorgegangen, die ihrerseits wiederum zur Entstehung des sexagesimalen Zahlensystems geführt habe.

Aber gegen diese »Erklärungen« ist völlig zu Recht vorgebracht worden, daß weder die Astronomie noch die Geometrie den Ursprung eines Zahlensystems erklären können. Allerdings ist es wahrscheinlich, daß sich die Basis Sechzig wegen ihrer geometrischen und astronomischen Eignung bis heute als Zeit- und Winkelmaß erhalten hat.

Eine andere Erklärung nimmt an, daß diese Basis in vorgeschichtlicher Zeit aus der Verschmelzung zweier unterschiedlicher Kulturen hervorging, von denen die eine ein Zahlensystem auf der Basis Zehn eingebracht habe und die andere ein System auf der Basis Sechs. Dagegen wurde zu Recht eingewendet, daß »das Vorhandensein eines Zahlensystems auf der Basis Sechs ein Postulat ohne jede historische Grundlage ist«.

Aber wenn schon die Basis Sechs historisch nicht belegt ist, ist es die Zwölf um so eindeutiger, und man kennt die große Bedeutung, die ihr von der sumerischen Kultur beigemessen wurde. Deshalb könnte diese Basis bei der Entstehung des Sexagesimalsystems eine grundlegende Rolle gespielt haben, wobei zwei Hypothesen möglich scheinen.

So ist zum einen denkbar, daß *als Folge der Verschmelzung zweier verschiedener Kulturen, wobei die eine mit dem Dutzend und die andere auf dezimaler Basis zählte, in gelehrten Kreisen die Basis Sechzig als »wissenschaftliche« Kombination der Basis Zwölf mit der Basis Zehn entwickelt wurde.*

Tatsächlich spielte auch die Basis Zehn eine wichtige Rolle in der sumerischen Kultur, und die Mathematiker im Lande Sumer benutzten sie als Hilfseinheit – um das Gedächtnis zu entlasten – innerhalb des Sexagesimalsystems, das theoretisch die Kenntnis sechzig verschiedener Wörter oder Symbole zum Ausdruck der Zahlen von 1 bis 60 erforderte.

Nach dieser Hypothese hätten also die sumerischen Mathematiker, die bereits ein fortgeschritteneres intellektuelles Stadium erreicht hatten (was auch die Überreste ihrer Arbeiten belegen), in einer Gesellschaft, in der gleichzeitig mit dem Dutzend und mit Zehnern gezählt wurde, diese beiden Zähltechniken aufgrund der Eigenschaften ihres *kleinsten gemeinsamen Vielfachen* miteinander kombiniert, um mit einem gelehrten Zyklus von 60 Einheiten das Rechnen zu erleichtern. 60 ist tatsächlich das kleinste gemeinsame Vielfache von 10 und 12 und darüber hinaus auch die kleinste ganze Zahl, die als Teiler die ersten sechs Zahlen besitzt.

Denkbar ist zum zweiten aber auch – und diese Annahme erscheint mir wahrscheinlicher –, *daß die Basis Sechzig das Ergebnis einer »natürlichen« Kombination der Basis Zwölf und der Basis Fünf darstellt:* beide haben als Ursprung das Zählen mit den Händen.

Diese Hypothese ist um so plausibler, als man offensichtliche Spuren der Basis Fünf in der sumerischen Sprache finden kann; so lauten die Namen der ersten zehn Zahlen – abgesehen von gewissen Varianten – folgendermaßen:

1	*gesch*	
2	*min*	
3	*esch*	
4	*limmu*	
5	*iá*	
6	*ásch*	(= á + sch = *iá* + *gesch* = 5 + 1)
7	*imin*	(= i + min = *iá* + *min* = 5 + 2)
8	*ussu*	
9	*illimmu*	(= i + limmu = *iá* + *limmu* = 5 + 4)
10	*u*	(wörtlich: »die Finger«)

Mit Ausnahme der Zahl Acht belegt die sumerische Sprache bei den Namen der Zahlen Sechs, Sieben und Neun einen Aufbau auf der Basis Fünf, und es ist durchaus möglich, daß in archaischer Zeit auch die Zahl Acht auf dieselbe Weise wie Sechs, Sieben und Neun ausgedrückt wurde, der entsprechende Name jedoch verlorengegangen ist.

Das Rechnen mit den Fingern und seine intellektuelle Überwindung haben häufig – wie wir noch sehen werden – den Weg zu mathematischen Fortschritten geebnet.

Ausgehend von vorstehender Hypothese könnte der Ursprung der Basis Sechzig in einem manuellen Zählsystem liegen, das die Sumerer vielleicht seit frühester Zeit verwendet haben. Diese Hypothese ist sicherlich nur schwer zu beweisen, aber ein solches konkretes Zählverfahren ist noch in unseren Tagen vom Vorderen Orient bis nach Indien und Indochina in Gebrauch.

Bei dieser Fingertechnik werden tatsächlich die Sechzig als Grundbasis und die Zahlen Zwölf und Fünf als Hilfsbasen benutzt; sie wird wie folgend ausgeführt:

Man zählt an der rechten Hand von 1 bis 12, indem man mit dem Daumen nacheinander jedes der drei Fingerglieder der vier Finger dieser Hand berührt. Wenn man so die Zwölf erreicht hat, krümmt man den kleinen Finger der linken Hand. Dann fährt man an der ersten Hand auf dieselbe Weise mit dem Zählen von 13 bis 24 fort.

Ist die Zahl 24 erreicht, biegt man den linken Ringfinger und zählt dann an der rechten Hand von 25 bis 36 weiter. Nun krümmt man den Mittelfinger der linken Hand und zählt auf diese Weise mit beiden Händen schließlich bis zur Zahl Sechzig, bei der die fünf Finger der linken Hand eine Faust bilden.

Linke Hand | Rechte Hand

Zählen der Finger: jeder zählt ein Dutzend

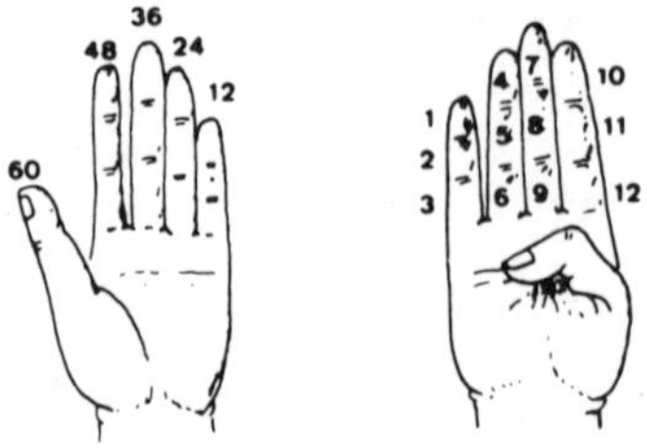

Zählen der Fingerglieder mit dem Daumen: jedes zählt eine Einheit

Der Ursprung der Basis Sechzig könnte somit das Ergebnis einer Kombination aus dem Zählen der zwölf Fingerglieder einer Hand durch den Daumen mit dem einfachen Zählen der Finger auf der Basis Fünf sein.

Diese Hypothese sollte zwar mit einiger Vorsicht betrachtet werden, da sie nicht zu beweisen ist, könnte aber auch den rein anthropomorphen Ursprung anderer historischer Zahlensysteme bestätigen und damit die bedeutsame Rolle des menschlichen Körpers in der Geschichte der Zahlen und der Zahlensysteme unterstreichen.

In jedem Fall haben jedoch der Erwerb der Fähigkeit zum abstrakten Zählen und die grundlegende Entdeckung des Prinzips der Basis eine bedeutende Rolle in der Geschichte der großen Kulturen gespielt. Sie haben dem Menschen eine Fülle von Erfindungen und sogar Revolutionen in den unterschiedlichsten Bereichen ermöglicht. Erst jetzt konnte er unterschiedliche Größen (Gewichte, Längen, Flächen, Volumen, Fassungsvermögen etc.) *schätzen, berechnen* und *messen.* Er lernte auch, immer größere Zahlen zu erreichen und zu erfassen, bis er sich sogar daran machte, die Vorstellung des Unendlichen zu beherrschen. Er konnte dadurch Rechenverfahren – mentale, konkrete und später schriftliche – entwickeln und die ersten Grundlagen der Arithmetik ausarbeiten, die zunächst praktisch war, bevor sie abstrakt wurde und zur Algebra führte.

Damit war zudem der Weg frei für die Kalenderrechnung und die Astronomie, ebenso wie für die Geometrie, die sich zunächst auf die Messung von Längen, Flächen und Volumen beschränkte und erst dann theoretisch und axiomatisch wurde. Der Erwerb dieser grundlegenden Gegebenheiten ermöglichte es also der Menschheit, die Welt nach und nach zu berechnen zu versuchen, sie ein wenig besser zu verstehen, sich einige ihrer Geheimnisse verfügbar zu machen und nicht zuletzt die Wirtschaft zu organisieren und zu entwikkeln.

Kapitel 4
Die ersten Rechenmaschinen

Ein natürliches Werkzeug: die Hand

Die Hand des Menschen, ein Wunder an Beweglichkeit und Effektivität, ist das älteste und am weitesten verbreitete Hilfsmittel zum Zählen und Rechnen, das die Völker im Lauf der Geschichte verwendet haben. Archäologen, Historiker, Ethnologen und Philologen haben Hinweise darauf in allen Zeiten und in allen Regionen der Welt entdeckt, ob in Ozeanien oder in Afrika, in Europa oder in Polynesien, in Mesopotamien oder im heutigen Irak, im Islam oder im Ägypten der Pharaonen, in Rom oder im antiken Griechenland, in China oder im präkolumbianischen Amerika, in Indien oder im mittelalterlichen Abendland.

Die Hand ist gewissermaßen die erste »Rechenmaschine« aller Zeiten, und die Benutzung dieser »Maschine« ist für den Menschen sicherlich bequemer, als es die Benutzung seiner acht Tentakeln für einen Tintenfisch sein könnte – denn wenn sich diese Kopffüßler – die man für die intelligentesten Wirbellosen hält – eines Tages entscheiden würden, ihre Arme zu einem arithmetischen Zweck zu benutzen – um z.B. die Fische zu zählen, die sie seit der letzten Flut verschlungen haben –, so müßten sie weitaus mehr Verrenkungen machen als wir mit unserer Hand!

Durch die große Zahl an Knochen und Gelenken, durch die asymmetrische Verteilung der Finger und ihre relative Eigenständigkeit und schließlich durch die ständige Verknüpfung mit dem Gehirn stellt die Hand die erstaunlichste natürliche Konzentration von Mitteln in diesem Bereich dar. Dem Menschen ist es tatsächlich gelungen, daraus den größtmöglichen Nutzen zu ziehen, nachdem er gelernt hatte, abstrakt zu zählen, und nachdem er sich das Prinzip der Basis angeeignet hatte.

Eine seltsame Art zu feilschen

Im einfachsten Verfahren, auf das wir manchmal zurückgreifen und mit dem unsere Kinder das Zählen lernen, hat jeder Finger in der Ordnung der natürlichen Zahlenfolge den Wert einer Einheit, beginnend bei der Eins. Bei dieser Fingertechnik, von der es auf der ganzen Welt die verschiedenartigsten Varianten gibt, erfolgt die numerische Zuordnung entweder durch sukzessives Heben der Finger – wobei folglich von der geschlossenen Hand ausgegangen wird –, oder durch Beugen der Finger, ausgehend von gestreckten Fingern. Darüber hinaus kann die Reihenfolge der Zuordnung von rechts nach links oder von links nach rechts erfolgen. Schließlich kann die Zählung sowohl beim Daumen, beim kleinen Finger oder auch beim Zeigefinger – wie bei den Moslems in Nordafrika – beginnen.

Ein damit verwandtes Verfahren beruht auf einer sehr alten orientalischen Tradition; es scheint noch zu Beginn dieses Jahrhunderts in Algerien, Arabien, Syrien, im Irak und Iran sowie in Indien, der Mongolei und in China verbreitet gewesen zu sein. Es handelt sich dabei um eine ziemlich eigentümliche Art des Fingerrechnens, die von Kaufleuten und ihren Kunden bei ihren Geschäften benutzt wurde.

Der Forschungsreisende Carsten Niebuhr hat darüber bereits im 18. Jahrhundert in seiner *Beschreibung von Arabien* berichtet: »Ich glaube schon irgendwo gelesen zu haben, daß die Morgenländer eine besondere Manier haben, in Gegenwart vieler Leute einen Kauf zu schließen, ohne daß einer der Umstehenden erfährt, wie viel für die Ware bezahlt wird. Sie bedienen sich dieser Kunst noch sehr oft. Ich sähe es aber ungerne, wenn jemand auf diese Art einen Kauf für mich schließen wollte, weil der Mäkler dadurch eine bequeme Gelegenheit hat, denjenigen, für welchen er kaufen soll, auch in seiner Gegenwart zu betriegen. Beyde Parteyen nemlich geben sich durch gewisse ihnen bekannte Zeichen an den Fingern und Knöcheln der Hand, wovon einer 100, 50, 10 usw. bedeutet, zu verstehen, wie viel der eine verlangt, oder der andere zu bezahlen gedenkt. Man macht aus dieser Kunst gar kein Geheimnis, weil sie sonst von keinem großen Nutzen seyn würde, sondern man bedeckt der Umstehenden wegen nur die Hände mit dem Zipfel des Kleides.« (Niebuhr 1772, 103)

Tatsächlich saßen sich Käufer und Verkäufer gegenüber und gaben sich die Hand unter einem Tuch, das sie mit der anderen Hand hielten, um ihre Handbewegungen zu verbergen. Dann berührten sie sich mit den Fingern, je nachdem, ob sie ihre gegenseitigen An-

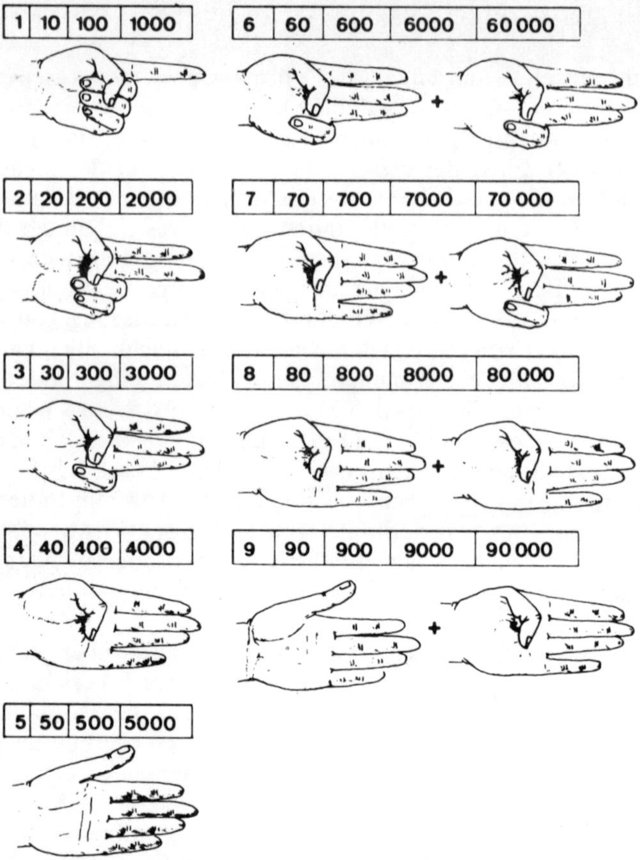

gebote herauf- oder herabsetzten. Dieses Feilschen konnte mehrere Stunden dauern und ging vor sich, ohne daß ein Wort gesprochen wurde. Dabei war Unerschütterlichkeit das wichtigste Gebot, und das geringste Zeichen des Wankens konnte zum Nachteil eines der beiden Kontrahenten ausgelegt werden.

Um die Eins auszudrücken, ergriff einer der Kontrahenten den Zeigefinger des anderen (und nicht den Daumen).
Für 2 nahm er Zeige- und Mittelfinger zusammen.
Für 3 nahm er Zeige-, Mittel- und Ringfinger zusammen.
Für 4 stand die Hand ohne den Daumen.
Für 5 nahm er die ganze Hand.
Für 6 drückte er zweimal hintereinander Zeige-, Mittel- und Ringfinger zusammen (= 2 x 3).

Für 7 ergriff er erst die Hand ohne den Daumen, dann Zeige-, Mittel- und Ringfinger zusammen (= 4 + 3)...

Für 10, 100, 1 000 oder 10 000 ergriff man wiederum den Zeigefinger des Kontrahenten, genauso wie für die Eins; für 20, 200, 2 000 oder 20 000 drückte man den Zeige- und den Mittelfinger zusammen wie für 2, und so fort.

Zu Verwechslungen konnte es dabei nicht kommen, da es sich um Geschäfte handelte, über deren Größenordnung sich die beiden Kontrahenten von Anfang an annähernd einig waren: Wollte beispielsweise ein Händler den Preis einer Ware auf ungefähr 400 Denar festsetzen, so verständigte er sich mit seinem Kunden vor Beginn der Kaufverhandlungen über den Wert der Finger als Hunderter.

Zählen mit Fingergliedern

Warum nur mit den Fingern zählen, wenn die Hand auch Fingerglieder und -gelenke hat? Diese Frage haben sich wohl vor langer Zeit mehrere asiatische Völker gestellt.

So stößt man beispielsweise in Indien, Indochina und Südchina häufig auf eine Zähltechnik, bei der mit einem Finger auf die andere Hand gezeigt wird. Dabei zählt jedes Fingerglied als eine Einheit, beginnend mit dem untersten Fingerglied des kleinen Fingers und endend mit der Daumenspitze derselben Hand; man kann jedoch auch mit der Spitze des kleinen Fingers beginnen und am unteren Glied des Daumens aufhören. Mit diesem Verfahren kann man an einer Hand von 1 bis 14 und an der anderen Hand bis 28 zählen.

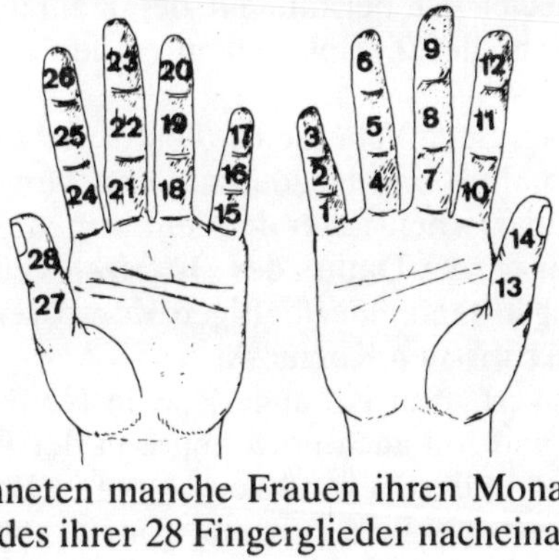

In China berechneten manche Frauen ihren Monatszyklus, indem sie täglich um jedes ihrer 28 Fingerglieder nacheinander eine kleine

Schnur knüpften. Sie hatten damit ein bequemes Mittel gefunden, um Abweichungen von ihrem normalen Zyklus festzustellen.

Wenige Jahrzehnte vor der Zeit Karls des Großen benutzte der angelsächsische Mönch Beda Venerabilis (673-735) ebenfalls seine 28 Fingerglieder, allerdings um die 28 Jahre des Sonnenzyklus zu zählen. Er ließ seine Zählung mit einem Schaltjahr beginnen und zählte vom obersten Glied des linken kleinen Fingers an horizontal in Schlangenlinien von oben nach unten. Nachdem er mit dem untersten Glied seines linken Zeigefingers das zwölfte Jahr des Sonnenzyklus erreicht hatte, fuhr er mit der Zählung der Jahre an seiner rechten Hand fort, wobei er dieses Mal jedoch mit dem obersten Glied seines rechten Zeigefingers begann (und nicht mit dem des kleinen Fingers). Schließlich endete die Zählung der letzten vier Jahre des Sonnenzyklus an den Gliedern der beiden Daumen.

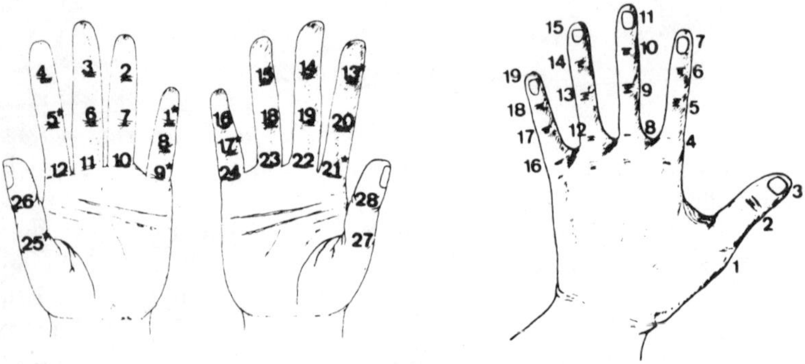

Zur Zählung der 19 Jahre eines Mondzyklus – an dessen Ende die Mondphasen wieder auf dieselben Daten wie zu Beginn fallen –, benützte Beda die vierzehn Gelenke der linken Hand einschließlich der fünf Fingernägel. Er begann mit der Daumenwurzel und erreichte das 19. Jahr des Zyklus, indem er den Nagel des kleinen Fingers berührte.

Der *Comput* des Beda Venerabilis diente vor allem zur Berechnung des Sonnenjahres und hat deshalb den Mond- und den Sonnenzyklus des Julianischen Kalenders mit seinen Schaltjahren einbezogen; Ziel war es, das Datum des Osterfestes zu berechnen, das zu jener Zeit Gegenstand einer heftigen Kontroverse zwischen der römischen und der irischen Kirche war.

Ein ähnliches Verfahren ist lange Zeit in Nordostindien in Gebrauch gewesen und soll auch noch heute in der Provinz Kalkutta (in Bengalen) und in der Gegend von Dacca in Bangladesh üblich sein. Es wurde von verschiedenen europäischen Autoren seit dem

17. Jahrhundert beschrieben, vor allem von dem französischen Reisenden Jean-Baptiste Tavernier (1605-1689) in seinen *Voyages en Turquie, en Perse et aux Indes.* Mit diesem Verfahren kann man an einer Hand bis 15 und an beiden Händen bis 30 zählen; es werden dazu die Fingergelenke benützt, beginnend beim untersten Gelenk des kleinen Fingers und endend beim Daumen, dessen Ballen ebenfalls als Gelenk zählt.

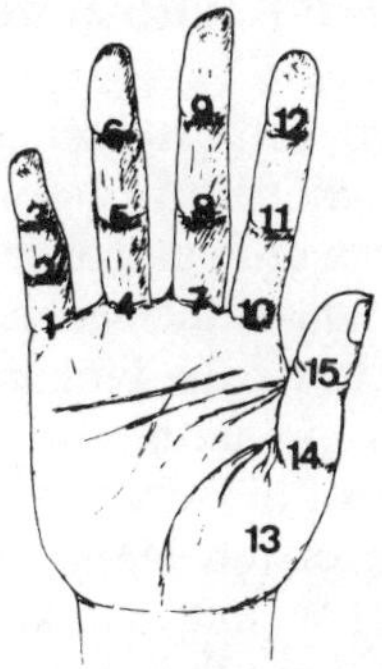

Das gleiche System findet sich in fast allen islamischen Ländern von Pakistan bis Nordafrika, aber es wird dort vor allem als Bestandteil des religiösen Brauchtums benutzt, da die Moslems damit – wenn sie keinen Rosenkranz zur Hand haben – die 99 »großen Namen Allahs« herunterbeten oder die 99 Lobpreisungen abzählen, die nach dem obligatorischen Gebet gesprochen werden.

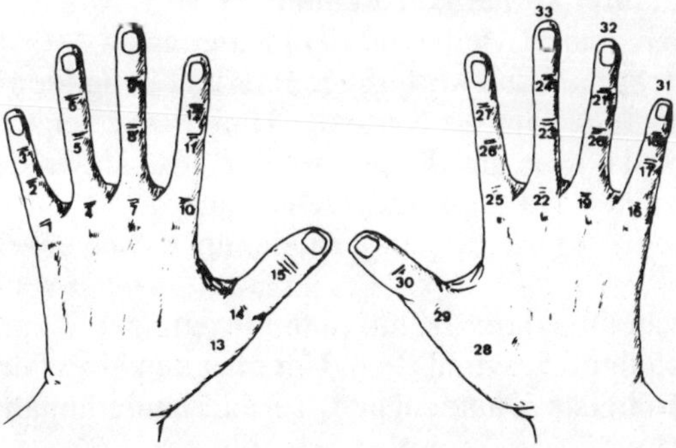

Bei dieser Zählung berührt man nacheinander an jeder Hand jedes Fingerglied, wobei die Ballen der Daumen als Gelenk mitzählen. Man beginnt mit dem unteren Glied des linken kleinen Fingers, bis man am oberen Glied des linken Daumens die Zahl 15 erreicht hat;

dann zählt man auf dieselbe Weise an der rechten Hand bis 30. Mit den Fingerkuppen von kleinem Finger, Ring- und Mittelfinger der rechten Hand kommt man bis 33. Wenn man das Verfahren dann noch zweimal wiederholt, erreicht man die 99.

In der Art der Taubstummen zählen

Ausgefeilter als die bisher vorgestellten Systeme ist ein Zählverfahren, das von den romanischen Völkern seit der Antike bis in die jüngste Zeit hinein praktiziert wurde und gleichermaßen im Nahen Osten bezeugt ist, wo es sich offensichtlich noch länger erhalten hat.

Es funktioniert ähnlich wie die Fingersprache der Taubstummen. Mit Hilfe von Bewegungen an einer oder allen beiden Händen lassen sich damit die Zahlen 1 bis 9 999 darstellen.

Dabei werden an der ersten Hand – der linken im Abendland und der rechten im Orient – mit dem kleinen, dem Ring- und dem Mittelfinger die Einer und mit Daumen und Zeigefinger die Zehner dargestellt:

Zur Angabe der Eins wird der kleine Finger auf der Höhe des mittleren Gelenkes gebeugt.

Für 2 wird zusätzlich der Ringfinger gebeugt.

Für 3 kommt der Mittelfinger zu den beiden anderen Fingern dazu.

Für 4 streckt man den kleinen Finger aus und läßt dabei die anderen Finger in ihrer vorherigen Stellung.

Für 5 macht man dasselbe mit dem Ringfinger.

Für 6 streckt man den Mittelfinger aus und beugt den Ringfinger so, daß seine Spitze auf die Mitte der Handfläche zeigt.

Für 7 streckt man alle Finger wieder aus, außer den kleinen, dessen Spitze in Richtung Handgelenk zeigt.

Für 8 kommt der Ringfinger dazu, der auf dieselbe Weise gebeugt wird.

Für 9 macht man dasselbe mit dem Mittelfinger.

Zur Darstellung der Zahl Zehn legt man den Nagel des Zeigefingers an das oberste Daumenglied, so daß beide annähernd einen Kreis bilden.

Für 20 legt man die Spitze des Daumens zwischen das untere Fingerglied des Zeige- und des Mittelfingers.

Für 30 setzt man die Spitze des Zeigefingers auf den Daumennagel.

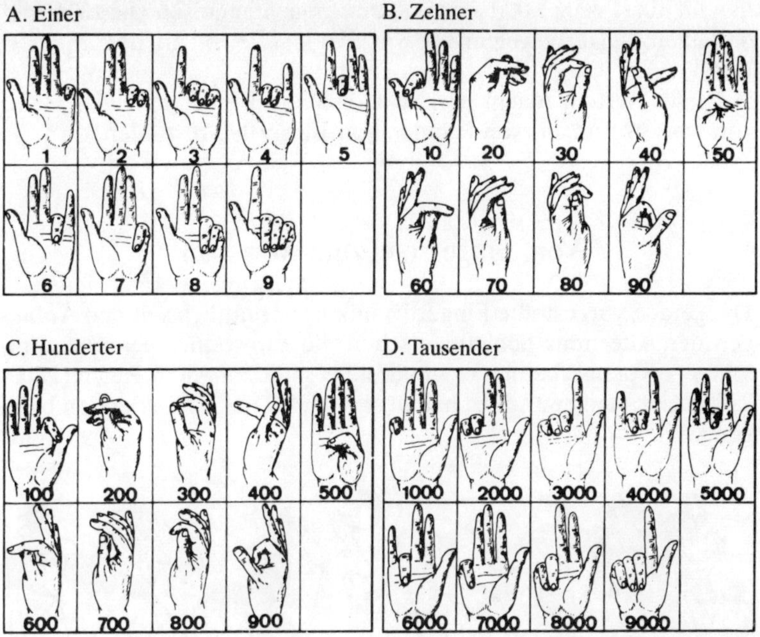

Für 40 legt man das oberste Daumenglied auf den Rücken des unteren Zeigefingerglieds, ohne dabei einen Zwischenraum zwischen Daumen und Hand zu lassen.

Für 50 krümmt man den Daumen mit der Spitze zur Mitte der Handfläche.

Für 60 krümmt man wiederum den Daumen und bedeckt dabei den Nagel mit der Innenseite des mittleren Zeigefingerglieds.

Für 70 streckt man Daumen und Zeigefinger und berührt mit der Innenseite des mittleren Zeigefingerglieds die Spitze des Daumens, ohne jedoch dessen Nagel zu bedecken.

Für 80 streckt man den Daumen und legt seinen Nagel in das mittlere Gelenk des gebeugten Zeigefingers.

Für 90 legt man schließlich den Nagel des Zeigefingers an die Daumenwurzel.

Durch symmetrische Gesten der anderen Hand – der rechten im Abendland und der linken im Orient – lassen sich mit derselben Technik schließlich Hunderter und Tausender darstellen.

Für 100, 200, 300 … geht man an dieser Hand genauso vor wie für 10, 20, 30 … an der anderen.

Und für 1000, 2000 und 3000 ... macht man an dieser Hand dieselben Fingerbewegungen wie für 1, 2, 3 ... an der anderen Hand.

Dieses System macht es also möglich, an einer einzigen Hand von 1 bis 99 und an zwei Händen von 1 bis 9999 zu zählen.

Vom Fingerspiel zum Wortspiel

Die gerade vorgestellte Fingertechnik ist vermutlich seit den Anfängen des Altertums bekannt – schon die Einwohner des pharaonischen Ägypten scheinen es mindestens seit dem Alten Reich (2800-2300 v.Chr.) angewandt zu haben, wie mehrere Grabmalereien belegen.

Auch die Römer haben dieses System des Zählens mit den Händen benutzt. Wir wissen dies beispielsweise durch viele *tesserae* (Rechenmarken), die bei archäologischen Ausgrabungen ans Licht kamen und meist auf den Beginn unserer Zeitrechnung zurückgehen. Diese kleinen Marken aus Knochen oder Elfenbein standen jeweils für eine bestimmte Geldsumme und wurden von den römischen Steuereintreibern als »Quittung« ausgegeben. Sie tragen in der Regel auf der einen Seite die Darstellung der entsprechenden Zahl mit den Fingern nach dem oben beschriebenen System und auf der anderen Seite denselben Wert in römischen Ziffern.

Auch Anspielungen zahlreicher lateinischer Autoren belegen die Verwendung des Systems in römischer Zeit. So schreibt beispielsweise der römische Rhetoriker Quintilian (35-95 n.Chr.) in seiner *Institutio oratoria* folgendes:

»Die Kenntnis der Zahlen ist nicht nur für den Redner wichtig, sondern auch für den, der schreiben kann; vor Gericht wird häufig davon Gebrauch gemacht, und ein Advokat, der mit einem Ergeb-

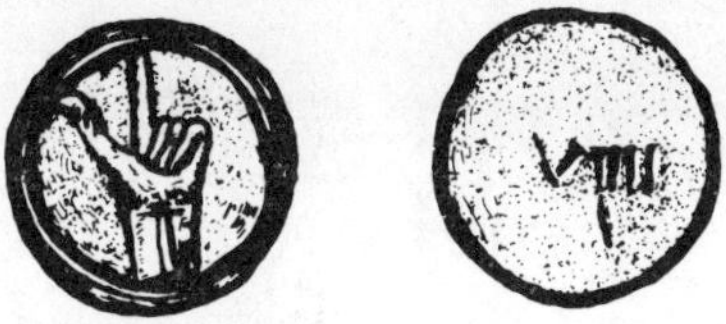

*Römische Rechenmarke (**tessera**) aus dem 1. Jahrhundert n. Chr. mit einer Darstellung der Zahl Neun mit den Fingern.*

nis zögert oder auch nur Unsicherheit oder linkisches Benehmen beim Zählen mit den Fingern zeigt, macht sofort einen schlechten Eindruck hinsichtlich seiner Fähigkeiten.« (Zit. n. Lemoine 1932, 37)

Er spielte damit auf das oben beschriebene System an, das im Römischen Reich sehr gebräuchlich war und von seinen Benutzern eine große Fingerfertigkeit erforderte.

Noch deutlicher bezieht sich der Dichter Juvenal (um 55-135 n.Chr.) auf dieses Verfahren, wenn es in seinen Satiren über Nestor, den sagenhaften König von Pylos, der mehr als ein Jahrhundert gelebt haben soll, heißt: »Ja, glücklich ist, wer so oft wie er im Laufe der Zeit trotzte dem Tod und seine Jahre schon zählt an der Rechten.« (Zit. n. Menninger 1957/58, II, 14)

Die Bedeutung dieser Stelle ergibt sich daraus, daß die Römer die Einer und die Zehner an der linken Hand und die Hunderter und Tausender an der rechten Hand zählten.

Der Heilige Hieronymus, Kirchenvater und bedeutender Gelehrter im 4. Jahrhundert, bezeugt ebenfalls diesen Gebrauch in seinen Bibelkommentaren: »Wohl entspringen die 100. und die 60. und die 30. Frucht aus derselben Erde und aus dem gleichen Samen, aber trotzdem unterscheiden sie sich sehr nach ihrer Zahlgestalt.

Dreißig ist ein Sinnbild der Vermählung: denn diese Vereinigung der Finger, die sich wie in einem süßen Kuß umfassen, stellt Mann und Frau dar.

Sechzig aber bezieht sich auf die Witwen deswegen, weil sie schweren Anfeindungen ausgesetzt sind, durch die sie bedrängt werden. (...)

Der Leser beachte sorgfältig, daß die Zahl 100 von der linken Hand auf die rechte übergeht und dort wohl von denselben Fingern, nicht aber von derselben Hand gebildet wird, die an der linken Hand die Vermählung und die Witwen versinnbildlichen. Hier bedeutet der von ihnen gebildete Kreis die Krone der Jungfräulichkeit.« (Zit. n. Menninger 1957/58, II, 12)

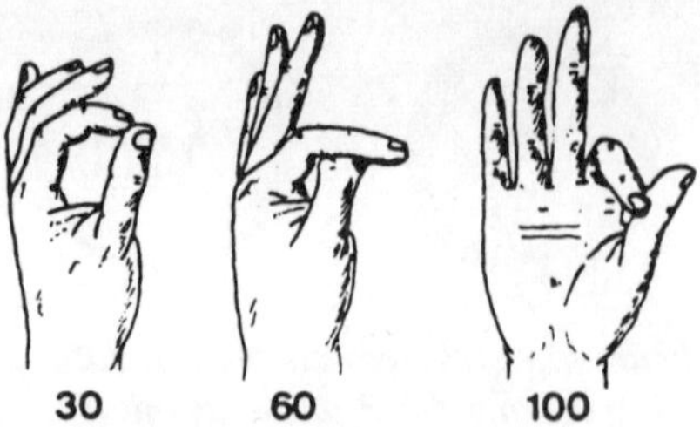

Nach dem Untergang des Römischen Reiches erfreute sich diese Methode der Fingerzählung im Abendland bis zum ausgehenden Mittelalter großer Beliebtheit und war eines der wichtigsten Hilfsmittel im mittelalterlichen Bildungswesen. Noch vor rund 400 Jahren war ihre Anwendung bei den europäischen Gelehrten so verbreitet, daß ein Handbuch der Arithmetik nur dann als vollständig galt, wenn es detaillierte Erläuterungen dieses Systems enthielt. Erst die Verbreitung des schriftlichen Rechnens mit Hilfe der »arabischen« Ziffern machte das Zählen mit den Fingern endgültig überflüssig.

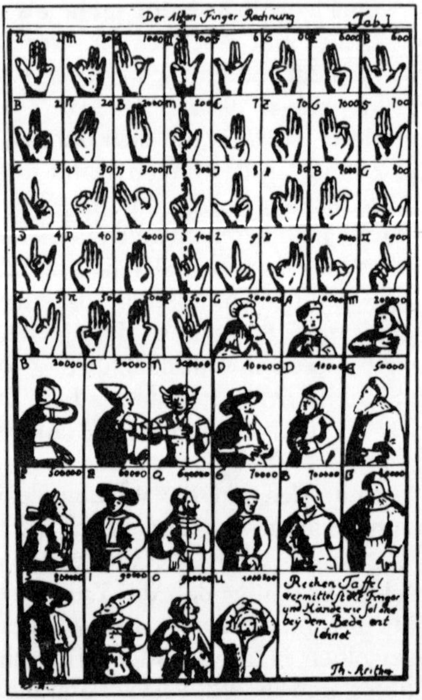

Eine Darstellung der Fingerzahlen in einem deutschen Rechenhandbuch aus dem Jahr 1727.

In der islamischen Welt war die Bedeutung der Fingerzählung mindestens ebenso groß wie im Abendland. So verschlüsseln seit den ersten Jahrhunderten der Hedjra arabische und persische Dichter subtil den Mangel an Großzügigkeit einer Person, indem sie sagen, deren Hand zeige die 93.

Der persische Dichter Abul Kasim Firdusi (um 940-1020) beispielsweise, der für sein *Schah Nameh* (Buch der Könige) schlecht entlohnt worden war, verspottete den großen Geiz des ghasnawidischen Sultans Mahmud folgendermaßen: »Die Hand des Königs Mahmud erhabener Abstammung ist neun mal neun und drei mal vier...« (Lemoine 1932, 40) – bei dieser Form der Fingerzählung ähnelt die Zahl 93 tatsächlich beinahe einer geschlossenen Hand, einem verbreiteten Symbol für den Geiz.

Ähnlich ein Spruch des persischen Dichters Abul Majid Sanaj (gestorben im Jahre 1160): »Was an der linken Hand 200 bedeutet, zählt an der rechten nur 20« (Lemoine 1932, 41) – das stimmt auch im Wortsinn, doch der Dichter wollte damit sagen, daß eine Handlung beim zweiten Mal meist an Wert – und Reiz – verliert.

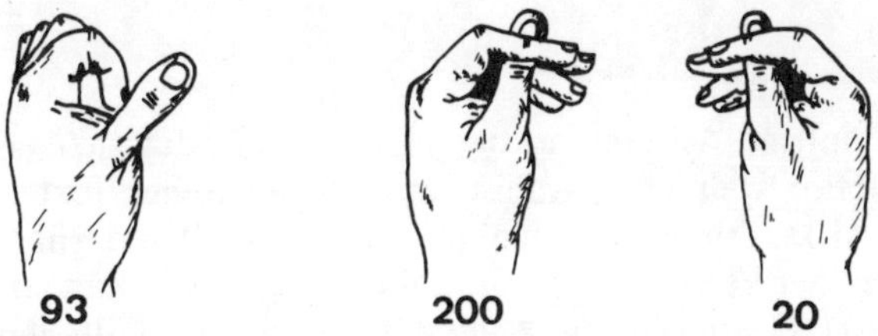

Eine weitere Anspielung auf die Fingerzählung stammt von dem persischen Dichter Anwari (gestorben um 1189), der in einem seiner Gedichte mit höfischen Worten den Großwesir Nizam al-Mulk und dessen Geschicklichkeit im Rechnen preist: »Du bogst den kleinen Finger der linken Hand bereits in einem Alter, in dem andere Kinder am Daumen lutschen.« (Lemoine 1932, 41)

Der Dichter drückte auf diese Weise aus, daß der Wesir von frühester Kindheit an schon bis mindestens 1 000 zählen konnte.

Fügen wir noch einen Vers des Dichters Chakani (1106-1200) hinzu: »Was ist das für ein Streit, der zwischen Rustem und Bahram entbrannt ist? Welcher Zorn, welche Meinungsverschiedenheiten bewegen diese beiden Söhne berühmter Familien? Auf ihrer 90 kämpfen sie Tag und Nacht, um herauszufinden, welches der beiden Heere die Zahl 20 haben wird.« (Lemoine 1932, 41)

Für die Zeitgenossen war die Bedeutung des letzten Satzes klar; einem Leser des 20. Jahrhunderts mag er ziemlich unverständlich erscheinen. Rückt man die Stelle jedoch in ihren ursprünglichen Kontext und betrachtet die Gesten für die Zahlen 20 und 90 in der oben beschriebenen Technik, so ergibt sich folgende Bedeutung: *Sie kämpfen Tag und Nacht auf ihrem Hinterteil darum, welches der beiden Heere die Oberhand behalten wird.*

Die etwas obszöne Geste für die Zahl 90 bezeichnet in der Umgangs- und der Vulgärsprache häufig den After und in weiterem Sinne das Hinterteil, und der Ausdruck »die Zahl 20 über jemand haben« hat unter Anspielung auf die entsprechende Geste für Geschlechtsverkehr einen abwertenden Sinn; im militärischen Kontext bedeutet er »die Oberhand gewinnen«.

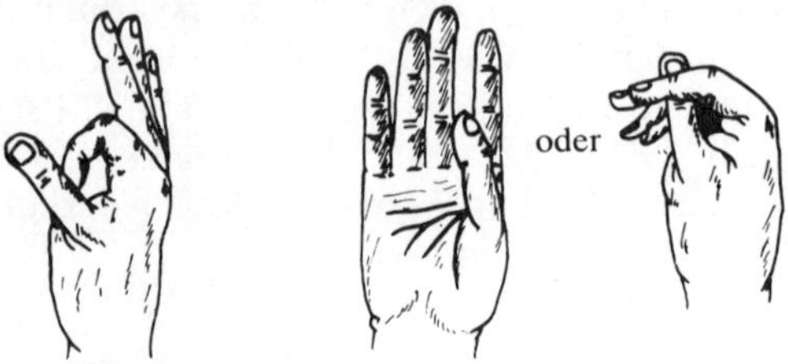

90 **20**

Eine schlüpfrige Anspielung derselben Art findet sich bei einem Kommentator weltlicher arabischer und persischer Texte, Ahmad al-Barbir al-Tarabulusi, der in einer seiner Schriften darüber berichtet, daß er der Versuchung nicht habe widerstehen können, seinen Schülern die Gesten für die Zahlen 30 und 90 mit Hilfe der folgenden Anekdote beizubringen:

»Ein sehr feinsinniger Dichter sagte in einem Epigramm auf einen schönen Jüngling namens Chalid: *Chalid zog gewöhnlich mit 90 Dirham aus und kehrte nur mit einem Drittel zurück* – auf diese Weise wollte der Dichter sagen, daß Chalid eng war, als er wegging, aber weit, als er zurückkehrte«: Besagter Chalid war homosexuell.

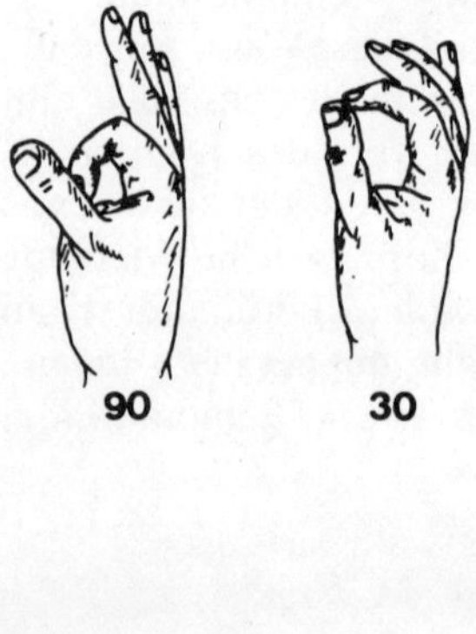

90 **30**

Der Gebrauch dieser Form der Fingerzahlen muß tatsächlich sehr geläufig gewesen sein, damit solche subtilen Anspielungen bei den zeitgenössischen Lesern Erfolg haben konnten.

Das Rechnen mit den Fingern

Die menschliche Hand läßt sich aber nicht nur zum Zählen, sondern auch zum Rechnen gebrauchen.

Ich kannte einen Bauern aus der Auvergne, der allein mit seinen Fingern multiplizieren konnte, ohne sich eines anderen Hilfsmittels zu bedienen. Er führte damit eine alte Tradition fort, deren Spuren noch in Indien, im Irak, in Syrien, in Serbien, in Nordafrika und anderswo zu finden sind.

Um beispielsweise 8 mit 9 zu multiplizieren, beugte er an der einen Hand so viele Finger, wie der Multiplikand größer als 5 war – bei 8 also 8 – 5 = 3 Finger – und behielt die anderen Finger gestreckt. Danach beugte er an der anderen Hand so viele Finger, wie der Multiplikator größer als 5 war, in unserem Fall also 9 – 5 = 4 Finger. Den letzten Finger hielt er gestreckt. Er errechnete dann das Produkt, indem er zunächst – im Kopf – die Gesamtzahl der gebeugten Finger mit 10 multiplizierte – (3 + 4) x 10 = 70 – und zu diesem Teilergebnis anschließend das Produkt aus der Anzahl der jeweils gestreckten Finger beider Hände addierte – also 2 x 1 = 2. So kam er zum richtigen Ergebnis:

8 x 9 = (3 + 4) x 10 + (2 x 1) = 72.

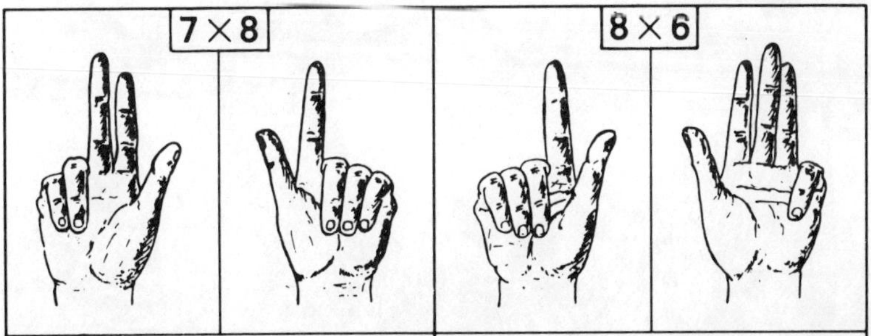

Produkt von 7 mal 8
Einknicken: (7-5) Finger einer Hand und (8-5) der anderen
Resultat: 5 Finger eingeknickt, 3 Finger an einer und 2 Finger an der anderen Hand ausgestreckt
Also: $7 \times 8 = 5 \times 10 + 3 \times 2 = 56$

Produkt von 8 mal 6
Einknicken: (8-5) Finger einer Hand und (6-5) Finger der anderen
Resultat: 4 Finger eingeknickt, 2 Finger an einer Hand und 4 an der anderen ausgestreckt
Also: $8 \times 6 = 4 \times 10 + 2 \times 4 = 48$

Dieses konkrete Verfahren, das unsere Vorfahren sicherlich auf empirische Weise gefunden haben, ist unfehlbar: es erlaubt die schnelle Durchführung von Multiplikationen aller Zahlen zwischen 5 und 10.*

Dieses Beispiel zeigt, wie es Menschen auch ohne unsere Art, mit den »arabischen« Ziffern zu rechnen, mit Phantasie, gestützt auf ihr Gedächtnis und die Möglichkeiten ihrer Finger, über Jahrhunderte hinweg gelungen ist, sich aus der Verlegenheit zu ziehen...

Aber die Hand als erstes konkretes Hilfsmittel für das Zählen und Rechnen ist lediglich eine vergängliche Art und Weise, Zahlen festzuhalten. Sie befriedigt zwar das Bedürfnis nach visueller Darstellung der Zahlen, kann sie aber nicht über längere Zeit speichern.

Der intensiver werdende Austausch zwischen den einzelnen Gesellschaften und die Entwicklung von Handel und Gewerbe stellten die Menschen, die zwar noch nicht »schreiben« konnten, aber über ihr Vermögen und ihre wirtschaftlichen Aktivitäten Buch führen wollten, vor ein neues Problem: Wie kann das Ergebnis einer Zählung dauerhaft bewahrt werden?

Und da ihnen nichts in die Wiege gelegt worden war, das ihnen eine Antwort auf diese Frage hätte geben können, mußten sie erneut erfinderisch werden...

Das Rechnen mit den Fingern im Ägypten der Pharaonen – auf einer Zeichnung aus dem 15. Jahrhundert v. Chr.

* *Den mathematischen Beweis findet man in Ifrah 1987, 97 f.*

Zahlen auf Schnüren

Als zu Beginn des 16. Jahrhunderts die spanischen Konquistadoren unter der Führung Pizarros in Südamerika landeten, fanden sie ein riesiges Reich vor, das sich über fast 4000 km von Norden nach Süden erstreckte. Es umfaßte eine Fläche von mehr als 100 Millionen Hektar und die Gebiete der heutigen Staaten Bolivien, Peru und Ecuador. Zu dieser Zeit hatte die *Kultur der Inka,* deren Anfänge wahrscheinlich auf das beginnende 12. Jahrhundert unserer Zeitrechnung zurückgehen, ihren Höhepunkt erreicht.

Das hohe Niveau ihrer kulturellen Entwicklung und ihres Wohlstands erscheinen auf den ersten Blick um so erstaunlicher, als die Inka weder das Rad noch das Zugtier noch eine Schrift in unserem Sinne kannten.

Eine Erklärung dieser Leistung liegt jedoch teilweise darin, daß die Inka Archive anlegten und mit Hilfe eines ausgeklügelten Systems verknoteter Schnüre – der *quipu* – exakt Buch führten. Ein *quipo* oder *quipu* (»Knoten«) bestand dabei aus einer Hauptschnur, die ungefähr einen halben Meter lang war, an die verschiedene bunte, dünnere Schnüre geknüpft waren. Sie waren zu mehreren Gruppen zusammengefaßt und in regelmäßigen Abständen durch verschiedene Knoten miteinander verbunden.

Die *quipu* dienten den unterschiedlichsten Aufgaben, wobei die Farbe der Schnüre, Anzahl und Stellung der Knoten, der Umfang

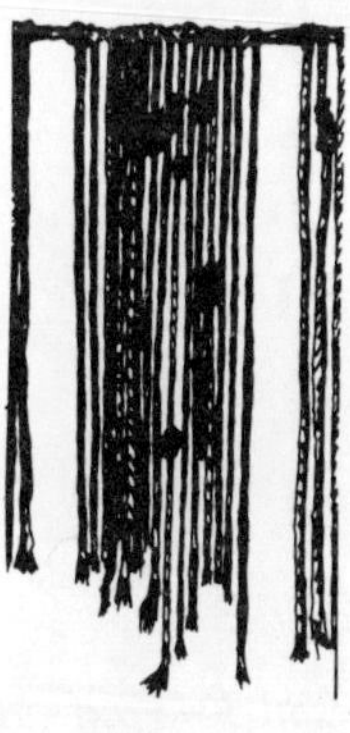

*Ein **quipu** der Inka.*

*Ein Inka-**Quipucamayoc** mit einem **quipu**.*

der zu Gruppen zusammengefaßten Schnüre und ihre Anordnung genaue Bedeutungen hatten. Mit ihnen konnten liturgische, chronologische oder statistische Daten festgehalten werden; sie dienten als Kalender und wurden bei der Übermittlung von Botschaften eingesetzt.

Die Farbe einer Schnur bezeichnete je nach Festlegung einen konkreten Gegenstand oder einen abstrakten Begriff: Die Farbe Weiß stand für Reinheit, Frieden oder Geld, Gelb für Gold, die Sonne oder die Ewigkeit und Rot für Blut, Feuer oder Krieg. Vor allem aber wurden die *quipu* in der Buchführung verwendet, ausgehend von einem Zahlensystem auf dezimaler Basis.

Man nahm eine Schnur, auf der man in gleichmäßigen Abständen Markierungen angebracht hatte. Für die Einer der festzuhaltenden Zahl knüpfte man nun auf der Höhe der vom unteren Ende der Schnur aus ersten Markierung entsprechend viele Knoten; dann wurden die Zehner durch die entsprechende Anzahl von Knoten auf der Höhe der zweiten Markierung dargestellt, die Hunderter auf der Höhe der dritten Markierung und so fort. Für die Zahl 3643 machte man beispielsweise drei Knoten auf der Höhe der ersten Markierung, vier Knoten auf der Höhe der zweiten, sechs Knoten auf der Höhe der dritten und drei auf der Höhe der vierten Markierung.

Die Knotenschnüre wurden sorgfältig aufbewahrt, um Ergebnisse von Zählungen zu speichern. Sie waren ein ideales Hilfsmittel

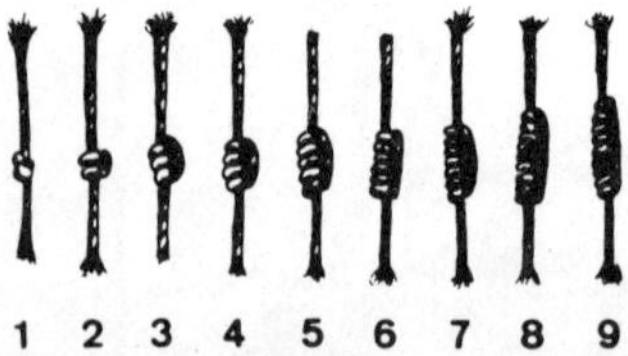

Darstellung der Zahlen 1 bis 9 auf einer Schnur nach der Methode der Inka.

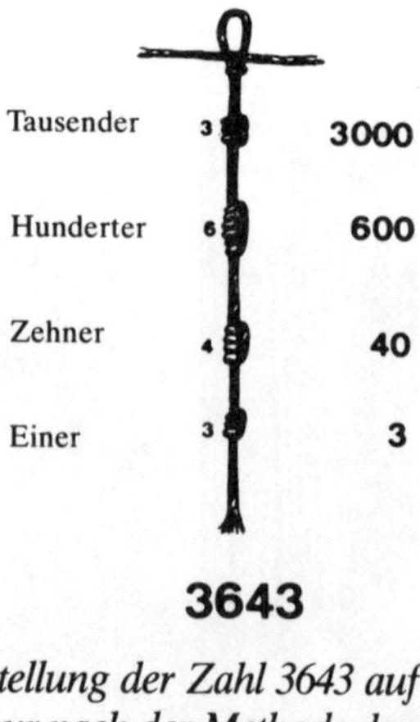

Darstellung der Zahl 3643 auf einer Schnur nach der Methode der Inka.

zur statistischen Erfassung in allen Lebensbereichen des Reiches – zur Zählung der verschiedenen Schichten der Bevölkerung, als Geburts-, Heirats- und Sterberegister, bei der Einberufung der wehrpflichtigen jungen Männer, zur Erfassung militärischer Daten und zur Zählung der Tribute, die besiegten Völkern auferlegt wurden, zur Bewertung der Ernten, zur Zählung der Tiere, die bei den riesigen jährlichen Schlachtungen getötet wurden, zur Inventarisierung der materiellen Ressourcen, zur Abrechnung über das Material, das an die Arbeiter des Reiches ausgegeben wurde, als Lieferscheine, zur Haushaltsplanung und zur Steuerveranlagung der einzelnen Verwaltungseinheiten.

Die Verwaltung der Inka war außergewöhnlich gut organisiert. In jeder Stadt, jedem Dorf und jedem Bezirk des Reiches hatten Beamte mit dem Titel eines *quipucamayoc* (»Hüter der Knoten«) den Auftrag, einerseits die *quipu* herzustellen und jederzeit auswerten zu können, und andererseits die Regierung mit den erforderlichen Informationen zu versorgen. Alljährlich registrierten sie die in der Region abgelieferten Produkte oder zählten die Bevölkerung; die Resultate übertrugen sie auf die *quipu* und gaben diese Register an die Zentralverwaltung weiter, die auf diese Weise über wichtige Bestände an statistischen Informationen verfügte.

Der *quipu* war so einfach und zugleich so wertvoll, daß sich sein Gebrauch in Peru, Bolivien und Ecuador noch lange gehalten hat. Anscheinend haben noch Mitte des letzten Jahrhunderts im peruanischen Hochland die Schäfer ihre Tiere mit dem *quipu* gezählt. In einem ersten Bündel aus weißen Fäden erfaßten sie den Bestand an

*Verwendung des **quipu** durch die Hirten des peruanischen Hochlandes im vorigen Jahrhundert zur Erfassung ihrer Viehbestände.*

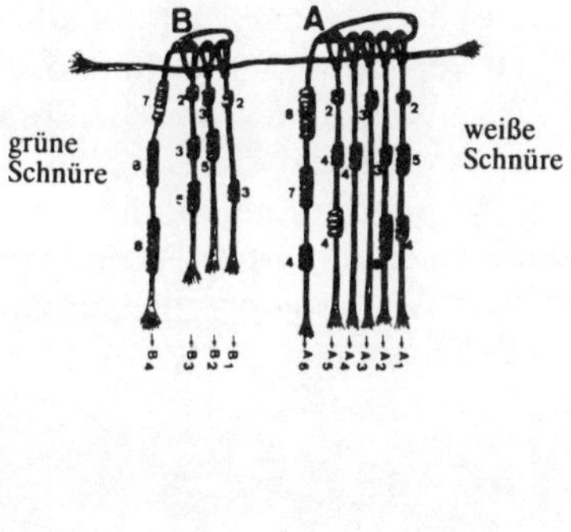

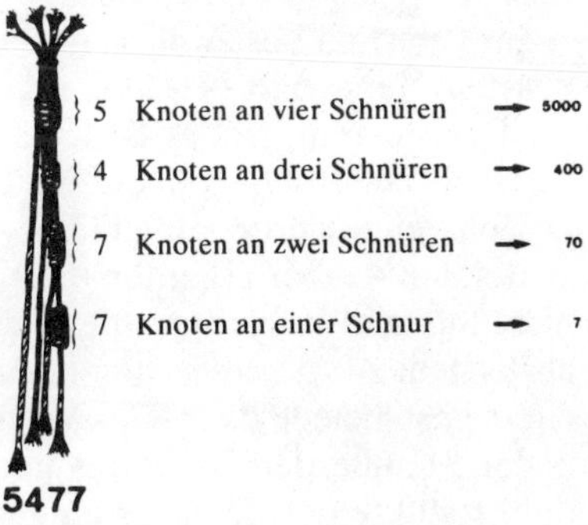

*Schnüre eines **chimpu** der Indios in Peru und Bolivien.*

Schafen oder Ziegen, wobei sie die Hammel an der ersten Schnur, die Lämmer an der zweiten, die Ziegen an der dritten, die Jungziegen an der vierten, die Milchschafe an der fünften etc. notierten. Auf einem zweiten Bündel mit grünen Fäden wurde der Großviehbestand festgehalten: die Stiere an der ersten Schnur, die Milchkühe an der zweiten, trockenstehende Kühe an der dritten, dann die Kälber nach Alter und Geschlecht etc.

Heute noch verwenden die Indios in Bolivien und Peru ein ähnliches System: den *chimpu*, eine Spielart des *quipu*. Eine Schnur allein wird dabei zur Zählung der Einer benutzt, wobei wie beim *quipu* so viele Knoten wie nötig geknüpft werden; die Zehner werden durch Knoten dargestellt, die in zwei miteinander verbundene Schnüre geknüpft werden, die Hunderter in drei miteinander verbundene, die Tausender in vier etc. Auf dem *chimpu* gibt also die Anzahl der Schnüre, die durch die Knoten miteinander verknüpft werden, die Dezimalordnung an: Sechs Knoten stehen für 6, 60, 600 oder 6000, je nachdem, ob sie eine, zwei, drei oder vier Schnüre miteinander verbinden.

Aber dieses bemerkenswerte System ist keineswegs eine ausschließliche Errungenschaft der Inka und der Völker Südamerikas. Knotenschnüre sind vielmehr seit dem frühen Altertum an verschiedensten Orten in Gebrauch. Herodot (485-425 v.Chr.) erzählt beispielsweise, wie der Perserkönig Darius I. (522-486 v.Chr.) auf einem Kriegszug verbündeten griechischen Soldaten die Bewachung einer Brücke anvertraute, die von strategischer Bedeutung für seine Nachhut war. Er übergab ihnen einen Riemen mit 60 Knoten und befahl ihnen, jeden Tag einen Knoten zu lösen, wobei er sagte: »Sollte ich noch nicht zurück sein, wenn ihr den letzten Knoten gelöst habt, so besteigt eure Schiffe und kehrt nach Hause zurück!« (Zit. n. Clairbone 1978, 19)

Im Palästina des zweiten nachchristlichen Jahrhunderts unter römischer Herrschaft benutzten die *Publicani* – die Steuereintreiber – als Register ein großes Seil, das vermutlich aus mehreren Fäden bestand; außerdem war die Quittung, die jedem Steuerpflichtigen ausgehändigt wurde, eine kleine, geknotete Schnur.

Bei den Arabern dienten die Knotenschnüre lange Zeit ebenfalls nicht nur zum Zählen, sondern auch als Verträge, als Quittung oder als System zur Archivierung in der Verwaltung. Die arabische Sprache selbst belegt dies: Das Wort *'aqd* – wörtlich »der Knoten« – bedeutet außerdem »Vertrag« und bezeichnet die Zahlen, die durch die Produkte der neun ersten ganzen Zahlen mit einer Potenz von Zehn gebildet werden – einige arabische Autoren sprechen so von *Zehnerknoten, Hunderterknoten, Tausenderknoten* etc.

Auch die Chinesen haben vermutlich lange Zeit ein ähnliches System für Volkszählungen, zur Buchführung und für Archive benutzt, als die Schrift noch unbekannt oder kaum entwickelt war. »In den allerältesten Zeiten wurden die Menschen durch ein System verknoteter Schnüre regiert«, heißt es im *I-Ging* (Buch der Wandlungen), einem klassischen Werk, das vermutlich auf die erste Hälfte des ersten Jahrtausends v.Chr. zurückgeht. Der Überlieferung zufolge hat der Kaiser Shen-nung, einer der drei mythischen Begründer der chinesischen Kultur, das System der Buchführung mit geknoteten Schnüren erfunden und wesentlich zur Verbreitung dieser Methode beigetragen.

Im Fernen Osten ist bis heute der Gebrauch von geknoteten Schnüren nicht völlig ausgestorben. Man findet ihn noch auf den Ryukyu-Inseln zwischen dem japanischen Archipel und Taiwan: Auf der Insel Yaeyama errechnete und verzeichnete man noch vor nicht allzu langer Zeit die Ernteerträge mit ähnlichen Verfahren, und jeder Steuerpflichtige erhielt als »Zahlungsaufforderung« durch den Steuereinnehmer eine kleine geknotete Schnur, die ihm den geschuldeten Betrag anzeigte. In einigen Orten auf der Insel Okinawa berechnen noch heute Arbeiter die Anzahl ihrer Arbeitstage und das Geld, das man ihnen schuldet, indem sie mit einem ähnlichen Verfahren auf Strohschnüren zählen. Ebenso verzeichnen in der Gegend der Stadt Shuri die Pfandleiher noch immer ihre verschiedenen Geschäfte auf langen Fäden aus Rinde oder Binsen.

Dasselbe Verfahren findet sich bei einigen sibirischen Volksstämmen wie den Wogulen, Ostjaken, Tungusen und Jakuten, auf den Karolineninseln (bei Tahiti), auf Hawaii und in Westafrika, besonders bei den Yebu und den Yoruba in Nigeria.

Einige Indianerstämme Nordamerikas haben auf dieselbe Weise Pflanzenfasern verknotet, um Gegenstände, Tiere oder Personen zu zählen oder die Zeit zu messen. Dieses Verfahren konnte beispielsweise bei den Apachen und bei den Zuni in Neumexiko beobachtet werden, bei den Yakima im Staat Washington, bei den Walapai und den Havasupai in Arizona, den Miwok und den Maidu in Kalifornien und anderen.

Schließlich benutzten deutsche Müller noch Ende des letzten Jahrhunderts ein System dieser Art, um die Ergebnisse ihrer Geschäfte mit den Bäckern festzuhalten.

Aus der Vorzeit: Zählen mit Kerben

Aber die Erfindung der Knotenschnüre ist nicht die einzige, die das Bedürfnis nach Speicherung der Zahlen befriedigte. Die weltweit am besten bezeugte Methode in der Geschichte der »Buchführung« und zugleich eine der ältesten benutzt vielmehr *Kerben in Knochen* oder *Holzstücken.* Mit diesem Verfahren konnten die Menschen schon Zahlen aufzeichnen, bevor sie abstrakt zählen konnten.

Die ersten archäologischen Zeugnisse des Zählens mit Kerben stammen aus dem *Aurignacien* (35 000 bis 20 000 v.Chr.) und tauchen etwa gleichzeitig mit dem *Cro-Magnon-Menschen* auf: Es handelt sich um zahlreiche Knochen mit jeweils einer oder mehreren Reihen von Kerben in regelmäßigen Abständen, die zumeist in Westeuropa gefunden wurden.

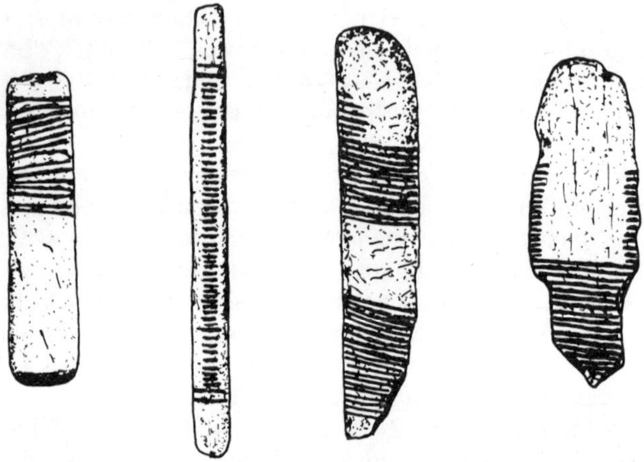

Gekerbte Knochen aus dem Spätpaläolithikum (35000 bis 20000 v. Chr.).

Unter diesen Knochen befindet sich auch die Speiche eines Wolfes mit 55 Einkerbungen, aufgeteilt auf zwei Reihen von Fünfergruppen. Archäologen fanden sie 1937 in Dolni Vestonice in der Tschechoslowakei in einer fast 30 000 Jahre alten Fundschicht. Der Zweck dieser Einkerbungen ist zwar bis heute rätselhaft geblieben, aber dieser Knochen, dessen Kerben sicherlich mit Absicht eingeschnitten wurden und keineswegs einem ästhetischen Bedürfnis entsprachen, ist wohl eines der ältesten Dokumente des Zählens, das uns überliefert wurde. Er zeigt sogar ganz deutlich, daß es dem Menschen zu dieser Zeit nicht nur bereits gelungen war, abstrakte Zahlen zu erfassen, sondern sie auch nach dem Prinzip der Basis zu zerlegen. Warum hätte man sich sonst die Mühe gemacht, die Kerben auf dem Knochen so gleichmäßig zu verteilen? Das Zählen mit Kerben allein unter dem Aspekt der paarweisen Zuordnung hätte lediglich eine fortgesetzte Reihe von Strichen ergeben.

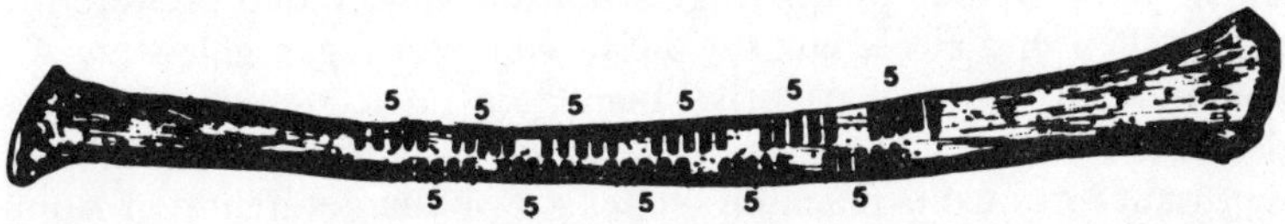

Vielleicht war der Mann, dem dieser Knochen diente, ein gefürchteter Jäger: Sobald er ein Tier erlegt hatte, schnitt er eine Kerbe in seinen Knochen. Und vielleicht wählte er verschiedene Knochen je nach Art des Tieres – einer für Bären, ein anderer für Hirsche, wieder ein anderer für Büffel etc. Aber um nicht jedes Mal die Anzahl der entsprechenden Einkerbungen zählen zu müssen, hatte er die Gewohnheit entwickelt, sie in Gruppen zu fünf aufzuteilen, entsprechend der Zahl der Finger an einer Hand.

Er hatte auf diese Weise eine graphische Darstellung der ersten ganzen Zahlen auf der Basis Fünf erarbeitet.

Die Menschheit kannte in diesem Stadium ihrer Geschichte die Schrift noch nicht; aber durch diese Art, eine Zählung materiell festzuhalten, haben der Besitzer des Knochens und seine Vorgänger trotzdem die ersten Ansätze der schriftlichen Buchführung erfunden: Sie haben die *Ziffern* des einfachsten Systems der Zahlenwiedergabe benutzt, das die Geschichte kennt.

Buchführung ohne Schrift

Man könnte die Darstellung von Zahlen durch Kerben für eine primitive Technik ohne Zukunft halten – sie ist sicherlich primitiv, aber keineswegs ohne Zukunft. Sie hat sich vielmehr bis in unsere Zeit hinein fast ohne Veränderung erhalten, über Tausende von Jahren der Evolution, der Geschichte und der Zivilisationen hinweg. Ohne es zu wissen, haben unsere Vorfahren vor mehr als 30 000 Jahren eine Entwicklung in Gang gebracht, die alles andere an Langlebigkeit übertreffen sollte. Nicht einmal das Rad hat ein solches Alter, höchstens das Feuer kann es mit dieser Erfindung aufnehmen.

Zahlreiche Einkerbungen auf den Felswänden prähistorischer Höhlen neben den Umrissen von Tieren lassen keinen Zweifel an ihrer Funktion aufkommen, und bis in unsere moderne Zeit hinein hat sich diese Technik kaum verändert.

In der Nähe von Los Angeles führten vor nicht allzu langer Zeit indianische Arbeiter über ihre Arbeitszeit Buch, indem sie in Holzstücke feine Kerben für die Tage schnitten, tiefere und breitere für die Wochen und ein Kreuz für die in vierzehn Tagen geleistete Arbeit. Die Cowboys in Amerika benutzten im letzten Jahrhundert dasselbe Verfahren, wenn sie für jeden erlegten Bison eine Kerbe in den Lauf ihres Colts machten – ebenso wie die gefürchteten Kopfgeldjäger für jeden gefangenen oder getöteten Banditen.

38

39

Kerbhölzer von Schweizer Hirten für parallel durchgeführte Zählungen (Ende 18. Jahrhundert).

Noch vor wenigen Generationen registrierten in einigen Teilen der Schweizer und österreichischen Alpen die Hirten die Anzahl der Tiere, die sie hüten mußten, nach verschiedenen Kategorien, indem sie für jede ein anderes Holzbrettchen benutzten, das sorgfältig geschnitzt und mit einem Wort oder einem besonderen Zeichen wie folgt markiert wurde:

– die Bezeichnung *Küo* (Kühe) oder das Zeichen für die Kühe;
– das Wort *Schaf* oder das Zeichen  für die Schafe;
– das Wort *Geis* oder das Zeichen  für die Ziegen etc.

Damit führten diese Hirten mehrere Zählungen parallel nebeneinander durch – sie begannen zunächst damit, die Registrierung der Rinder von der der Schafe oder Ziegen zu trennen, und banden mit einem ersten Lederriemen die Kerbhölzer mit Angaben zu den Ochsen, Kühen und Stieren zusammen, mit einem zweiten die mit der Zählung der Ziegen und Schafe. Anschließend trennten sie die Tiere nach Alter und Geschlecht, indem sie beispielsweise Hammel, Mutterschafe, Milchschafe und Lämmer unterschieden, oder aber Tiere, die Milch gaben, von denen, bei denen dies nicht der Fall war. Damit war also ein richtiges System der Buchführung entstanden.

Ein anderes Beispiel: Die *taille,* eine Steuer, die früher in Frankreich die Lehensherren und der König von ihren Leibeigenen und den Nichtadeligen erhoben, hat ihren Namen einfach daher, daß die Steuereinzieher auf einem Kerbholz – das auf französisch *taille* heißt – die eingenommenen Steuern verzeichneten.

Kurioserweise war dasselbe System noch zu Beginn des 19. Jahrhunderts in England in Gebrauch, um Steuerzahlungen zu belegen und über Einnahmen oder Ausgaben Buch zu führen. Dabei wurden Holzstäbe mit verschieden tiefen Kerben versehen, die für 1 Pfund, 10 Pfund, 100 Pfund bzw. Bruchteile eines Pfund standen – noch vor 150 Jahren führte der hochehrenwerte britische Finanzminister seine Archive in dieser Form, woran Charles Dickens heftige Kritik übte:

»Seit ein paar hundert Jahren hat sich in der Schatzkanzlei eine wilde Methode der Buchführung eingebürgert. Man führt dort Buch wie Robinson Crusoe auf seiner kleinen Insel, indem man Holzstöcke mit Kerben versieht. Eine Anzahl von Buchhaltern und Schreibern wurde geboren und starb, und die amtliche Routine hielt an den Kerbhölzern fest, als seien sie die Grundfeste der Verfassung. Das Schatzamt rechnete auch weiterhin mit Kerben und Stöckchen aus Ulmenholz, *tallies* genannt.*

Unter der Regierung des Königs George III. wehte ein revolutionäres Lüftchen, und man untersuchte, ob man trotz Federn, Tinte und Papier, Schiefertafeln und Kreidestiften weiterhin auf diesem überlebten System bestehen oder es durch ein moderneres ersetzen solle. Aber die Bürokratie beharrte auf ihrer eingespielten Methode, und die Stöcke wurden erst 1826 abgeschafft!

1834 stellte man fest, daß sich ein gewaltiger Holzhaufen angesammelt hatte, so daß sich die Frage erhob, was mit dem ganzen verfaulten und wurmstichigen Holz geschehen solle. Man stapelte die Stöcke in Westminster, und eine gescheite Person machte den Vorschlag, sie als Brennholz unter die armen Leute der Umgebung zu verteilen. Aber da die Stöcke noch nie zu etwas nutze waren, verlangte die Bürokratie, daß sie auch jetzt zu nichts nutze sein dürften; es wurde angeordnet, sie heimlich zu verbrennen.

---

* Das englische Wort *tally* bedeutet gleichzeitig »Einschnitt«, »kleines gekerbtes Holzstück«, »sich einigen«, »übereinkommen« und »sich entsprechen«; *tallyman* ist ein »Verkäufer auf Kredit«.

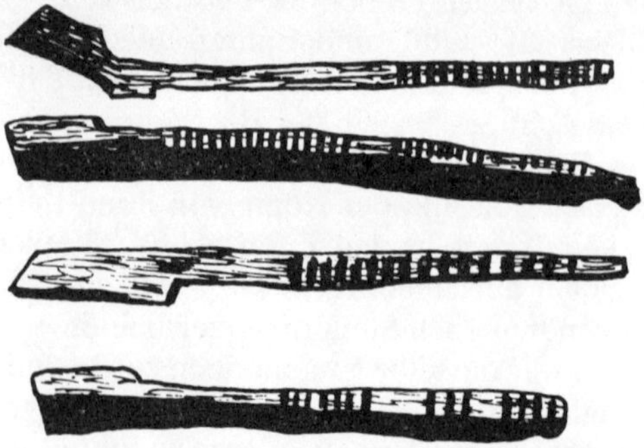

Englische Kerbhölzer aus dem 13. Jahrhundert.

Sie sollen in einem Ofen im Oberhaus verbrannt worden sein; der vollgestopfte Ofen setzte jedoch die Wandtäfelung in Brand, das Feuer griff auf das Unterhaus über und beide Parlamentsgebäude gingen in Flammen auf. Es wurden Architekten mit dem Neubau beauftragt, so daß uns das Ganze inzwischen mehr als zwei Millionen gekostet hat.« (Zit. n. Dantzig 1931, 28 f.)

Nun mag man dies als typisch für den berühmten britischen Konservatismus verspotten – aber zu Beginn des letzten Jahrhunderts wurden in Frankreich, in der Schweiz, in Deutschland und in den skandinavischen Ländern dieselben Holzstöcke mit Kerben anstelle der heutigen Rechnungsbücher und schriftlicher Verpfändungen verwendet und dienten auf den öffentlichen Märkten als Hilfsmittel der Geldverleiher.

In Frankreich wurde mit Kerbhölzern unter anderem die Einhaltung von Verträgen bescheinigt und die Lieferung von Waren bestätigt – im Code Civil, dem von Napoleon 1804 erlassenen Zivilrecht, findet sich im Artikel 1333 folgende Bestimmung: »Die Kerbhölzer, die mit dem Hauptholz übereinstimmen, sind rechtsgültig zwischen Leuten, die auf diese Weise die gemachten oder erhaltenen Lieferungen einzeln zu bestätigen pflegen.« (Zit. n. Menninger 1957/58, II, 35)

Darüber hinaus war diese Methode bis zu Beginn des 20. Jahrhunderts – und teilweise bis in die jüngste Zeit, wie ich noch vor einigen Jahren in einem Dorf in der Nähe von Dijon selbst beobachtet habe – in Frankreich in Bäckereien auf dem Land noch durchaus üblich, wenn das Brot auf Kredit verkauft wurde: Der Bäcker nahm ein ungefähr 20 Zentimeter langes Holzstück und spaltete es der Länge nach in zwei Teile. Dann legte er beide Holzbrettchen aufeinander und ritzte bei beiden gleichzeitig mit einer Säge oder mit einem Messer so viele Kerben, Striche oder Kreuze in die Kanten, wie er dem Kunden Brote gab. Eines der halben Kerbhölzer gab er nun seinem Kunden, während er die andere Hälfte in der Bäckerei aufbewahrte, wo er es an einem Riemen mit ähnlichen Stöcken aufhängte, nachdem er vorher den Namen des Kunden darauf geschrieben hatte. Abrechnung und Zahlung erfolgten zu einem festgelegten Zeitpunkt, etwa einmal im Monat oder alle vierzehn Tage, und waren leicht zu kontrollieren. Irrtümer oder Betrug waren unter diesen Umständen nicht möglich, denn beide Kerbhölzer trugen dieselben Kerben. Der Kunde konnte keine beseitigen, und der Bäcker keine hinzufügen. Und hätte letzterer dies dennoch gewagt, so wäre er durch einen Vergleich der beiden Hölzer leicht des Betruges überführt worden – eine erstaunliche Form der Quittung, Rechnung oder sozusagen des »Kohlepapiers«, aber auch eine Kreditkarte aus Holz, die fast ebenso fälschungssicher und effektiv war wie unsere modernen Magnetkarten.

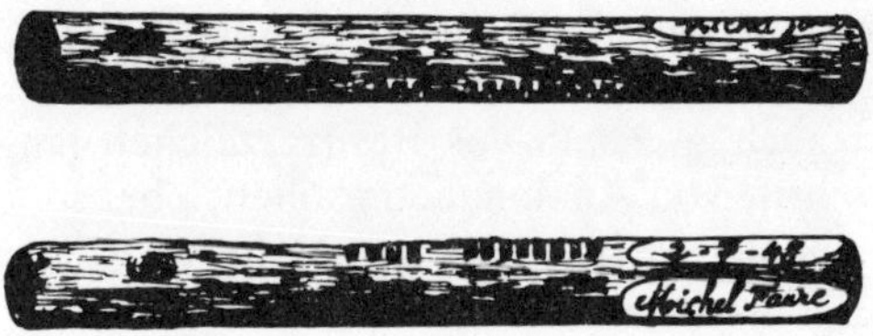

Kerbhölzer aus Bäckereien in Frankreich, wie sie in kleinen Ortschaften auf dem Lande üblich waren.

Bis in die Neuzeit hinein hat das Kerbholz seinen praktischen Nutzen bewiesen, da es »besser als die Finger dazu geeignet ist, Resultate einer Rechnung aufzubewahren, was seine wichtigste Aufgabe ist. Dabei können mit diesem ›Gedächtnis‹ nicht nur Teilergebnisse festgehalten werden, bis das Endergebnis berechnet wird – was in früher Vorzeit, vor Entwicklung der Grundrechenarten der Fall war –, auch das endgültige Resultat kann in dieser Form aufbewahrt und überliefert werden. In dieser Funktion haben sich die Kerbhölzer bis in unsere Tage erhalten – aber nun durch ihre Verwendung im Bereich der Ökonomie und nicht mehr einfach im Bereich des Rechnens.« (Gerschel 1962b, 538 f.)

Für diese neue Funktion des Kerbholzes – etwa als Darlehensvertrag – war ein Besitzerzeichen als Symbol für den Eigennamen unerläßlich. Es charakterisierte das Individuum, mit dem es verbunden war und das es juristisch in den Augen der Geschäftspartner und Mitbürger bei jeder Gelegenheit repräsentierte. Das Besitzerzeichen konnte jederzeit als »Namenszug« dienen – so gab es zur Zeit Ludwigs XIV. Gesetze, wonach jeder wegen Diebstahls bestraft werden sollte, der sein Besitzerzeichen auf dem Gegenstand eines anderen in der Absicht anbrachte, ihn sich damit anzueignen, und wegen Mißbrauchs wurde jeder bestraft, der das Besitzerzeichen eines anderen in betrügerischer Absicht gebrauchte.

Beispiele für Besitzerzeichen:

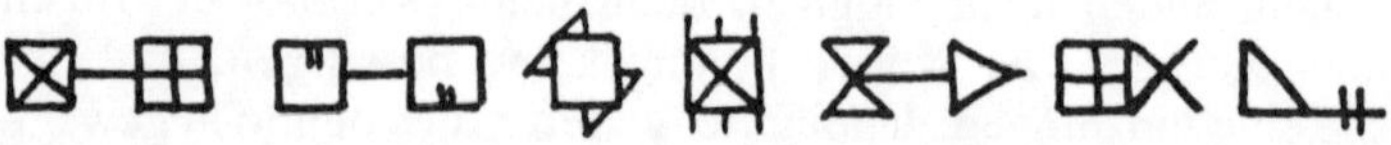 etc.

Als Symbol, das durch Konvention festgelegt ist und nicht nur Rechte, sondern auch Verpflichtungen bezeugt, ist ein solches Besitzerzeichen ein Vorläufer der heutigen Unterschrift; seine Erfindung reicht vermutlich in die Zeit vor der Entdeckung der Schrift zurück. Und noch das deutsche Wort *signieren* deutet auf diesen alten Gebrauch von Kreuzen oder ähnlichen Zeichen als Unterschrift, da es sich vom lateinischen *signare* – »ein Kreuz machen« – herleitet.

Dies erklärt auch, weshalb das Besitzerzeichen lange Zeit die übliche Unterschrift von Analphabeten blieb, ebenso wie der Gebrauch des Kerbholzes seit undenklichen Zeiten die Buchführung derjenigen ist, die weder lesen noch schreiben können.

Vom calculus zum Kalkulieren

Ein anderes konkretes Verfahren, das ebenfalls universelle Verbreitung gefunden hat, spielt in der Geschichte der Arithmetik und der Buchführung eine noch bedeutsamere Rolle: das Anhäufen von Steinchen oder von Stöckchen, Muscheln, getrockneten Früchten und anderen kleinen Gegenständen.

Dennoch war diese Methode ebenso wie das rudimentäre Zählen mit Kerben anfangs eine äußerst einfache Form der Zahlendarstellung, sozusagen der Nullpunkt der späteren Entwicklung: Auch die Verwendung von Kieselsteinen gehört zu den Systemen der »stillen Buchführung«, da sie weder eine Anstrengung des Gedächtnisses noch eine abstrakte Kenntnis der Zahlen erfordert; nur das Prinzip der Zuordnung von Einheit zu Einheit muß angewendet werden.

Aber sobald der Mensch gelernt hatte, abstrakt auf dem Prinzip der Basis zu zählen, hat sich diese Zähltechnik als so anpassungsfähig erwiesen, daß sie Fortschritte aller Art ermöglichte.

So ist das Tragen von Ringen am Hals und an den Armen bei den Frauen der *Masai* in Kenia ein Zeichen für Reichtum, da jeder Ring für den Besitz eines Ochsens oder einer Kuh steht.

In Abessinien – dem heutigen Äthiopien – wurde vor einem Kriegszug für jeden Krieger ein Kieselstein auf einen Haufen gelegt, und bei der Rückkehr nahm jeder Überlebende wieder einen davon weg. Aufgrund der verbliebenen Steine konnte die genaue Zahl der im Kampf erlittenen Verluste ermittelt werden.

Und dasselbe ist auch zu Beginn des Films *Iwan der Schreckliche* von Sergej Eisenstein zu sehen, in dem die Geschichte des russischen Zaren Iwan IV. Wassiljewitsch aus dem 16. Jahrhundert erzählt wird: Vor dem Aufbruch zur Belagerung der Stadt Kasan legt jeder Soldat der Armee des Zaren eine kleine Metallmünze auf eine Platte.

Diese Methode ist in der Geschichte der Arithmetik von elementarer Bedeutung, denn Kieselsteine haben es dem Menschen ermöglicht, sich die Kunst zu rechnen – und zu kalkulieren – anzueignen. Und wenn wir heute von *Kalkül* sprechen, so verweist uns das Wort selbst auf dieses uralte Verfahren, denn in der lateinischen Sprache bedeutet *calculus* »kleiner Kieselstein«. Ähnliche etymologische Zusammenhänge finden sich auch in der griechischen und in der arabischen Sprache: Auf griechisch bedeutet *psephos* gleichzeitig »Zahl« und »Stein«, und das arabische Wort *haswa* – »Kieselstein« – hat dieselbe Wurzel wie das Wort *ihsa,* das für »Abzählen« oder »Statistik« steht.

Kieselsteine bilden vor allem den Ursprung des *Abakus* und des *Kugelbretts,* der Rechengeräte, die der Mensch erfunden hat, als er auf der Suche nach einem Hilfsmittel bei immer schwierigeren Rechenaufgaben war, und die häufig gebraucht wurden, als das schriftliche Rechnen mit Hilfe der »arabischen Ziffern« noch nicht zur Verfügung stand.

Auf Madagaskar hatten Krieger vor noch nicht allzu langer Zeit eine sehr praktische Gewohnheit: Um ihre Truppen abzuzählen, ließen sie die Soldaten einen nach dem anderen durch einen sehr engen Durchgang marschieren. Für jeden Soldaten, der aus dem Durchgang trat, legte man einen Kieselstein in eine kleine Furche auf dem Boden. Beim zehnten Soldaten wurden die zehn Kieselsteine in dieser Reihe durch einen Kieselstein in einer zweiten ersetzt, die für die Zehner bestimmt war. Nun wurden erneut Kieselsteine in die erste Furche gelegt, bis beim zwanzigsten Soldaten ein zweiter Stein in die zweite gelegt wurde. Enthielt diese ebenfalls zehn Steinchen – nachdem 100 Soldaten gezählt worden waren – so ersetzte man sie durch einen Kieselstein in einer dritten Furche, die für die Hunderter stand, und so fort bis zum letzten Krieger. Wenn beispielsweise 456 Soldaten gezählt wurden, so befanden sich am Ende sechs Kieselsteine in der ersten Reihe, fünf in der zweiten und vier in der dritten.

Ohne es zu wissen, hatten die Madegassen so die Verwendung des *Abakus* erfunden. Andere Völker ersetzten die im Boden gezogenen Furchen durch parallel angeordnete Metall- oder Holzstäbchen und die Kieselsteine durch Kugeln mit Löchern, damit sie auf diesen Stäben frei beweglich waren, und erfanden auf diese Weise das *Kugelrechenbrett*.

Die Rechentafeln

Bei den Völkern des Abendlandes bestand der am häufigsten gebrauchte Abakus aus einer Tafel oder einem Brettchen, das durch mehrere parallele Linien oder Reihen unterteilt war, welche den verschiedenen Ordnungen des Zahlensystems zugeordnet waren. Zur Darstellung der Zahlen und zur Durchführung von Rechenaufgaben wurden Kieselsteine oder Rechenmarken verwendet, die jeweils den Wert einer Einheit hatten und bei den Griechen *psephoi,* bei den Römern *calculi* hießen.

Auf dem antiken römischen Abakus stand eine Spalte im allgemeinen für eine Zehnerpotenz. Von der rechten Spalte ausgehend war die erste den Einern, die nächste den Zehnern, die dritte den Hundertern, die vierte den Tausendern zugeordnet und so fort. Eine Zahl wurde nun einfach dadurch dargestellt, daß in jeder Spalte die Anzahl der Einheiten in dieser Ordnung durch entsprechend viele identische Marken ausgedrückt wurde: die Zahl 5 693 also beispielsweise durch fünf Marken in der vierten Spalte, sechs in der dritten, neun in der zweiten und drei in der ersten.

Manchmal waren die Spalten auch zweigeteilt: Im unteren Teil stand eine Marke dann für eine Einheit der entsprechenden Dezimalordnung, im oberen Teil für die Hälfte einer Einheit der nächsthöheren Ordnung – in der rechten Spalte also für 5, in der darauffolgenden für 50, in der dritten für 500 etc., so kam man mit weniger Marken aus.

Gerechnet wurde dadurch, daß nach bestimmten Regeln Marken

Römische Rechenmarken.

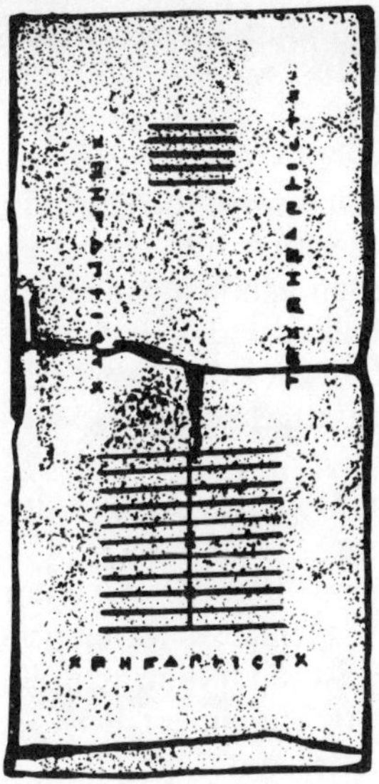

Die Rechentafel von Salamis – ursprünglich irrigerweise als Spieltisch interpretiert (5./4. Jahrhundert v. Chr.).

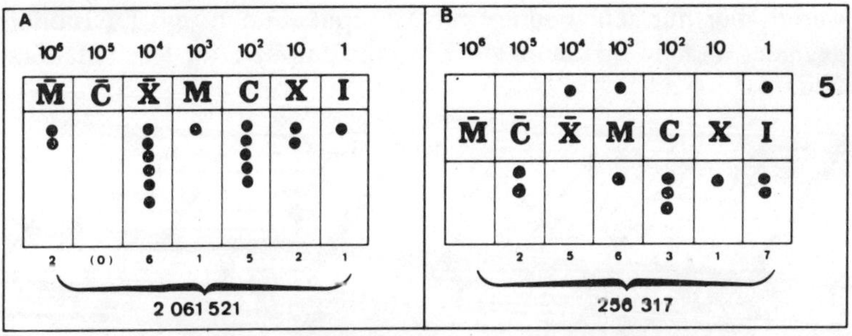

Das Prinzip des römischen Abakus.
A: Einfacher Abakus.
B: Weiterentwickelter Abakus.

hinzugefügt, weggenommen oder zwischen den Spalten verschoben wurden. So wurden bei der Addition zweier Zahlen beide auf dem Abakus dargestellt und das Ergebnis abgelesen, nachdem man die notwendigen Kürzungen vorgenommen hatte: Erreichte oder überschritt in einer der Spalten die Anzahl der Marken die Zahl 10, so ersetzte man zehn Marken durch eine einzige in der links folgenden Spalte, die der nächsthöheren Dezimalordnung entsprach. Subtraktionen wurden ähnlich ausgeführt, und Multiplikationen ergaben sich aus der Summe mehrerer Teilprodukte.

Analoge Rechenverfahren wurden von den alten Griechen verwendet und erfreuten sich im lateinischen Abendland seit dem Mittelalter bis in jüngste Zeit großer Beliebtheit.

Der griechische Historiker Polybios (210-128 v.Chr.) spielt auf das Rechnen mit dem Abakus an, wenn er Solon folgende Worte in den Mund legt: »Die Höflinge der Könige gleichen aufs Haar den Rechensteinen auf dem Rechenbrett: Sie gelten nämlich ganz nach dem Willen des Rechners eben bloß einen Chalkos und dann wieder ein Talent!« (Zit. n. Menninger 1957/58, II, 106) – das *Talent* war größte, der *Chalkos* die kleinste Einheit des altgriechischen Währungssystems.

Auch zahlreiche europäische Autoren der Renaissance und der Klassik berichten über diese Art des Rechnens.

Madame de Sévigné schreibt 1671 in einem ihrer Briefe: »Wir haben mit jenen Rechenpfennigen, die so brauchbar sind, errechnet, daß ich 530 000 livres Vermögen haben werde, wenn ich alle meine kleinen Erbschaften mitrechne.« (Zit. n. Menninger 1957/58, II, 189)

Die Rechentafeln erleichterten zwar Addition und Subtraktion, waren aber nur sehr bedingt für Multiplikationen und Divisionen geeignet, geschweige denn zur Lösung komplizierter Rechenaufgaben.

Europäische Rechentische aus der Zeit der Renaissance.

Rechnungen auf dieser Art von Rechentafeln hatten tatsächlich nicht viel gemein mit den modernen Grundrechenarten gleichen Namens. Die Multiplikation bestand beispielsweise in der Bildung der Summe mehrerer Teilprodukte oder in einer Folge von Verdoppelungen. Die Division beschränkte sich auf eine Folge von Teilungen in gleiche Teile.

Aus diesen Gründen war das Rechnen auf dem Abakus sehr langsam und setzte bei den Rechnern eine lange und mühsame Ausbildung voraus.

Der erste Taschenrechner

Neben ihrem »Büromodell« verwendeten die römischen Rechenmeister *(calculatores)* einen tragbaren »Taschenrechner«, der vermutlich noch vor unserer Zeitrechnung erfunden wurde.

Den Beleg liefert ein Basrelief auf einem römischen Sarkophag aus dem 1. Jahrhundert, das einen jungen *calculator* – den Buchhalter im Haus eines wichtigen Patriziers – zeigt, der vor seinem Herrn steht und auf einem solchen Recheninstrument rechnet.

Römischer ***calculator*** *mit einem Taschenabakus (Ausschnitt aus einem Basrelief des 1. Jahrhunderts n. Chr.).*

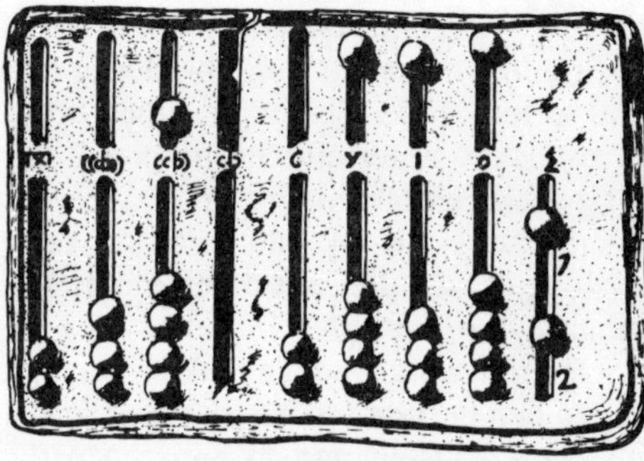

Römischer »Taschenabakus«.

Ein solcher *Taschenabakus* bestand aus einer kleinen Metallplatte mit einer bestimmten Anzahl von parallel angeordneten Schlitzen, in denen gleich große Knöpfe hin- und hergeschoben werden konnten.

Jeder dieser Schlitze stand im allgemeinen für eine Dezimalordnung – mit Ausnahme der beiden rechten Reihen, die den Bruchteilen des As* vorbehalten waren und Unzen (1/12 As) sowie halbe, Viertel- und Drittelunzen darstellten.

* Römische Währungs- und Gewichtseinheit.

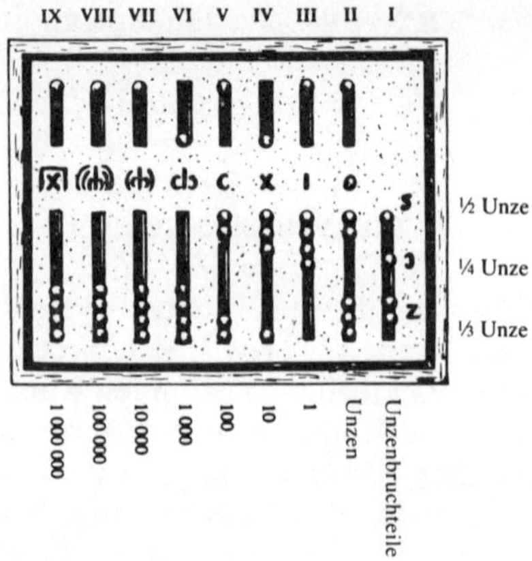

Der dritte Schlitz von rechts entsprach den Einern (oder beim Rechnen mit Geld oder Gewichten dem As), der folgende den Zehnern, der fünfte von rechts den Hundertern, der sechste den Tausendern und so fort. Jeder Schlitz für eine Ordnung der ganzen Zahlen war in zwei Teile unterteilt: Im unteren Teil befanden sich vier Knöpfe für jeweils eine Einheit der entsprechenden Dezimalordnung, im oberen nur ein Knopf mit dem fünffachen Wert derselben. Die Darstellung der Zahlen war damit auf diesem Gerät auf einfache Weise möglich.

Der römische Taschenabakus war eine »Rechenmaschine«, analog zu den berühmten *Kugelrechenbrettern* aufgebaut, die noch heute im Fernen Osten und in anderen östlichen Ländern eine bedeutende Rolle spielen. Mit einer gewissen Fingerfertigkeit und präzisen Regeln erlaubte es dieser Taschenrechner geübten Benutzern, schnell und einfach verschiedene Rechenoperationen durchzuführen.

Schließlich stellt sich noch die Frage, weshalb die Völker des abendländischen Mittelalters als direkte Erben der römischen Zivilisation die antiken Rechentafeln diesem viel ausgefeilteren und leistungsfähigeren Gerät vorgezogen haben – den Grund dafür weiß man bis heute nicht. Immerhin wäre es möglich, daß diese Erfindung nur von einer bestimmten Schule von *calculatores* gemacht worden ist und mit dieser noch vor dem Untergang des Römischen Reiches verschwand.

Ein leistungsfähiges Gerät: das Kugelrechenbrett

In der Volksrepublik China ist das Kugelrechenbrett, *suan pan* genannt, bis zum heutigen Tage ein fast universeller Gebrauchsartikel. Man findet es ebenso in den Händen eines fliegenden Händlers, der weder lesen noch schreiben kann, wie bei Kaufleuten, Buchhaltern, Bankiers, Hoteliers, Mathematikern oder Astronomen. Die Handhabung dieses jahrhundertealten Recheninstruments ist in den Traditionen des Fernen Ostens so fest verankert, daß sogar die »verwestlichten« Chinesen und Vietnamesen, die in Bangkok, Singapur, Taiwan, Polynesien, Europa und Amerika leben, im allgemeinen weiterhin mit dem Kugelrechenbrett rechnen.

Selbst die Japaner, die auf dem Gebiet der elektronischen Rechenanlagen zu den ernsthaftesten Konkurrenten der Amerikaner gehören, halten den *soroban,* das japanische Kugelrechenbrett, noch für unverzichtbar im Alltag; er gehört zur Grundausrüstung eines jeden Schülers, Händlers, Hausierers oder Beamten.

Chinesischer Kaufmann beim Rechnen mit dem Kugelbrett.

Japanischer Buchhalter, der auf einem ***soroban*** *rechnet (Illustration aus einem japanischen Werk des 18. Jahrhunderts).*

Auch in der Sowjetunion findet man das Kugelbrett, dort *stschoty* genannt, noch immer Seite an Seite mit modernen Registrierkassen; es wird häufig verwendet, um sowohl in kleinen Läden als auch in großen Hotels, Kaufhäusern und Banken den Rechnungsbetrag zu ermitteln.

So hat bei einem Aufenthalt in der Sowjetunion einer meiner Freunde, als er eines Tages französische Francs in Rubel wechseln wollte, nicht ohne Überraschung beobachtet, wie der Angestellte des Wechselbüros seine Rechnungen zunächst mit einer modernen Rechenmaschine durchführte, um die Resultate anschließend mit einem Kugelbrett zu überprüfen!

Tatsächlich ist das Kugelrechenbrett unter all den Vorrichtungen, die die Völker im Laufe der Zeit zum Zählen und zum Rechnen verwendet haben, fast die einzige, die bei allen Rechenoperationen relativ leicht und schnell zu handhaben ist. So stellt das Kugelbrett für den kundigen Benutzer ein sehr nützliches Hilfsmittel dar, wenn es um einfache Additionen oder Subtraktionen mehrstelliger Zahlen geht, aber auch bei der Lösung komplizierterer Probleme wie Multiplikationen, Divisionen oder dem Ziehen von Quadrat- oder Kubikwurzeln.

Die Menschen im Westen sind häufig davon überrascht, wie geschickt die Benutzer des Kugelbretts es verstehen, in kürzester Zeit selbst sehr komplexe Rechenaufgaben zu lösen.

In Japan wurde einmal sogar ein regelrechter Wettkampf ausgetragen, bei dem sich der Japaner Kiyoshi Matsuzaki, der Champion des *soroban* im japanischen Postverwaltungsministerium – angesichts der harten japanischen Ausscheidungswettkämpfe eine große Leistung –, und der Amerikaner Thomas Nathan Woods gegenüberstanden. Woods war Soldat der zweiten Klasse der 240. Finanzeinheit des Hauptquartiers der US-Streitkräfte in Japan und als »bester Bediener elektrischer Rechenmaschinen der amerikanischen Armee in Japan« ermittelt worden. Dieser Wettkampf fand im November 1945, kurz nach dem Ende des Zweiten Weltkriegs statt, und die Soldaten General MacArthurs waren bestrebt, den besiegten Japanern die Überlegenheit moderner Methoden aus dem Westen zu beweisen.

Das Match wurde über fünf Runden ausgetragen, wobei immer schwierigere Aufgaben zu lösen waren. Und wer hat das Match unwiderruflich mit 4:1 bei mehreren Fehlern seitens des Besiegten gewonnen? Der Japaner mit seinem Kugelrechenbrett!

Das chinesische *suan pan* besteht im allgemeinen aus einem rechteckigen Hartholzrahmen, in dem mehrere parallele Stäbe befestigt

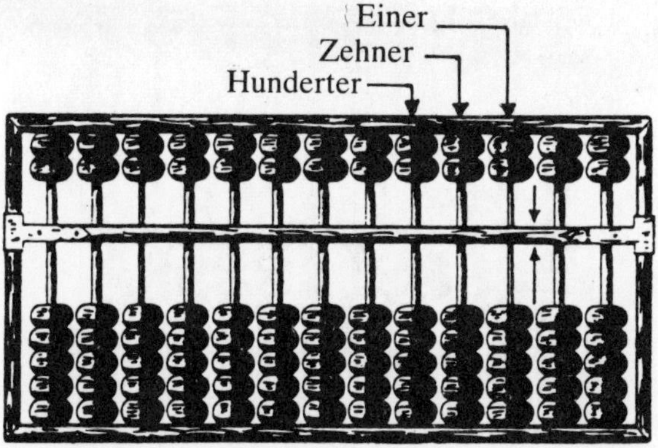

*Das chinesische Kugelrechenbrett (**suan pan**).*

sind, auf denen sieben manchmal leicht abgeflachte Kugeln aus Holz oder Glas beweglich aufgereiht sind. Der Rahmen wird durch eine Querverstrebung in zwei Teile geteilt, so daß jeweils zwei Kugeln sich oberhalb und die fünf anderen sich unterhalb dieser Trennlinie befinden. Jeder Stab entspricht einer Zehnerpotenz, und der je links folgende Stab hat jeweils den zehnfachen Wert.

Die Anzahl der Stäbe variiert bei den gebräuchlichsten Kugelbrettern zwischen acht und zwölf, kann aber je nach Bedarf des Benutzers auf 15, 20, 30 oder noch mehr erhöht werden. Je größer die Anzahl der Stäbe ist, um so größer können die Zahlen sein, mit denen auf diesem Gerät gerechnet wird: Ein Kugelbrett mit 15 Stäben hat eine Zahlenkapazität von $10^{15} - 1$, reicht also bis zu *eine Billiarde minus eins* – oder 999 999 999 999 999!

Die Benutzer des chinesischen Kugelbretts beginnen im allgemeinen nicht mit den beiden ersten Stäben von rechts, mit denen dann die Dezimalbrüche erster und zweiter Ordnung dargestellt werden können, also Zehntel oder Hundertstel. In diesem Fall wird der dritte Stab dann den Einern zugeordnet, der folgende den Zehnern, der fünfte den Hundertern etc.

Das russische Kugelbrett ist eine leichte Abwandlung des chinesischen *suan pan.* Es umfaßt 10 Kugeln auf jedem Stab, von denen zwei – die fünfte und die sechste Kugel – farbig gekennzeichnet sind, um dem Auge des Rechners eine leichte Unterscheidung der Zahlen von 1 bis 10 zu ermöglichen. Um dort eine Zahl darzustellen, werden auf jedem Stab soviel Kugeln wie notwendig nach oben geschoben.

Dagegen hat auf einem Stab des chinesischen Kugelbretts eine

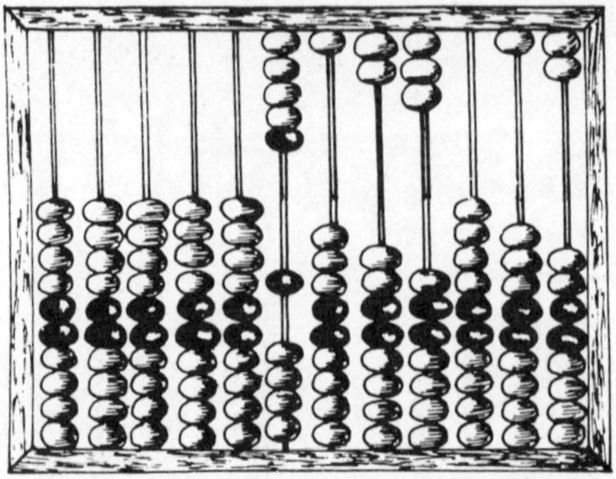

*Das russische Kugelbrett (**stschoty**).*

Kugel im unteren Teil jeweils den Wert einer Einheit, während jede der beiden Kugeln über der Querverstrebung für fünf Einheiten der entsprechenden Dezimalordnung steht. Die Zahlen werden dadurch dargestellt, daß die Kugeln des betreffenden Stabes in Richtung Querverstrebung geschoben werden: Möchte man beispielsweise mit der Zahl Drei rechnen, so schiebt man einfach drei Kugeln im unteren Teil des Stabes für die Einer nach oben. Will man dagegen die Zahl Neun angeben, so schiebt man im oberen Teil desselben Stabes eine Kugel nach unten und vier Kugeln im unteren Teil nach oben.

Die Darstellung der Zahlen auf einem chinesischen Kugelbrett ist also sehr einfach. Was das Rechnen auf diesem Instrument betrifft, so ist dies kaum schwieriger: Das kleine Einmaleins genügt.

Dennoch weist diese Rechenhilfe einige Nachteile auf: Man braucht eine lange Ausbildung, hartes Training, eine ausgeprägte Fingerfertigkeit und eine stabile Unterlage. Darüber hinaus muß beim kleinsten Fehler – so man ihn entdeckt – die gesamte Rechnung wiederholt werden, da Zwischenergebnisse – Teilprodukte bei Multiplikationen, Reste bei Divisionen – während des Rechnens verschwinden. Aber das tut dem genialen Prinzip dieses Gerätes keinen Abbruch.

Allerdings wirft die Anordnung der Kugeln beim chinesischen Kugelbrett noch eine Frage auf. Wir haben gesehen, daß auf jedem Stab neun Einheiten der jeweiligen Dezimalordnung durch eine Kugel mit dem Wert fünf im oberen Teil und durch vier Kugeln im unteren Teil dargestellt werden. Fünf Kugeln – eine oben und vier unten – reichen also aus, um auf jedem Stab die neun aufeinanderfolgenden Einheiten darzustellen. Warum hat dann jeder Stab des *suan pan* sieben Kugeln, die insgesamt 15 Einheiten entsprechen? Der Grund liegt darin, daß es bei einer Addition, Multiplikation, Subtraktion oder Division manchmal nützlich ist, kurzfristig auf einem Stab ein Teilergebnis festzuhalten – als Gedächtnisstütze –, das größer als neun ist.

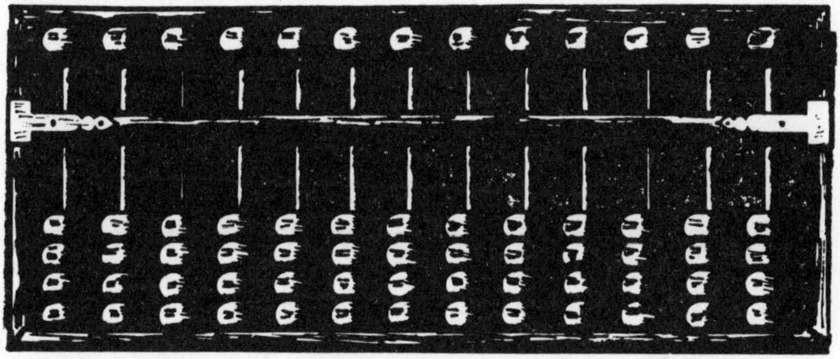

*Japanisches Kugelbrett (**soroban**) aus der Nachkriegszeit.*

Seit Mitte des letzten Jahrhunderts verloren übrigens die japanischen *soroban,* an deren chinesischem Ursprung kein Zweifel besteht, nach und nach die zweite obere Kugel. Und seit dem Ende des Zweiten Weltkrieges wurde auch die überflüssige fünfte Kugel im unteren Teil der Stäbe entfernt. Aber diese Veränderung erfordert von den Benutzern des Kugelbretts eine noch längere und schwierigere Lernphase und macht eine noch ausgeprägtere Fingerfertigkeit als im Umgang mit dem chinesischen *suan pan* notwendig.

Das japanische Kugelbrett, das in der Nachkriegszeit einen so hohen Grad an Perfektion erreicht hat, steht damit am Ende einer Entwicklung, die sich lange Zeit unabhängig von der Geschichte der geschriebenen Zahlensysteme vollzogen hat und deren Ursprung im Rechnen mit Kieselsteinen liegt.

Kapitel 5
Die Erfindung der Ziffern

Die Geschichte der Menschheit wurde durch zwei revolutionäre Ereignisse ebenso nachhaltig beeinflußt wie durch die Beherrschung des Feuers, die Entwicklung der Landwirtschaft oder die zunehmende Urbanität und den Fortschritt der Technik: durch *die Erfindung der Schrift und die Erfindung der Null und der sogenannten »arabischen« Ziffern.*

Die Schrift ist nicht allein deshalb entstanden, um Gedanken sichtbar zu machen und zu speichern – das Bedürfnis eines jeden Individuums, das in einer differenzierten sozialen Gruppe lebt –, sondern auch und vor allem, um die gesprochene Sprache aufzuzeichnen.

Die Schrift ist ein bedeutendes und dauerhaftes Ausdrucks- und Kommunikationsmittel und gibt jedem Benutzer die Möglichkeit, Worte oder Texte aufzubewahren – sie ist nach Voltaires Worten *die Malerei der Stimme*.

Aber die Schrift ist mehr als nur ein Werkzeug. »Indem sie das Wort verstummen läßt, bewahrt sie es nicht nur, sondern sie verwirklicht den Gedanken, der bis dahin im Zustand der Potentialität verharrte. Die einfachsten Linien, die der Mensch in Stein meißelt oder auf das Papier zeichnet, sind nicht nur Zeichen, sie schließen auch den Gedanken ein und lassen ihn jederzeit wiederauferstehen. Über die Fixierung der Sprache hinaus stellt die Schrift also eine neue, eigene Sprache dar, eine stumme sicherlich, aber eine, (...) die sich den Gedanken unterwirft und ihn durch die Übertragung ordnet (...). Die Schrift ist nicht nur ein Weg, das Wort festzuhalten, ist nicht nur ein dauerhaftes Ausdrucksmittel, sondern sie verschafft auch direkten Zugang zur Ideenwelt. Sie gibt zwar die gesprochene Sprache wieder, aber sie ermöglicht darüber hinaus, einen Gedanken zu begreifen und ihn Zeit und Raum überwinden zu lassen.« (Higounet 1955, 5 f.)

Dank dieser Erfindung besitzen wir heute eine Fülle von Informationen über Kulturen, die im Dunkel der Vorzeit begraben liegen und von denen uns die auf immer erloschene Stimme und die Gedanken einiger unserer Vorfahren über Hunderte und Tausende von Jahren hinweg berichten.

Die andere Erfindung – der Null und der »arabischen« Ziffern – wurde gemacht, um eine vollkommen kohärente Schreibung aller Zahlen zu erreichen und jedem – auch dem mathematisch Unbegabten – die Möglichkeit zu geben, ohne Hilfsmittel wie die Hand, das Kugelbrett oder die Rechentafel alle Rechenaufgaben durchzuführen. Ebenso wie die Schrift gehören auch die Null und die modernen Ziffern zu den leistungsfähigsten intellektuellen Hilfsmitteln, über die der Mensch heute verfügt. Jahrtausendelang nicht durchführbare Rechnungen wurden durch diese Entdeckung möglich, die den Weg für die Entwicklung der Mathematik, der Technik und aller anderen Naturwissenschaften freigemacht hat.

Aber diese grundlegende Entdeckung war kein Geschenk eines Gottes oder eines zivilisationsstiftenden Helden – sie hat einen Ursprung und eine lange Geschichte. Sie kristallisierte sich nach und nach heraus, nach mehreren Jahrtausenden verschiedenartigster Versuche und erster Annäherungen, überwältigender Durchbrüche und Sackgassen, Rückschläge und revolutionärer Fortschritte.

Diese Geschichte begann vor etwas mehr als fünftausend Jahren in einigen fortgeschrittenen und expansiven Kulturen, in denen wirtschaftliche Vorgänge fixiert werden mußten, die zu umfangreich und zu unterschiedlich für das menschliche Gedächtnis waren. Die Benutzung archaischer konkreter Verfahren konnte dem Bedarf an dauerhafter Speicherung von Zählungen nicht genügen, so daß diese Gesellschaften ganz andere Methoden entwickelten – sie hatten die Idee, Zahlen durch graphische Zeichen darzustellen, und haben so die Ziffern erfunden.

Die Vorläufer der schriftlichen Buchführung

Einmal mehr haben in dieser Geschichte Kieselsteine eine wichtige Rolle gespielt. Als sich der Gebrauch der Basis – z.B. Zehn – durchgesetzt hatte, lag der Gedanke nahe, Steine unterschiedlicher Größe zu verwenden und sie je nach Größe den verschiedenen Ordnungen des Zahlensystems zuzuordnen: ein Steinchen für die Einer, ein etwas größerer Kieselstein für die Zehner, ein größerer für die Hunderter, ein noch größerer für die Tausender und so fort. Bei den dazwischenliegenden Zahlen beschränkte man sich darauf, so viele Kieselsteine einer Größe wie jeweils notwendig zu verwenden: beispielsweise vier große, acht mittlere und sechs kleine für die Zahl 486.

Die Methode war zwar praktisch, aber noch nicht genügend ausgereift, da nicht immer ausreichend Kieselsteine von regelmäßiger Größe und Form zur Verfügung stehen. Deshalb wurde das System perfektioniert, indem einige Völker statt Kieselsteinen Lehm benutzten. Sie formten zur Darstellung der verschiedenen Ordnungen ihres Zahlensystems kleine Gegenstände von unterschiedlicher Größe und geometrischer Form: kleine Kegel oder Stäbchen aus Ton für die Einheiten der ersten Ordnung, kleine Kügelchen für die der zweiten Ordnung, Scheiben oder große Kegel für die der dritten Ordnung, Kugeln für die der vierten etc.

Solche Tonmarken, von Fachleuten gewöhnlich mit dem lateinischen Wort *calculi* bezeichnet, wurden bei zahlreichen archäologischen Ausgrabungen im Nahen Osten – von Khartum bis Jericho, von der Türkei bis zum Iran – gefunden. Sie stammen aus der Zeit zwischen dem 9. und dem 2. Jahrtausend vor unserer Zeitrechnung.

Dieses System genügte zwar zur Zahlendarstellung und für einfache Rechnungen, konnte aber kaum die vielfältigen Bedürfnisse befriedigen, die durch die zunehmende Viehwirtschaft und den Ackerbau, durch den Aufschwung des Handwerks und durch den immer intensiver werdenden Handel entstanden waren.

Deshalb wurde in den antiken Kulturen von Sumer und Elam in der Mitte des 4. Jahrtausends v.Chr. ein System der Buchführung entwickelt, das wenigstens für einige Zeit die Überwindung dieser Schwierigkeiten ermöglichte.

Wir befinden uns ungefähr im Jahre 3500 v.Chr. am Persischen Golf, in zwei benachbarten Gebieten, wovon das eine heute im Irak, das andere im Iran liegt: in *Sumer* und in *Elam.* Die beiden gleichwertigen Kulturen konkurrieren miteinander – beide sind bereits weit entwickelt und urbanisiert, ihre wirtschaftlichen Beziehungen weiten sich immer mehr aus, und es ist das Bedürfnis entstanden, die täglichen Zählungen, Bestandslisten, Verkäufe, Käufe und Lieferungen dauerhaft festzuhalten. Dazu benutzt man ein System der Buchführung, das auf den oben beschriebenen *calculi* beruht.

Die Sumerer – die ein Zahlensystem auf der Basis Sechzig mit der Zehn als Hilfsbasis zur Entlastung des Gedächtnisses gebrauchen – stellen die Einheiten der einzelnen Ordnungen folgendermaßen dar:

1 Kegel | 10 Kügelchen | 60 großer Kegel | 600 durchlöcherter großer Kegel | 3 600 Kugel | 36 000 durchlöcherte Kugel

- die Einer durch einen kleinen Kegel;
- die Zehner durch ein kleines Kügelchen;
- die Sechziger durch einen großen Kegel;
- die Zahl 600 (= 60 x 10) durch einen durchlöcherten großen Kegel;
- die Zahl 3 600 (= 60 x 60 = 60^2) durch eine Kugel;
- die Zahl 36 000 (60^2 x 10) durch eine durchlöcherte Kugel.

Dabei wird schon zu dieser Zeit eine abstrakte Idee umgesetzt: Die Multiplikation des Wertes einer Marke mit 10 wird durch ein Loch im entsprechenden Gegenstand angedeutet. Indem man ein kleines rundes Loch – im Grunde ein graphisches Symbol für das Kügelchen, das die Zehner darstellt – in den Kegel drückt, der den Wert 60 hat, oder in die Kugel mit dem Wert 3 600, erhält man eine bildliche Darstellung der Zahlen 600 (= 60 x 10) und 36 000 (= 3 600 x 10).

Mit diesen *calculi* werden nun die Zahlen symbolisiert, indem in jeder Ordnung die entsprechende Anzahl von *calculi* zusammengestellt wird – für die Zahl 223 beispielsweise nimmt man drei große Kegel, vier kleine Kügelchen und drei kleine Kegel:

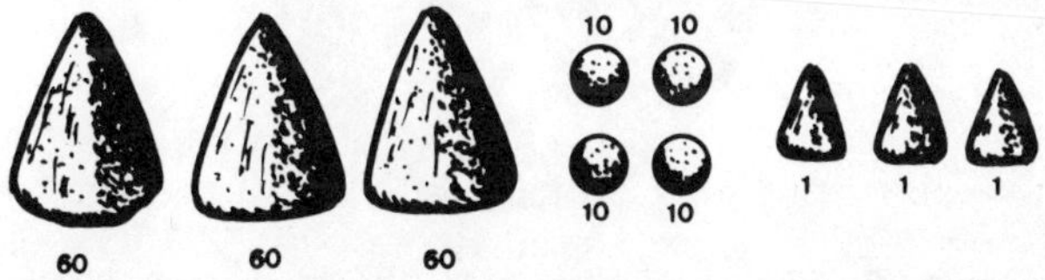

Die Elamiter zählen bei den gebräuchlichsten Zahlen in Zehnerpotenzen, folgen bei Einheiten größerer Ordnungen jedoch einem Kompromiß zwischen der Basis Zehn und der Basis Sechzig: Ein Stäbchen steht für die Einer, ein Kügelchen für 10, eine Scheibe für 100, ein Kegel für 300 (= 60 x 5) und ein großer durchlöcherter Kegel für 3 000 (= 300 x 10 = 60 x 5 x 10).

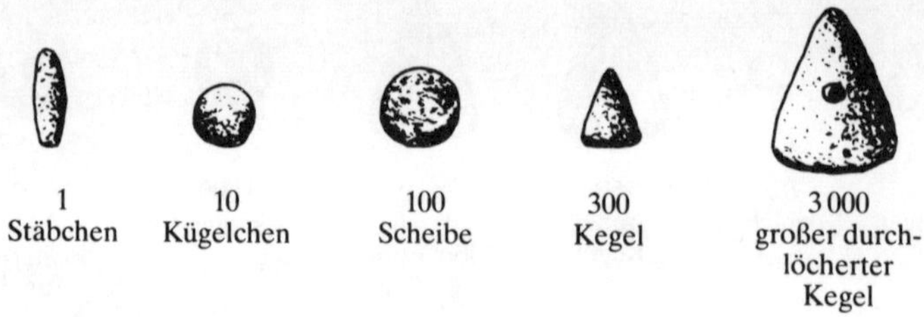

Zur Darstellung der Zahl 223 sind nun zwei Scheiben, zwei kleine Kügelchen und drei Stäbchen notwendig:

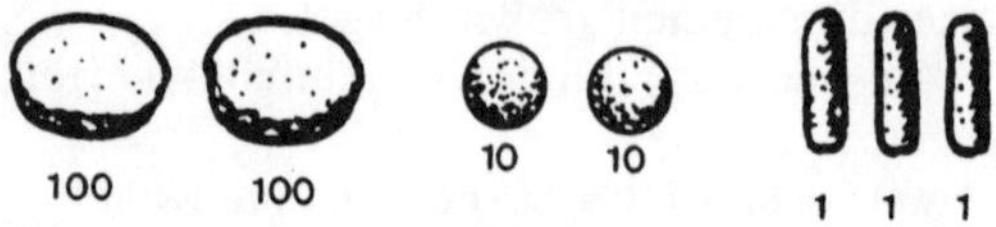

Die *calculi* aus ungebranntem Ton – die durch ihren festgelegten Wert in gewisser Weise unseren Geldstücken oder Gewichten ähneln – werden nach Abschluß einer Zähung in einer hohlen, runden oder eiförmigen Bulle aus Lehm eingeschlossen, über deren Oberfläche ein oder zwei Rollsiegel gerollt werden, um die Echtheit und Unversehrtheit zu garantieren.

Kugelförmige Buchhaltungsbulle mit dem Abdruck zweier Rollsiegel auf der Außenseite; gefunden in Susa (ca. 3500 bis 3300 v. Chr.).

In Sumer und Elam besaßen Personen aus höheren sozialen Schichten jeweils ein eigenes Siegel, das aus einem kleinen Zylinder aus mehr oder weniger wertvollem Stein mit einem eingravierten symbolischen Bild bestand. Dieses Rollsiegel – dessen Erfindung ungefähr auf das Jahr 3500 v. Chr. zurückgeht – repräsentierte die Person des Besitzers und wurde daher bei allen seinen Rechts- und Handelsgeschäften benutzt. Der Besitzer des Siegels übertrug sein Motiv anstelle einer Unterschrift oder als Zeichen des Besitzes auf jeden Gegenstand aus ungebranntem Ton, der bei solchen Geschäften eine Rolle spielte, indem er den Zylinder über den Gegenstand rollte.

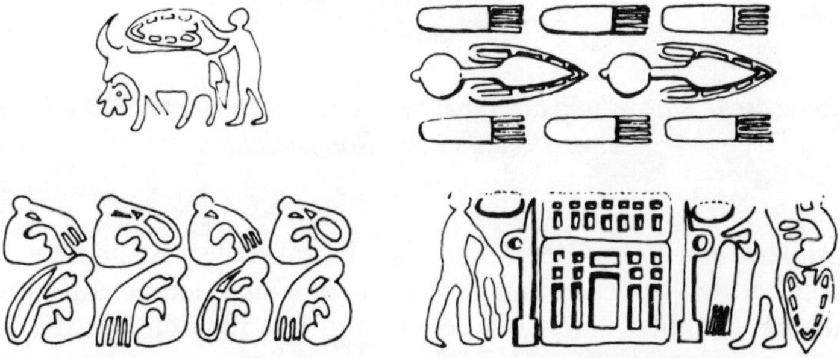

Abdrücke elamischer Rollsiegel (3500 bis 3000 v. Chr.).

Versetzen wir uns für einen Augenblick nach Susa, der Hauptstadt des Landes Elam. Ein Hirte hat von einem reichen Viehzüchter der Gegend den Auftrag bekommen, eine Herde mit 299 Schafen für einige Monate auf die Weide zu treiben. Vor dem Aufbruch der Herde wird sie in Anwesenheit des Hirten und seines Auftraggebers von einem Buchhalter der Stadt, der das Vermögen des Viehbesitzers verwaltet, gezählt. Nachdem die Anzahl der Schafe festgestellt ist, formt der Buchhalter um seinen Daumen herum eine hohle Bulle aus Ton, die die Form einer Kugel von ungefähr sieben Zentimeter Durchmesser hat, kaum größer als ein Tennisball. Durch die Öffnung, die der Daumen freigelassen hat, werden zwei Scheiben aus Lehm, die für jeweils 100 Schafe stehen, neun kleine Kügelchen für jeweils 10 Tiere und neun Stäbchen für jeweils ein Tier ins Innere dieses Tonbehälters gesteckt, der nun insgesamt zweihundertneunundneunzig Einer enthält.

Nun verschließt der Beamte die Öffnung der Bulle und versiegelt sie außen mit dem Rollsiegel des Besitzers, um so die Echtheit dieses Dokumentes, das er soeben hergestellt hat, zu garantieren. Zur Beglaubigung rollt er schließlich noch sein eigenes Siegel ab, so daß jede Verwechslung mit ähnlichen Bullen oder jede Möglichkeit einer Fälschung ausgeschlossen sind.

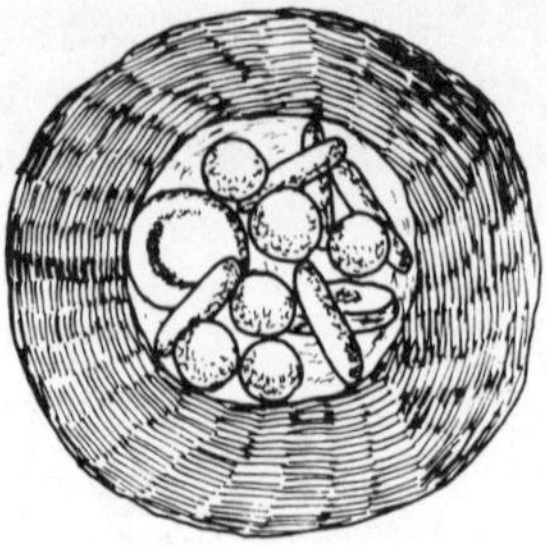

Schematische Darstellung des Inneren einer intakten Buchhaltungsbulle – etwa wie auf einem Röntgenbild.

Nachdem der Lehm getrocknet ist, bewahrt der Buchhalter die Bulle bei den anderen ihm anvertrauten Dokumenten auf; Bulle und *calculi* stellen damit für den Hirten wie für den Besitzer der Herde die Garantie für die Zählung dar, die soeben vorgenommen und registriert worden ist. Mit Hilfe dieses Systems läßt sich bei der Rückkehr des Hirten feststellen, ob dieser die Herde vollzählig zurückgebracht hat: Man zerschlägt die Bulle und überprüft die Zahl mit Hilfe der entsprechenden *calculi*.

Zu einer Zeit, als die Städte noch nicht überbevölkert sind und die Wirtschaft noch in ihren Anfängen steckt, kennen sich die an einem Geschäft Beteiligten noch persönlich, und jeder ist bei seinen Geschäftspartnern durch sein Siegel bekannt. Auch die Art des Handels wird meist durch das aufgedruckte Siegel deutlich: Je nach Motiv kann man diesen oder jenen Viehzüchter oder Bauern, Handwerker oder Töpfer, Müller oder Bäcker erkennen.

Die Anzahl der betreffenden Handelsobjekte wird durch die Zahl der Kegel, kleinen Kügelchen oder Kugeln im Inneren der Tonbehälter angegeben. So kann weder eine Schuld geleugnet noch die Höhe eines Betrags in betrügerischer Absicht verändert werden: Der Gläubiger besitzt die Bulle seines Schuldners, die mit dessen Unterschrift versehen ist und eine genaue Anzahl von *calculi* enthält.

Die ältesten Ziffern der Geschichte

Das beschriebene System der Buchführung hat allerdings den Nachteil, daß jedesmal die Bulle zerschlagen werden muß, wenn ihr Inhalt überprüft werden soll – worüber sich die Buchhalter in Sumer und Elam offensichtlich um 3300 v.Chr. bewußt wurden.

Dies läßt sich durch jüngste Entdeckungen der D.A.F.I. (Délégation archéologique française en Iran) bei der Ausgrabung der Akropolis von Susa belegen, wo man sämtliche Etappen dieser Entwicklung gefunden hat.

In der nächsten Phase beginnen die Buchhalter nämlich damit, die in den Bullen eingeschlossenen *calculi* durch in die Außenwand gedrückte Zeichen von unterschiedlicher Größe und Form zu wiederholen. So werden bei den Sumerern die einzelnen *calculi* folgendermaßen wiedergegeben:

- der kleine Kegel, der die Einer darstellt, durch eine feine Kerbe;
- das kleine Kügelchen für die Zehner durch einen kleinen runden Abdruck;
- der große Kegel für die Sechziger durch eine dicke Kerbe;
- der große durchlöcherte Kegel mit dem Wert 600 durch eine dicke Kerbe mit einem kleinen runden Abdruck;
- die Kugel mit dem Wert 3600 durch einen großen runden Abdruck;
- die durchlöcherte Kugel für die Zahl 36000 durch einen großen runden Abdruck mit einem kleinen runden Abdruck in der Mitte.

Die Elamiter geben das Stäbchen für die Einer durch eine längliche Kerbe wieder, das kleine Kügelchen für die Zehner durch einen kleinen runden Abdruck, die Scheibe für die Hunderter durch einen großen runden Abdruck, den Kegel mit dem Wert 300 durch eine dicke Kerbe und den großen durchlöcherten Kegel mit dem Wert 3000 durch eine dicke Kerbe mit einem kleinen runden Abdruck.

Es handelt sich also um eine Art Zusammenfassung des Inhalts eines solchen Dokumentes, oder besser um dessen graphische Darstellung. So wird beispielsweise eine Bulle in Elam, die drei Scheiben und vier Stäbchen enthält – also insgesamt 3 x 100 + 4 = 304 Einer –, neben dem Abdruck des Rollsiegels außen mit drei großen runden Abdrücken und vier feinen Kerben versehen.

Damit ist es nicht mehr notwendig, die Bulle zur Überprüfung oder zur Bestandsaufnahme zu zerbrechen – es genügt, die Informationen auf ihrer Oberfläche zu »lesen«. Der Abdruck eines oder mehrerer Rollsiegel zeigt die Herkunft der Bulle und garantiert gleichzeitig ihre Echtheit, während die eingedrückten Zeichen exakt die Anzahl der Wesen und Gegenstände angeben, die vom jeweiligen Geschäft betroffen sind.

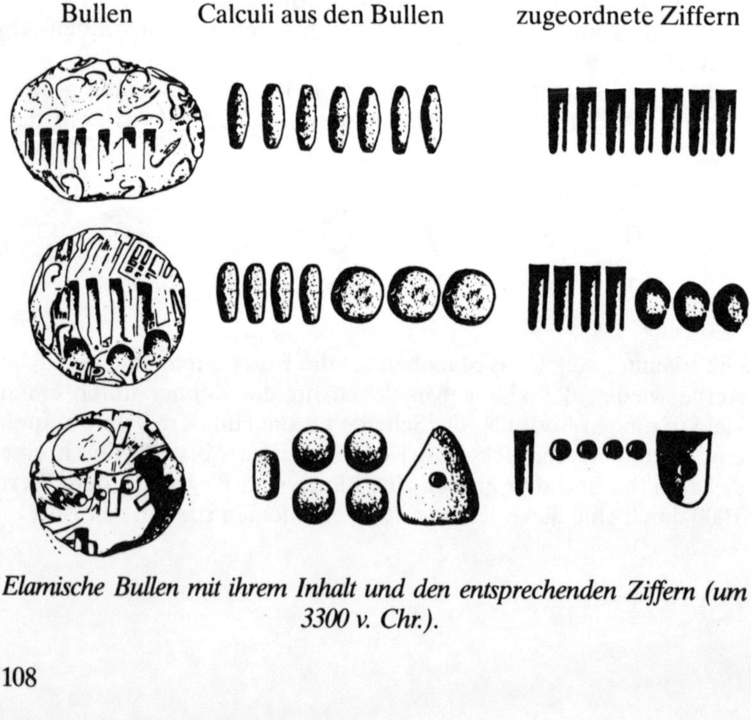

Elamische Bullen mit ihrem Inhalt und den entsprechenden Ziffern (um 3300 v. Chr.).

Diese eingedrückten Markierungen sind also richtige Zahlzeichen: Jede ist ein graphisches Symbol, das eine Zahl repräsentiert. Sie stellen bereits ein schriftliches Zahlensystem dar – damit sind die ältesten Ziffern der Geschichte entstanden.

Nachdem es nun aber so einfach geworden ist, die entsprechenden Werte durch eingedrückte Zeichen auf Ton darzustellen, ist es überflüssig, weiterhin *calculi* zu benutzen und sie in eine Bulle zu stecken. Zu dieser Erkenntnis gelangten auch die Buchhalter in Mesopotamien und Elam sehr schnell: Seit etwa 3250 v.Chr. verschwindet der Gebrauch der *calculi,* und die hohlen Bullen werden durch *Tontäfelchen* ersetzt, zunächst noch von grob abgerundeter oder länglicher Form – in Nachahmung der kugel- oder eiförmigen Bullen –, später zunehmend feiner und rechteckig.

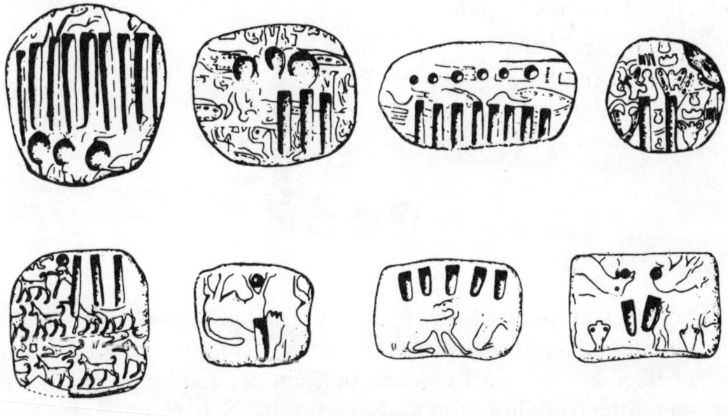

Elamische Tonstücke mit ausschließlich numerischen Angaben (um 3250 v. Chr.).

Die Erfindung der Schrift durch die Buchhalter

Die Tontäfelchen der Buchhalter enthalten jedoch auch weiterhin noch keine Schriftzeichen; wie auf den Bullen sind die Informationen ausschließlich symbolisch und numerisch.

Wir erfahren nur die Anzahl der verhandelten Gegenstände, aber nichts über ihre Art und Beschaffenheit. Zudem wird auch der jeweilige Vorgang in keiner Weise dargestellt: Es wird vermutlich nie zu ermitteln sein, ob sich um einen Verkauf, einen Kauf, einen Heiratsvertrag, eine Aufteilung oder ganz einfach um die Bestandsaufnahme eines Vermögens handelt. Auch Namen und Funktion der Vertragspartner, der Ort, wo sie arbeiten und selbst ihre Anzahl bleiben uns unbekannt. Lediglich diejenigen, die an einer solchen Transaktion direkt beteiligt waren, konnten dies aus dem Anblick des jeweiligen Dokuments erschließen.

In der nächsten Phase erfolgt jedoch eine weitere Präzisierung, und eine Erfindung wird in Elam wie in Mesopotamien bald eine große Veränderung nach sich ziehen: Um 3200 v.Chr. tauchen auf den Täfelchen neben den sumerischen und elamischen Ziffern zunehmend neue Zeichen auf, während die Abdrucke der Rollsiegel verschwinden.

Diese Phase markiert den Beginn der schriftlichen Buchführung, denn die Zeichen geben die Art der jeweiligen Waren, mehr oder minder schematisiert, genau an.

Beispiel: 691 Krüge

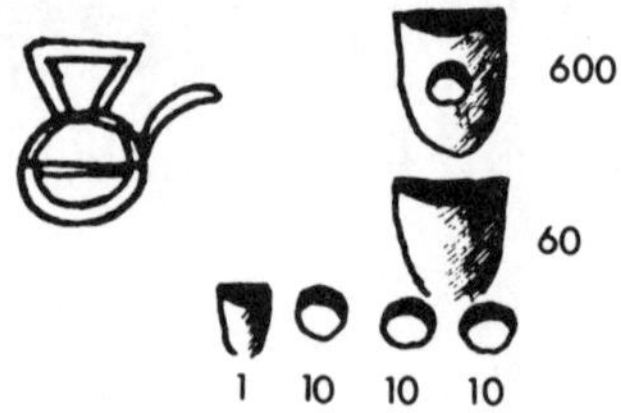

Anfänglich war dieses System nur rudimentär ausgebildet, zumal die Dokumente jeweils nur eine einzige Zählung enthalten: Man stellt beispielsweise ein Täfelchen her, um die Zählung von 23 Wildschweinen festzuhalten, ein anderes für 187 Schafe und wieder ein anderes für 567 Sack Weizen.

Aber seit etwa 3100 v.Chr. weiten sich wirtschaftliche Aktivitäten und die Verteilung von Verbrauchsgütern aus und diversifizieren sich beträchtlich, so daß immer umfangreichere und kompliziertere Bestandslisten und Zählungen notwendig werden.

Deshalb nehmen Zeichnungen und die entsprechenden Ziffern seit dieser Zeit immer größeren Raum auf den Tontafeln ein. So wird beispielsweise auf einem Täfelchen ein Bestand an Huftieren nach Kategorien getrennt folgendermaßen symbolisiert: *Hengste* mit aufgerichteter Mähne, *Stuten* mit fallender Mähne und *Fohlen* ohne Mähne. In derselben Weise wird auf einem einzigen Tontäfelchen auch die Zusammenfassung einer Transaktion im agrarischen Bereich buchhalterisch erfaßt, wobei zwischen Grundstücken und Bar-

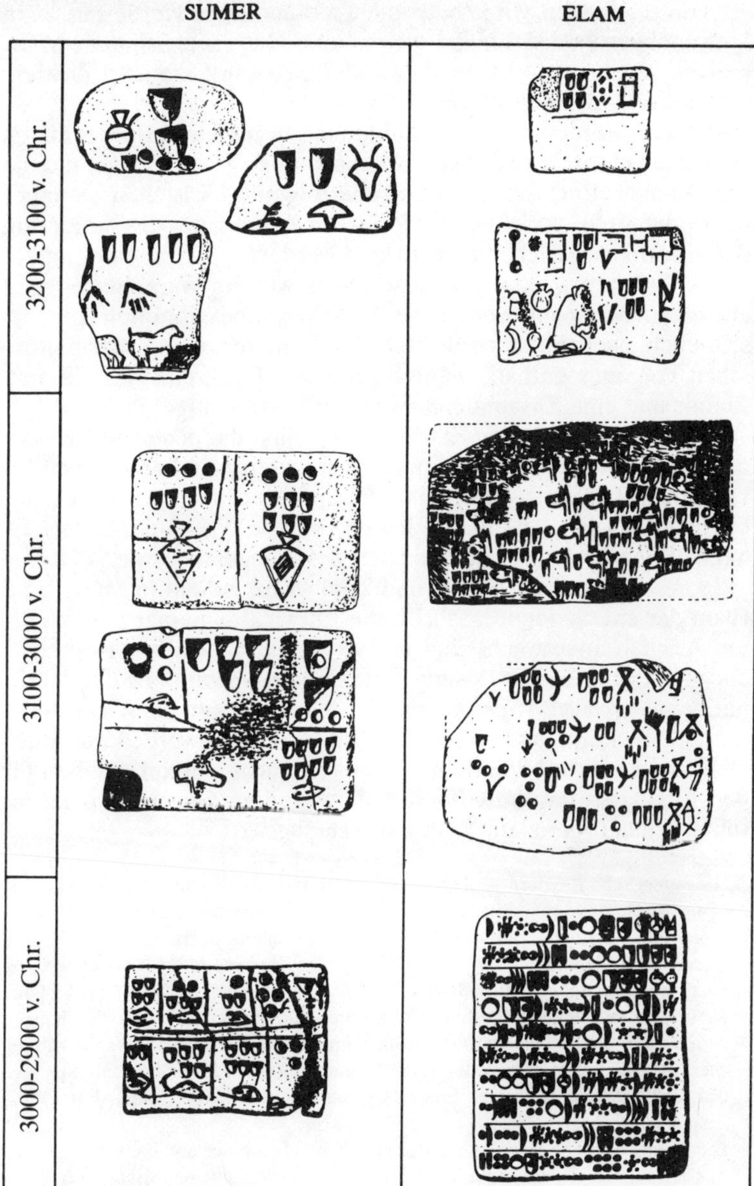

Die ältesten Schriftdokumente der Geschichte (3100-2900 v. Chr.).

geld unterschieden wird, oder die Zählung einer Herde mit allen notwendigen Präzisierungen – beispielsweise nach Schafen, Mastschafen, Lämmern, Lämmchen, Milchschafen, Ziegen, Zicklein und fast erwachsenen Ziegen.

In Elam werden solche Aufzählungen in mehreren horizontalen Reihen angeordnet und von rechts nach links gelesen, während die sumerischen Buchhalter aufeinanderfolgende Kästchen in einer oder mehreren horizontalen Reihen bevorzugen, die wiederum durch vertikale Striche unterbrochen werden.

Als Weiterentwicklung wird so etwas wie ein Warenbegleitbrief erfunden: Nunmehr werden beide Seiten eines Tontäfelchens beschrieben, wobei die Vorderseite Einzelheiten eines buchhalterischen Vorgangs enthält, während auf der Rückseite die Gesamtsumme und eine Zusammenfassung der Posten aufgeführt sind.*

In Verbindung mit den Zahlzeichen genügt das *piktographische System* ohne weiteres den wirtschaftlichen und juristischen Notwendigkeiten der Zeit; aber diese Piktogramme sind noch nicht mehr als bildhafte Zeichen, die das bedeuten, was sie visuell darstellen. Es handelt sich noch nicht um eine Schrift im engeren Sinne.

In der Zeit zwischen 2800 und 2700 v.Chr. gelingt in Sumer und Elam der entscheidende Schritt: die Entwicklung einer Schrift, deren Zeichen unverwechselbar und exakt alle Wirklichkeitsbereiche abdecken können. Die Lösung besteht in der Verbindung der Schrift mit der *gesprochenen Sprache,* mit der die Menschen die Wirklichkeit wiedergeben und analysieren. Die Bilderzeichen werden nun nicht mehr wegen ihres bildhaften Wertes gebraucht, sondern stehen für den Laut, den das Wort für den dargestellten Gegenstand in der sumerischen (oder elamischen) Sprache besitzt.

---

* Die sumerischen Ziffern – die seit fast 4000 Jahren nicht mehr gebraucht werden – wurden dadurch entschlüsselt, daß sich die Forscher die Gewohnheit der sumerischen Schreiber, auf der Rückseite der Tontäfelchen das Ergebnis der entsprechenden Zählungen und Inventarlisten der Vorderseite zu verzeichnen, zunutze machten. Indem beispielsweise auf der Vorderseite einer Tontafel zehn feine Kerben auf verschiedene Posten verteilt waren und auf der Rückseite durch einen einzigen kleinen runden Abdruck ersetzt wurden, und dieses Phänomen in zahlreichen Parallelen und Vergleichen seine Bestätigung fand, konnte erschlossen werden, daß die feine Kerbe die Einer darstellte und der kleine runde Abdruck die Zehner.

Durch eine ähnliche Gewohnheit der elamischen Schreiber und die systematische Auswertung der Zählungen auf einer Vielzahl von Warenbegleitbriefen aus Elam, die heute im Louvre in Paris und in den Museen von Teheran aufbewahrt werden, ist es mir gelungen, auch die wichtigsten Zahlzeichen dieser Kultur zu entziffern (vgl. Ifrah 1981, 197-212).

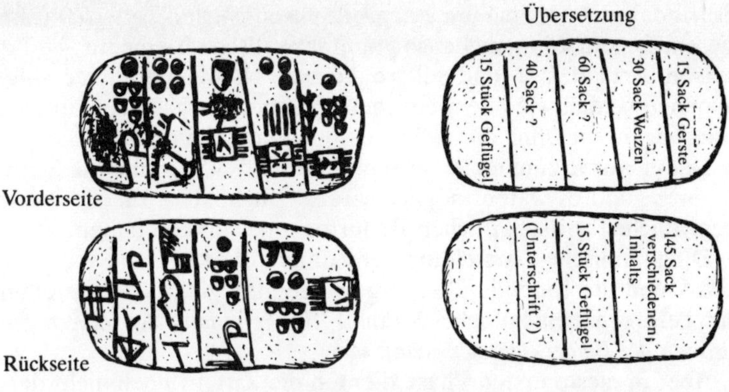

Sumerischer »Warenbegleitbrief« aus Uruk (um 2850 v.Chr.).

Auf den sumerischen Tafeln wird das Bild für *Herd* nun nicht mehr verwendet, um den Begriff »Herd« im eigentlichen Wortsinn darzustellen, sondern um den Laut *ne* auszudrücken, da *ne* das sumerische Wort für diesen Gegenstand ist. In derselben Weise wird das Bild für *Pfeil,* der in dieser Sprache *ti* heißt, dazu verwendet, um den Laut *ti* auszudrücken, und da »Leben» auf sumerisch ebenfalls *ti* heißt, dient derselbe Gegenstand auch zur phonetischen Darstellung dieses Begriffs – genau wie bei einem Bilderrätsel.

Piktogramme der archaischen Schrift der Sumerer.

Es handelt sich folglich um einen bemerkenswerten Fortschritt: Mit diesem System können ebenso grammatikalische Elemente wie Pronomen, Artikel, Prä- und Suffixe, Verben, Nomen und Sätze aufgezeichnet werden wie alle möglichen sprachlichen Nuancen und Präzisierungen, die ohne dieses Mittel nicht darstellbar wären.

Damit wurde zum ersten Mal im Lauf der Geschichte die Schrift geboren, und es waren möglicherweise Buchhalter, die sie aus im wesentlichen wirtschaftlichen Bedürfnissen erfunden haben.

Die graphische Darstellung der Zahlen, die aus dem System der *calculi* und der Tonbullen hervorgegangen ist, ging der Darstellung der gesprochenen Sprache voraus – *die Erfindung der Ziffern fand also vor der Entdeckung der Schrift statt*.

Aber in dieser ersten Phase dienten die Ziffern noch nicht dazu, Rechenaufgaben auszuführen: Sie wurden nur benutzt, um Mengen und Zählungen festzuhalten, während zum Rechnen auch weiterhin konkrete Verfahren angewendet wurden.

Die Ziffern zur Zeit der Pharaonen

Auch die Ägypter haben eine Schrift und ein System zur schriftlichen Zahlendarstellung erfunden – um 3000 v.Chr., also ungefähr zur selben Zeit wie in Elam und in Mesopotamien.

Dennoch haben die Ägypter ihre Ziffern und Piktogramme nicht von den Sumerern (oder den Elamitern) entlehnt und daraus ein eigenes System entwickelt. Vielmehr wurden die ägyptischen Hieroglyphen fast alle der Tier- und Pflanzenwelt des Niltals entnommen, und auch die Geräte und Werkzeuge, die diese Schrift nachbildet, waren in Ägypten mindestens seit Beginn des 4. Jahrtausends vor unserer Zeit in Gebrauch. Zudem unterscheiden sich die Piktogramme und die Form der Zeichnungen seit frühester Zeit bei beiden Schriftsystemen auffallend, selbst bei Zeichen, die dieselben Dinge darstellen.

Auch die ägyptische Hieroglyphen-Zahlschrift ist anders als die sumerische – nicht nur graphisch, sondern auch in mathematischer Hinsicht: Die ägyptische Zahlschrift beruht auf einem Dezimalsystem, die sumerische auf einem System mit der Basis Sechzig.

Schließlich unterschieden sich auch die verwendeten Materialien: Die Sumerer drückten ihre Ziffern und ritzten ihre Schriftzeichen fast ausschließlich in Tontafeln, während die Ägypter ihre Hieroglyphen mit Hammer und Meißel in Monumente aus Stein schlugen oder mit einem zugespitzten Schilfrohr und Farbe auf Felsstücke, Tonscherben oder Papyrusblätter malten.

Die ägyptischen Ziffern und Hieroglyphen sind also an Ort und Stelle entstanden und ausschließlich ein Produkt der ägyptischen Kultur.

Tatsächlich befanden sich die Ägypter zu Beginn des 3. Jahrtausends vor unserer Zeitrechnung in einem Stadium mit psychologisch, soziologisch und wirtschaftlich günstigen Bedingungen für die Erfindung der Ziffern und der Schrift*: Ihre Kultur ist um 3000 v.Chr. bereits in einem fortgeschrittenen Stadium, trägt urbane Züge und expandiert kräftig. Administrative und wirtschaftliche Notwendigkeiten führen dabei zunehmend zum Bewußtsein der begrenzten Möglichkeiten des menschlichen Gedächtnisses und der Flüchtigkeit einer ausschließlich mündlichen Kultur. Mit dem Wandel der Arbeitsorganisation wächst auch das Bedürfnis, Gedanken und Worte zu speichern, ebenso wie die Notwendigkeit, Zahlen dauerhaft festzuhalten. Und weil eben jedes Problem zu einer Lösung drängt, wird die Idee des Schreibens und der graphischen Aufzeichnung der Zahlen entwickelt.

Von Anfang an erlaubte die ägyptische Zahlschrift die Darstellung von Zahlen, die bis zu einer Million und noch weiter reichen konnten: Jeweils eine besondere Hieroglyphe steht für die Einheit und jede der sechs folgenden Zehnerpotenzen (10, 100, 1 000, 10 000, 100000 und 1000000).

---

* So trifft man auch in China, auf Kreta, am Indus und im präkolumbianischen Mittelamerika – bei den Maya und den Azteken – auf ähnliche Ausgangsvoraussetzungen wie bei den Sumerern (wenngleich zu einem anderen Zeitpunkt), und auch dort wurden unabhängig von jeglichem äußeren Einfluß dieselben Entdekkungen gemacht.

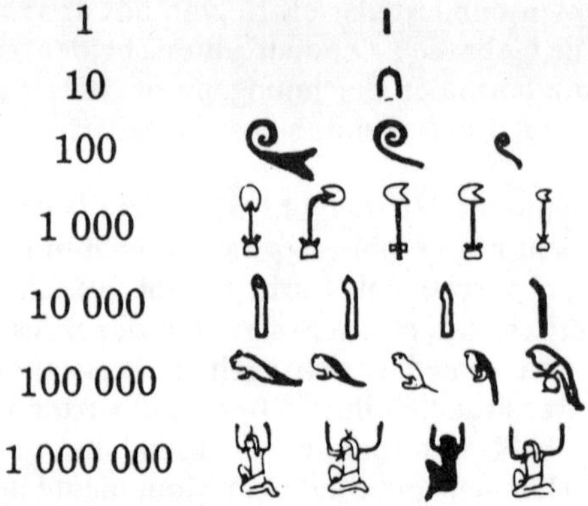

Ziffern der ägyptischen Hieroglyphenschrift.

Die Ziffer für die Einer ist ein kleiner senkrechter Strich, die für die Zehner ein Zeichen in Form eines Henkels, ähnlich einem Hufeisen oder einem großen U, das auf dem Kopf steht. Hundert wird durch eine mehr oder weniger eingerollte Spirale dargestellt, wie sie mit einem Seil gelegt werden kann, die ZahlTausend durch eine Lotosblüte mit Stiel, Zehntausend durch einen erhobenen, an der Spitze leicht abgewinkelten Finger, Hunderttausend durch einen Frosch oder eine Kaulquappe mit hängendem Schwanz und die Million durch einen knieenden Mann, der die Arme zum Himmel erhebt.

Abbildung der Zeichnung auf dem Kopf der Keule des Königs Narmer (Anfang 3. Jahrtausend v. Chr.).

In Hierakonpolis – einer sehr alten Stadt am linken Nilufer, ungefähr 100 km vom ersten Katarakt entfernt – hat man eine Keule mit einigen Inschriften gefunden. Sie bildet eines der ältesten bekannten archäologischen Zeugnisse der ägyptischen Hieroglyphenschrift und -zahlschrift und hat König Narmer gehört, der um 2900 v.Chr. Unter- und Oberägypten unter seiner Herrschaft vereint hat.

Außer dem Namen des Königs, der phonetisch wiedergegeben ist, finden sich auf dem Kopf der Keule Zahlendarstellungen, die die Summe der Gefangenen und des Viehs angeben, die der Herrscher offensichtlich bei einem siegreichen Kriegszug erbeutet hat. Diese Aufzählung – die sicher stark übertrieben ist, um den Ruhm des Königs zu verherrlichen – umfaßt 400 000 Stiere, 1 422 000 Ziegen und 120 000 Gefangene.

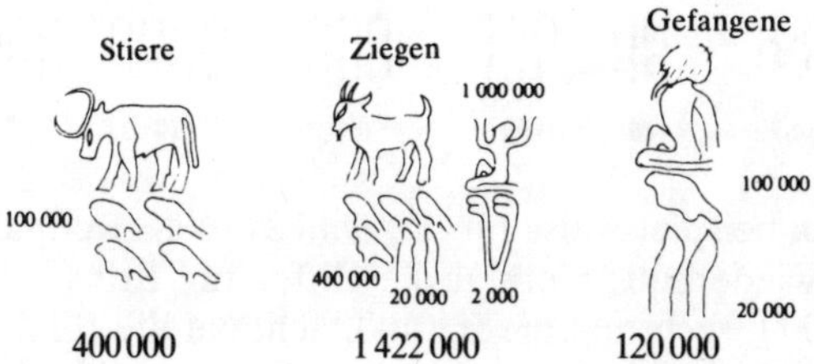

Ein anderes Beispiel findet sich auf einer Statue, die ebenfalls in Hierakonpolis gefunden wurde und ungefähr aus der Zeit um 2800 v.Chr. stammt. Sie wurde zu Ehren eines Königs namens Chasechem errichtet und trägt die folgenden Schriftzeichen, um die Anzahl der 47 209 Feinde darzustellen, die dieser Herrscher niedergemetzelt haben soll:

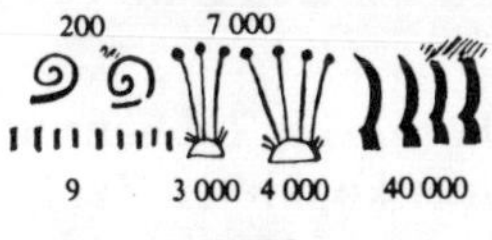

Zur Darstellung einer Zahl begnügten sich die Ägypter also damit, die Ziffer jeder Dezimalordnung so oft wie nötig zu wiederholen, wobei sie mit den Ziffern der höchsten Dezimalordnung begannen, die die Zahl umfaßte, und dann nacheinander die weiteren bis zu den Einern darstellten.

Anfänglich war die Art der Darstellung durchaus archaisch, und die Zeichen ebenso wie die Anordnung der Ziffern im ganzen ziemlich einfach – so bei der obigen Zahl 47 209 das Bild des Fingers für 10 000 und der Lotosblume für 1 000, die Anordnung der neun Striche für die Einer und die Art der Gruppierung der Tausender.

Aber seit 2700 v.Chr. wurde die Zeichnung der Hieroglyphen exakter und regelmäßiger. Um die Anhäufung mehrerer Ziffern derselben Ordnung in einer Reihe zu verhindern und so dem Leser die Addition der entsprechenden Werte zu erleichtern, wurden nun auch häufig kleine Gruppen von zwei, drei oder vier identischen Zeichen in zwei oder drei übereinanderliegenden Reihen gebildet:

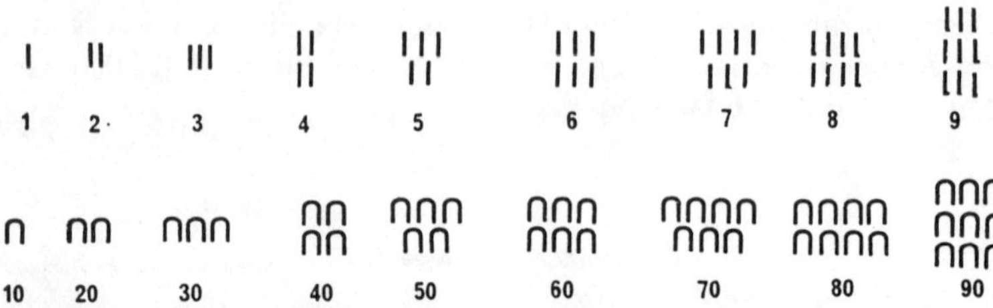

So wurde nun beispielsweise für die Zahl 243 688 zweimal die Ziffer für 100 000 wiederholt, viermal die Ziffer für 10 000, dreimal die Ziffer für 1 000, sechsmal die für 100, achtmal die für 10 und achtmal die für die 1, indem folgende Anordnung gewählt wurde:

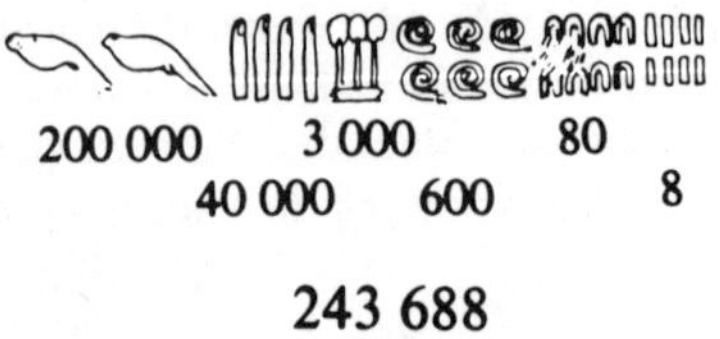

Im Grunde war diese Form von Zahlschrift wieder nur das schriftlich fixierte Resultat einer konkreten Zählung – wahrscheinlich haben auch die Ägypter in archaischer Zeit konkret gezählt und dabei eine Zahl durch Aufreihung oder Anhäufung so vieler Zählgegenstände – Kieselsteine, Muscheln, Kügelchen, Stöckchen, Scheiben oder Ringe, die jeweils einer Ordnung des Zahlensystems zugeordnet werden – wie nötig dargestellt.

Aber im Gegensatz zu den sumerischen Ziffern, deren graphische Darstellung noch deutlich auf ihren materiellen Ursprung verweist, lassen die Zeichen dieser Zahlschrift kaum Rückschlüsse auf die konkreten Gegenstände zu, die den Ziffern in Zeiten vor der Erfin-

Auszug aus den Annalen des Thutmosis III. (1490-1436 v. Chr.), auf dem die Beute des 29. Jahres der Regierungszeit des Pharao verzeichnet ist (Basrelief in Sandstein aus Karnak).

dung der Schrift als Hilfsmittel des gegenständlichen Zählens vorausgingen.

Warum wurden beispielsweise die Zahlen 1 000 und 100 000 durch eine Lotosblume beziehungsweise eine Kaulquappe dargestellt? Hat man etwa in der Frühzeit tatsächlich mit Blumen oder Fröschen als Hilfsmittel gezählt? Dies erscheint wenig wahrscheinlich. Warum wurden die Spirale und der menschliche Finger gewählt, um Hunderter und Zehntausender darzustellen? Und warum wurde ein knieender Mann mit zum Himmel erhobenen Armen mit einer Million in Verbindung gebracht? Alles Fragen, auf die die Archäologie bis heute keine Antwort erbracht hat.

Vermutlich ist der graphische Ursprung der ägyptischen Ziffern weit komplexer als der der sumerischen und elamischen, da die Erfinder der ägyptischen Zahlschrift augenscheinlich verschiedene Prinzipien gleichzeitig verwendeten. Deshalb erscheinen mir folgende Hypothesen einleuchtend, auch wenn dafür kein formeller Beweis erbracht werden kann.

Der Ursprung der Ziffer 1 könnte ganz »natürlich« gewesen sein: Der senkrechte Strich ist das elementarste graphische Symbol, das sich der Mensch für die Darstellung der Einer vorstellen kann. Die Menschen der Vorgeschichte haben bereits vor mehr als 30 000 Jahren dieses Zeichen auf ihren gekerbten Knochen verwendet, und man weiß, daß viele Völker im Laufe der Geschichte dem senkrechten Strich diesen Wert zugeordnet haben.

Denkbar wäre zudem, daß in der ägyptischen Hieroglyphenschrift diese Ziffer zusammen mit der Ziffer für zehn – ein Zeichen in Form eines Bügels – Überreste eines alten konkreten Zählverfahrens sind: Die erste Ziffer könnte die graphische Darstellung eines Stöckchens sein, das früher für die Einer benutzt worden ist, und die zweite die Zeichnung einer Schnur, mit der die Stöckchen zusammengebunden wurden, um ein Päckchen aus zehn Einern zu bilden, und die in der ägyptischen Schrift dann so stark stilisiert wurde, daß ein umgekehrtes U entstand.

Für die Ziffern 100 und 1 000 – Spirale und Lotosblume – griffen die Erfinder der Zahlschrift möglicherweise auf das Prinzip der »phonetischen Entlehnung« zurück, wie wir es bei der Schrift kennengelernt haben:

Man könnte annehmen, daß die ägyptischen Wörter für »Spirale« und »Lotosblume« ursprünglich denselben Lautfolgen wie »hundert« und »tausend« entsprochen haben. Und als man diese beiden Zahlen darstellen wollte, hat man das Bild der Spirale und der Lotosblume wegen ihres Lautwerts übernommen, unabhängig von ihrem direkten bildhaften Sinn.

Dafür gibt es keinen direkten Beleg, aber ähnliche Fälle gibt es auch bei anderen Völkern. Beispielsweise wurde in der alten chinesischen Schrift die Zahl 1 000 graphisch genauso dargestellt wie das Wort *Mann,* da die entsprechenden Begriffe in der archaischen Zeit wahrscheinlich dieselbe Aussprache hatten.

Die ägyptische Hieroglyphe für Zehntausend wiederum – die einen erhobenen und leicht abgewinkelten Finger zeigt – könnte ein Überrest des Zählens mit den Händen sein, das die Ägypter in der Frühzeit benutzt haben und mit dem man durch verschiedene Fingerstellungen bis 9 999 zählen konnte.

Die Ziffer für 100 000 könnte aus einem rein symbolischen Grund entstanden sein: Man denke an die Verwandlung der Kaulquappen in Frösche im Nil und ihre große Fruchtbarkeit im Frühling.

Der Ursprung der Hieroglyphe für die Million könnte psychologischer Natur sein. Die Ägyptologen hielten sie zunächst für das Bild eines Mannes, der angesichts der Größe der von ihm dargestellten Zahl erschrocken sei. In Wirklichkeit stellte diese Hieroglyphe – die nicht nur eine Million bezeichnet, sondern auch »eine Million Jahre« oder »Ewigkeit« – in den Augen der Ägypter einen Genius dar, der das Himmelsgewölbe stützt. Ursprünglich könnte dieses bildhafte Zeichen auch einen Mann – vielleicht einen Priester oder einen Astronomen – dargestellt haben, der die Sterne am Firmament betrachtete und sich ihrer großen Zahl bewußt wurde.

Verwandte des ägyptischen Zahlensystems

Etwa elf oder zwölf Jahrhunderte nach dem pharaonischen Ägypten stand eine andere fortgeschrittene Kultur ebenfalls an der Schwelle zur Erfindung der Ziffern und der Schrift. Sie entwickelte sich zwischen etwa 2200 und 1400 vor unserer Zeitrechnung auf der Insel Kreta und wird von den Archäologen als *minoische Kultur* bezeichnet – nach dem sagenhaften König Minos, in der griechischen Mythologie der erste Herrscher auf dieser Insel.

Zu Beginn des 2. Jahrtausends vor Christus stehen die Kreter vor einer radikalen Veränderung ihrer traditionellen Lebensweise, in einem neuen sozialen und politischen Rahmen, der sich an der Größe der Bauwerke dieser Epoche ablesen läßt, vor allem an den imposanten ersten Palästen von Knossos, Phaistos und Mallia.

Das Handwerk erlebt mit der Herstellung von Schmuck, Kunstgegenständen, Vasen und Waffen einen beachtlichen Aufschwung, der Handel blüht und der Wohlstand wächst. Inventarlisten, Zählungen, Lieferungen, wirtschaftlicher Austausch und die Verteilung von Lebensmitteln und Bedarfsgütern nehmen von Tag zu Tag zu. Die Notwendigkeit zur Speicherung von Zahlen und zum Festhalten von Gedanken wird immer größer. Zur Befriedigung dieser Bedürfnisse erfinden die Verantwortlichen einer »bürokratisierten« Verwaltung um 2000 v.Chr. eine Schrift und ein schriftliches Zahlensystem.

Nacheinander entwickeln die Kreter drei völlig unterschiedliche Arten von Schrift:

- eine *Hieroglyphenschrift,* deren Zeichen auf mehr oder weniger realistische Weise alle möglichen Lebewesen oder Gegenstände darstellen;
- die Schrift *Linear A,* die zwar auf die Hieroglyphenschrift zurückgeht, aber aus weit schematisierteren Zeichnungen besteht;
- die Schrift *Linear B,* eine Weiterentwicklung der Linear A, mit der nicht mehr die minoische Sprache aufgezeichnet wurde, sondern auch ein archaischer griechischer Dialekt – das *Mykenische*.

Die erste Schrift wurde fast ausschließlich in den Palästen verwendet, in der Zeit zwischen etwa 2000 und 1600 v.Chr.

Die zweite Schrift ist auf Kreta zwischen 1700 und 1400 v.Chr. bezeugt und sowohl in der Verwaltung und bei den Priestern als auch bei Privatleuten verbreitet.

Die letzte Schrift schließlich wird zwischen 1350 und 1200 v.Chr. verwendet, nach dem endgültigen Verschwinden der minoischen Kultur als Folge der Eroberung der Insel durch die Mykener; sie

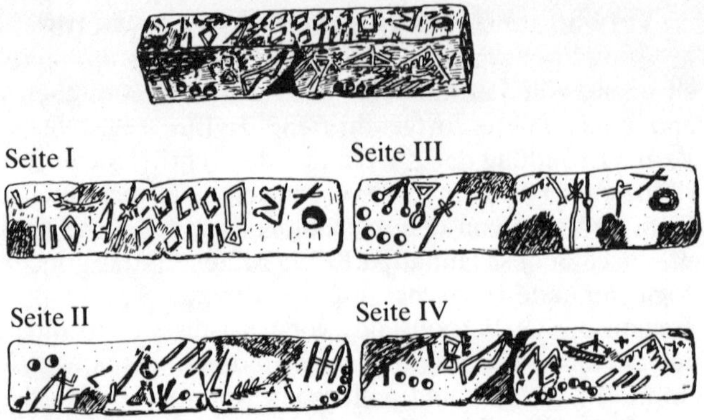

Die mit Zeichen und Ziffern der kretischen Hieroglyphenschrift bedeckten Seiten eines Tonbarrens (Palast von Knossos, erste Hälfte des zweiten Jahrtausends v. Chr.).

breitete sich nicht nur auf Kreta, sondern auch auf dem griechischen Festland aus, was seit Ende des letzten Jahrhunderts archäologische Ausgrabungen auf Kreta – vor allem in Knossos, Mallia, Phaistos, Hagia Triada – sowie in Griechenland – in Mykene, Tiryns und Pylos – belegt haben.

Kretische Tafel mit Zeichen und Ziffern der Schrift Linear A (Hagia Triada, 16. Jahrhundert v. Chr).

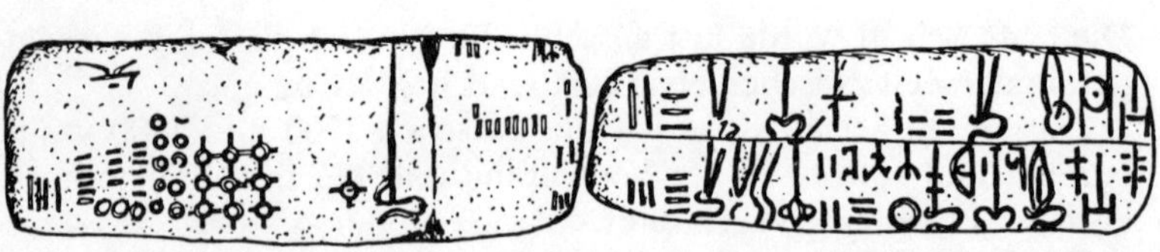

Kretische Tafeln mit Zeichen und Ziffern der Schrift Linear B (14./13. Jahrhundert v. Chr.).

Wie zahlreiche Barren und Buchhaltungstäfelchen aus Ton zeigen, die in diesen Stätten entdeckt wurden, erfährt auch die kretische Zahlschrift in dieser Zeit einige Veränderungen, die allerdings weniger die mathematische Struktur als die graphische Darstellung der entsprechenden Ziffern betreffen.

Bemerkenswert ist dabei, daß dieses System vollkommen dem ägyptischen Zahlensystem ähnelt: Ebenso wie dieses beruht es auf der Basis Zehn und hat nur der Einheit und jeder Potenz von Zehn eigene Ziffern zugeordnet.

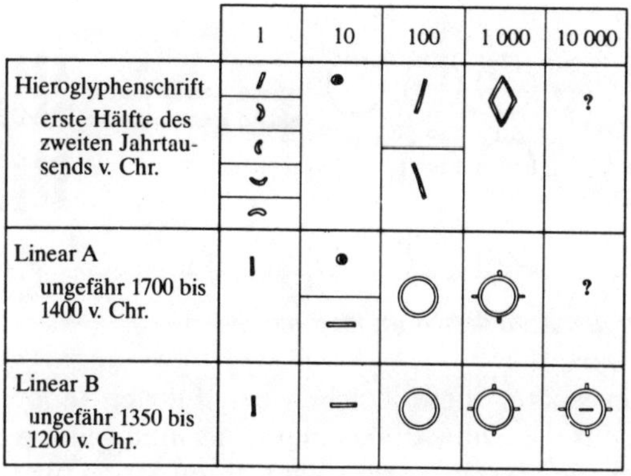

Die kretischen Ziffern.

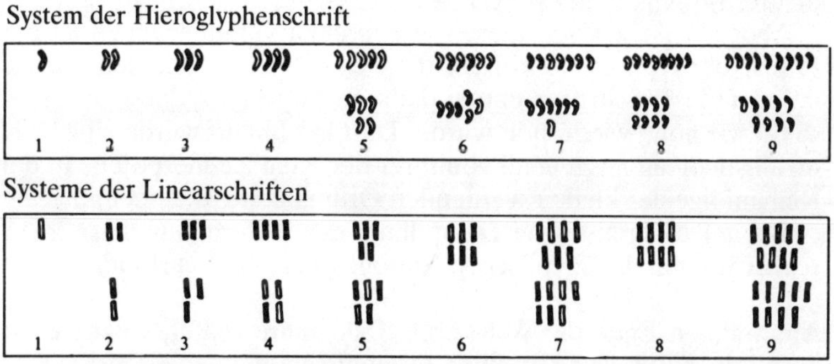

Die ersten neun Zahlen in den kretischen Zahlschriften.

Ursprünglich verwendeten die Kreter folgende Ziffern:

- für die Zahl 1 einen kleinen Kreisbogen mit unterschiedlicher Ausrichtung;
- für die Zahl 10 einen kleinen runden Abdruck – analog zur sumerischen oder elamischen Ziffer mit demselben Wert;

- für die Zahl 100 einen großen schrägen Strich;
- für die Zahl 1 000 eine Raute.

Später wurden diese Ziffern aus bis heute unbekannten Gründen nach und nach durch andere ersetzt – seit etwa 1700 v.Chr. verwendeten die Kreter allmählich statt der früheren Ziffer für die Einer einen kleinen senkrechten Strich, statt des runden Abdrucks mit dem Wert Zehn einen waagrechten Strich, statt des großen Schrägstrichs für die Hunderter einen Kreis und statt der Raute für die Tausender eine runde Figur mit kleinen Strichen.

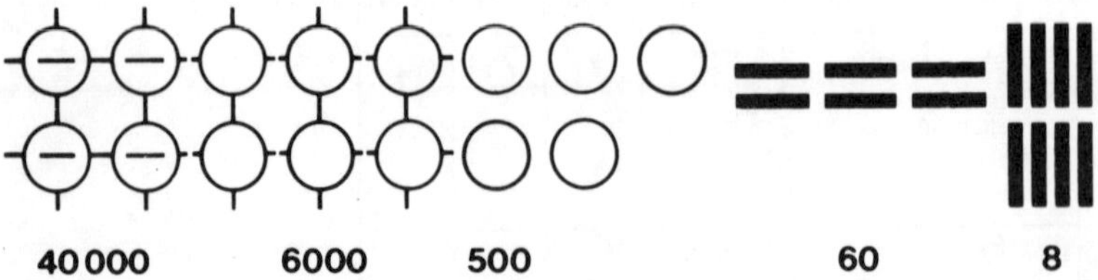

Darstellung der Zahl 46568 im linearen System.

Die Mykener behielten später diese Zeichen bei, führten jedoch eine zusätzliche Ziffer für die Zahl 10 000 ein, die als multiplikative Verknüpfung der Ziffer für 1 000 mit dem waagrechten Strich für 10 in ihrer Mitte gebildet wurde.

Aber abgesehen von diesen graphischen Veränderungen ist das Prinzip der kretischen Zahlschrift gleich geblieben – Zahlen wurden in jeder dieser Schriften immer dadurch dargestellt, daß jede Ziffer so oft wie nötig wiederholt wurde. Darüber hinaus wurde eine Zahl im allgemeinen ausgehend von ihrer höchsten Zehnerpotenz in der Reihenfolge der kleiner werdenden Ordnungen geschrieben.

Bis auf die graphische Darstellung der Ziffern war diese Zahlschrift also mit der ägyptischen Hieroglyphen-Zahlschrift identisch.

Am anderen Ende der Welt, aber 3 500 Jahre später, gelangte die *Kultur der Azteken* zu denselben Ergebnissen. Sie entwickelte sich in Mexiko zwischen 1400 und 1600, vor der Ankunft der spanischen Konquistadoren, und erfand unter analogen Bedingungen wie die bisher betrachteten Kulturen ebenfalls eine Schrift und ein Ziffernsystem.

Dies ist durch einige Handschriften belegt, die in der Fachsprache *Codex* genannt werden und zumeist nach der spanischen Eroberung verfaßt worden sind. Eines dieser bemerkenswerten Dokumente ist der *Codex Mendoza* – nach dem Namen des ersten Vizekönigs von Neuspanien, Don Antonio de Mendoza. Er hatte einheimische Schreiber damit beauftragt, die Geschichte und das Alltagsleben der Azteken aufzuzeichnen und die Register über die Tribute zu übertragen, die das Aztekenreich von jeder besiegten Stadt erhielt, wobei alle entsprechenden Einzelheiten in spanischer Sprache kommentiert werden sollten.

Die aztekische Schrift war bildhaft: Ihre Schriftzeichen waren realistische Zeichnungen, die Lebewesen oder Gegenstände aller Art wiedergaben. Dennoch bildet sie eine Art Kompromiß zwischen ideographischer und phonetischer Notierung, da einige Zeichen Ideen oder das darstellen sollten, was sie bildhaft zeigten, während andere wiederum die Laute der aztekischen Sprache nach dem Prinzip der Bilderrätsel aufzeichneten. So wurde der Name der Stadt *Itztlan* durch das Zeichen »Klinge aus Obsidian« *(Itztli)* und das Zeichen »Zahn« *(Tlan)* dargestellt; der Name der Stadt *Coatlan* wurde mit den Hieroglyphen »Schlange« *(Coatl)* und »Zahn« *(Tlan)* wiedergegeben.

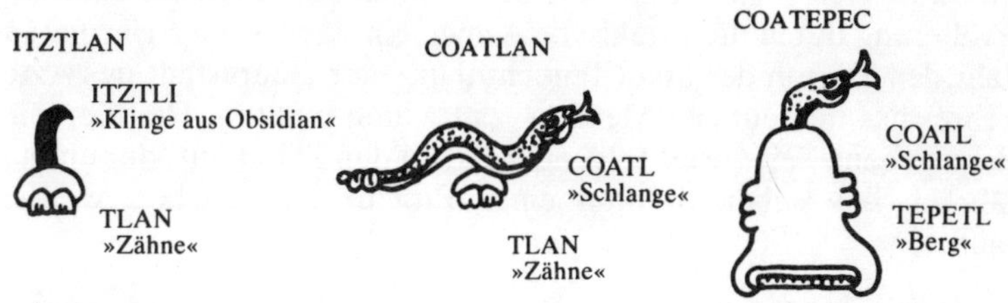

Das aztekische Ziffernsystem beruhte auf der Basis Zwanzig und besaß nur vier Ziffern:

- einen Punkt oder einen Kreis für die Einer;
- eine Art Beil für die Zwanziger;
- eine Feder für die Zahl 400 (= 20^2);
- einen mit Körnern gefüllten Sack für 8 000 (= 20^3).

Die aztekischen Ziffern.

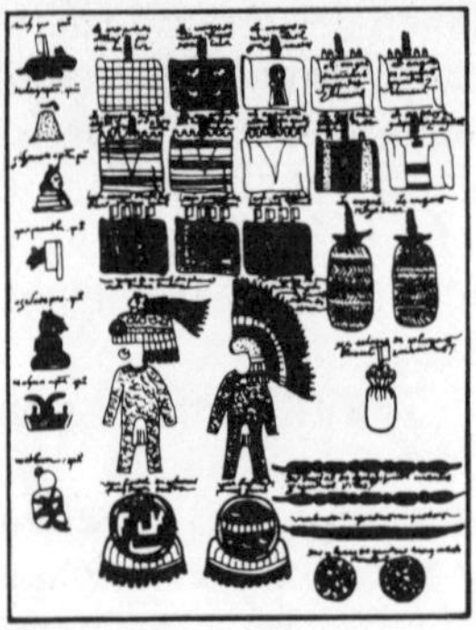

Eine Seite des Codex Mendoza mit der Aufzählung des Tributs, den sieben mexikanische Städte der Führung in Tenochtitlán liefern mußten.

Die Beamten des Aztekenreiches drückten die Ergebnisse ihrer Inventarisierungen und Zählungen schriftlich dadurch aus, daß sie jede dieser Ziffern so oft wie nötig neben den entsprechenden Piktogrammen wiederholten.

Der Schreiber, der den *Codex Mendoza* verfaßte, verzeichnete auf diese Weise die Tribute, die die mexikanischen Städte nach der Eroberung durch die aztekische Armee ein-, zwei- oder viermal im Jahr den Herren der Stadt Tenochtitlán – der Hauptstadt des Aztekenreiches im heutigen Mexiko – entrichten mußten. Die hier wiedergegebene Seite listet folgendermaßen den Tribut auf, der einmal jährlich bei sieben Städten einer Provinz eingetrieben werden mußte:

1. Die linke Spalte: Hier stehen die Namen der sieben Städte, jeweils durch eine Kombination von Zeichnungen dargestellt, die nach dem Prinzip der phonetischen Schrift gelesen werden müssen:

Tochpan Tlaltiçapan Civateopan Papantla Ocelotepec Miaua apan Mictlan

2. Die erste Reihe von oben:

400 400 400 400 400

- ein Posten aus 400 schwarz-weiß karierten Mänteln (Ponchos);
- ein Posten aus 400 Mänteln aus kostbar gearbeitetem rotem und weißem Stoff (der von den Herren von Tenochtitlán getragen wurde);
- ein Posten aus 400 Lendenschurzen;
- zwei Posten aus je 400 großen weißen Mänteln von 4 *Braza**.

3. Die zweite Reihe:

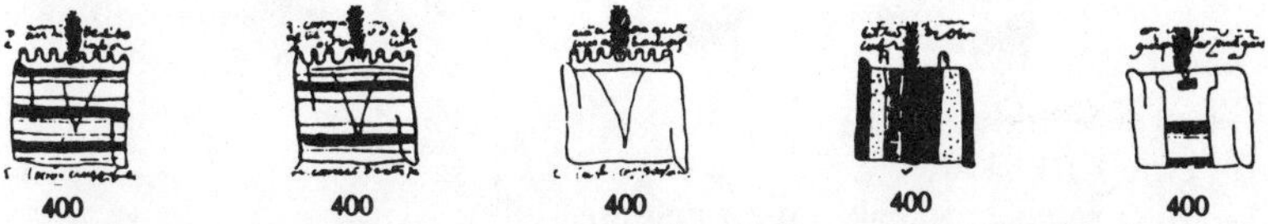

- zwei Posten aus je 400 orange und weiß gestreiften Mänteln von jeweils 8 *Braza*;
- ein Posten aus 400 bunten Mänteln von jeweils 2 *Braza*;
- ein Posten aus 400 Tuniken und Frauenröcken.

4. Die dritte Reihe:

- drei Posten aus je 80 farbigen und reich verzierten Mänteln (die von den Würdenträgern der Hauptstadt getragen wurden);
- zwei Posten aus je 400 Ballen getrocknetem Piment (der unter anderem zur Bestrafung jugendlicher Rechtsbrecher benutzt wurde).

5. Die vierte Reihe:

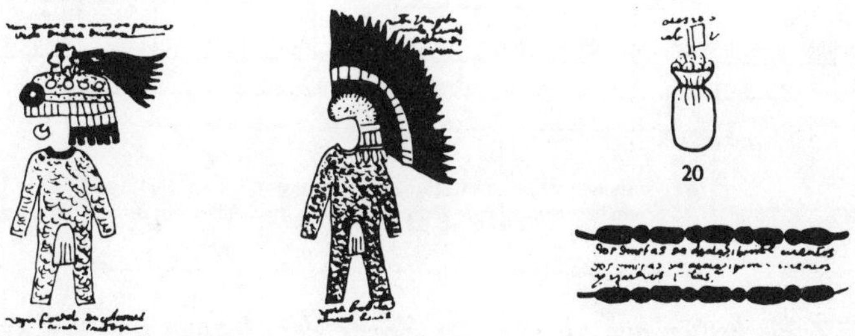

* *Längeneinheit, die durch die Finger dargestellt wird.*

- zwei Prunkgewänder;
- 20 Sack weiße Federn;
- zwei Jadeperlenketten.

6. Die letzte Reihe:

- zwei Schilde;
- eine Türkiskette;
- zwei reich mit Türkisen eingelegte Teller.

Das Ziffernsystem der Azteken ist unbestreitbar genau wie das ägyptische konzipiert: Ebenso wie dieses basiert es auf dem *additiven Prinzip,* wonach sich ein mit Ziffern dargestellter Wert aus der Summe der Werte der gebrauchten Ziffern ergibt, und ordnet nur der Einheit und jeder der Potenzen der Basis ein eigenes Zeichen zu. Der einzige Unterschied zum ägyptischen System besteht in der Zeichnung der Ziffern und in der zugrundegelegten Basis, die vigesimal statt dezimal ist.

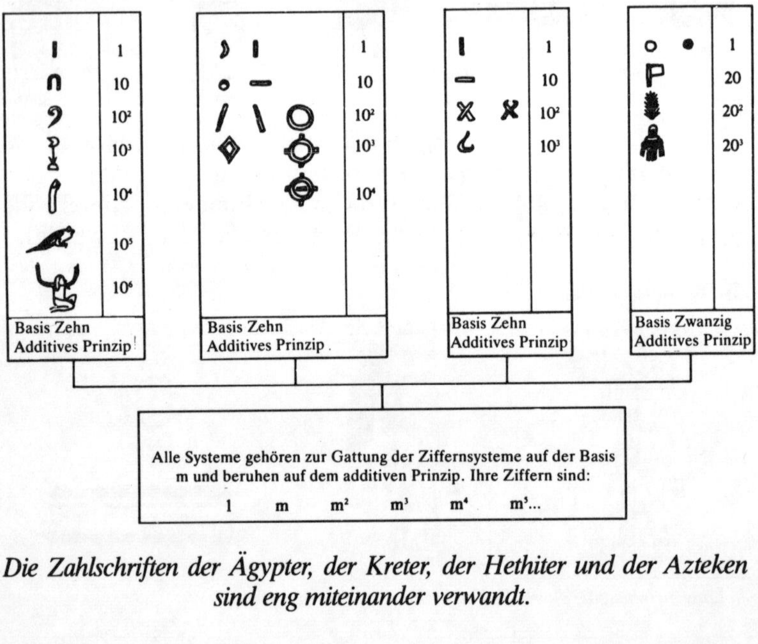

Die Zahlschriften der Ägypter, der Kreter, der Hethiter und der Azteken sind eng miteinander verwandt.

Es ist beeindruckend, wie Menschen weit voneinander entfernt und zu unterschiedlichen Zeiten in ihren Forschungen und Versuchen manchmal dieselben Wege eingeschlagen haben und zu ähnlichen Ergebnissen gelangten. Aber die Annahme wäre absurd, daß diese Völker sich hätten gegenseitig kopieren können – vielmehr hatten sie einfach identische Ausgangsbedingungen. Und dies erklärt auch, weshalb Gesellschaften, die keinerlei Kontakt miteinander gehabt haben, mit der Zeit die gleichen Errungenschaften machten: Beherrschung des Feuers und Entdeckung der Zahlen, zunehmende Urbanität und technischer Fortschritt, Entwicklung der Landwirtschaft und der Metallverarbeitung, Erfindung des Rades und des Pfluges.

Kapitel 6
Die griechischen und römischen Ziffern – eine Sackgasse

Ziffern im Zeitalter Homers

Ursprünglich benutzten die Griechen – vermutlich von den Mykenern beeinflußt – eine Zahlschrift mit denselben Merkmalen wie das kretische System. Sie beruhte ebenfalls auf dem Dezimalsystem, war additiv und ordnete nur der Einheit und den ersten Potenzen der Basis ein eigenes graphisches Zeichen zu.

Zur Zeit Homers – im 9. und 8. Jahrhundert v.Chr. – wurde die Einheit teilweise durch einen Punkt, teilweise durch einen kleinen Kreisbogen oder durch einen waagrechten Strich dargestellt. Die Zehner wurden durch einen senkrechten Strich oder durch einen kleinen Kreis wiedergegeben, die Hunderter durch eine Art umgedrehtes großes »L« etc.

Aber wie die ägyptische, kretische oder aztekische Zahlschrift litt auch dieses System unter seiner Einfachheit. Schon die einfachste Darstellung von Zahlen erforderte eine unmäßige Wiederholung identischer Zeichen: Für die Zahl 7699 beispielsweise waren 31 Symbole nötig.

Solche ermüdenden Wiederholungen waren wohl die Ursache zahlreicher Irrtümer und Auslassungen, die den Schreibern und Kopisten der damaligen Zeit unterliefen; sie führten dazu, daß die Griechen ihren ursprünglichen Ziffern zusätzliche Zeichen hinzufügten.

Seit dem 6. Jahrhundert v. Chr. wurde die Zahlschrift vereinfacht durch die schrittweise Einführung eigener Ziffern für 5, 50, 500, 5000 etc. Gleichzeitig wurden die alten graphischen Zahlzeichen nach und nach durch Buchstaben des Alphabets ersetzt, die jeweils dem Anfangsbuchstaben eines Zahlworts entsprachen; dies wird in der Fachsprache als *akrophonisches Prinzip* bezeichnet.

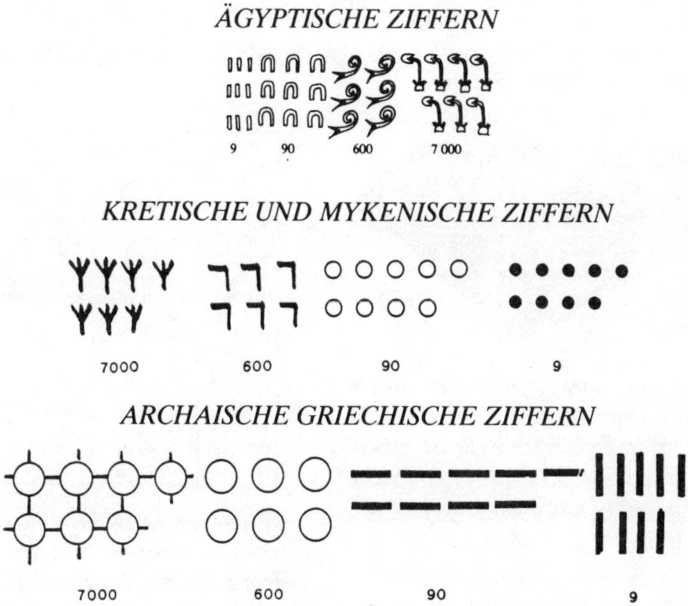

Vergleichende Darstellung der Zahl 7699.

Die Zahlen wurden nun folgendermaßen dargestellt:

- die Einheit durch einen senkrechten Strich;
- die Zahl Fünf durch den Buchstaben Γ, die alte Form des *Pi*, des Anfangsbuchstabens des Wortes *pente* (fünf);
- die Zehn durch den Buchstaben Δ *(Delta)*, den Anfangsbuchstaben des Wortes *deka* (zehn);
- die Fünfzig durch das Zeichen 𐅄, eine Kombination der Buchstaben *Pi* und *Delta* als Abkürzung für *pentedeka* (fünfzig);
- die Zahl Hundert durch den Buchstaben H *(Heta)*, den Anfangsbuchstaben des Wortes *hekaton* (hundert);
- die Zahl 500 durch das Zeichen 𐅅, eine Kombination der Buchstaben *Pi* und *Heta* als Abkürzung für *pentehekaton* (fünfhundert);
- die Tausend durch den Buchstaben X *(Chi)*, den Anfangsbuchstaben des Wortes *chilioi* (tausend);

- die Zahl 5 000 durch das Zeichen 𐅆, eine Kombination der Buchstaben *Pi* und *Chi* als Abkürzung für *pentechilioi* (fünftausend);
- die Zahl 10 000 durch den Buchstaben M *(My)* den Anfangsbuchstaben von *myrioi* (zehntausend);
- schließlich die Zahl 50 000 durch das Zeichen 𐅇, eine Kombination der Buchstaben *Pi* und *My* als Abkürzung für *pentemyrioi* (fünfzigtausend).

Fragment einer griechischen Inschrift aus Athen aus dem 5. Jahrhundert v. Chr. In der dritten Zeile ist ein Geldbetrag von 3 Talenten und 3935 (+ x ?) Drachmen festgehalten.

1 I	100 H	10 000 M
2 II	200 HH	20 000 MM
3 III	300 HHH	30 000 MMM
4 IIII	400 HHHH	40 000 MMMM
5 𐅃	500 𐅅	50 000 𐅇
6 𐅃I	600 𐅅H	60 000 𐅇M
7 𐅃II	700 𐅅HH	70 000 𐅇MM
8 𐅃III	800 𐅅HHH	80 000 𐅇MMM
9 𐅃IIII	900 𐅅HHHH	90 000 𐅇MMMM
10 Δ	1 000 X	
20 ΔΔ	2 000 XX	
30 ΔΔΔ	3 000 XXX	
40 ΔΔΔΔ	4 000 XXXX	
50 𐅄	5 000 𐅆	
60 𐅄Δ	6 000 𐅆X	
70 𐅄ΔΔ	7 000 𐅆XX	
80 𐅄ΔΔΔ	8 000 𐅆XXX	
90 𐅄ΔΔΔΔ	9 000 𐅆XXXX	

System der Zahlschrift auf attischen Inschriften, wie es seit dem 5. Jahrhundert v. Chr. bis zur Zeitenwende belegt ist.

Ausgehend von einer dezimalen Zahlschrift, identisch mit der der Ägypter, entwickelten die Griechen also ein System, das jeder der folgenden Zahlen eine eigene Ziffer zuordnete:

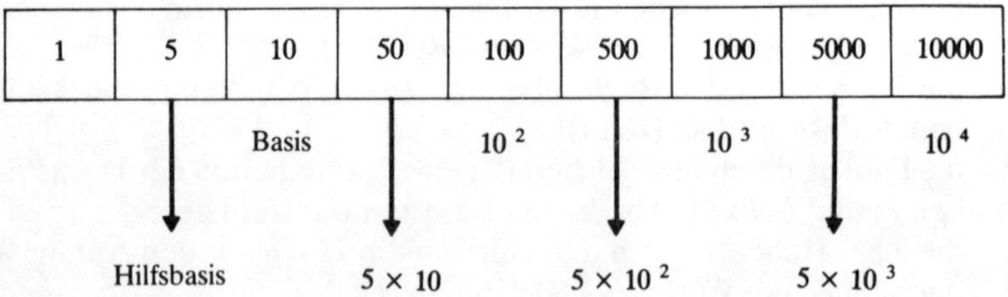

Mathematisch entsprach dieses System dem der Römer; es waren nun beispielsweise nur noch 15 Zeichen notwendig, um die Zahl 7 699 darzustellen, statt der früher benötigten 31 Zeichen:

𐅆 X X 𐅅 H 𐅄 Δ Δ Δ Δ 𐅃 I I I I

5000 2000 500 100 50 40 5 4

Dennoch bedeutete diese Entwicklung einen Rückschritt in der Geschichte des *Rechnens:* Ursprünglich konnte mit der griechischen Zahlschrift wie mit der ägyptischen auch schriftlich gerechnet werden, da sie nur den Einern und jeder Potenz ihrer Basis eine besondere Ziffer zuordnete. Nachdem die Griechen aber dieser Reihe noch zusätzliche Ziffern hinzugefügt hatten, war es damit vorbei – die griechischen Rechner benutzten seitdem nur noch Rechentafeln.

Die römischen Ziffern: eine Erfindung der Hirten

Mit den römischen Ziffern konnte man Rechenaufgaben genauso schlecht lösen wie mit den griechischen. Wenn wir beispielsweise versuchen, mit diesen Ziffern eine Addition durchzuführen, so bereitet dies große Schwierigkeiten oder ist vielleicht sogar unmöglich, wenn wir sie nicht in unsere Zahlschrift übersetzen:

	CCXXXII		232
+	**CCCCXIII**	+	413
+	**MCCXXXI**	+	1 231
+	**MDCCCLII**	+	1 852
	MMMDCCXXVII		3 728

Die römischen Ziffern waren ebenso wie die akrophonen Ziffern der Griechen keine Rechenzeichen, sondern *Abkürzungen, um Zahlen aufzuschreiben und festzuhalten.* Aus diesem Grund haben römische Buchhalter und später die Rechenmeister im europäischen Mittelalter zum Rechnen immer einen Abakus mit Rechenmarken zu Hilfe genommen.

Wie die meisten Systeme der Antike folgte auch die römische Zahlschrift dem additiven Prinzip: ihre Ziffern (I = 1, V = 5, X = 10, L = 50, C = 100, D = 500 und M = 1 000) waren voneinander unabhängig, ihre Aneinanderreihung stand in der Regel für die Summe ihrer entsprechenden Werte:

CCCLXXXVII = 100 + 100 + 100 + 50 + 10 + 10 + 10 + 5 + 1 + 1 = 387
MMDCCXXVI = 1 000 + 1 000 + 500 + 100 + 100 + 10 + 10 + 5 + 1 = 2 726

Die Römer haben dieses System jedoch durch die Regel komplizierter gemacht, daß *ein Zahlzeichen, das links neben einer Ziffer mit einem höheren Wert steht, von dieser abgezogen wird.* So wurden beispielsweise die Zahlen 4, 9, 19, 40, 90, 400 und 900 häufig in der folgenden Art und Weise dargestellt:

IV	(= 5 – 1)	statt **IIII**
IX	(= 10 – 1)	statt **VIIII**
XIX	(= 10 + 10 – 1)	statt **XVIIII**
XL	(= 50 – 10)	statt **XXXX**
XC	(= 100 – 10)	statt **LXXXX**
CD	(= 500 – 100)	statt **CCCC**
CM	(= 1 000 – 100)	statt **DCCCC**

Ein Volk, das in wenigen Jahrhunderten ein hohes technisches Niveau erreicht hat, hat damit seltsamerweise ein überflüssig kompliziertes System beibehalten, mit dem nicht gerechnet werden konnte und das in gewisser Weise archaischem Denken entsprach.

Die graphische Form der römischen Ziffern und die gleichzeitige Anwendung des additiven Prinzips und des Prinzips der Subtraktion – innerhalb eines numerischen Systems logisch widersprüchlich – sind tatsächlich Spuren einer weit zurückliegenden Vergangenheit, in der logisches Denken noch wenig entwickelt war.

In ihrer bekannten Form erscheinen uns die römischen Ziffern auf den ersten Blick als Nachahmungen der Buchstaben des lateinischen Alphabets:

I	**V**	**X**	**L**	**C**	**D**	**M**
1	5	10	50	100	500	1 000

Aber diese graphischen Zeichen sind nicht die Ausgangsformen der römischen Ziffern, denen vielmehr sehr viel ältere Zeichen vorausgingen, die nichts mit den Buchstaben des Alphabets zu tun hatten.

Ursprünglich wurden die Einer durch einen senkrechten Strich dargestellt, die Zahl Fünf durch einen spitzen Winkel, die Zehn durch ein Kreuz, die Fünfzig durch einen spitzen Winkel mit einem senkrechten Strich, die Hundert durch ein Kreuz, geteilt durch einen senkrechten Strich, die Zahl 500 durch einen sonderbaren Halbkreis und die Tausend durch einen Kreis, geteilt durch ein Kreuz:

1 5 10 50 100 500 1 000

Später wurden die primitiven Ziffern für 1, 5 und 10 mit den Buchstaben I, V und X in Verbindung gebracht, was durch ihre Form nahelag.

Die ursprüngliche Ziffer für die Zahl 50 entwickelte sich graphisch zu den folgenden Formen, bevor sie im 1. Jahrhundert vor unserer Zeit mit dem Buchstaben L verschmolz:

50

Die primitive Ziffer für die Zahl Hundert entwickelte sich in einem ersten Stadium zu der etwas abgerundeteren Form ƆC. Danach wurde sie vereinfachend in zwei Teile geteilt und in einer der beiden folgenden Formen gebraucht: Ↄ oder C. Durch die ähnliche Form und unter dem Einfluß des Anfangsbuchstabens des lateinischen Wortes *centum* (Hundert) wurde das zweite Zeichen dann an den Buchstaben C angeglichen.

Die archaische Ziffer für 500 wurde zunächst um 45° nach links gedreht, entwickelte sich dann zum Zeichen Ɖ und näherte sich dem Buchstaben D an:

500

Die Ziffer für die Zahl Tausend entwickelte sich zu der Form Φ. Sie bildete den Ausgangspunkt der folgenden Varianten, die allmählich unter dem Einfluß des Anfangsbuchstabens des lateinischen Wortes *mille* vom 1. Jahrhundert v.Chr. an durch den Buchstaben M ersetzt wurden:

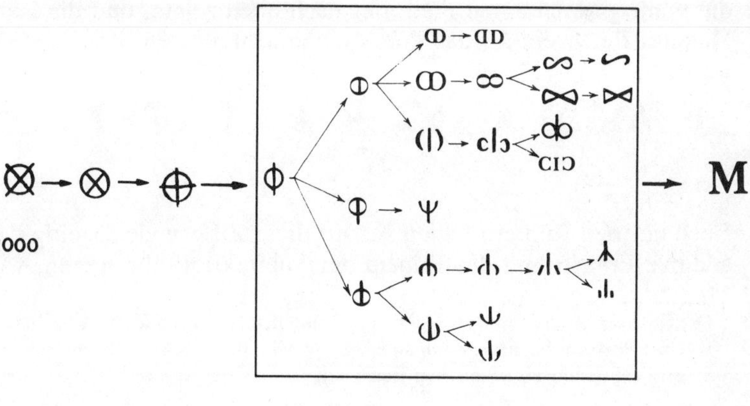

VIAM·FECEI·AB·REGIO· AD·CAPVAM·ET
IN·EA·VIA·PONTEIS·OMNEIS·MILIARIOS
TABELARIOSQVE·POSEIVEI·HINCE·SVNT
NOVCERIAM·MEILIA·⊥I·CAPVAM·XXCIIII
MVRANVM·⊥XXIIII·COSENTIAM·CXXIII
VALENTIAM·C⊥XXX· AD·FRETVM·AD
STATVAM·CCXXXI· REGIVM·CCXXXVII
SVMA·AF·CAPVA·REGIVM·MEILIA·CCC
ET·EIDEM·PRAE TOR·IN XXI
SICILIA·FVGITEIVOS·ITALICORVM
CONQVAEISIVEI·REDIDEIQVE
HOMINES·DCCCCXVII· EIDEMQVE
PRIMVS·FECEI·VT·DE·AGRO·POPLICO
ARATORIBVS·CEDERENT·PAASTORES
FORVM·AEDISQVE·POPLICAS·HEIC·FECEI

Inschrift, gefunden im Forum Popilii in Lukanien (Süditalien); aufgestellt von C. Popilius Laenas, Konsul 172 und 158 v. Chr.

l. 4	⊥I	51
l. 4	XXCIIII	84
l. 5	⊥XXIIII	74
l. 5	CXXIII	123
l. 6	C⊥XXX	180
l. 7	CCXXXI	231
l. 7	CCXXXVII	237
l. 8	CCCXXI	321
l. 12	DCCCCXVII	917

In nebenstehender Inschrift verwendete Zahlzeichen.

Die römischen Ziffern, deren Normierung durch die Gleichsetzung mit den Buchstaben der lateinischen Monumentalschrift erst spät erfolgte, entstanden in Wirklichkeit Jahrhunderte und vielleicht sogar Jahrtausende vor der römischen Zivilisation.

Mehrere Jahrhunderte vor Julius Cäsar haben die Etrusker*, wie überhaupt die italischen Völker (Osker, Äquer, Umbrer), Zahlzeichen erfunden, die in Form und Struktur identisch mit den archaischen römischen Ziffern waren – die Einheit wurde durch einen senkrechten Strich dargestellt, die Zahl Fünf durch einen spitzen, nach oben zeigenden Winkel, die Zehn durch ein Kreuz oder ein X, die Fünfzig durch einen Pfeil, der nach oben zeigte, und die Zahl Hundert durch ein X, das durch einen senkrechten Strich geteilt wurde:

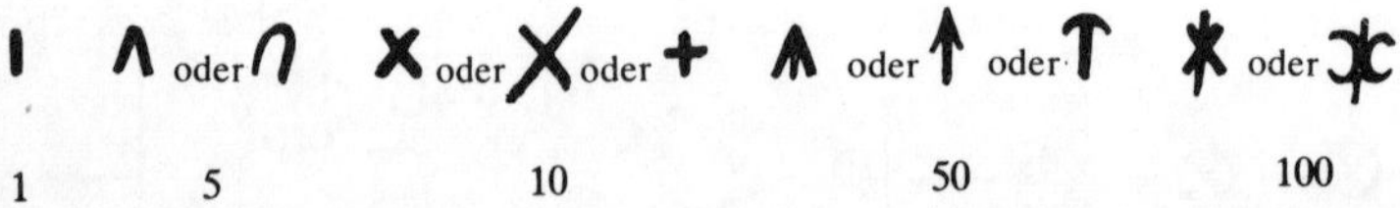

Noch vor den Römern haben sie auf diese Ziffern gleichzeitig das additive Prinzip und das Prinzip der Subtraktion übertragen, wie

* Die Etrusker beherrschten zwischen dem 7. und dem 4. Jahrhundert v.Chr. Italien von der Poebene bis nach Kampanien. Sie gingen durch Assimilierung mit den Siegern vollständig im Römischen Reich auf.

mehrere etruskische Inschriften aus dem 6. Jahrhundert v.Chr. bezeugen, in denen die Zahlen 19 und 38 folgendermaßen festgehalten sind, zu lesen von rechts nach links:

10 + 10 − 1

10 + 10 + 10 + 10 − 2

Nachdem der Ursprung der römischen und etruskischen Ziffern lange Zeit unbekannt war, gibt es darüber inzwischen keinen Zweifel mehr: *Sie sind die Überreste des Gebrauchs des Kerbholzes*.

Stellen wir uns einen Hirten vor, der die Anzahl seiner Tiere mit diesem aus prähistorischer Zeit stammenden Verfahren festhält.

Bisher hat er dazu wie seine Ahnen auf einem Knochen oder einem Holzstock fortlaufend so viele Kerben eingeritzt, wie die betreffende Zahl Einer hatte. Dieses Verfahren ist jedoch nicht sehr bequem, da der Hirte jedes Mal alle Kerben auf seinem Stock zählen muß, wenn er die Zahl seiner Tiere ermitteln will.

Etruskische Münzen des 5. vorchristlichen Jahrhunderts mit den Ziffern Λ (5) und × (10).

Fragment einer etruskischen Inschrift mit den Zahlenangaben 160, 213 und 15.

Das menschliche Auge ist dafür kein ausreichend präzises »Meßgerät«: *Seine unmittelbare Fähigkeit zur Wahrnehmung von Zahlen geht nie über die Zahl Vier hinaus.* Wie jeder andere kann unser Hirte zwar auf den ersten Blick – und ohne zu zählen – einen, zwei, drei oder sogar vier parallele Striche unterscheiden. Aber dann endet seine natürliche Fähigkeit zur visuellen Zahlenwahrnehmung; bei mehr als vier Kerben muß er abstrakt zählen, um die genaue Zahl zu ermitteln.

Unserem Hirten werden diese Schwierigkeiten zunehmend bewußt; er sucht nun einen Ausweg und hat eines Tages eine Idee: Wie früher läßt er seine Tiere nacheinander an sich vorbeiziehen und ritzt für jedes Tier, das an ihm vorbeigeht, eine Kerbe in seinen Stock. Aber nachdem er hintereinander vier gleiche Striche gemacht hat, kommt er auf den Gedanken, die Ausführung der fünften Kerbe zu ändern, damit die Abfolge der Striche auf einen Blick erkennbar bleibt. Er hat dadurch die *Fünf* als neue Zähleinheit eingeführt, die ihm um so vertrauter ist, als sie der Anzahl der Finger an einer Hand entspricht.

Das Schnitzen von Kerben in Knochen oder Holz bringt selbstverständlich für jeden dieselben Merkmale und Schwierigkeiten mit sich. Es führt daher zwangsläufig zu denselben Ergebnissen – sei es in Afrika, Asien, Ozeanien, Europa oder Amerika; überall ist der Formenschatz für graphische Symbole unter diesen Bedingungen beschränkt.

Daher verfügt auch unser Hirte nur über eine sehr begrenzte Anzahl von Möglichkeiten. Um den fünften Strich von den vorhergehenden vier Strichen zu unterscheiden, kommt er zunächst auf die Idee, ganz einfach die Richtung zu ändern. Er stellt den Strich also gegenüber den vier anderen schräg und gelangt dadurch zu einer sehr einprägsamen Darstellung, da sie die Stellung des Daumens zu den anderen Fingern der Hand graphisch wiedergibt.

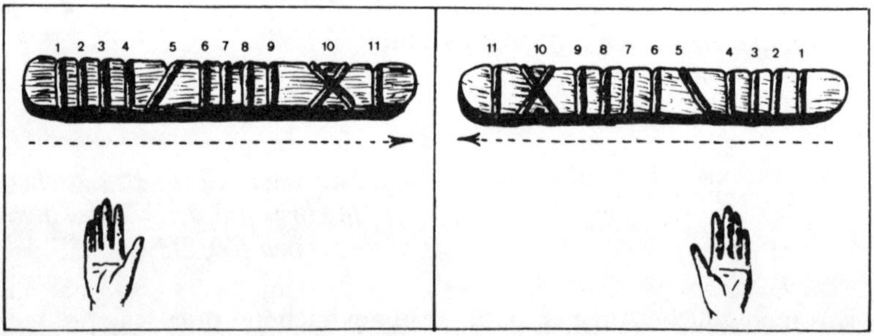

Eine andere Idee besteht darin, der fünften Kerbe schräg oder waagrecht einen kleinen Strich hinzuzufügen und damit ein unterscheidendes Zeichen in Form eines »t«, eines »Y« oder eines verschieden ausgerichteten »V« zu bilden:

Danach greift der Hirte wieder auf die ersten vier Striche zurück und zählt seine Tiere bis zum neunten. Aber beim zehnten sieht er sich erneut gezwungen, die Form der entsprechenden Kerbe zu verändern, damit die Reihe der Striche noch auf Anhieb identifizierbar bleibt. Da es sich dabei aber um die Gesamtzahl der Finger an beiden Händen handelt, denkt er an ein Zeichen für das Doppelte einer der Darstellungen der Zahl Fünf und kommt dadurch in jedem Falle zu einem Zeichen in Form eines X oder eines Kreuzes:

Er schafft damit eine weitere numerische Einheit (die *Zehn*), und das Zählen mit dem Kerbholz entspricht nunmehr dem elementaren Zählen mit den Fingern.

Der Hirte fährt unter Verwendung der einfachen Kerben mit dem Zählen seiner Tiere bis zum 14. fort und gibt dann dem 15. Strich zur Unterscheidung wieder eine andere Form. Aber jetzt erfindet er kein neues Symbol, sondern wählt einfach die Ziffer Fünf, um »eine Hand nach zwei miteinander verbundenen Händen« darzustellen.

So fährt er bis 19 fort, gibt aber dem 20. Strich die Form der Ziffer Zehn; dann zählt er mit einfachen Kerben weiter bis 24 und markiert die Zahl 25 mit der Ziffer Fünf, und so fort bis 9 + 4 x 10 = 49.

Aber an dieser Stelle muß er wieder ein neues, besonderes Zeichen erfinden, um die Zahl 50 darzustellen, denn er könnte eine Folge von mehr als vier Zeichen für die Zehner visuell nicht erfassen. Und er käme dabei auf ganz natürliche Weise zu einem der folgenden Zeichen, indem er einer der zahlreichen Darstellungen der Zahl Fünf einen Strich hinzufügt:

Danach setzt der Mann die Zählung seiner Herde fort und kann auf diese Weise alle Zahlen zwischen 50 und 50 + 49 = 99 erreichen.

Für die Zahl Hundert muß er erneut ein eigenes Zeichen einführen. Und wiederum gelangt er auf ganz einfache Weise – indem er einer der Darstellungen von 10 einen oder zwei Striche hinzufügt oder indem er das »Doppelte« einer der Ziffern für 50 nimmt – zu einer der folgenden graphischen Darstellungen:

Dann setzt er seine Zählung bis 100 + 49 = 149 fort; für die folgende Zahl greift er wieder auf das Zeichen für die Fünfziger zurück und zählt danach auf dieselbe Weise bis 150 + 49 = 199.

Für 200 wählt er nun die Ziffer für die Hunderter, und er setzt seine Aufzählung auf diese Weise fort bis 4 x 100 + 99 = 499.

Er setzt nun ein neues Zeichen für 500 ein und zählt weiter bis 500 + 499 = 999, dann ein anderes Zeichen für 1000, das ihm ermöglicht, Zahlen bis 4999 (= 4 x 1000 + 999) darzustellen etc.

Mit einem solchen Kerbholz können die Benutzer also relativ hohe Zahlen erreichen – praktisch alle, die sie brauchen –, ohne Folgen von mehr als vier Ziffern derselben Kategorie erfassen zu müssen.

Aus dem Gebrauch des Kerbholzes folgt eine Zahlschrift, die jedem Glied der folgenden Reihe eine eigene Ziffer zuordnet:

$$1$$
$$5$$
$$10 = 5 \times 2$$
$$50 = 5 \times 2 \times 5$$
$$100 = 5 \times 2 \times 5 \times 2$$
$$500 = 5 \times 2 \times 5 \times 2 \times 5$$
$$1000 = 5 \times 2 \times 5 \times 2 \times 5 \times 2$$
$$5000 = 5 \times 2 \times 5 \times 2 \times 5 \times 2 \times 5$$

Es handelt sich dabei um ein Dezimalsystem, in dem die Zahl 5 die Rolle einer Hilfsbasis spielt und die Zahlen 2 und 5 abwechselnd als Basis dienen: Die Anordnung der aufeinanderfolgenden Einheiten entspricht der der römischen Zahlschrift. Und der Gebrauch des Kerbholzes führt zu graphischen Zeichen, die mit den archaischen römischen oder etruskischen Ziffern vergleichbar sind.

Auch der gleichzeitige Gebrauch des additiven und subtrahierenden Prinzips in der etruskischen und römischen Zahlschrift beruht auf diesem alten Verfahren.

Stellen wir uns wieder unseren Hirten vor: Er hat seine Tiere gezählt und in verschiedene Kategorien eingeteilt und möchte nun das Ergebnis der Zählung auf einem Holztäfelchen festhalten. Seine 144 Tiere verteilen sich wie folgt:

26 Milchkühe
35 unfruchtbare Kühe
39 Ochsen
44 Stiere

Zur Darstellung einer dieser Zahlen – beispielsweise der Ochsen – kommt er zunächst auf die Idee, einfach die aufeinanderfolgenden Striche auf seinem Kerbholz zu kopieren:

IIIIVIIIIXIIIIVIIIIXIIIIVIIIIXIIIIVIIII

1 5 10 15 20 25 30 35 39

Aber er erkennt schnell, daß eine solche *kardinale Wiedergabe* zu langwierig ist, da sie die Gesamtheit der aufeinanderfolgenden Einheiten jeder betreffenden Zahl enthalten muß.

Um diese Schwierigkeit zu umgehen, denkt er an eine *ordinale* Darstellung, die weit bequemer und kürzer als die vorhergehende ist. Dabei übernimmt er für die Zahlen von 1 bis 4 die kardinale Schreibweise:

I II III IIII

Er kann nicht anders, denn um beispielsweise anzugeben, daß ein Strich der dritte in der Folge ist, muß er die zwei vorausgehenden angeben, damit die Stelle, die er einnimmt, tatsächlich als die dritte erkennbar ist.

Aber dies gilt nicht für die Zahl 5, die durch ein eigenes Zeichen dargestellt wird – beispielsweise ein »V«, mit dem der fünfte Strich von den vier vorangegangenen unterschieden wird. Daher genügt allein dieses »V«, und die vier vorausgehenden Striche können wegfallen.

Danach wird die Zahl 6 (ein Strich nach dem V) einfach durch VI und nicht durch IIIIVI wiedergegeben, die Zahl 7 (zwei Striche nach dem V) mit VII und so fort bis VIIII (= 9).

Das Zeichen in Form eines »X« stellt seinerseits den 10. Strich der Folge dar und macht die Angabe der neun vorausgegangenen Zeichen überflüssig. Nach demselben Prinzip werden die Zahlen 11, 12, 13 und 14 als XI, XII, XIII und XIIII geschrieben und nicht IIIIVIIIIXI, IIIIVIIIIXII etc. Und die Zahl 15 (die dem ersten »V« nach dem ersten »X« entspricht) wird ganz einfach als XV und nicht IIIIVIIIIXIIIIV oder XIIIIV geschrieben. Damit ersetzt ein »X« die neun vorhergehenden Striche und das letzte »V« die vier unmittelbar davor stehenden Striche. Die Zahlen von 16 bis 19 werden ebenso als XVI, XVII, XVIII und XVIIII wiedergegeben, die Zahl 20 (die dem zweiten »X« in der Folge entspricht) XX.

Nachdem der Hirte seine Tiere also mit Kerben auf seinem Stock gezählt hat, überträgt er nun das Ergebnis in folgender Weise auf ein Holzbrettchen:

XXVI	für die Milchkühe
XXXV	für die unfruchtbaren Kühe
XXXVIIII	für die Ochsen
XXXXIIII	für die Stiere.

Aber zur weiteren Vereinfachung erfindet der Hirte noch ein weiteres Prinzip: Anstatt die Zahl 4 mit vier Strichen wiederzugeben, schreibt er IV und drückt damit aus, daß der vierte Strich der Reihe unmittelbar vor dem »V« steht.

Auf diese Art werden zwei Zeichen eingespart. Ebenso wird die Zahl 9 statt VIIII als IX geschrieben, da der neunte Strich der Reihe auf dem Kerbholz unmittelbar vor dem »X« steht, und analog werden dann auch die Zahlen 14, 19, 24 etc. dargestellt.

So erklärt sich in der römischen und etruskischen Zahlschrift der Gebrauch von Formen wie IV, IX, XIV, XIX neben den Formen IIII, VIIII, XIIII, XVIIII. Und es erklärt auch, weshalb Völker, die lange Zeit das Kerbholz benutzt haben, im Laufe ihrer Geschichte unabhängig von etruskischem oder lateinischem Einfluß Zahlschriften entwickelten, die graphisch und mathematisch denen der Etrusker oder der Römer entsprachen.

Diese Hypothese scheint so einleuchtend, daß man sie selbst ohne Beweis akzeptieren könnte. Aber es existieren viele Zeugnisse für ihre Richtigkeit.

Hirten in der Toskana, in Dalmatien und Ungarn sind ebenso wie Hirten in den Alpen – in der Schweiz und in Österreich – und germanische oder skandinavische Schäfer, die seit unvordenklicher Zeit das Kerbholz benutzt haben, zu ähnlichen Ziffern gekommen.

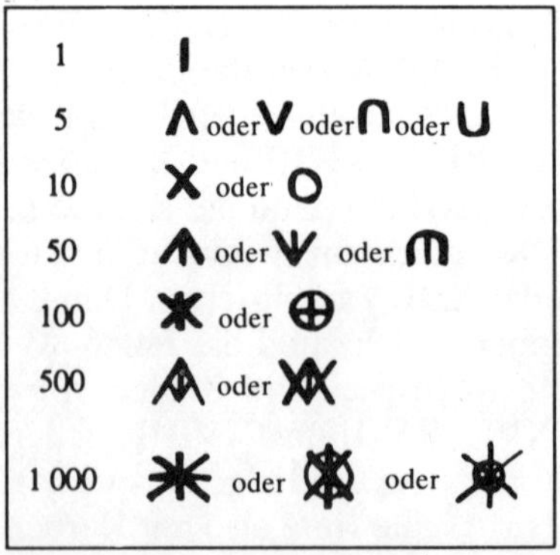

Ziffern der Hirten in der Toskana – Überreste der etruskischen Ziffern.

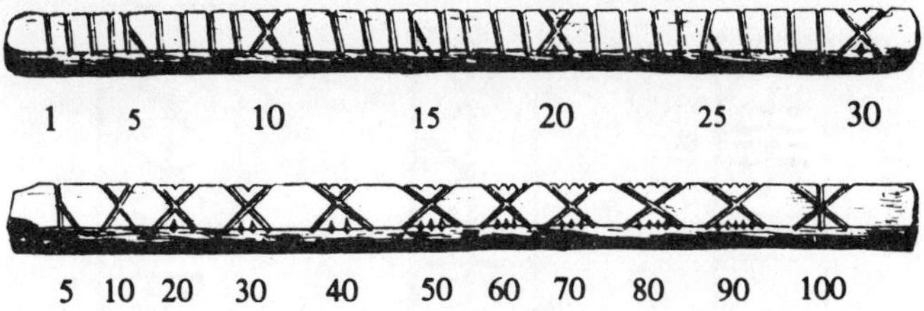

Kerbhölzer dalmatinischer Hirten.

Dalmatinische Hirten, die Kerben in Holzstücke ritzten, verwendeten die folgenden Ziffern:

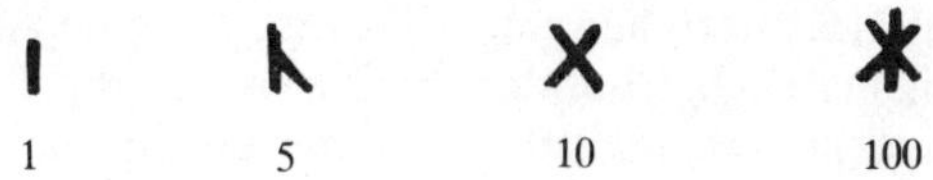

Sie mußten jedoch keine eigene Ziffer für die Fünfzig einführen, da sie die Zahlen von 20 bis 90 darstellten, indem sie dem Zeichen für die Zehn je nach Anzahl der benötigten Zehner kleine Kerben am unteren und oberen Rand des Kerbholzes hinzufügten:

Analoge Ziffernfolgen fanden sich noch im letzten Jahrhundert bei den Einwohnern kleiner Marktflecken im österreichischen Tirol und in den Schweizer Alpen. So tauchen solche Ziffern in Saanen auf Kerbhölzern der Bauern auf, die damit parallele Zählungen wiedergaben, in Ulrichen auf Stöcken, die früher zum Messen der Milchmenge verwendet wurden, und in Visperterminen auf den *Kapitaltesseln,* auf denen die den Bürgern von der Gemeinde oder kirchlichen Stiftungen geliehenen Beträge mit folgenden Ziffern festgehalten wurden:

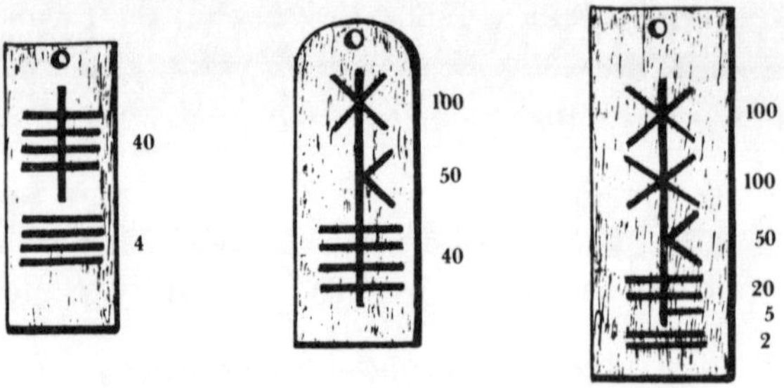

44 sfr. 190 sfr. 277 sfr.

Ein weiteres Zeugnis liefern die *Kalenderziffern,* merkwürdige Zahlzeichen auf Holzbrettchen und -stöcken, die vom Ausgang des Mittelalters bis ins 17. Jahrhundert hinein in der angelsächsischen und in der westgermanischen Welt von Österreich bis nach Skandinavien als Kalender verwendet wurden. Abgesehen von graphischen Varianten geben diese Kalenderbrettchen die Zahlen von 1 bis 19 mit folgenden Ziffern wieder:

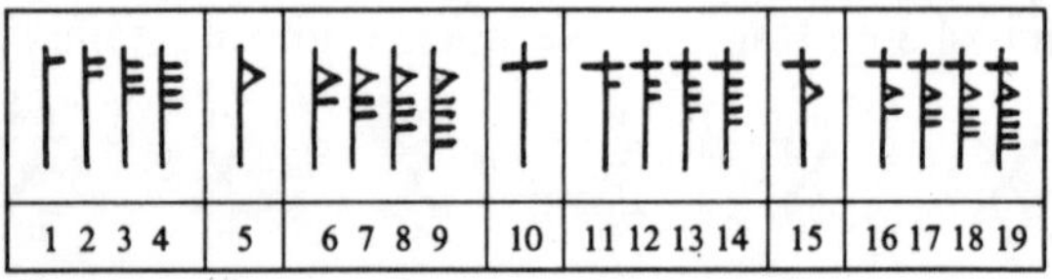

Selbst die Zuni – nordamerikanische Pueblo-Indianer mit zweitausendjähriger Tradition, die in Neumexiko an der Grenze zu Arizona leben – verwendeten noch im letzten Jahrhundert auf ihren »Wasserhölzern«, die von dem Ethnologen F.H. Cushing beschrieben wurden, Ziffern, die mit den römischen vergleichbar sind:

- eine einfache Kerbe für die Einer;
- eine etwas tiefere Kerbe in Form eines »V« oder einen Schrägstrich für 5;
- ein Zeichen in Form eines »X« für 10.

Nun kann es wohl keinen Zweifel mehr geben: *Die römischen und die etruskischen Ziffern leiten sich direkt vom Gebrauch des Kerbholzes ab.* Sie bilden die letzten Überreste einer primitiven Art des Rechnens, älter als die Schrift, und entstammen einer Tradition, die allen ländlichen Kulturen der Erde gemeinsam ist. Vielleicht wird ein Archäologe eines Tages in einer prähistorischen Lagerstätte einige eingekerbte Knochen entdecken, die Zahlzeichen aufweisen, die diesen Ziffern entsprechen.

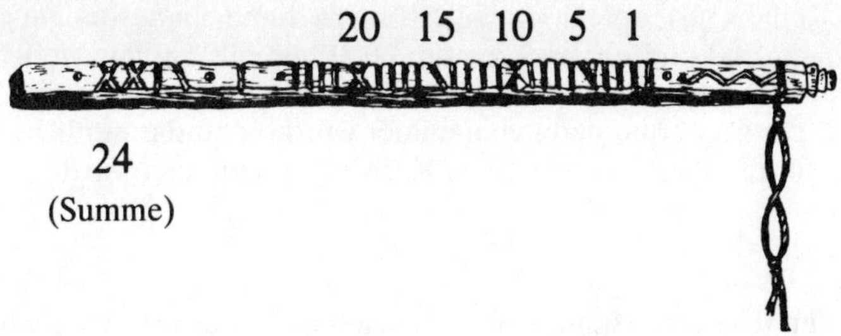

Wasserholz der Zuni in Neumexiko. Die auf dem Kerbholz von rechts nach links durchgeführte Zählung ergibt die Zahl 24, die am anderen Ende als XXI \ *wiedergegeben wird. Das erinnert an die römische Darstellungsform, in der das Prinzip der Subtraktion gebraucht wird.*

Damit kann die Entstehung der römischen Ziffern folgendermaßen erklärt werden: Die Hirtenvölker, die lange vor den Etruskern und den Römern auf italischem Boden lebten, kannten seit dem frühesten Altertum und vielleicht sogar schon in prähistorischer Zeit den Gebrauch des Kerbholzes, ebenso wie die Zuni oder die dalmatinischen Hirten. Und dabei haben sie ganz zwangsläufig folgende Werte und Zeichen entwickelt:

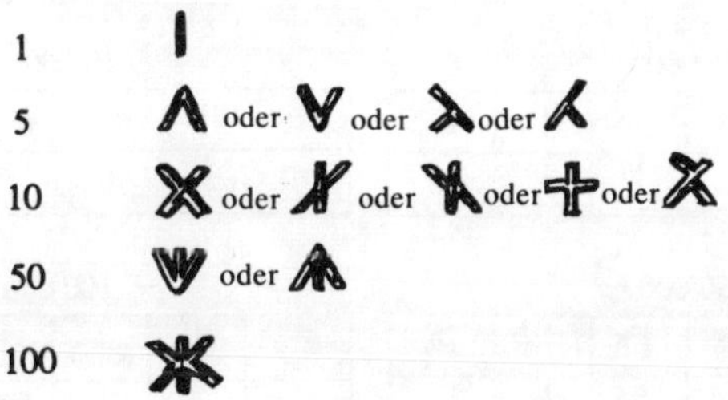

Als Erben dieser alten Tradition haben Etrusker und Römer von diesen Zeichen nur folgende Formen übernommen:

ETRUSKER		RÖMER	
1	I	I	1
5	Λ	V	5
10	X oder X̸ oder +	X	10
50	ᛦ	Ψ	50
100	✱	(✱)	100

Die Reihe wurde später von den Römern durch ein besonderes Zeichen für 500 und ein anderes für 1 000 vervollständigt, wobei die Ziffer 500 nichts anderes war als die rechte Hälfte der Ziffer Tausend, die wiederum dadurch gebildet wurde, daß das einfache Zeichen für die Zahl Zehn in einen Kreis eingeschlossen wurde:

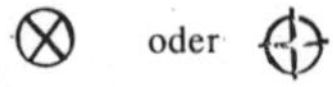

Bei den Römern erfuhren diese Zeichen im Laufe der Jahrhunderte einige graphische Veränderungen, bevor sie durch die bekannten Buchstaben ersetzt wurden.

Die höchste Ziffer dieses Systems entsprach anfangs jedoch nur der Zahl 1 000. Mit den sieben Grundziffern können nach dem einfachen additiven Prinzip also nur Zahlen unter 5 000 dargestellt werden. Die Römer und die romanischen Völker des mittelalterlichen Abendlandes versuchten mühsam, sich dadurch aus der Verlegenheit zu ziehen, daß eine Reihe von Regeln für die Niederschrift großer Zahlen entwickelt wurde. So verfügten die Römer zur Zeit der Republik über ein graphisches Verfahren, das den Zahlen 5 000, 10 000, 50 000 und 100 000 jeweils ein eigenes Zeichen zuordnete; die wichtigsten Zeichen – die in Europa teilweise bis zur Renaissance benutzt wurden – sind in folgenden Varianten belegt:

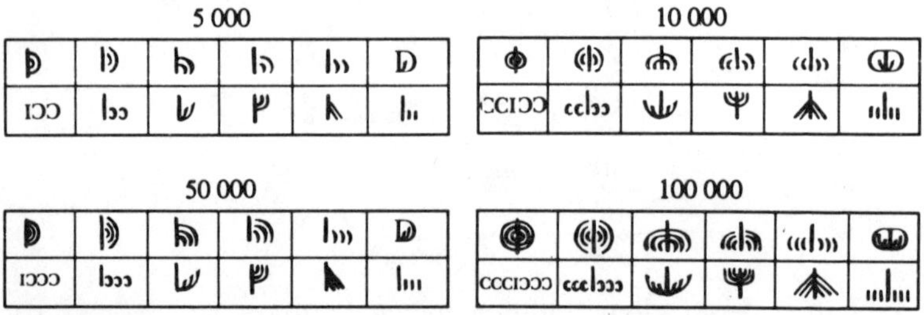

Vergleicht man diese Zeichen miteinander, so zeigt sich deutlich ihr gemeinsamer Ursprung – alle diese Zeichen sind mehr oder weniger deutliche Stilisierungen der folgenden vier Grundzeichen:

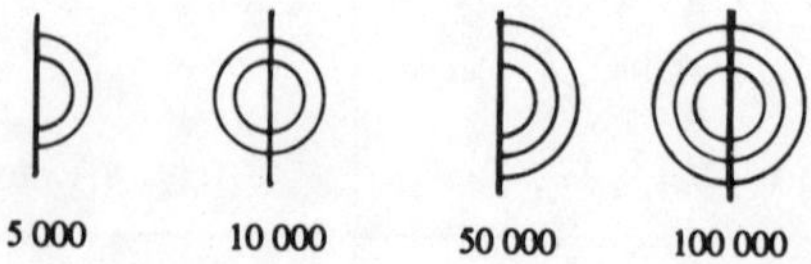

Darüber hinaus stehen diese Formen in enger Verbindung mit der archaischen römischen Ziffer für Tausend, die zunächst durch einen Kreis mit einem senkrechten Strich ↀ dargestellt wurde und die sich im Laufe der folgenden Jahrhunderte in unterschiedlichen stilistischen Varianten ausgebildet hat (vgl. oben S. 135).

Der Grundgedanke bei der Bildung dieser Ziffern lag in einem sehr einfachen geometrischen Verfahren. Ausgehend von der einfachen Ziffer für Tausend erhielten die Symbole für 10 000 und 100 000 einen bzw. zwei zusätzliche Kreise, während die Ziffern für 5 000 und 50 000 jeweils durch die rechte Hälfte der so entstandenen zwei Zeichen gebildet wurden.

Nach diesem Prinzip hätten die Römer auch die Zahl 500 000 in der Form |))) notieren können, die Zahl 1 000 000 als (((|))) etc.; aber diese Ziffern wurden nicht verwendet – wohl wegen der Umständlichkeit dieser Art von Darstellung, die dem Auge das Erkennen der Ziffern erschwert.

Deshalb wurden solche Ziffern seit dem Ende der Republik in Rom immer seltener benutzt und allmählich durch weit einfachere graphische Konventionen ersetzt, mit denen noch viel höhere Zahlen erreicht werden konnten.

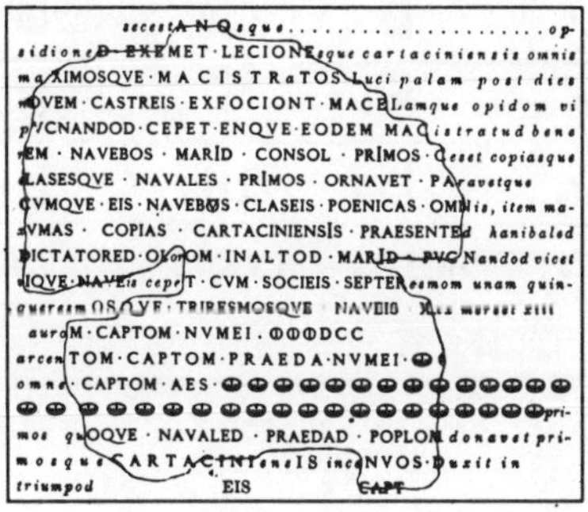

Eloge auf Dulius, den Sieger über die Karthager in der Seeschlacht bei Mylae 260 v. Chr. Die Inschrift wurde in der Kaiserzeit unter Claudius (41-54 n. Chr.) im Stil des 3. Jahrhunderts v. Chr. erneuert. Sie wurde auf dem Forum Romanum an den Rostra gefunden. In der 15. und 16. Zeile wird die Ziffer für 100000 mindestens 23mal wiederholt.

Eine dieser Konventionen, seit der römischen Kaiserzeit bis zum Ausgang des europäischen Mittelalters häufig verwendet, ermög-

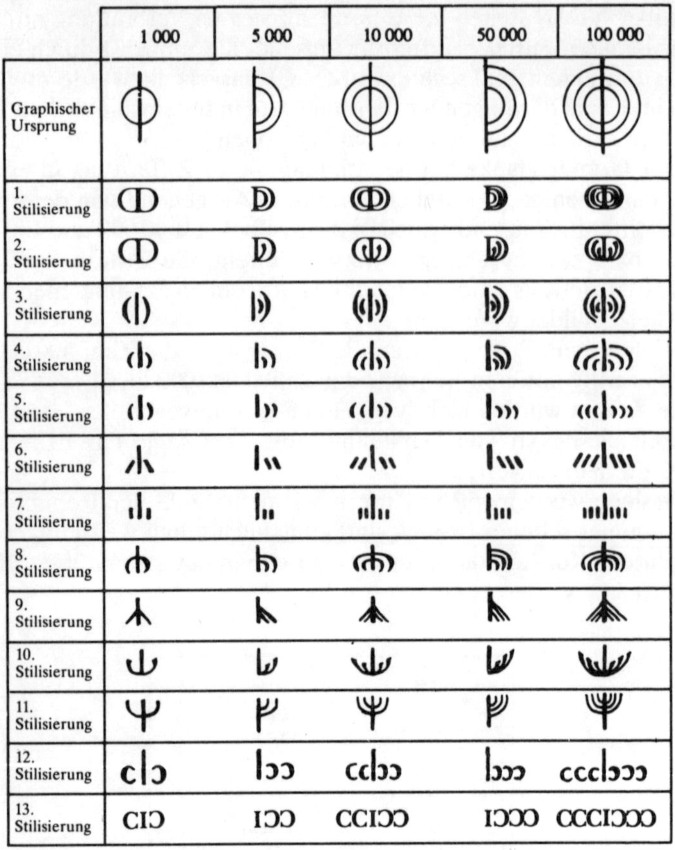

Die archaischen römischen Ziffern für 1000, 5000, 10000, 50000 und 100000.

lichte eine einfache Darstellung aller Zahlen zwischen 1 000 und 5 000 000, indem der Wert aller Zahlen durch einen horizontalen Strich über den Ziffern mit 1 000 multipliziert wurde.

Beispiele:

$$\overline{\mathrm{V}} = 5 \times 1\,000 = 5\,000$$
$$\overline{\mathrm{X}} = 10 \times 1\,000 = 10\,000$$
$$\overline{\mathrm{LXXXII}} = 82 \times 1\,000 = 82\,000$$

Eine andere Methode ermöglichte es, alle Zahlen zwischen 100 000 und 500 000 000 darzustellen, indem der Wert jeder Zahl durch Umrahmung mit einer Art unvollständigem Rechteck mit 100 000 multipliziert wurde.

Beispiele:

$\overline{|\text{XII}|}$ = 12 x 100 000 = 1 200 000
$\overline{|\text{LVI}|}$ = 56 x 100 000 = 5 600 000
$\overline{|\text{CCC}|}$ = 300 x 100 000 = 30 000 000
$\overline{|\text{MDCLXXVI}|}$ = 1 676 x 100 000 = 167 600 000

Durch Kombination beider Methoden konnten die Römer alle Zahlen von 1 bis 500 000 000 darstellen.

Beispiel:

$\overline{|\text{MDCLI}|}$		$\overline{\text{LXXVIII}}$		CCCXVI
1 651		78		316
x	+	x	+	x
100 000		1 000		
		165 178 316		

Aber diese Schreibweisen konnten leicht zu Verwechslungen und Mißverständnissen führen, wie dies nach einem Bericht von Sueton (69-122 n.Chr.) sogar ein römischer Kaiser in seiner Jugend hatte zu seinen Ungunsten erfahren müssen.

Der römische Kaiser Tiberius mußte eines Tages bedeutende Geldsummen aus der Erbschaft seiner Mutter Livia an seine Miterben bezahlen. Dabei kam es zum Streit mit dem künftigen Kaiser Galba, da Tiberius dessen Erbteil von 50 000 000 auf 500 000 Sesterzen gekürzt hatte.

Der Betrag des Erbteils von Galba war von der Mutter des Tiberius in folgender Weise angegeben worden: $\overline{|\text{CCCCC}|}$

Und Galba hatte nicht dafür gesorgt, die Summe in Worten ausschreiben zu lassen.

Galba ging jedoch davon aus, die fünf »C« für 500 seien umrahmt gewesen und hätten folglich 500 x 100 000 = 50 000 000 Sesterzen wiedergegeben.

Dagegen machte sich Tiberius die Kürze der seitlichen Striche zunutze und bestand darauf, über die fünf »C« sei nur ein Strich gezogen worden – »Damit ich dir recht geben könnte«, sagte Tiberius, »hätte meine Mutter die Summe $\overline{\text{CCCCC}}$ schreiben müssen!« Und da ein Strich über einer Zahl nur das Tausendfache bedeutete, erhielt Galba vom Kaiser nur die Summe von 500 x 1 000 = 500 000 Sesterzen.

Daraus wird die ganze Unsicherheit ersichtlich, die dieses System für seine Benutzer mit sich brachte.

Die Römer entwickelten noch weitere Konventionen, wie beispielsweise die folgende: statt der Wiederholung der Buchstaben C und M für die entsprechenden Vielfachen von 100 oder 1 000 schrieb man zunächst die Zahl der Hunderter oder der Tausender, die man angeben wollte, und dann den Buchstaben C oder M als Koeffizienten oder als hochgestellte Zahl:

200	**II**.C	oder	$\mathbf{II}^{\mathrm{C}}$	2 000	**II**.M	oder	$\mathbf{II}^{\mathrm{M}}$
300	**III**.C	oder	$\mathbf{III}^{\mathrm{C}}$	3 000	**III**.M	oder	$\mathbf{III}^{\mathrm{M}}$

Aber diese verschiedenen Konventionen vereinfachten das System nicht, sondern machten es nur noch komplizierter, denn das additive Prinzip wurde im Bemühen, Symbole einzusparen, verfälscht.

Der komplexen und unzulänglichen römischen Zahlschrift fehlte es schließlich – da sie auf die unterschiedlichsten Konventionen und Prinzipien zurückgriff – an Stimmigkeit, und sie besaß keinerlei rechnerische Anwendungsmöglichkeiten. Zweifellos war dieses System ein deutlicher Rückschritt im Vergleich zu den anderen Zahlschriften in der Geschichte.

Kapitel 7
Schneller schreiben und einfacher darstellen

Die Kurzschrift der ägyptischen Schreiber

Die ersten Zahlschriften der Geschichte waren noch sehr primitiv. Sie beruhten auf konkreten Zählverfahren der Vorzeit und erforderten oft mühselige Wiederholungen identischer Symbole.

Die ägyptische Hieroglyphenschrift ordnete beispielsweise nur den folgenden Zahlen eine eigene Ziffer zu:

1 10 100 1 000 10 000 100 000 1 000 000

Da diese Zahlschrift auf dem additiven Prinzip aufgebaut war, mußte jede dieser Ziffern so oft wie nötig wiederholt werden. Für die Zahl 3 577 waren so beispielsweise 22 graphische Zeichen notwendig – dreimal die Ziffer für Tausend, fünfmal die für die Hunderter, siebenmal die für die Zehner und siebenmal die für die Einer.

Ein solches System konnte kaum die Bedürfnisse der ägyptischen Schreiber – die vor allem Zeit sparen wollten – befriedigen. Darüber hinaus waren die Zeichen der Hieroglyphenziffern zu gegenständlich, um eine einfache und schnelle Transkription der Zahlen zu ermöglichen. Deshalb haben die ägyptischen Schreiber seit dem Alten Reich (28.-23. Jahrhundert v.Chr.) versucht, die graphische Darstellung und die Struktur ihrer ursprünglichen Ziffern so weit wie möglich zu vereinfachen, und die verkürzte *hieratische Zahlschrift* entwickelt.

Sie waren dabei bemüht, schematisierte Zeichen aus einem möglichst ununterbrochenen Schriftzug zu bilden, entweder durch kleine, schnelle Tupfer oder durch einen einzigen Pinselstrich.

Die Gruppierungen von fünf, sechs, sieben, acht oder neun Strichen wurden so zu Zeichen, denen man ihren »Strichlisten«-Ursprung nicht mehr ansah, und konnten ausgeführt werden, ohne den Pinsel abzusetzen:

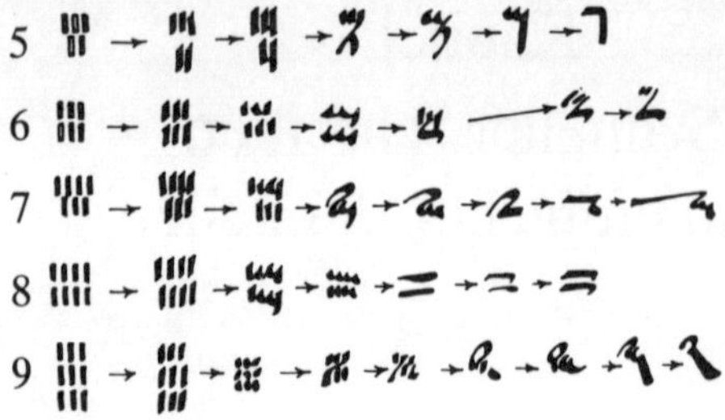

Die Hieroglyphenziffern wurden tiefgreifend verändert; immer weniger Details wurden dargestellt, und die Umrisse der abgebildeten Lebewesen und Gegenstände wurden auf das Wesentliche reduziert. Die neuen Formen der ägyptischen Ziffern hatten nur noch vage Ähnlichkeit mit ihren Vorbildern.

In ihrem Bedürfnis nach einer schnelleren Schrift und auf der Grundlage einer rudimentären dezimalen Zahlschrift erreichten die Schreiber der Pharaonen so eine beträchtlich vereinfachte Schreibweise, die jeder der folgenden Zahlen ein eigenes Zeichen zuordnete:

1	2	3	4	5	6	7	8	9
10	20	30	40	50	60	70	80	90
100	200	300	400	500	600	700	800	900
1000	2000	3000	4000	5000	6000	7000	8000	9000

....

Es wurden also neun eigene Zeichen für die Einer, neun weitere Zeichen für die Zehner, neun für die Hunderter etc. eingeführt.

Dieses System verlangte von seinen Benutzern ein großes Erinnerungsvermögen, um alle verwendeten Zeichen im Gedächtnis behalten zu können, ermöglichte ihnen aber auch, eine beachtliche Zahl von Symbolen einzusparen. So waren zur Niederschrift der Zahl 3 577 nur noch 4 Ziffern erforderlich – statt 22 bei der Hieroglyphenschrift; es genügte, die Ziffern 3 000, 500, 70 und 7 aufzureihen:

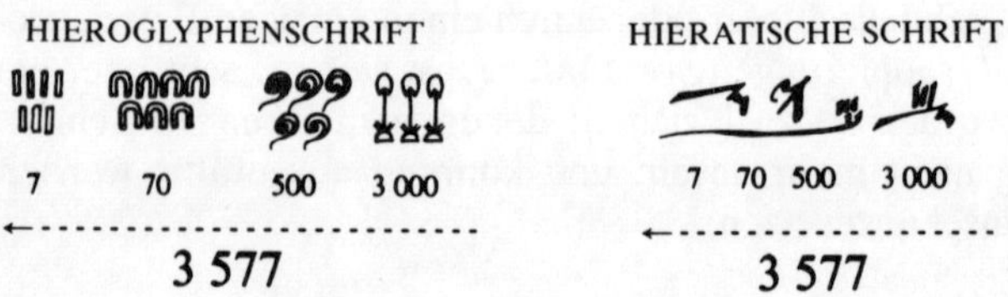

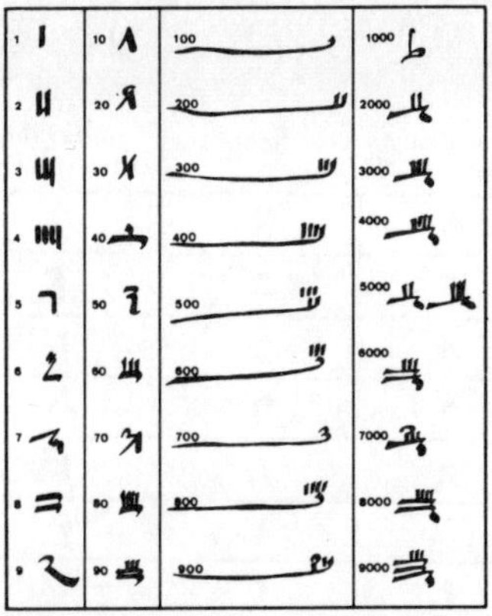

Die ägyptischen hieratischen Ziffern.

Ziffern und Buchstaben

Zweitausend Jahre später entwickelten israelitische Schreiber und griechische Mathematiker ähnliche Bedürfnisse und erarbeiteten Zahlschriften, die mathematisch dem hieratischen System der Ägypter entsprachen: Jeder Einheit einer Dezimalordnung wurde eine eigene Ziffer zugeordnet. Aber anstatt wie die ägyptischen Schreiber allmählich den Schriftzug der ursprünglichen Ziffern zu schematisieren, wurden diese Systeme auf die aufeinanderfolgenden Buchstaben der jeweiligen Alphabete aufgebaut.

Damit wurde eine wichtige Erfindung nutzbar gemacht, die zehn oder zwölf Jahrhunderte früher im östlichen Mittelmeerraum gemacht worden war.

Die Erfindung des Alphabets, mit der die Vervollkommnung der Schrift gelang, war ein entscheidender Schritt in der Geschichte der Zivilisation. Als höhere Form der Transkription des gesprochenen Wortes, die sich an die Besonderheiten jeder Sprache anpassen läßt, machte sie es möglich, alle Worte einer Sprache mit einer kleinen Zahl einfacher phonetischer Zeichen, den Buchstaben, niederzuschreiben.

Diese grundlegende Entdeckung gelang um 1500 v.Chr. den Phöniziern an der Küste von Syrien und Palästina, die den Versuch unternahmen, komplizierte Schriften wie die ägyptische oder die

PHÖNIZISCH		HEBRÄISCH		GRIECHISCH	
10./9. Jahrhundert v. Chr.		um Christi Geburt	heute	im 5. Jahrhundert v. Chr.	heute
Alef	𐤀	א	א	Α	Α α Alpha
Bet	𐤁	ב	ב	Β	Β β Beta
Gimel	𐤂	ג	ג	Γ	Γ γ Gamma
Dalet	𐤃	ד	ד	Δ	Δ δ Delta
He	𐤄	ה	ה	Ε	Ε ϵ Epsilon
Waw	𐤅	ו	ו	Ϝ	Ϝ ϝ Digamma
Sajin	𐤆	ז	ז		Ζ ζ Zeta
Chet	𐤇	ח	ח	Η	Η η Eta
Tet		ט	ט	Θ	Θ θ Theta
Jod	𐤉	י	י	Ι	Ι ι Iota
Kaf	𐤊	כ	כ	Κ	Κ κ Kappa
Lamed	𐤋	ל	ל	Λ	Λ λ Lambda
Mem	𐤌	מ	מ	Μ (m)	Μ μ My
Nun	𐤍	נ	נ	Ν	Ν ν Ny
Samech		ס	ס	Ξ (z)	Ξ ξ Xi
Ajin	𐤏	ע	ע	Ο	Ο ο Omikron
Pe	𐤐	פ	פ	Π	Π π Pi
Zade	𐤑	צ	צ	Ϻ (s)	Ϻ ϻ San
Kof	𐤒	ק	ק	Ϙ	Ϙ ϙ Koppa
Resch	𐤓	ר	ר	Ρ	Ρ ρ Rho
Schin	𐤔	ש	ש	Σ	Σ σ Sigma
Taw	𐤕	ת	ת	Τ	Τ τ Tau
				Υ (u)	Υ υ Ypsilon
					Φ ϕ Phi
					Χ χ Chi
					Ψ ψ Psi
					Ω ω Omega

Phönizische, hebräische und griechische Alphabete.

PHÖNIZISCH UND ARAMÄISCH		HEBRÄISCH		SYRISCH		ALT-ARABISCH		GRIECHISCH	
ALEF	(')	ALEF	(')	OLAP	(')	ALIF	(')	ALPHA	(a)
BET	(b)	BET	(b, v)	BETH	(b)	BA	(b)	BETA	(b)
GIMEL	(g)	GIMEL	(g)	GOMAL	(g)	DJIM	(dsch, dj)	GAMMA	(g)
DALET	(d)	DALET	(d)	DOLATH	(d)	DAL	(d)	DELTA	(d)
HE	(h)	HE	(h)	HE	(h)	HA	(h)	EPSILON	(e)
WAW	(w)	WAW	(v)	WAW	(w)	WA	(w)	*FAW*	(f)
SAJIN	(z)	SAJIN	(z)	SAIN	(z)	ZA	(z)	ZETA	(dz)
CHET	(ḥ)	CHET	(ḥ)	HET	(ḥ)	HA	(ḥ)	ETA	(ê)
TET	(ṭ)	TET	(ṭ)	TET	(ṭ)	TA	(ṭ)	THETA	(th)
JOD	(y)	JOD	(i)	JUD	(y)	JA	(y)	IOTA	(i)
KAF	(k)	KAF	(k, ḵ)	KOP	(k)	KAF	(k)	KAPPA	(k)
LAMED	(l)	LAMED	(l)	LOMAD	(l)	LAM	(l)	LAMBDA	(l)
MEM	(m)	MEM	(m)	MIM	(m)	MIM	(m)	MY	(m)
NUN	(n)	NUN	(n)	NUN	(n)	NUN	(n)	NY	(n)
SAMECH	(s)	SAMECH	(s)	SEMKAT	(s)	SIN	(s)	XI	(ks)
AJIN	(')	AJIN	(')	'E	(')	AJIN	(')	OMIKRON	(o)
PE	(p)	PE	(p)	PE	(p, f)	FA	(f)	PI	(p)
ZADE	(ṣ)	ZADE	(s)	ZODE	(ṣ)	SAD	(ṣ)	*SAN*	(s)
KOF	(k)	KOF	(k)	KUF	(k)	QAF	(q)	KOPPA	(k)
RESCH	(r)	RESCH	(r)	RISCH	(r)	RA	(r)	RHO	(r)
SCHIN	(sch)	SCHIN	(s, sch)	SCHIN	(sch)	SCHIN	(sch)	SIGMA	(s)
TAW	(t)	TAW	(t)	TAW	(t)	TA	(t)	TAU	(t)
						THA	*(th)*	*YPSILON*	*(u)*
						CHA	*(ch)*	*PHI*	*(ph)*
						....		....	

Vergleich der Anordnung und der Namen der Buchstaben in den Alphabeten phönizischen Ursprungs.

assyro-babylonische, die im Vorderen Orient in Gebrauch waren, zu vereinfachen.

Die vielfältigen Beziehungen, die diese großen Kaufleute und mutigen Seefahrer zu den verschiedensten Völkern unterhielten, sicherten der Erfindung beachtlichen Erfolg und Verbreitung.

Im Orient gaben die Phönizier das Alphabet zunächst an ihre unmittelbaren Nachbarvölker weiter – an Moabiter, Edomiter, Ammoniter, Hebräer – und vererbten es schließlich den Aramäern, die als umherziehende Nomaden und geschickte Händler diese Erfindung allmählich bei allen Völkern im Vorderen Orient, von Ägypten bis hin zu den Grenzen des indischen Subkontinents verbreiteten.

Seit dem 9. Jahrhundert v.Chr. breitete sich die alphabetische Schrift phönizischen Ursprungs auch im ganzen Mittelmeerraum aus und wurde nach und nach von den abendländischen Völkern übernommen, die sie ihren jeweiligen Sprachen anpaßten, indem sie sie veränderten oder ihr einige Zeichen hinzufügten.

Die 22 phönizischen Buchstaben waren zur Zeit der Königreiche Israel und Juda die Wurzel der althebräischen Schrift; sie brachten auch die aramäische Schrift hervor, von der das palmyrische, nabatäische, syrische, arabische, persische, türkische und indische Alphabet abstammen, nicht zu vergessen die *hebräische Quadratschrift*, die der heutigen hebräischen Schrift zugrundeliegt.

Sie bildeten auch die Grundlage zur Ausarbeitung des griechischen Alphabets, des ersten in der Geschichte, in dem auch die Vokale genau und vollständig wiedergegeben wurden. Das griechische Alphabet wiederum beeinflußte das etruskische und später das lateinische Alphabet, bevor es das gotische, das georgische, das armenische und das kyrillische Alphabet hervorbrachte – die alphabetischen Schriften, die heute auf der Welt in Gebrauch sind, leiten sich also fast alle mehr oder weniger direkt von der antiken alphabetischen Schrift der Phönizier ab.

Dabei ist bemerkenswert, daß die Reihenfolge und die Namen der ursprünglichen 22 Buchstaben in den meisten Überlieferungen über Jahrhunderte hinweg fast vollständig beibehalten wurden: Man findet sie sowohl im hebräischen Alphabet wieder wie im aramäischen, aber auch im syrischen, griechischen, etruskischen oder altarabischen.

Und da eine Folge von konkreten, mündlichen oder graphischen Symbolen zu einer Art »Rechenmaschine« wird, sobald sie in eine vorher festgelegte strenge Ordnung gebracht wird, versteht man, weshalb einige Völker auf die Idee kamen, die Zahlen mit Hilfe der in einer festen Reihenfolge fixierten alphabetischen Buchstaben wiederzugeben.

Diese alphabetische Zahlschrift benutzen die Juden noch heute, um die Daten ihres Kalenders anzugeben, die Abschnitte und Verse des Alten Testaments zu numerieren oder Werke, die in hebräischer Schrift gedruckt sind, zu paginieren. Diese dezimale Zahlschrift besteht darin, die 22 Buchstaben des hebräischen Alphabets in folgender Weise mit Zahlen zu verbinden:

- die neun ersten *(Alef, Bet, Gimel, Dalet, He, Waw, Sajin, Chet, Tet)* mit den neun Einern;
- die neun folgenden *(Jod, Kaf, Lamed, Mem, Nun, Samech, Ajin, Pe, Zade)* mit den neun Zehnern;
- und schließlich die vier letzten *(Kof, Resch, Schin, Taw)* mit den Zahlen 100, 200, 300 und 400.

Hebräische Buchstaben	Namen und Umschrift der Buchstaben		Zahlenwerte	Hebräische Buchstaben	Namen und Umschrift der Buchstaben		Zahlenwerte
א	ALEF		1	כ	KAF	k	20
ב	BET	b	2	ל	LAMED	l	30
ג	GIMEL	g	3	מ	MEM	m	40
ד	DALET	d	4	נ	NUN	n	50
ה	HE	h	5	ס	SAMECH	s	60
ו	WAW	v	6	ע	AJIN	ʻ	70
ז	SAJIN	z	7	פ	PE	p	80
ח	CHET	ch	8	צ	ZADE	s	90
ט	TET	ṭ	9	ק	KOF	k	100
י	JOD	j	10	ר	RESCH	r	200
				ש	SCHIN	sch	300
				ת	TAW	t	400

Das hebräische alphabetische Ziffernsystem.

Diese Zahlschrift beruht auf dem Prinzip der Addition, und eine Zahl aus mehreren Ziffern wird dargestellt, indem der Anzahl der Einheiten der aufeinanderfolgenden Ordnungen der entsprechende Zahlenbuchstabe zugeordnet wird. Dabei wird mit der Ziffer der höchsten Ordnung, von rechts nach links, begonnen:

שנ״ב   ל״ה

2 50 300   5 30

←------------   ←-------

Die hebräische Zahlschrift enthält allerdings eine Unregelmäßigkeit – die Zahlen 15 und 16 werden nicht in folgender Form geschrieben:

יה und יו

5 10   6 10

←-----   ←-----

Stattdessen werden folgende Kombinationen verwendet:

טו und טז

6 9   7 9

←------   ←-------

Diese Anomalien gehen auf ein Tabu der jüdischen Religion zurück, das die hebräische Schreibweise des Namens Jahve betrifft:

יהוה

H V H Y

←----------

Dieser Name – bestehend aus den Buchstaben *Jod, He, Waw* und *He* – gilt nach der Überlieferung als der »wahre und streng persönliche Name Gottes« und als der »eigentliche Name des Schöpfers«. Dieses göttliche Tetragramm sei aufgeladen mit Energie und enthalte alle Rätsel des Universums; kein Mensch könne es aussprechen oder niederschreiben, ohne vom Bannstrahl getroffen zu werden. Das Tetragramm findet sich auch in folgenden abgekürzten Formen (JH, JV, YV, HV, JHV etc.):

... יהו   הו   יו   יה

V H Y   V H   V Y   H Y

←------   ←---   ←----   ←----

Daher wurde der Gebrauch der Zahlengruppen JH (= 10 + 5) und JV (= 10 + 6) ebenso verboten wie der Gebrauch des Gottesnamens selbst.

In einer solchen Zahlschrift kann natürlich jede Zahl mit einem Wort in Zusammenhang gebracht werden und umgekehrt. Aber wie soll man unter diesen Umständen entscheiden, ob eine Buchstabenfolge in einem Text eine Zahl oder ein Wort darstellt?

Aus dem Bewußtsein dieser Schwierigkeit heraus kamen jüdische Schreiber und Bildhauer überein, über jeden Zahlenbuchstaben einen Punkt oder jeweils ganz links einen kleinen, leicht schrägen Akzent zu setzen:

שנ״ב   ל״ה   ש׳   פ׳   א׳

2 50 300   5 30   300   80   1

←-----------   ←-------

Um diese Zeichen im Falle einer Zahl mit mehr als zwei Buchstaben nicht mehrmals wiederholen zu müssen, zogen sie im allgemeinen über den entsprechenden Ausdruck einen Strich oder setzten einen doppelten Akzent zwischen die beiden letzten Buchstaben links.

Doch dies war sicherlich nicht die größte Schwierigkeit der hebräischen Zahlschrift – denn sie beruht auf dem additiven Prinzip, und da das Alphabet nur 22 Buchstaben umfaßt, entspricht die höchste »Ziffer« nur der Zahl 400. Was fängt man also an, wenn man über diese Zahl hinausgehen will?

Für die Zahlen von 500 bis 900 bestand die Lösung im allgemeinen darin, den Buchstaben *Taw* (= 400) mit denen zu kombinieren, die für die fehlenden Hunderter stehen:

תתק	תת	תש	תר	תק
100 400 400 ←	400 400 ←	300 400 ←	200 400 ←	100 400 ←
900	800	700	600	500

Aber auf diese Weise kam man offensichtlich nicht sehr weit. Eine elegantere Lösung fanden die Kabbalisten.

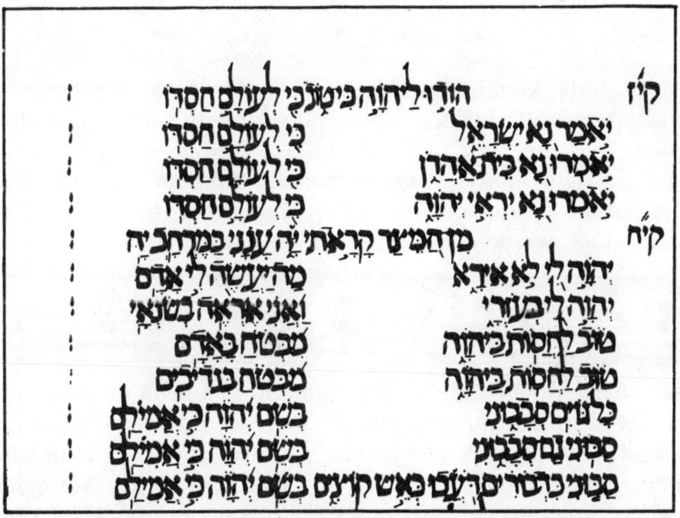
קי״ז הודו ליהוה כי טוב כי לעולם חסדו
יאמר נא ישראל כי לעולם חסדו
יאמרו נא בית אהרן כי לעולם חסדו
יאמרו נא יראי יהוה כי לעולם חסדו
קי״ח מן המצר קראתי יה ענני במרחב יה
יהוה לי לא אירא מה יעשה לי אדם
יהוה לי בעזרי ואני אראה בשנאי
טוב לחסות ביהוה מבטח באדם
טוב לחסות ביהוה מבטח בנדיבים
כל גוים סבבוני בשם יהוה כי אמילם
סבוני גם סבבוני בשם יהוה כי אמילם
סבוני כדברים דעכו כאש קוצים בשם יהוה כי אמילם

Seite einer hebräischen Handschrift, datiert auf das Jahr 1311 n. Chr., mit der Wiedergabe der Psalmen Davids 117 und 118; die Zahlen sind am rechten Rand mit hebräischen Zahlenbuchstaben angegeben.

Dabei ist zu beachten, daß die hebräischen Buchstaben immer voneinander getrennt geschrieben werden – etwa wie die lateinischen Großbuchstaben – und daß sie in der Regel am Anfang und am

Ende eines Wortes dieselbe Form haben, allerdings mit Ausnahme der Buchstaben *Kaf, Mem, Nun, Pe* und *Zade,* die leicht verändert werden, wenn sie am Wortende stehen:

BUCHSTABEN	Kaf	Mem	Nun	Pe	Zade
GRUND-FORM	כ	מ	נ	פ	צ
END-FORM	ך	ם	ן	ף	ץ

Gerade diese Besonderheit war für die Kabbalisten der Ausgangspunkt zur Lösung des Problems: Sie ordneten den Endformen der oben genannten Buchstaben die Werte 500, 600, 700, 800 und 900 zu:

ץ	ף	ן	ם	ך
500	600	700	800	900

Aber auch das konnte nur eine Notlösung sein, da noch immer die Möglichkeit fehlte, die Zahl Tausend oder eine höhere Zahl darzustellen.

So gelangte man in einem zweiten Stadium zu einer neuen Schriftkonvention: Der Wert eines Zahlenbuchstabens, der zwei Punkte trägt, wurde nun mit tausend multipliziert:

א̈ ← א	ב̈ ← ב	מ̈ ← מ	צ̈ ← צ
1000 … 1	2000 … 2	40 000 … 40	90 000 … 90

Durch diese Konvention konnte man mit den neun ersten Buchstaben des hebräischen Alphabets die Tausender darstellen, die Zehntausender mit den neun folgenden und die ersten vier Hunderttausender mit den verbleibenden vier Buchstaben. Es war seitdem möglich, auf einfache Weise alle Zahlen von 1 bis 999 999 festzuhalten.

Beispiel:

ה̈תשל"ט

9 30 300 400 5000

←-------------------

5 739

Aber an dieser Stelle endeten die Möglichkeiten dieser Zahlschrift; die jüdischen Schreiber und Rechner mußten deshalb Zahlen über oder gleich einer Million »in Worten« schreiben.

EINER				ZEHNER				HUNDERTER			
Α	α	Alpha	1	Ι	ι	Jota	10	Ρ	ρ	Rho	100
Β	β	Beta	2	Κ	κ	Kappa	20	Σ	σ	Sigma	200
Γ	γ	Gamma	3	Λ	λ	Lambda	30	Τ	τ	Tau	300
Δ	δ	Delta	4	Μ	μ	My	40	Υ	υ	Ypsilon	400
Ε	ε	Epsilon	5	Ν	ν	Ny	50	Φ	φ	Phi	500
Ϛ	ϛ	Digamma	6	Ξ	ξ	Xi	60	Χ	χ	Chi	600
Ζ	ζ	Zeta	7	Ο	ο	Omikron	70	Ψ	ψ	Psi	700
Η	η	Eta	8	Π	π	Pi	80	Ω	ω	Omega	800
Θ	θ	Theta	9	Ϟ	ϙ	Koppa	90	Ϻ	ϡ	San	900

Das alphabetische Ziffernsystem der Griechen, das den hebräischen Zahlenbuchstaben vollkommen entspricht.

Auch griechische Rechner hatten die Idee, Zahlen mit Hilfe der Buchstaben des Alphabets wiederzugeben.

Sie benutzten dafür die 24 Buchstaben des klassischen griechischen Alphabets und ergänzten es um die Buchstaben *Digamma, San* und *Koppa,* drei alphabetische Zeichen phönizischen Ursprungs, die eigentlich schon lange ungebräuchlich geworden waren. Diese 27 Zeichen wurden in drei dezimale Klassen eingeteilt – die erste für die Einer umfaßte die ersten acht Buchstaben des klassischen Alphabets (*Alpha, Beta, Gamma, Delta, Epsilon, Zeta, Eta* und *Theta*) und das *Digamma* – abgeleitet vom phönizischen *Waw* – für die Zahl Sechs.

Die zweite Klasse – die Zehner – enthielt die acht folgenden Buchstaben (*Iota, Kappa, Lambda, My, Ny, Xi, Omikron* und *Pi*) und das *Koppa (Kof)* für 90. Die Klasse der Hunderter schließlich umfaßte die acht letzten Buchstaben (*Rho, Sigma, Tau, Ypsilon, Phi, Chi, Psi* und *Omega*) und das Zeichen *San (Zade)* für die Zahl 900.

Zur Darstellung der dazwischen liegenden Zahlen addierten die Griechen die nebeneinanderstehenden Zahlenbuchstaben der verschiedenen Dezimalordnungen. So wurden die Zahlen von 11 bis 19 beispielsweise durch den Buchstaben *Iota* (= 10) und den rechts daneben stehenden Buchstaben für die Einer von 1 bis 9 wiedergegeben:

IA	**IB**	**IE**	**IZ**
11	12	15	17

Ebenso standen für die Zahl 645 die Buchstaben *Chi* (= 600), *My* (= 40) und *Epsilon* (= 5) nebeneinander:

X M E
600 40 5

Um innerhalb eines Textes Buchstabenziffern von gewöhnlichen Buchstaben unterscheiden zu können, wurden die Zahlenbuchstaben durch einen waagrechten Strich gekennzeichnet:

$\overline{\mathrm{Z}}$	$\overline{\mathrm{IE}}$	$\overline{\mathrm{OH}}$	$\overline{\mathrm{PB}}$
6	15	78	102

Zahlen von 1000 bis 9000 wurden dargestellt, indem die neun Buchstaben für die Einer durch eine Art Akzent links oben ergänzt wurden:

'A	**'B**	**'E**	**'Z**	**'H**
1000	2000	5000	6000	8000

Aber dieser Akzent – als Multiplikator Tausend – wurde nicht systematisch verwendet und weggelassen, wenn aus dem Kontext die darzustellende Größenordnung deutlich hervorging.

Ein Beispiel dafür findet sich in einem Papyrus, der in Elephantine in Ägypten gefunden wurde. Es handelt sich dabei um einen Heiratsvertrag, der 311/310 v.Chr. im siebten Regierungsjahr Alexanders, des Sohnes von Alexander dem Großen, abgeschlossen wurde und in dem als Mitgift eine Summe von *Alpha Drachmen* in folgender Form angegeben wird:

⊣A

(⊣ = Zeichen für Drachme)

Hier hatte der Zahlenbuchstabe A wohl den Wert Tausend, oder aber der Brautvater war ein so großer Geizhals, daß er seiner Tochter nur eine einzige Drachme als Mitgift aussetzte!

Bis auf wenige Ausnahmen entsprach also die alphabetische Zahlschrift der Griechen weitgehend der hebräischen, so daß man die Frage aufgeworfen hat, welches System wohl durch das andere inspiriert wurde. Bis heute konnte nicht eindeutig geklärt werden, ob Griechen oder Juden die ersten waren, die diese Art von Zahlschrift verwendet haben.

Sicher ist dagegen, daß vom Altertum bis hin zum ausgehenden Mittelalter die alphabetische Zahlschrift der Griechen im Vorderen Orient und im östlichen Mittelmeerraum eine fast ebenso große Rolle spielte wie die römischen Ziffern im Abendland.

Während der ersten Jahrhunderte nach Christus wurde sie vor allem von den Christen in Ägypten und den Bewohnern Syriens und Mesopotamiens und wenig später von den islamischen Buchhaltern übernommen. Letztere schufen nach griechischem und hebräischem Vorbild eine eigene alphabetische Zahlschrift und benutzten sie neben den sogenannten »arabischen« Ziffern bis in die jüngste Zeit hinein. Andere Völker verfuhren ebenso und erfanden eigene alphabetische Ziffern.

Buchstaben und Ziffern, Magie und Mystik

Mit dem Gebrauch der Buchstaben des Alphabets als Zahlzeichen ergab sich zunehmend die Möglichkeit, jedem Wort oder jeder Gruppe von Worten einen Zahlenwert zuzuordnen; daraus entwickelte sich eine poetisch-mystisch-religiöse Technik, die von den Griechen und den Gnostikern als *Isopsephie* und von den Rabbinern und den Kabbalisten als *Gematria* bezeichnet wurde.

Es ist sicherlich kein Zufall, daß die Verben »zählen« und »erzählen« oft – wie auch im Deutschen – dieselbe etymologische Wurzel haben: im Französischen heißt es *compter* und *conter,* im Niederländischen *tellen* und *vertellen,* im Italienischen, Spanischen und Portugiesischen heißen beide *contar;* im Altfranzösischen wurde das Verb *conter* ebenfalls in beiden Bedeutungen verwendet, und im Hebräischen hat das Verb *saphor* (zählen, rechnen) dieselbe Wurzel wie *saper* (erzählen).

Griechische Dichter wie Leonidas von Alexandria (1. Jahrhundert n.Chr.) haben aus diesem Prinzip Dichtungen und literarische Kompositionen ganz besonderer Art entwickelt: Distichen und Epigramme nach den Regeln der Isopsephie. Ein Distichon (Doppelvers) entsprach diesen Regeln dann, wenn die Summe der Zahlenwerte der Buchstaben des ersten Verses gleich der des zweiten war. Ein Epigramm (ein kurzer Text in Versen, der beispielsweise einen zärtlichen Gedanken zum Ausdruck brachte) entsprach dann den Regeln der Isopsephie, wenn alle seine Distichen isopsephisch waren.

In späterer Zeit – etwa im 15. Jahrhundert – wurde aus demsel-

ا	ALIF	’	1	س	SIN	s	60
ب	BA	b	2	ع	AJIN	’	70
ج	DJIM	dsch, dj	3	ف	FA	f	80
د	DAL	d	4	ص	SAD	ṣ	90
ه	HA	h	5	ق	QAF	ḳ	100
و	WA	w	6	ر	RA	r	200
ز	ZA	s, z	7	ش	SCHIN	sch	300
ح	HA	h, ch	8	ت	TA	t	400
ط	TA	ṭ	9	ث	tha	th	500
ي	JA	j	10	خ	cha	ch	600
ك	KAF	k	20	ذ	dhal	dh	700
ل	LAM	l	30	ض	dad	ḍ	800
م	MIM	m	40	ظ	za	ẓ	900
ن	NUN	n	50	غ	ghajn	gh	1000

Reihenfolge der arabischen Buchstaben nach den Zahlenwerten des arabischen alphabetischen Ziffernsystems.

ben Verfahren in arabischen Schriften die Kunst der Chronogramme entwickelt. Das *ramz* der Dichter, Historiker, Biographen und Bildhauer in Nordafrika und Spanien und das *tarich* der türkischen und persischen Schriftsteller wurden häufig in gereimten oder in Prosa verfaßten Inschriften benutzt, die an ein Ereignis oder eine Gründung erinnern sollten. Das Prinzip bestand darin, in einem kurzen bedeutsamen und charakteristischen Satz die Buchstaben so anzu-

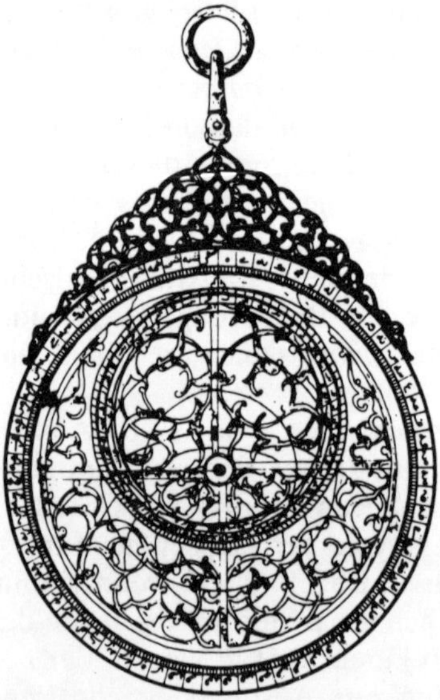

Persisches Astrolabium aus dem 17. Jahrhundert; die Gradeinteilungen am Rand sind in Fünferschritten von 5 bis 360 Grad mit arabischen Buchstabenziffern numeriert.

ordnen, daß die Summe ihrer Zahlenwerte das Datum des gemeinten Ereignisses ergab.

So wurde das Datum des schrecklichen Endes des Königs Scher von Bihar im Nordosten Indiens, der bei einer gewaltigen Explosion im Jahre 952 der Hedjra (1545 n.Chr.) starb, in folgendem Chronogramm auf seinem Grabstein festgehalten:

زآتش مرد	ز أ ت ش م ر د
	4 200 40 300 400 1 7
»AN VERBRENNUNG GESTORBEN«	←······ 952

Den Eingeweihten teilte dieser Satz also gleichzeitig die Umstände wie auch das Datum seines Todes mit.

Ein anderes Beispiel erscheint in einer Inschrift, die ein Gebäude in der Kasba von Tanger schmückt. Das Datum der Errichtung des Bauwerks – im Jahr 1145 der Hedjra (1732/1733) – wurde darin durch folgende Verszeile wiedergegeben:

عام"حل بيت السعد بدر جمالي"

JAHR: »DER VOLLMOND MEINER SCHÖNHEIT HAT SICH IM ZIMMER DES GLÜCKES NIEDERGELASSEN«

ح ل ب ي ت ا ل س ع د ب د ر ج م ا ل ي

10 30 1 40 3 200 4 2 4 70 300 30 1 400 10 2 30 8

←······

1145

Der Bildhauer hatte dieses wichtige Datum festgehalten, da das Bauwerk zum Ruhme einer großen Persönlichkeit namens Ahmed Ibn Ali Ibn Abdullah errichtet worden war, der in der Geschichte des Nordwestens von Marokko eine bedeutende Rolle spielte; in jenem Jahr brach er mit dem Herrscherhaus der Alawiten und nahm einen erbitterten Kampf gegen sie auf.

Das gleiche Verfahren diente auch einer spekulativen Zahlenphilosophie, führte zur Entwicklung der »Numerologie« und verleitete seine Anhänger zu allen möglichen Interpretationen, Zukunftsberechnungen und transzendenten oder magischen Spekulationen.

In seinem Bericht über den Mord an Agrippina durch ihren eigenen Sohn Nero verknüpft der römische Geschichtsschreiber Sueton (69-125 n.Chr.) die griechische Formulierung *idian metera apekteine* –

»Er tötete seine eigene Mutter« – mit dem griechisch geschriebenen Namen des römischen Kaisers:

ΝΕΡΩΝ	ΙΔΙΑΝ ΜΗΤΕΡΑ ΑΠΕΚΤΕΙΝΕ
50 5 100 800 50	10 4 10 1 50 40 8 300 5 100 1 1 80 5 20 300 5 10 50 5
------->	----------------------------------->
« NERON »	»ER TÖTETE SEINE EIGENE MUTTER«
1005	1005

Er gibt dem Leser die Übereinstimmung der Zahlenwerte zu bedenken und zieht daraus den Schluß, daß »Nero ein Ungeheuer war, dessen abscheulicher Muttermord bereits in seinem Namen eingeschrieben war!«

In ähnlicher Weise entdeckten christliche Exegeten in dem Sieg, den Abraham mit Hilfe von 318 beschnittenen Männern über seine Gegner errungen hatte, einen deutlichen Hinweis auf die Kreuzigung – da die Zahl 318 durch den griechischen Buchstaben T *(Tau),* der wie ein Kreuz aussieht, und die Buchstaben IH *(Iot* und *Eta),* die beiden Anfangsbuchstaben des griechischen Namens für Jesus *(Ihsoys),* dargestellt wird:

$$\mathbf{T + IH = 318}$$

Nach dieser eigenartigen Auslegung hätte die Zahl 318 die Bedeutung, daß die von Abraham in den Kampf geführten Männer durch die Kreuzigung Jesu vor der Niederlage bewahrt geblieben seien.

Durch eine Interpretation ähnlicher Art glaubten Häretiker in frühchristlicher Zeit, im Jahr 365 werde das Ende der Welt eintreten, denn diese Zahl entspricht der Summe von 300 (dargestellt durch den Buchstaben T, das Zeichen des Kreuzes), 18 (Zahlenwert der beiden ersten Buchstaben des Namens Jesus), 31 (die Anzahl der Jahre, die Christus ihrer Meinung nach gelebt hat) und 16 (das Regierungsjahr des Tiberius, in dem Jesus gekreuzigt wurde).

Es wird auch von einem mittelalterlichen Fürsten berichtet, dessen Name der Zahl 284 entsprach und der eine Verlobte suchte, deren Name den Wert 220 haben sollte – er wünschte sich eine Frau, die sein anderes Ich sein sollte wie bei den beiden »Freunden« 284 und 220.

Diese beiden Zahlen besitzen eine interessante mathematische Besonderheit und damit nach zu jener Zeit verbreiteten abergläubischen Vorstellungen magische Kraft – die Summe der Divisoren der ersten Zahl ist gleich der zweiten Zahl und umgekehrt:

Divisoren von 220:
1 + 2 + 4 + 5 + 10 + 11 + 20 + 22 + 44 + 55 + 110 = 284

Divisoren von 284:
1 + 2 + 4 + 71 + 142 = 220

Solche Zahlen nennt man befreundete Zahlen, und der Fürst war davon überzeugt, daß durch die geheimnisvolle Kraft der Zahlen sein eheliches Glück vom Himmel gewährleistet werde.

Ein anderes charakteristisches Beispiel betrifft den Glauben, der in Italien mit der Zahl 17 verbunden ist. Seit dem römischen Altertum wurde diese Zahl als unheilvoll betrachtet, wie etwa die Zahl 13 in anderen europäischen Überlieferungen bis heute. So weiß man beispielsweise von Napoleon Bonaparte, daß sein berühmter Staatsstreich ursprünglich am Freitag, dem 17. Brumaire vorgesehen war und er ihn auf den 18. verschoben hatte – »Ich mag keine Freidenker«, rechtfertigte er sich, »nur die Dummen fordern das Unbekannte heraus!«

Es gibt in italienischen Hotels weder ein Zimmer mit der Nummer 17 noch einen 17. Stock, in den Flugzeugen der Alitalia trägt kein Sitz die Nummer 17, und der Renault 17 wurde in Italien als Renault 177 vertrieben.

Der Grund für diesen seltsamen Aberglauben? Die Zahl 17 wird in römischen Ziffern XVII geschrieben: Dies ist ein Anagramm mit demselben Zahlenwert für das lateinische VIXI, »Ich habe gelebt« oder im weiteren Sinne »Ich bin tot«. Es war für abergläubische Menschen jener Zeit undenkbar, diese Zahl mit geliebten Menschen, mit Ereignissen oder mit Handelsgeschäften zu verbinden.

Alle Möglichkeiten der zahlenmäßigen Umsetzung von Worten wurden ausgenutzt. So hatten die Erfinder der ersten alphabetischen Ziffern kaum vorhergesehen, daß sich fast zweitausend Jahre später ein katholischer Theologe namens Petrus Bungus die Mühe machen würde, ein umfangreiches Werk zur Numerologie zu verfassen, um zu »beweisen«, daß der lateinische Name Martin Luthers den Wert 666 hatte:

L	V	T	H	E	R	N	V	C
30	200	100	8	5	80	40	200	3

-->

666

Die Anhänger des deutschen Reformators, die die Römische Kirche als direkte Nachfolgerin des römischen Kaiserreichs ansahen, zögerten nicht mit ihrer Antwort. Sie nahmen die römischen Ziffern in dem lateinischen Satz VICARIUS FILII DEI (»Stellvertreter des Sohnes Gottes«), der angeblich die päpstliche Tiara zierte, und erhielten so das gleiche Ergebnis:

V	I	C	A	R	I	V	S	F	I	L	I	I	D	E	I
5	1	100			1	5			1	50	1	1	500		1

--> 666

Daraus konnte dann die Schlußfolgerung gezogen werden, daß die Herrschaft der Päpste ein Fluch sei und daß erfreulicherweise ihr Untergang für das Jahr 1666 vorhergesagt werden könne.

Dies war für die Mystiker jener Zeit eine einleuchtende Beweisführung: 666 ist nach der Johannesoffenbarung (Offb. 13, 18) die Zahl des *»Tieres der Apokalypse«* oder mit anderen Worten des *Antichrist* – dieses Ungeheuer tritt kurz vor dem Ende der Zeiten auf und begeht zahllose Verbrechen, verbreitet Furcht und Schrecken unter den Menschen und läßt ein Volk wider das andere aufstehen; das Tier wird von Christus bei seiner Wiederkehr in diese Welt niedergestreckt.

Die Entwicklung alphabetischer Ziffern machte durch die numerische Umsetzung von Worten die erfinderischsten okkulten oder magischen Phantasien möglich und war dadurch der Ausgangspunkt für eine Vielzahl von Bräuchen und Formen des Glaubens wie des Aberglaubens.

Die chinesische Zahlschrift: die Erfindung des multiplikativen Prinzips

Abgesehen von solchen Anwendungen, die man belächeln kann, führte die Erfindung der alphabetischen Zahlschriften zu einer für die momentanen Bedürfnisse akzeptablen Lösung des Problems der Zahlenwiedergabe: Eine Zahl wie beispielsweise 768 konnte nun mit nur noch drei Ziffern dargestellt werden.

Aber der Weg zu unserem heutigen System war noch weit. Da die ägyptischen Schreiber, die griechischen Gelehrten und die israelitischen Rechner weiterhin das alte Prinzip der Addition verwendeten, waren die Möglichkeiten ihrer Zahlschriften sehr begrenzt.

Einige Völker haben ihre Zahlschrift jedoch auf eine völlig andere numerische Regel aufgebaut, so die Chinesen vor mehr als dreitausend Jahren, als sie ihre noch heute verwendete Zahlschrift entwickelten.

Sie umfaßt dreizehn Grundzeichen für die folgenden Zahlen:

1 2 3 4 5 6 7 8 9
10 100 1 000 und 10 000

Die graphische Darstellung dieser Zeichen hat sich natürlich im Laufe der Jahrhunderte verändert. Die einfachste und heute am weitesten verbreitete Form ist:

一	二	三	四	五	六	七	八	九	十	百	千	萬
1	2	3	4	5	6	7	8	9	10	100	1 000	10 000

Diese Zeichen sind strenggenommen keine »Ziffern«, sondern gewöhnliche Schriftzeichen der chinesischen Schrift; sie folgen deshalb den gleichen Regeln wie die anderen Schriftzeichen.

Es sind »Wortzeichen«, die anschaulich oder symbolisch die Bedeutung und die Lautform der chinesischen Namen für die entsprechenden Zahlen wiedergeben. Es handelt sich dabei um eine der graphischen Darstellungsmöglichkeiten der folgenden dreizehn einsilbigen Zahlworte der chinesischen Sprache für die neun Einer und die vier ersten Potenzen von Zehn:

yī	èr	sān	sì	wǔ	liù	qī	bā	jiǔ	shí	bǎi	qiān	wàn
1	2	3	4	5	6	7	8	9	10	100	1 000	10 000

Die chinesischen Zahlzeichen sind also nichts weiter als eine Wiedergabe der entsprechenden Zahlen »in Worten«.

Für jedes dieser dreizehn Schriftzeichen gibt es heute mehrere verschiedene Schreibweisen, die zwar alle gleich ausgesprochen werden, aber verschiedenen Stilen der chinesischen Schrift entsprechen und je nach Gebrauch variieren.

Die vorgestellte Form ist die »klassische« Schreibweise und gehört zur *kǎishū*-Schrift, dem verbreitetsten Stil der modernen chinesischen Schrift. In diesem Stil besteht ein Zeichen im wesentlichen aus rechtwinkligen Segmenten aus verschieden langen Linien, unterschiedlich ausgerichtet und nach genau festgelegten Regeln in einer strengen Reihenfolge gezeichnet. Dies ist heute die gebräuchlichste Form, Zahlen auszudrücken. Sie wird insbesondere in Büchern – literarischen oder wissenschaftlichen – und in offiziellen Dokumenten der Volksrepublik China – Diplomen, Pässen – verwendet. Sie ist auch die einfachste, da einige Zeichen zu den

»Schlüsselwörtern« der chinesischen Schrift gehören. Und sie ist die älteste der gegenwärtigen Schriftformen, da sie so seit dem 4. Jahrhundert n.Chr. verwendet wird.

Die zweite gebräuchliche Art der chinesischen Ziffern ist in Taiwan und in der Volksrepublik China unter dem Namen *guān zí* (»amtliche Ziffern«) bekannt. Diese Zeichen – im allgemeinen in *kǎishū* geschrieben – sind weit komplizierter als die klassische Form und bestehen auch aus mehr Strichen als jene. Sie werden vor allem in amtlichen Schriftstücken und in Kaufverträgen verwendet, aber auch zur Angabe der Geldsumme auf Bankschecks, Quittungen

ZAHLENWERT	1. Form	2. Form (guān zí)	3. und 4. Form		5. Form (gán mà zí)	TRANSKRIPTION
	Klassische Formen	Komplizierte Formen der Kaufleute	Kursivformen klassischer Zeichen		Kursivformen im Handel und im Rechnungswesen	
1	一	壹 oder 弌	一	一	〡	yī
2	二	貳 oder 弍	二 oder 弍	二	〢	èr
3	三	參 oder 弎	三 oder 弎	三	〣	sān
4	四	肆	四	四	〤	sì
5	五	伍	五	五	〥 oder 〥	wǔ
6	六	陸	六	六	〦	liù
7	七	柒	七	七	〧	qī
8	八	捌	八	八	〨	bā
9	九	玖 oder 久	九	九	〩	jiǔ
10	十	拾 oder 什	十 oder 十	十	十	shí
100	百	佰	百	百	百 oder 3	bǎi
1 000	千	仟	千	千	千	qiān
10 000	萬 万	萬	萬	萬	万	wàn
	Kǎishū-Schrift	Kǎishū-Schrift	Xingshū-Schrift	Cǎoshū-Schrift		

Wichtige Schreibweisen der dreizehn Ziffern der heutigen chinesischen Zahlschrift.

oder Rechnungen. Die Zeichen wurden entwickelt, um Mißverständnisse und Betrügereien bei Geldgeschäften zu verhindern.

Die dritte chinesische Zahlschrift ist eine kursive Form der klassischen Zeichen, die aus dem Bedürfnis nach Abkürzung geschaffen wurde. Diese *xíngshū*-Schrift wird locker und schnell mit dem Pinsel ausgeführt und in handgeschriebenen Briefen, Entwürfen und persönlichen Aufzeichnungen verwendet.

Durch übertriebene Abkürzungen, verbunden mit der Phantasie und der Virtuosität mancher Künstler und Kalligraphen, entstanden aus diesen Formen, die noch an die Originalzeichen erinnerten, äußerst vereinfachte Zeichen, die die Chinesen *căoshū* (wörtlich »Schrift in Form von Gräsern«) nannten. Aber da die entsprechenden Zeichen nur von Eingeweihten gelesen werden können, wird diese Schrift nur noch in der Malerei und in der Kalligraphie verwendet.

Schließlich gibt es als Besonderheit noch Ziffern, die *gán mà* oder *gán mà zí* (»Geheimzeichen«) heißen und früher in Geheimschriften verwendet wurden. Bis vor einigen Jahren diente diese Schriftform noch den Händlern zur Angabe des Preises ihrer Waren. Diese Zeichenschrift mußte jeder Ausländer in China genau kennen, um die Höhe seiner Hotel- oder Restaurantrechnung zu verstehen.

Der Aufbau der chinesischen Zahlschrift ist völlig unabhängig von diesen Schreibstilen. Die Zahlen werden immer auf dieselbe Weise – ausgehend von dreizehn Grundzeichen – wiedergegeben, ob es sich nun um Ziffern in *kăishū, xíngshū* oder *gán mà zí* handelt.

Für die Zahlen von 11 bis 19 nimmt man das Zeichen für die Zehner und setzt rechts daneben die entsprechende Ziffer für die jeweiligen Einer:

十一	十二	十五
10 + 1	10 + 2	10 + 5

Die Zahl 20 wird dargestellt, indem die Ziffer Zwei links neben das Zeichen für die Zehner gestellt wird:

二十

2 × 10

Bei den Zahlen von 21 bis 29 verfährt man ebenso, indem man rechts neben die Darstellung der Zahl 20 die Ziffern der jeweiligen Einer setzt:

二十一 $2 \times 10 + 1$ 二十二 $2 \times 10 + 2$ 二十三 $2 \times 10 + 3$

Zehner, Hunderter, Tausender und Zehntausender werden allgemein dadurch dargestellt, daß die entsprechenden Zeichen mit denen der jeweiligen Einer verbunden werden:

ZEHNER		HUNDERTER		TAUSENDER		ZEHN-TAUSENDER	
10	一十 1 × 10	100	一百 1 × 100	1000	一千 1 × 1000	10000	一萬 1 × 10 000
20	二十 2 × 10	200	二百 2 × 100	2000	二千 2 × 1000	20000	二萬 2 × 10 000
30	三十 3 × 10	300	三百 3 × 100	3000	三千 3 × 1000	30 000	三萬 3 × 10 000
40	四十 4 × 10	400	四百 4 × 100	4000	四千 4 × 1000	40 000	四萬 4 × 10 000
50	五十 5 × 10	500	五百 5 × 100	5000	五千 5 × 1000	50 000	五萬 5 × 10 000
60	六十 6 × 10	600	六百 6 × 100	6000	六千 6 × 1000	60 000	六萬 6 × 10 000
70	七十 7 × 10	700	七百 7 × 100	7000	七千 7 × 1000	70 000	七萬 7 × 10 000
80	八十 8 × 10	800	八百 8 × 100	8000	八千 8 × 1000	80 000	八萬 8 × 10 000
90	九十 9 × 10	900	九百 9 × 100	9000	九千 9 × 1000	90 000	九萬 9 × 10 000

Die Schreibung der Vielfachen von 10, 100, 1 000 und 10 000 folgt also dem multiplikativen Prinzip.

Dazwischen liegende Zahlen werden gleichzeitig additiv und multiplikativ wiedergegeben. Dabei wird das Zeichen für die Zehner zwischen der Ziffer für die Einer und der Ziffer für die Einheiten der 2. Ordnung plaziert, das Zeichen für die Hunderter zwischen die Ziffer der Einheiten der 2. Ordnung und Einheiten der 3. Ordnung etc. Zur Darstellung der Zahl 79 564 wird beispielsweise das Symbol für 10 000 notiert, dem die Ziffer 7 vorausgeht, dann das für 1 000, dem die Ziffer 9 vorausgeht, dann das für 100, dem die

Ziffer 5 vorausgeht, dann das Zeichen für 10, dem die Ziffer 6 vorausgeht, und schließlich die Ziffer 4:

七萬九千五百六十四
qī wàn jiǔ qiān wǔ bǎi liù shí sì

$7 \times 10000 + 9 \times 1000 + 5 \times 100 + 6 \times 10 + 4$

79 564

Die Erfindung dieses neuen Prinzips war in mehr als nur einer Hinsicht vorteilhaft. Es diente nicht nur dazu, lästige Wiederholungen identischer Zeichen zu vermeiden, sondern mehr noch zur Entlastung des Gedächtnisses, weil man nur wenige Grundzeichen zu kennen brauchte.

Durch diese Erfindung konnten die Chinesen auch den Umfang ihrer Zahlschrift beachtlich erweitern. Dabei genügte es, die Zahl 10 000 als neue Basis zu betrachten und wiederum auf das multiplikative Prinzip zurückzugreifen. Die Potenzen von 10, die größer oder gleich 10 000 sind, wurden folgendermaßen dargestellt:

10 000	一萬 yī wàn	$(= 1 \times 10000)$
100 000	十萬 shí wàn	$(= 10 \times 10000)$
1 000 000	一百萬 yī bǎi wàn	$(= 1 \times 100 \times 10000)$
10 000 000	一千萬 yī qiān wàn	$(= 1 \times 1000 \times 10000)$
100 000 000	一萬萬 yī wàn wàn	$(= 1 \times 10000 \times 10000)$

Mit den dreizehn Grundzeichen ihrer Zahlschrift konnten die Chinesen auf diese Weise jede beliebige Zahl zwischen 1 und 999 999 999 999 darstellen.

Beispiel: 487 390 629

四萬八千七百三十九萬六百二十九
sī wàn bā qiān qī bǎi sān shí jiǔ wàn liù bǎi èr shí jiǔ

$(4 \times 10^4 + 8 \times 10^3 + 7 \times 10^2 + 3 \times 10 + 9) \times 10^4 + 6 \times 10^2 + 2 \times 10 + 9$

Aber trotz dieses wichtigen Fortschritts konnten nicht alle ganzen Zahlen dargestellt werden. Die Kapazität dieses Typs von Zahlschrift war immer noch begrenzt: Je größer die darzustellenden Zahlen waren, desto mehr neue Grundzeichen oder neue Schriftkonventionen mußten geschaffen werden.

Außerdem konnte man immer noch nicht »schriftlich rechnen«, wie man dies heute mit Leichtigkeit tut. Es fehlte noch ein wichtiger Schritt, um mit einer solchen Zahlschrift Rechenoperationen durchführen zu können, und es war auch weiterhin notwendig, auf Hilfsmittel wie das Kugelrechenbrett oder die Rechentafel zurückzugreifen oder eine Anzahl von Regeln und ziemlich komplizierten Kunstgriffen zu ersinnen, um eine Addition, eine Multiplikation oder eine Division auszuführen.

Da das Rechnen einen langen und schwierigen Lernprozeß erforderte, war es für die gemeinen Sterblichen unerreichbar und blieb immer die Domäne einer privilegierten Kaste von Spezialisten.

Erst die Entdeckung des Positionsprinzips und der Null sollte diese Hindernisse für immer beseitigen und diese Kunst selbst den beschränktesten Geistern zugänglich machen.

Kapitel 8
Der entscheidende Schritt: die Erfindung der Null

Ein revolutionäres Prinzip

Die zehn Grundziffern (1, 2, 3, 4, 5, 6, 7, 8, 9 und 0) unserer heutigen Zahlschrift ermöglichen nicht nur eine einfache und rationelle Darstellung jeder beliebigen Zahl – und sei sie noch so groß –, sondern auch die leichte Durchführung aller Rechenoperationen.

In intellektueller Hinsicht ist dieses System also allen früheren Zahlschriften deutlich überlegen.

Dies hängt jedoch in keiner Weise mit der verwendeten Basis zusammen. Man könnte vergleichbare Zahlschriften auch auf der Basis Zwei, Acht, Zwölf, Zwanzig oder Sechzig entwickeln, die dieselben Vorteile wie die dezimale Zahlschrift hätten. Überlegenheit und Genialität unserer modernen Zahlschrift rühren von der Verbindung des Positionsprinzips mit dem Begriff der Null her.

In der ägyptischen Hieroglyphen-Zahlschrift hatten die Ziffern wie im griechischen, römischen und hebräischen Ziffernsystem einen festgelegten Wert, der völlig unabhängig von ihrer Stellung innerhalb der Zahlendarstellung war. So hatte das römische Symbol V den Wert Fünf an jeder Stelle, wo es stand, während sich im modernen System der Wert der Ziffer 5 beispielsweise in den Zahlendarstellungen 35, 54, 568 oder 5 987 ändert. Der Wert dieser Ziffer bleibt nicht gleich, wenn sie an erster, zweiter, dritter oder vierter Stelle steht, sondern beträgt 5, 50, 500 oder 5 000.

In der chinesischen Zahlschrift werden Zahlen, wie wir gesehen haben, ähnlich wie in unserer gesprochenen Zahlenwiedergabe geschrieben, so wie beispielsweise die Zahl »sieben tausend acht hundert neun und zwanzig«*:

* Die sprachliche Wiedergabe der Zahlen im Deutschen weist hier eine Unregelmäßigkeit auf: Die Reihenfolge der Zehner und Einer wird vertauscht. Im Französischen heißt es folgerichtig wie in anderen Sprachen auch »sieben tausend acht hundert zwanzig neun«, nicht »... neun und zwanzig« (Anm.d.Übers.).

七千八百二十九

7 × 1000 + 8 × 100 + 2 × 10 + 9
------------------------------->

Es wäre sicher viel einfacher und schneller, die Zahl folgendermaßen festzuhalten:

七八二九

7 8 2 9
------------------------->

Die Zeichen, die die Potenzen von Zehn anzeigen, entfielen also, während nur noch die Reihe der entsprechenden »Koeffizienten« übrigbliebe: 7 8 2 9. Dadurch hätten die Ziffern für die Einer einen variablen Wert erworben, abhängig von ihrer Position innerhalb der Zahlendarstellung.

Wendet man diese Vereinfachung auf das obige Beispiel an, so hätten die Ziffern 7, 8, 2 und 9 den Wert 7 x 1 000, 8 x 100, 2 x 10 und 9.

Dies ist das Positionsprinzip – scheinbar so einfach wie das Ei des Kolumbus.

Aber auf diesen Gedanken mußte man erst kommen! Die Menschheit stammelte, tastete und zögerte jahrtausendelang, bevor sie ihn faßte. Und selbst so große Kulturen wie die der Griechen oder der Ägypter waren weit davon entfernt.

Die Zahlschrift der babylonischen Gelehrten

Dieses grundlegende Prinzip wurde erstmals zu Beginn des 2. Jahrtausends v. Chr. unter mesopotamischen Gelehrten entdeckt.

Die Zahlschrift, die die babylonischen Mathematiker und Astronomen kurz vor der Epoche des Königs Hammurapi (ungefähr 1792-1750 v.Chr.) erfanden, war eine der bemerkenswertesten der Antike. Im Gegensatz zu den meisten Systemen jener Zeit wurde der Wert der Ziffern tatsächlich durch ihre Stellung innerhalb der Zahlendarstellung bestimmt.

Aber dieses Positionssystem war nicht wie unser heutiges dezimal aufgebaut, sondern beruhte auf einer sexagesimalen Basis – 60 Einheiten einer bestimmten Ordnung entsprachen einer Einheit der unmittelbar höheren Ordnung. Die Zahlen von 1 bis 59 bildeten also die Einer oder die Einheiten der 1. Ordnung, die Sechziger die

Einheiten der 2. Ordnung, die Vielfachen von 60 (oder die »Sechziger von Sechzigern«) die Einheiten der 3. Ordnung usw.

Diese Zahlschrift verwendete nur zwei Ziffern im engeren Sinn: einen *senkrechten Nagel* für die Einheit und einen *Winkel* für die Zahl 10 – Zeichen aus der Keilschrift, deren Name aus der Form ihrer Schriftzeichen herrührt.

1 10

Die Zahlen von 1 bis 59 wurden auf additive Weise dargestellt, wobei jedes der Zeichen so oft wie nötig wiederholt wurde. So wurden die Zahlen 19 beziehungsweise 58 folgendermaßen festgehalten:

(1 Winkel + 9 Nägel)

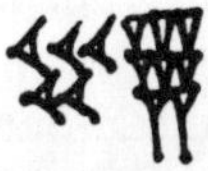

(5 Winkel + 8 Nägel)

Aber bei Zahlen über 59 wurde das Positionssystem benutzt; so wurde die Zahl 69 beispielsweise nicht durch folgende Ziffern ausgedrückt:

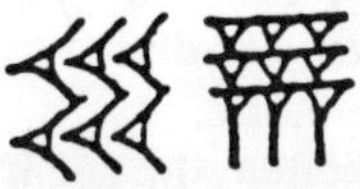

sondern durch

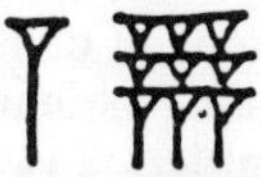

60 9 1 ; 9

Im babylonischen System änderte sich also der Wert einer Ziffer je nach der Stellung, die sie innerhalb der Darstellung einer Zahl einnahm; die Ziffer 1 konnte beispielsweise folgende Werte haben:

- ein Einer in der 1. Ordnung;
- ein Sechziger (oder 1 x 60) in der 2. Ordnung;
- ein Sechziger von Sechzigern (oder 1 x 60^2) in der 3. Ordnung etc.

Um die Zahl 75 (ein Sechziger und fünfzehn Einer) festzuhalten, mußte eine 15 an die erste Stelle und eine 1 an die zweite Stelle plaziert werden:

(= 1 × 60 + 15 = 75)

1 ; 15

Für die Zahl 1000 (sechzehn Sechziger und vierzig Einer) mußte eine 40 auf der ersten Position und eine 16 auf der zweiten stehen:

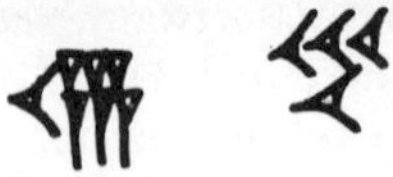

(= 16 × 60 + 40 = 1 000)

16 ; 40

Und die Ziffernfolge:

48 ; 20 ; 12

entsprach der Zahl:

$48 \times 60^2 + 20 \times 60 + 12 = 48 \times 3600 + 20 \times 60 + 12 = 174\,012$

Dies ähnelt der Wiedergabe der Zahl von 174 012 Sekunden in der Form 48 h 20' 12".

Die babylonische Zahlschrift war demnach analog zu unserem heutigen System aufgebaut und unterschied sich von ihm nur durch ihre Basis (60) und die Art und Weise, wie die Ziffern gebildet wurden.

Es entstanden allerdings dadurch Probleme, daß ihre 59 Einheiten nicht durch 59 unterschiedliche Zeichen dargestellt wurden, sondern durch die additive Wiederholung der beiden Grundziffern für 1 und 10: Obgleich die sexagesimale Zahlschrift der babylonischen Gelehrten auf dem Positionsprinzip beruhte, folgte sie innerhalb der Ordnungen dem Prinzip der Addition.

Daraus resultierten viele Zweideutigkeiten, die zur Ursache zahlreicher Irrtümer wurden.

So konnte die Darstellung der Zahl 2 mit der Zahl 61 verwechselt werden:

2

1 ; 1
(1 × 60 + 1 = 61)

Die Wiedergabe der Zahl 25 konnte leicht mit den Zahlen 615 oder 4205 verwechselt werden:

25

10 ; 15
(= 10 × 60 + 15 = 615)

10 ; 10 ; 5
($= 10 \times 60^2 + 10 \times 60 + 5 = 4205$)

Dies ähnelt den Verwechslungen, die entstanden wären, wenn die Römer das Positionsprinzip auf sexagesimaler Basis auf ihre Ziffern angewendet hätten, indem sie einen Ausdruck wie 10° 3’ 1” (36 181”) folgendermaßen festgehalten hätten:

X III I

Diese Schreibweise hätte zu folgenden Verwechslungsmöglichkeiten führen können:

XI II I (= 11° 2’ 1”), **X I III** (= 10° 1’ 3”) etc.

Manche mesopotamischen Schreiber ließen deshalb einen deutlichen Zwischenraum, um den Übergang von einer Sexagesimalordnung zur nächsten zu markieren. Auf diese Weise unterschieden sie Darstellungen wie die beiden folgenden voneinander:

2 ; 12 $(= 2 \times 60 + 12 = 132)$

1 ; 1 ; 12 $(= 1 \times 60^2 + 1 \times 60 + 12 = 3\,672)$

Aber diese Schwierigkeit überdeckte eine andere, noch viel grundlegendere: Das Fehlen der Null. Mehr als fünfzehn Jahrhunderte blieb sie den babylonischen Mathematikern und Astronomen unbekannt. Das war ein erhebliches Handicap, denn die Anwendung des Positionsprinzips macht ein graphisches Zeichen notwendig, um fehlende Einheiten darzustellen.

Als Beispiel soll die Zahl Zehn mit unserem heutigen dezimalen Positionssystem wiedergegeben werden. Zehn ist die Basis dieses Systems: Die Ziffer 1 muß also an zweiter Position stehen, damit sie die Bedeutung »ein Zehner« hat. Aber wie kann dargestellt werden, daß diese 1 an zweiter Position steht, wenn nichts an die erste gestellt werden kann?

Die Zahl Zwölf ist einfach: Man schreibt zuerst eine 1 und dann eine 2 (ein Zehner und zwei Einer). Aber die Zehn? Man schreibt 1 und ... nichts. Ebenso muß bei der Zahl Siebenhundertzwei eine 2 an die erste Position, eine 7 an die dritte und *nichts* zwischen beide.

Man wird nach und nach zu der Erkenntnis gelangen, daß dieses »Nichts« zwangsläufig durch ein »Etwas« dargestellt werden muß, so die Wiedergabe von Zahlen durch Ziffern nicht zu Verwirrung führen soll. Dieses »Etwas«, das nicht »nichts« bedeutet, oder vielmehr das graphische Zeichen, das zur Darstellung fehlender Einheiten einer bestimmten Ordnung dient, wird schließlich die *Null* sein.

Um 1200 v.Chr. war den babylonischen Gelehrten dieses Konzept noch unbekannt. Aber in einem ersten Schritt versuchten sie sich zu helfen, indem sie dort einen leeren Zwischenraum einfügten, wo eine Potenz von Sechzig fehlte. Die Zahl (1; 0; 25) wurde beispielsweise folgendermaßen festgehalten:

1 ; 0 ; 25 (= 1 × 60 + 0 × 60 + 25)

Aber damit war das Problem noch nicht gelöst, da der Zwischenraum von zerstreuten und nachlässigen Schreibern oft vergessen wurde. Zudem war es auf diese Weise schwierig, das Fehlen von zwei oder mehreren aufeinanderfolgenden Ordnungen darzustellen.

Solche Zweideutigkeiten jedoch störten die mesopotamischen Gelehrten wenig, da sie die in Betracht kommende Größenordnung im Gedächtnis behalten konnten. Unklarheiten mußten entweder durch den Kontext oder die Kommentare des Meisters ausgeräumt werden, der mündlich die notwendigen Erläuterungen gab.

Im 3. Jahrhundert v.Chr. schließlich wurde das Zeichen 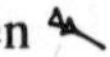 oder  eingeführt, um das Fehlen sexagesimaler Einheiten einer bestimmten Ordnung wiederzugeben – so entstand die babylonische Null, die älteste in der Geschichte.

Diese Null wurde von den babylonischen Mathematikern allerdings nicht als Menge oder als »Zahl Null« betrachtet. Dies kann durch zwei Beispiele aus babylonischen Texten belegt werden.

So wußte ein Schreiber offensichtlich nicht, wie er das Ergebnis der Subtraktion einer Zahl von sich selbst darstellen sollte, und formulierte seine Schlußfolgerung folgendermaßen:

20 minus 20 … du weißt ja.

Der Verfasser des zweiten Textes schreibt an einer Stelle, an der man eigentlich das Zeichen für Null als Ergebnis einer Verteilung von Getreide erwartet, einfach folgendes:

Das Korn ist ausgegangen.

Der schräggestellte Doppelnagel der mesopotamischen Gelehrten wurde zwar im Sinne von »Leere« – oder als »Leerstelle, die das Fehlen von Einheiten einer bestimmten Ordnung angibt« – verstanden, aber nicht als Zahl Null oder als Menge Null. *Die Begriffe Leere und Nichts waren zwar schon vorhanden, wurden jedoch noch nicht als Synonyme betrachtet.*

Doch dies schmälert die Verdienste der babylonischen Gelehrten keineswegs – sie waren die Erfinder der ersten Zahlschrift streng nach dem Positionsprinzip und mit der ältesten Null der Geschichte.

Das chinesische Positionssystem

Zweitausend Jahre nach den babylonischen Mathematikern und zweifellos unabhängig von ihrem Einfluß wurde von den Chinesen dieselbe numerische Regel wiederentdeckt.

Zur Zeit der Han-Dynastie (206 v.Chr. – 220 n.Chr.) entwickelten sie ein scharfsinniges System zur schriftlichen Zahlenwiedergabe, in dem vertikale und horizontale Striche nach dem Positionsprinzip regelmäßig miteinander kombiniert wurden.

Das System war auf dezimaler Basis aufgebaut; aber im Unterschied zu unserem heutigen System, das aus einer einheitlichen Reihe von neun Ziffern besteht, die von jeder direkten sinnlichen Vorstellung losgelöst sind, wurden in dieser Zahlschrift die neun Einer ideographisch wiedergegeben.

Die ersten fünf Einer wurden durch entsprechend viele nebeneinanderstehende senkrechte Striche dargestellt, die Zahl 6 durch einen waagrechten Strich, der in der Mitte auf einem senkrechten Strich ruht, und die drei letzten Einer durch einen, zwei oder drei zusätzliche senkrechte Striche:

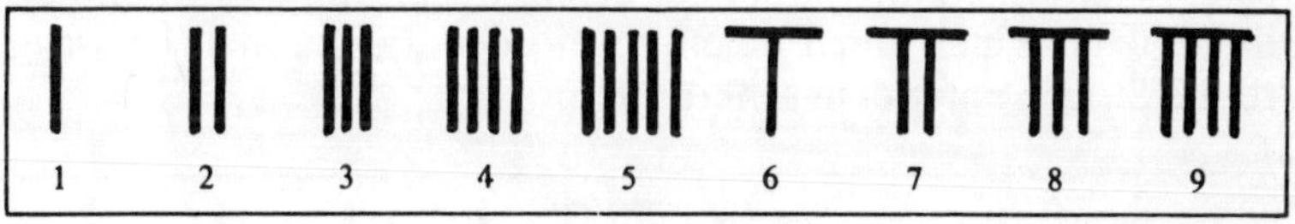

Der waagrechte Strich, der mit einem, zwei, drei oder vier senkrechten Strichen verbunden wurde, um die Zahlen 6, 7, 8 und 9 darzustellen, stand demnach für den Wert 5.

Mit diesen Ziffern wurden aus mehreren Ordnungen von Einheiten zusammengesetzte Zahlen nach dem Positionsprinzip dargestellt.

Beispiel: 8 467

8 4 6 7

(= 8 × 1 000 + 4 × 100 + 6 × 10 + 7)

Aber trotz seines Erfindungsreichtums enthielt auch dieses Ziffernsystem Zweideutigkeiten.

Das lag zum einen daran, daß sich die Benutzer des Systems darauf beschränkten, entsprechend viele senkrechte Striche zur Darstellung der Einheiten aufeinanderfolgender Ordnungen nebeneinanderzustellen.

Beispiele:

4 3 4 — 434

1 2 3 4 — 1 234

Um dies zu umgehen, kamen die chinesischen Gelehrten auf die Idee, eine zweite Zahlschrift für die Einer einzuführen, analog zu der vorhergehenden, aber dieses Mal mit waagrechten Strichen. Die ersten fünf Einer wurden also durch entsprechend viele übereinanderliegende waagrechte Striche dargestellt, die Zahl 6 durch einen senkrechten Strich, der auf einem waagrechten ruht, und die drei letzten Einer durch einen, zwei oder drei zusätzliche waagrechte Striche unter dem senkrechten:

1 2 3 4 5 6 7 8 9

Zur Unterscheidung der verschiedenen Ordnungen benutzte man dann abwechselnd die Ziffern der ersten und der zweiten Reihe: Einheiten der 1., 3. und aller weiteren ungeraden Ordnungen (Einer, Hunderter, Zehntausender, Millionen etc.) wurden nun mit »senkrechten Ziffern« wiedergegeben, Einheiten der 2., 4. und aller weiteren geraden Ordnungen (Zehner, Tausender, Hunderttausender, Zehnmillionen etc.) mit »waagrechten Ziffern«.

Beispiele

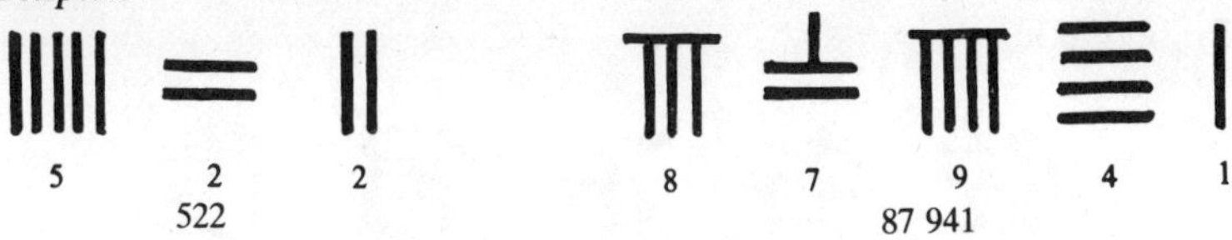

So konnten Zweideutigkeiten weit eleganter als im babylonischen System vermieden werden.

Aber es waren bei weitem noch nicht alle Schwierigkeiten gelöst, da die chinesischen Mathematiker über Jahrhunderte hinweg keine Null kannten. Das Fehlen eines Zeichens für nicht vorhandene Einheiten einer bestimmten Ordnung konnte noch Verwirrung stiften.

Aus diesem Grund war es schwer, zwischen der Wiedergabe beispielsweise der Zahlen 2 666, 26 660, 266 600 etc. zu unterscheiden, zumal ein waagrechter Strich ebenso 1, 100, 10 000 oder 1 000 000 bedeuten konnte.

Zunächst versuchten es auch die Chinesen mit einem Zwischenraum. Aber da sich diese Lösung als ungenügend erwies, griffen manche auf die Zeichen zurück, die in der traditionellen chinesischen Zahlschrift Potenzen von Zehn wiedergeben. So wurden Zahlen wie 2 640, 20 064 oder 264 000 durch eine Kombination des Positionssystems mit der Zahlenwiedergabe »in Worten« folgendermaßen festgehalten:

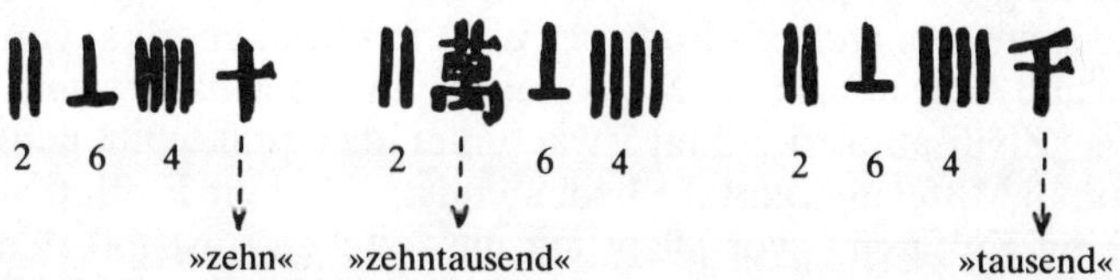

Diese Zahlen wurden also dargestellt, indem so etwas wie »264 Zehner« für 2 640, »2 Zehntausender (und) 64« für 20 064 und »264 Tausender« für 264 000 geschrieben wurde.

Andere machten es besser, indem sie solche Zahlen in Kästchen schrieben und für jede fehlende Einheit ein Kästchen leer ließen:

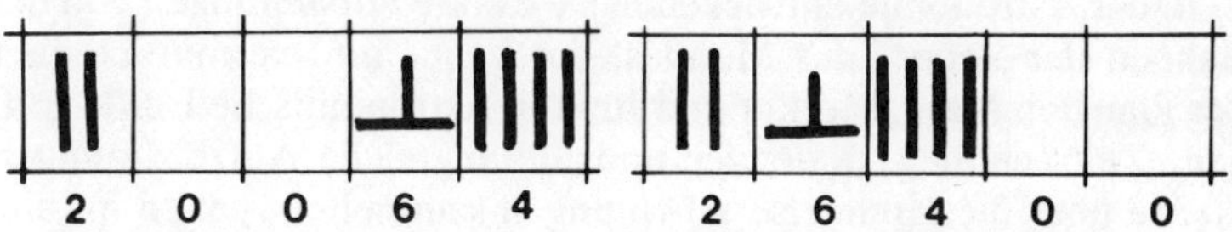

Aber erst seit etwa dem 8. Jahrhundert n.Chr. verfügten die chinesischen Gelehrten unter dem Einfluß von Mathematikern und

Astronomen indischer Herkunft über eine wirkliche Null, die alle Probleme löste.

Auszug aus einem 1248 veröffentlichten Werk des chinesischen Mathematikers Li Ye; die Darstellung der Zahl 106 929 ist hervorgehoben.

Das Ziffernsystem der Mayapriester

Unabhängig von jedem fremden Einfluß wurden einige Jahrhunderte später am anderen Ende der Welt, in Mittelamerika, von Priestern und Astronomen der Maya dieselben Entdeckungen gemacht.

Die Zivilisation der Maya war unter den präkolumbianischen Kulturen Mittelamerikas die bedeutendste. Und ihr Einfluß auf die anderen Kulturen – vor allem auf die Azteken – ist mit dem der Griechen auf die Römer in der Antike vergleichbar.

Während des ersten nachchristlichen Jahrtausends, als im Abendland politische Unordnung, wirtschaftliche Krisen und kulturelle Stagnation herrschten, erreichten die Maya in Kunst, Bildhauerei, Architektur, Erziehung, Handel, Mathematik und Astronomie ihre Blütezeit.

In der Astronomie entwickelten sie exakte Vorstellungen von den Bahnen der Sonne, des Mondes, der Venus und vermutlich auch der Planeten Mars, Merkur und Jupiter. Astronomische Entdeckungen, Zeitrechnung, Kalender und umfangreiche Aufzeichnungen, die sie über die Himmelserscheinungen sammelten, gehen in ihrer verblüffenden Genauigkeit weit über die Beobachtungen und Berechnungen hinaus, die zur gleichen Zeit in Europa gemacht wurden. So wußten sie, daß das Kalenderjahr mit 365 Tagen nur unvollkommen mit dem tatsächlichen Sonnenjahr übereinstimmt und daß es ohne Korrektur bald bedeutende Abweichungen zwischen Kalender und Sonnenjahr gibt. Sie kamen deshalb zu dem Schluß, daß das Sonnenjahr in Wirklichkeit 365,242 Tage zählt. Diese Zahl ist weit exakter als das Jahr nach dem gregorianischen Kalender. Jüngste Berechnungen gehen von 365,242198 Tagen je Sonnenjahr aus. Während das Jahr des gregorianischen Kalenders 365,2425 Tage hat, was einer Abweichung von 3,02/10 000 entspricht, beträgt die Abweichung beim Jahr der Maya nur 1,98/10 000.

Mit derselben Präzision errechneten die Maya die durchschnittliche Dauer des Mondzyklus. Heutige Berechnungen mit Hilfe genauester Instrumente ergeben einen Wert von 29,53059 Tagen. Die Astronomen der Stadt Copán haben herausgefunden, daß 149 Mondzyklen 4 400 Tagen entsprechen, ein Mondzyklus also 29,530201 Tage dauert. Die Astronomen der Stadt Palenque stellten dieselbe Berechnung mit 81 Mondzyklen an und kamen mit einer Dauer von 2 392 Tagen zu einem noch genaueren Ergebnis: 29,53086 Tage für einen durchschnittlichen Mondzyklus!

Das Erstaunlichste daran ist, daß die Gelehrten der Maya nur über sehr einfache Instrumente verfügten. Sie kannten kein Glas und folglich auch keine optischen Geräte. Uhren, Sand- und Wasseruhren, alle Instrumente, mit denen Zeitspannen gemessen werden, die kürzer als ein Tag sind (Stunden, Minuten, Sekunden etc.), waren unbekannt, obwohl es uns unmöglich erscheint, astronomische Erscheinungen ohne diese Instrumente präzise zu erfassen. Darüber hinaus kannten sie den Begriff des mathematischen Bruches nicht.

Tatsächlich war die kleinste Zeiteinheit dieser Astronomen der Tag. Sie maßen den wirklichen Sonnentag, d.h. den Zeitraum zwischen zwei aufeinanderfolgenden Sonnendurchgängen durch den Meridian des Beobachtungsortes, mit Hilfe eines sehr einfachen Gerätes: mit dem *Gnomon,* einer Art primitiver Sonnenuhr. Astronomische Beobachtungen wurden mit nichts weiter vorgenommen als mit zwei gekreuzten Holzstöcken, auf denen ein langes Jaderohr ruhte, um den Blick zu konzentrieren.

Aber die Astronomie ist nicht die einzige Wissenschaft, in der uns die Maya in Erstaunen versetzen. Auf dem Gebiet der Mathematik erzielten sie ebenso bedeutende Ergebnisse, indem sie das Positionsprinzip entdeckten und die Null erfanden.

Dies belegen die wenigen Handschriften der Maya, die wir besitzen, insbesondere der *Dresdener Codex,* ein Werk über Astronomie und Wahrsagekunst, das im 11. Jahrhundert als Kopie eines drei oder vier Jahrhunderte früher verfaßten Originals hergestellt wurde. Danach benutzten die Priester der Maya ein Ziffernsystem auf der Basis 20, das über eine Null verfügte und in dem der Wert der Ziffern durch ihre Position innerhalb der Zahlendarstellung bestimmt wurde.

Bis zur Zahl 19 wurden in diesem Vigesimalsystem die Einheiten der ersten Ordnung durch sehr einfache Symbole dargestellt: Punkte und Striche. Ein bis vier Punke standen für die vier ersten Einer, ein horizontaler oder vertikaler Strich für die Zahl 5; ein, zwei, drei oder vier Punkte neben oder über einem Strich gaben die Zahlen 6 bis 9 wieder, zwei Striche die Zahl 10 etc.

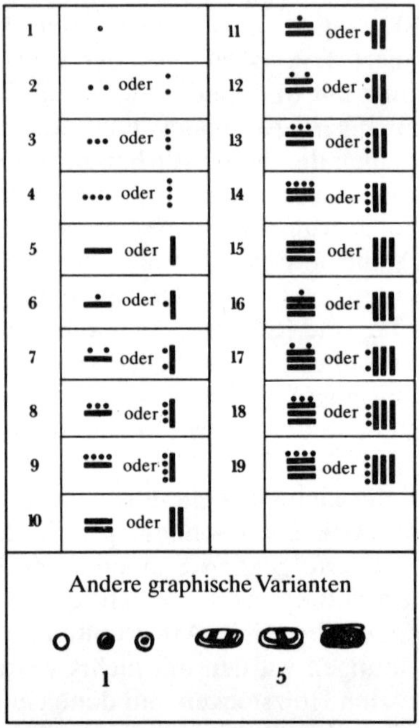

Die Wiedergabe der 19 ersten ganzen Zahlen in der Zahlschrift der Maya.

Jede Zahl über 20 wurde in eine senkrechte Spalte geschrieben, die so viele Reihen hatte, wie es Ordnungen gab.

Für aus zwei Ordnungen zusammengesetzte Zahlen wurde die Ziffer für die Einer in die untere Reihe und die Ziffer für die Zwanziger in die zweite Reihe geschrieben; so wurde die Zahl 21 (= 1 x 20 + 1) folgendermaßen wiedergegeben:

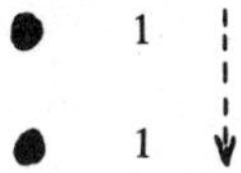

Die Zahl 79 (= 3 x 20 + 19) wurde in folgender Weise dargestellt:

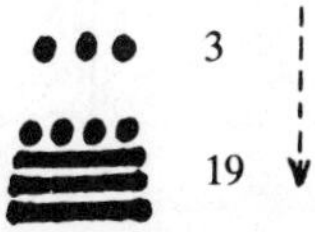

Eigentlich hätte die unmittelbar nächsthöhere Reihe – die dritte Ordnung dieses Vigesimalsystems – den zwanzigfachen Werten der zweiten Reihe entsprechen müssen; so wie in unserem System die dritte Ordnung mit den Hundertern verbunden ist, hätte die dritte Ordnung dieses Zahlensystems den »Vierhundertern« entsprechen müssen, also den Vielfachen von 20 x 20 = 400.

Hier stoßen wir jedoch auf eine seltsame Unregelmäßigkeit, deren Ursache wir später betrachten werden: Für die Gelehrten der Maya gab die dritte Reihe die Vielfachen von 360 wieder.

Beispiel:

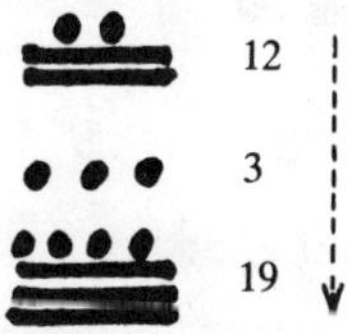

Diese Darstellung entspricht der Zahl:

$$12 \times 360 + 3 \times 20 + 19$$

und nicht der Zahl:

$$12 \times 20^2 + 3 \times 20 + 19 = 12 \times 400 + 3 \times 20 + 19.$$

Für die folgenden Positionen wurde die Basis 20 jedoch strikt angewandt, so daß jede Reihe ab der vierten den zwanzigfachen Wert der unmittelbar darunter liegenden hatte. Durch die Unregelmäßigkeit in der dritten Ordnung entsprach die vierte Reihe den Vielfachen von 7 200 = 20 x 360 (und nicht den Vielfachen von 8 000 = 20 x 20 x 20), die fünfte den Vielfachen von 144 000 = 20 x 7 200 (und nicht den Vielfachen von 160 000 = 20 x 20 x 20 x 20) etc.

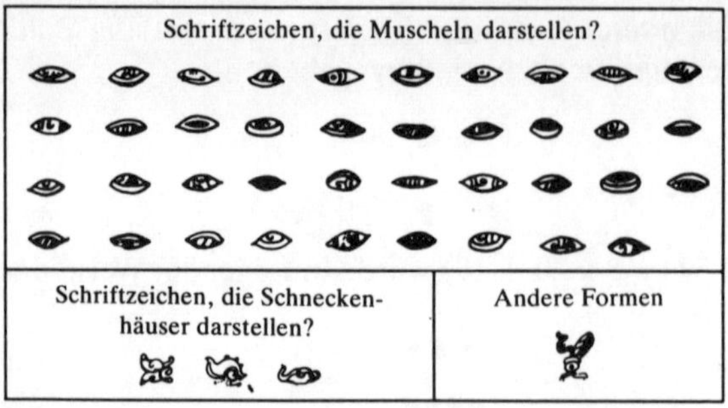

Verschiedene Formen des Schriftzeichens »Null« in den Codices der Maya.

Für den Fall, daß die Einheiten einer bestimmten Ordnung fehlten, erfanden die Gelehrten der Maya eine Null. So blieb jede Ziffer auf ihrem Platz. Die Form dieser Null ähnelte aus uns unbekannten Gründen einer Muschel oder einem Schneckenhaus.

Beispiel:

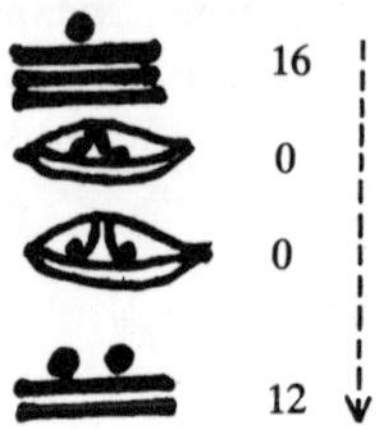

$$(= 16 \times 7\,200 + 0 \times 360 + 0 \times 20 + 12)$$

Die Entwicklung einer Zahlschrift auf der Grundlage des Positionsprinzips und die Erfindung der Null sind unwiderlegbare Zeugnisse für das mathematische Genie der Maya. Die meisten Völker haben diese Entdeckungen nicht selbständig gemacht. Die Völker des Abendlandes mußten sogar bis ins Mittelalter hinein warten, als ihnen Positionssystem und Null durch die Araber übermittelt wurden, die sie ihrerseits von den indischen Gelehrten übernommen hatten.

Es bleibt noch zu klären, weshalb das Ziffernsystem der Maya im Gegensatz zu ihrem mündlichen Zahlensystem nicht streng vigesimal war. Zur Beantwortung dieser Frage müssen wir uns vor Augen halten, daß die Zahlschrift der Maya keineswegs für die Bedürfnisse des alltäglichen Rechnens erfunden worden ist. Dies war eher die Angelegenheit von Kaufleuten und anderen gewöhnlichen Sterblichen. Dieses System wurde vielmehr erarbeitet, um Zeitrechnung und astronomische Beobachtungen zu ermöglichen, die letztlich dem religiösen Kult dienten.

Seine Grundeinheit war der Tag; ein »Monat« umfaßte 20, ein Jahr 360 Tage, um das Rechnen zu erleichtern. Und da die Zahlschrift streng nach dem System der Datumsangaben aufgebaut war, behielt sie in der dritten Ordnung den Wert der dritten Zeiteinheit – des Jahres – bei. Anstatt in dieser Ordnung die Vielfachen von $20 \times 20 = 400$ anzugeben, wurden nur die Vielfachen von $19 \times 20 = 360$ dargestellt.

Leider konnte wegen dieser Unregelmäßigkeit mit der Null der Maya nicht gerechnet werden. In unserem modernen Zahlensystem spielt die Null die Rolle einer *Recheneinheit:* So entspricht der Wert der Zahl 460 ($= 4 \times 100 + 6 \times 10 + 0$), deren Darstellung durch das Hinzufügen einer Null von der Zahl 46 ($= 4 \times 10 + 6$) abgeleitet werden kann, dem Produkt aus der Zahl 46 und der Basis 10 ($460 = 46 \times 10$).

Wäre das Zahlensystem der Maya streng vigesimal gewesen, so hätte seine Null als Recheneinheit verwendet werden können: Das Hinzufügen einer Null am Ende einer Darstellung mit Ziffern hätte den Wert der entsprechenden Zahl mit der Basis 20 multipliziert. Dies war jedoch nicht der Fall, wie das folgende Beispiel zeigt:

($= 2 \times 20 + 0 = 40$) ($= 2 \times 360 + 0 \times 20 + 0 = 720 \neq 40 \times 20$)

Diese Unregelmäßigkeit hinderte die Gelehrten der Maya daran, die Früchte ihrer grundlegenden Entdeckungen auf dem Gebiet des Rechnens und der Arithmetik zu ernten.

Eine Null und unvollendete Ziffern

Bis zu diesem Zeitpunkt war es nur drei Völkern gelungen, das Positionsprinzip zu entdecken – den Babyloniern, den Chinesen und den Maya, die als erste in der Geschichte jede Zahl, so groß sie auch sein mochte, mit einer beschränkten Anzahl von Grundziffern darstellen konnten.

Aber keine dieser Kulturen konnte wirklich von dieser grundlegenden Entdeckung profitieren.

Die babylonischen Gelehrten ersannen dieses Prinzip wohl zu Beginn des 2. Jahrtausends v.Chr. und wandten es annähernd 2000 Jahre lang streng auf der Basis 60 an. Sie kamen jedoch niemals auf den Gedanken, jeder Grundeinheit ihres Sexagesimalsystems eine eigene Ziffer zuzuordnen. Denn statt 59 verschiedenen Ziffern besaßen sie in Wirklichkeit nur zwei: Eine für die Einer und eine für die Zehner. Und sie beschränkten sich darauf, diese zwei Ziffern innerhalb einer Ordnung bis zur 59. Einheit so oft wie nötig zu wiederholen.

Zu Beginn des christlichen Zeitalters entdeckten die Chinesen ebenfalls das Positionsprinzip und verwendeten es auf dezimaler Basis. Aber sie machten es nicht besser als die anderen, denn anstatt den neun Einern unterschiedliche Zeichen zuzuordnen, behielten sie eine ideographische Schreibweise bei. Die Zahl 8 wurde beispielsweise nicht durch ein besonderes Zeichen, sondern durch die Ziffer »5« und die dreifach wiederholte Ziffer »1« dargestellt.

Zwischen dem 3. und 4. Jahrhundert unserer Zeitrechnung machten die Maya dieselbe Entdeckung und wandten sie auf der Basis 20 an. Aber auch sie stellten die Einer nur mit Hilfe des alten additiven Prinzips mit einer Ziffer mit dem Wert 1 und einer mit dem Wert 5 dar.

Zwei dieser drei Völker, die Babylonier und die Maya, erfanden auch die Null als Zeichen für das Fehlen der Einheiten einer bestimmten Ordnung, das bei strikter Anwendung des Positionsprinzips unerläßlich ist. Dank dieser Erfindung gelang es ihnen, Zweideutigkeiten bei der Zahlenwiedergabe zu beseitigen, ohne daß sie jedoch den größtmöglichen Nutzen aus dieser grundlegenden Entdeckung zu ziehen vermochten.

Die Null der Maya konnte sowohl in der Mitte wie auch am Ende der Zahlendarstellungen verwendet werden. Aber durch die Unregelmäßigkeit in der dritten Ordnung dieses Ziffernsystems, entstanden durch die Ausrichtung an der Astronomie und der Kalenderrechnung, war sie jeder mathematischen Anwendungsmöglichkeit beraubt.

Die Null der Babylonier fand dagegen sehr wohl Anwendung und erfüllte auch die Funktion einer Recheneinheit – durch Hinzufügen einer Null am Ende einer Zahlendarstellung mit Ziffern wurde der Wert der Zahl mit der Basis 60 multipliziert. Aber diese Null wurde nie als Zahl betrachtet, als Synonym für die »Menge Null«.

Durch diese Unzulänglichkeiten blieben die Positionssysteme der Babylonier, Chinesen und Maya für mathematische Operationen untauglich, und die beiden beschriebenen Nullen konnten keine mathematischen Weiterentwicklungen in Gang setzen.

So gelang trotz ihrer grundlegenden Entdeckungen weder den Babyloniern noch den Chinesen oder den Maya der entscheidende Schritt zur höchsten Vollkommenheit der Zahlschrift.

Kapitel 9
Indien, die Wiege der modernen Zahlschrift

Welchem Volk gebührt die Ehre der Entdeckung der modernen Zahlschrift, einer Entdeckung, die die Welt ebenso veränderte wie das Feuer, das Rad oder die Dampfmaschine?

Einige Historiker behaupteten zu Beginn unseres Jahrhunderts, die heutige Zahlschrift sei bei den Mathematikern des antiken Griechenland um Christi Geburt entstanden. Sie soll dann über den Hafen von Alexandria in der Kaiserzeit nach Rom und wenig später über Handelswege in den Vorderen Orient und nach Indien gelangt sein. Von Rom aus sei diese Zahlschrift nach Spanien und in die nordafrikanischen Provinzen weitergegeben worden, wo sie von den Westarabern bei ihren Eroberungen vorgefunden wurde. Und auf diese Weise hätten sich einerseits die graphischen Formen der indischen und der orientalischen arabischen Ziffern und andererseits die der offensichtlich unterschiedlichen maghrebinischen und europäischen Ziffern entwickelt.

Eine reizvolle Erklärung ohne jede historische Grundlage, da bislang keine Spur der Verwendung eines solchen Systems bei den Griechen entdeckt wurde. Diese Theorie stützte sich damit allein auf Behauptungen von Leuten, die in der Verehrung des klassischen Griechenland etwas zu weit gingen.

In Wirklichkeit haben die Hellenen in der Antike nur zwei Arten von Zahlschrift benutzt, wobei die erste mathematisch der römischen entsprach und die andere alphabetisch war wie die jüdische. Beide beruhten weder auf dem Positionssystem, noch besaßen sie eine Null.

Darüber hinaus waren die griechischen Mathematiker viel zu scharfsinnig, um nicht den Wert dieser Erfindungen zu erkennen: Sie hätten sie bestimmt übernommen, wenn sie bei ihnen entstanden wären, oder selbst wenn sie nur Kenntnis davon gehabt hätten.

Die Griechen haben uns nur wenige Quellen über ihre Rechenverfahren hinterlassen; andererseits ist jedoch auch bekannt, daß sie sehr komplexe Berechnungen durchgeführt haben. In einer kleinen Abhandlung mit dem Titel »De numero arenae« berechnete der berühmte Archimedes (um 287-212 v.Chr.), wieviel Sandkörnchen die »Weltenkugel« – eine Kugel mit einem Durchmesser gleich der Distanz der Erde zu den Fixsternen – enthalten würde. Er stieß dabei auf eine Zahl, die in unserem heutigen System annähernd einer 1 mit 64 Nullen entsprechen würde.

Aber solche Berechnungen wurden im allgemeinen nicht mit Ziffern durchgeführt, da die beiden griechischen Zahlschriften für die Durchführung arithmetischer Operationen ungeeignet waren. Die Griechen rechneten vielmehr, wie gesehen, mit *calculi* oder mit Rechenmarken auf dem Abakus.

Und dennoch hätte selbst der Umgang mit diesem Recheninstrument – wie es andernorts auch geschah – die griechischen Mathematiker dazu anregen können, zunächst das Positionsprinzip und danach die Null zu entdecken und so eine anwendbare Zahlschrift zu entwickeln. Dies gelang ihnen nicht, da sie zu wenig an der praktischen Umsetzung interessiert waren.

In Wirklichkeit verdanken wir diese entscheidende Vereinfachung ganz anderen Gelehrten und Mathematikern, die ihr Interesse im Gegensatz zu den Griechen auf die Anwendungsmöglichkeiten richteten und von ihrer Leidenschaft für große Zahlen und das Rechnen getrieben wurden.

Um 500 n.Chr. entstand in Nordindien der Vorläufer unseres modernen Systems; damit wurden die Grundlagen für das schriftliche Rechnen gelegt, wie wir es bis heute praktizieren. Dafür gibt es zahlreiche Beweise, und selbst die Araber – denen diese Erfindung lange zugeschrieben wurde – haben dies häufig bestätigt.

Die alte indische Zahlschrift

Wie mehrere Inschriften aus der Zeit zwischen dem dritten Jahrhundert v. Chr. und dem siebten Jahrhundert n.Chr. zeigen, benutzten die Einwohner Nordindiens zunächst eine wenig entwickelte Zahlschrift, die dennoch ein Merkmal unseres modernen Systems aufwies.

Ihre ersten neun Ziffern – die der Einer – waren Zeichen, die von jeder direkten Anschauung abgelöst waren; sie unterschieden sich deutlich voneinander und versuchten nicht mehr, die entsprechenden Zahlen visuell darzustellen. So wurde beispielsweise die

Ziffer Neun nicht mehr aus neun Strichen oder neun Punkten zusammengesetzt, sondern bestand aus einem durch Konvention festgelegten graphischen Zeichen:

1 2 3 4 5 6 7 8 9

Diese Zeichen sind schon als Vorformen der modernen neun Grundziffern zu erkennen: Aus ihnen entstanden einige Jahrhunderte später die Ziffern, die wir heute zu Unrecht als »arabische« bezeichnen.

Aber da diese Ziffern noch nicht nach dem Positionsprinzip gebraucht wurden, konnte mit ihnen noch nicht so gerechnet werden wie mit den modernen.

Diese dezimale Zahlschrift beruhte auf dem Prinzip der Addition und ordnete jeder der folgenden Zahlen eine eigene Ziffer zu:

1	2	3	4	5	6	7	8	9
10	20	30	40	50	60	70	80	90
100	200	300	400	500	600	700	800	900
1 000	2 000	3 000	4 000	5 000	6 000	7 000	8 000	9 000
10 000	20 000	30 000	40 000	50 000	60 000	70 000	80 000	90 000

Sie besaß also nicht nur für die Einer eigene Ziffern, sondern auch für jeden Zehner, jeden Hunderter, jeden Tausender und jeden Zehntausender. Um eine Zahl wie 7 629 darzustellen, mußten die Ziffern für 7 000, 600, 20 und 9 in dieser Reihenfolge nebeneinander gestellt werden:

7 000 600 20 9

Wie andere Systeme der antiken Welt war auch dieses Ziffernsystem sehr begrenzt. Arithmetische Operationen, und sei es nur eine einfache Addition, waren nicht möglich. Darüber hinaus entsprach die höchste Ziffer nur einem Wert von 90 000, so daß 99 999 die höchste erreichbare Zahl darstellte.

Dieses archaische System konnte daher den Bedürfnissen der indischen Gelehrten kaum genügen, vor allem nicht den Astronomen, die seit klassischer Zeit eine regelrechte Leidenschaft für große Zahlen entwickelt hatten.

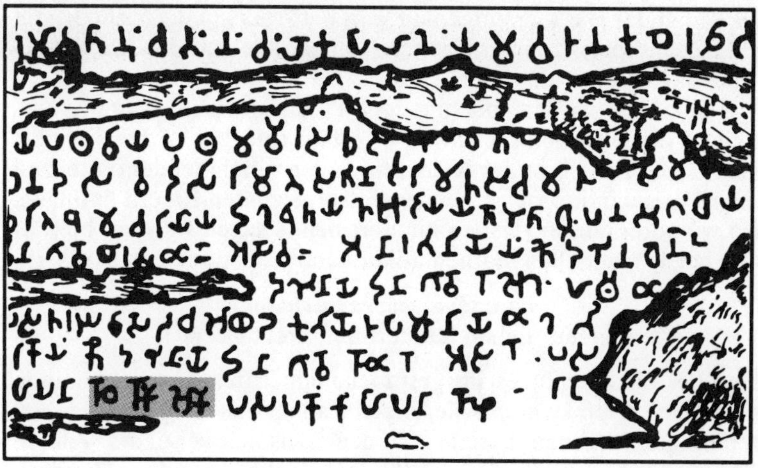

Detail einer buddhistischen Inschrift an einer Felswand der Grotte von Nana Ghat (2. Jahrhundert v. Chr.); die Darstellung der Zahl 24400 mit den Ziffern für 20000, 4000 und 400 von links nach rechts ist hervorgehoben.

Statt Ziffern eine Zahlschrift in Worten

Aber die indischen Astronomen hatten es schon seit langem verstanden, diese Schwierigkeit zu umgehen, indem sie auf die Zahlworte des *Sanskrit* zurückgriffen – der Sprache der indischen Gelehrten, die lange Zeit ein intellektuelles Bindeglied zwischen Gelehrten und Wissenschaftlern der verschiedenen indischen Sprachen bildete und immer noch bildet.

Da die indischen Astronomen große Zahlen nicht mit Ziffern darstellen konnten, kamen sie sehr früh auf die Idee, diese »in Worten« wiederzugeben.

Ohne es zu wissen, hatten sie damit einen Weg eingeschlagen, der sie eines Tages zur Entdeckung des Positionsprinzips und der Null führen würde, da dieses System beide grundlegenden Entdeckungen bereits im Keim in sich trug.

Dieses gesprochene Ziffernsystem ordnete zunächst jeder der ersten neun ganzen Zahlen einen eigenen Namen zu:

eka	*dvi*	*tri*	*catur*	*pañca*	*sat*	*sapta*	*asta*	*nava*
1	2	3	4	5	6	7	8	9

Da es auf der Basis 10 aufgebaut war, hatte auch jeder Zehner und jede Zehnerpotenz einen eigenen Namen, alle anderen Zahlen zusammengesetzte.

Anstatt wie wir den abnehmenden Potenzen von Zehn zu folgen, stellten die indischen Gelehrten ungefähr seit dem 4. Jahrhundert n. Chr. die Zahlen in der Reihenfolge der zunehmenden Potenzen ihrer Basis dar, indem sie bei den entsprechenden Einern anfingen. Wo wir »drei tausend sieben hundert neun« sagen würden, hieß es also bei den indischen Mathematikern und Astronomen in Sanskrit:

nava sapta sata ca trisahasra
(neun, sieben hundert und drei tausend)

Darüber hinaus gibt es im gesprochenen Ziffernsystem der indischen Gelehrten keine privilegierten Zahlen – im Gegensatz zu unserem gesprochenen System, in dem beispielsweise die Zahlen 10 000, 100 000, 10 000 000, 100 000 000 »Zehntausend«, »Hunderttausend«, »Zehn Millionen« und »Hundert Millionen« heißen, die Namen »Tausend« und »Million« also die Rolle von Hilfsbasen spielen. Das indische System ordnete den verschiedenen Zehnerpotenzen Namen zu, die voneinander vollkommen unabhängig waren:

10	*dasa*
100	*sata*
1 000	*sahasra*
10 000	*ayuta*
100 000	*laksa*
1 000 000	*prayuta*
10 000 000	*koti*
100 000 000	*vyarbuda*
1 000 000 000	*padma*
....	....

Zur Wiedergabe einer beliebigen Zahl genügte es, das Wort für die Zehner *(dasa)* zwischen die Worte für die Einer und für die Einheiten der 2. Ordnung zu stellen, das Wort für die Hunderter *(sata)* zwischen die der Einheiten der 2. und der 3. Ordnung, dann das Wort für die Tausender *(sahasra)* zwischen die der Einheiten der 3. und 4. Ordnung und so fort, wobei die oben genannte Leserichtung beibehalten wurde.

Die folgende große Zahl heißt beispielsweise in unserem System:

446 742 173 729 551 636

(vier hundert sechsundvierzig Billiarden sieben hundert zweiundvierzig Billionen ein hundert dreiundsiebzig Milliarden sieben hundert neunundzwanzig Millionen fünf hundert einundfünfzig tausend sechs hundert sechsunddreißig)

Von den indischen Mathematikern wurde diese Zahl auf weit knappere und regelmäßigere Art und Weise ausgedrückt:

6, 3 *dasa,* **6** *sata,* **1** *sahasra,* **5** *ayuta,* **5** *laksa,* **9** *prayuda,* **2** *koti,* **7** *vyarbuda,* **3** *padma,* **7** *kharva,* **1** *nikharva,* **2** *mahapadma,* **4** *sankha,* **7** *samdra,* **6** *madhya,* **4** *antya,* **4** *pararddha.*

(wörtlich: »6, 3 Zehner, 6 Hunderter, 1 Tausender ...«)

Aber dies reichte noch nicht aus, sondern weitere Fortschritte waren notwendig.

Das schöpferische Genie der indischen Gelehrten

Die gewohnheitsmäßige Anwendung dieses Verfahrens, das die Zehnerpotenzen regelmäßig benannte und in eine feststehende Reihenfolge brachte, führte im 5. Jahrhundert n.Chr. zu einer großen Veränderung.

Im Bestreben nach Vereinfachung gelang den indischen Mathematikern und Astronomen jener Zeit ein wichtiger Schritt: Sie verzichteten bei der Zahlenwiedergabe auf die Namen der Basis und ihrer verschiedenen Potenzen – wie *dasa* (zehn), *sata* (hundert) und *sahasra* (tausend). Bei der Darstellung einer Zahl wurden von nun an nur noch die Namen der entsprechenden Einheiten beibehalten, natürlich in der regelmäßigen Abfolge nach zunehmenden Zehnerpotenzen.

Eine Zahl wie beispielsweise 7 629 wurde nun nach folgendem Muster wiedergegeben:

NEUN. ZWEI. SECHS. SIEBEN
(= 9 + 2 x 10 + 6 x 100 + 7 x 1 000)

Durch diese Vereinfachung hatten die indischen Gelehrten nunmehr ein mündliches Ziffernsystem nach dem Positionsprinzip erarbeitet, in dem die Sanskritworte für die neun Einer einen variablen Wert abhängig von ihrer Position innerhalb des Zahlenausdrucks erhielten. Wenn man z.B. »Eins, Eins« sagte, entsprach der ersten Eins der Wert eines Einers und der zweiten Eins der Wert eines Zehners.

Dies ist deshalb so bemerkenswert, weil die indischen Gelehrten als einzige in der Geschichte ein mündliches Ziffernsystem erfunden haben, das streng auf dieser Regel beruht. Und dieser Fortschritt sollte alsbald einen anderen, ebenso grundlegenden nach sich ziehen.

Nehmen wir zwei Beispiele. Eine Zahl wie 321 kann ziemlich einfach auf folgende Weise wiedergegeben werden:

EINS. ZWEI. DREI
(= 1 + 2 x 10 + 3 x 100)

Dagegen ist es schwierig, eine Zahl wie 301, bei der eine Dezimalstelle fehlt, auszudrücken. Man kann nicht einfach nur folgendes sagen:

EINS. DREI

Dieser Ausdruck stände für die Zahl 31 und nicht für 301; es ist also ein besonderes Wort notwendig, das die Bedeutung hat, daß es an dieser Stelle keine Zehner gibt. Bei konsequenter Anwendung des Positionsprinzips auf die Namen der neun Einer ist die Einführung eines besonderen Wortes unerläßlich, um das Fehlen von Einheiten einer bestimmten Ordnung anzugeben.

Die indischen Gelehrten begegneten dieser Schwierigkeit, indem sie auf das Wort *śūnya* – »Leere« – zurückgriffen. Und die Zahl 301 wurde nun folgendermaßen wiedergegeben:

eka śūnya tri
EINS. LEERE. DREI

Fortan waren Mißverständnisse ausgeschlossen. Nach den Babyloniern und wahrschienlich zur selben Zeit wie die Maya hatten die Inder ebenfalls die Null erfunden.

Damit verfügten die indischen Gelehrten über alle notwendigen Bestandteile einer modernen Zahlschrift:

- sie hatten unterschiedliche Ziffern für die Zahlen von 1 bis 9, die von jeder direkten Anschauung losgelöst waren;
- sie kannten das Positionsprinzip;
- sie hatten die Null erfunden.

Aber die Entwicklung war noch nicht zu Ende gebracht: Nur die Zahlwörter wurden nach dem Positionsprinzip benutzt, nicht jedoch die neun Ziffern. Auch die Null existierte zu diesem Zeitpunkt nur im gesprochenen Ziffernsystem.

Erst die Verknüpfung dieser drei großen Ideen brachte das Wunder zustande. Die doppelte Erfindung des Positionssystems und der Null fand spätestens im 5. Jahrhundert n.Chr. statt.

Die ersten Beispiele dafür sind im *Lokavibhāga* zu finden, einer Abhandlung über Kosmologie, die von Anhängern der indischen Religionsbewegung der *Jaina* verfaßt wurde und auf den 25. August des Jahres 458 nach julianischem Kalender datiert ist. Dieses Datum ist im Text in einer damals verwendeten indischen Zeitrechnung angegeben; darüber hinaus wird es durch Hinweise auf bekannte und heute datierbare astronomische Gegebenheiten bestätigt.

In diesem Text wird z.B. 14 236 713 folgendermaßen wiedergegeben:

trīṇi ekaṃ sapta ṣaṭ trīṇi dve catvāry ekakam
(DREI. EINS. SIEBEN. SECHS. DREI. ZWEI. VIER. EINS)

Zahlen, bei denen wie bei der Zahl 13 107 200 000 Einheiten fehlen, lassen sich zweifelsfrei mit Hilfe des Wortes *śūnya* darstellen:

śūnya śūnya śūnya śūnya śūnya dvi sapta śūnya eka tri eka
(LEERE. LEERE. LEERE. LEERE. LEERE. ZWEI. SIEBEN. LEERE. EINS. DREI. EINS)

Dabei ist bemerkenswert, daß jede dieser Zahlenangaben im Text durch das folgende Sanskrit-Wort präzisiert wird:

sthānakramād
(»in der Ordnung der Position«)

Die Verfasser dieser Abhandlung wollten sich sicher an die »breite Öffentlichkeit« wenden, denn zusätzlich zu Präzisierungen dieser Art verzichteten sie in ihrem Text auf zu technische Details und den Gebrauch einer Terminologie, die für die Laien der damaligen Zeit zu spezialisiert gewesen wäre. Ihre Absicht war vor allem, die Verdienste der Wissenschaft und ihrer religiösen Lehre hervorzuheben.

Das bedeutet, daß dieses Verfahren in Indien bereits Mitte des 5. Jahrhunderts n.Chr. bekannt und vermutlich auch bereits außerhalb der gelehrten Kreise verbreitet war.

Seit dieser Zeit hatte dieses System beachtlichen Erfolg bei den indischen Mathematikern und Astronomen, die es meist bis in die jüngste Zeit hinein verwendeten.

Es wurde zudem seit dem 6. Jahrhundert auch über die Grenzen Indiens hinaus verbreitet und von Bildhauern der Khmer in Kambodscha, der Cham in Südost-Vietnam und auf Java zur Datierung von Steininschriften verwendet. Dies ist nicht erstaunlich, da die alten Kulturen Indochinas und Indonesiens seit den ersten nachchristlichen Jahrhunderten stark von Indien beeinflußt wurden, einerseits durch die Ausbreitung des Shivaismus und des Buddhismus, andererseits durch die Vermittlerrolle, die diese Gesellschaften im Gewürz-, Seiden- und Elfenbeinhandel zwischen Indien und China spielten.

Gelehrte und Dichter

Aber die Gelehrten Indiens waren auch Dichter und begnügten sich nicht mit dem einmal gefundenen System. Um nicht dasselbe Wort innerhalb einer Zahlendarstellung mehrmals wiederholen zu müssen, benutzten sie verschiedene Synonyme für die Zahlworte des Sanskrit.

Anstelle des Wortes *eka* (eins) verwendeten sie so Worte wie *ādi* (der Anfang), *tanū* (der Körper) oder *pitāmaha* (der erste Vater, in Anspielung auf den Gott Brahma).

Für *dvi* (zwei) konnten sie auf alles, was in der Überlieferung, in der Natur oder der Mythologie zweifach vorkommt, zurückgreifen – beispielsweise auf die Worte *Aśvin* (die Zwillingsgötter), *Yama* (das Urpaar), *netra* (die Augen), *bahū* (die Arme), *gulpha* (die Knöchel) und *pakṣa* (die Flügel).

Bei dem Wort *śūnya* (die Leere), das innerhalb dieses gesprochenen Positionssystems die Stelle der Null einnahm, hatten sie die Wahl zwischen einem Wort wie *bindu* (der Punkt – vermutlich weil der Punkt die unbedeutendste geometrische Figur darstellt) oder allen Synonymen für »Himmel« (*kha, gagana*), »Atmosphäre« *(ambara, ākāśa, viyat)* und »Raum« *(abhra, nabhas)*.

Es ist schwierig, eine erschöpfende Liste dieser verschiedenen Wortsymbole aufzustellen, so zahlreich, fast unerschöpflich waren die Synonyme aus Natur und Mythologie.

Dieses gesprochene Positionssystem blieb lange ein bevorzugtes Instrument der indischen Astronomen, die damit jede beliebige Zahl – wie groß sie auch war – ohne lästige Wiederholung immer gleicher Worte darstellen konnten.

Das folgende Beispiel ist einem Sanskrit-Text aus dem Jahr 629 entnommen und gibt die Zahl der 4 320 000 Jahre des *caturyuga* wieder – es handelt sich dabei um einen der großen kosmischen Zyklen, mit denen sich seit dem 5. Jahrhundert n.Chr. indische Astronomen in spekulativer Weise beschäftigten:

viyadambarakasaśūnyayamaramaveda

HIMMEL.	ATMOSPHÄRE.	RAUM.	LEERE.	URPAAR.	RAMA.	VEDA.
0	0	0	0	2	3	4

Diese systematische Verwendung von Symbolen zur Zahlendarstellung ist in der Geschichte der Mathematik und der Astronomie ohne Beispiel. Dieses System könnte auf den ersten Blick einen etwas kindischen Eindruck erwecken; aber die indischen Gelehrten hatten gute Gründe für ihr Vorgehen.

Dazu muß man zunächst wissen, daß die Poesie in der gesamten indischen Kultur eine vorherrschende Rolle gespielt hat. Numerische Tafeln und mathematische oder astronomische Abhandlungen waren ebenso wie die literarischen und theologischen Werke, die uns diese Kultur hinterlassen hat, meistens in Versen abgefaßt.

Darüber hinaus besaßen indische Schriftsteller und Gelehrte eine Vorliebe für Zahlenspiele und -spekulationen, und das damit verbundene raffinierte Vergnügen schlug sich im allgemeinen in einer lyrischen Form der Zahlendarstellungen nieder. Ein berühmtes Beispiel dafür stammt aus dem 7. Jahrhundert; es handelt sich dabei um eine Rechenaufgabe, die der Verfasser seinen Lesern mit folgenden Worten gestellt hatte:

Eine Kette zersprang beim verliebten Geplänkel,
Eine Reihe von Perlen entschlüpfte dabei.
Ein Sechstel von ihnen fiel auf den Boden.
Ein Fünftel verblieb auf dem Lager.
Ein Drittel wurde von der jungen Frau gerettet.
Ein Zehntel behielt der Geliebte zurück.
Und sechs Perlen verblieben auf der Schnur.
Nun sag mir, Leser, wieviele Perlen an der Kette der Verliebten hingen.

Jedes der verschiedenen Synonyme eines Zahlwortes wurde dabei nach der gewünschten poetischen Wirkung ausgewählt. So brauchte auch die Darstellung einer astronomischen Zahl nicht abschreckend zu wirken, sondern glich eher einem epischen Gedicht. Dank dieser bildhaften Zahlschrift wurden selbst die trockensten mathematischen Formeln zu Gedichten.

Aber ästhetische Raffinessen waren nicht allein ausschlaggebend. Die Methode hatte vielmehr auch große praktische Vorteile.

Zunächst war diese Zahlenwiedergabe äußerst effektiv beim Festhalten astronomischer Zahlen und Daten. »Der astronomische Text der Inder wurde stets in Versform gebracht; dazu mußten jeweils Synonyme gefunden werden, die in das Versmaß paßten. Dadurch war die zugehörige Zahl sowohl im Text als auch im Gedächtnis fest verankert. Wenn mit dieser Zahl gerechnet werden sollte, konnte der Rechnende die Verse einfach hersagen« (Billard 1971).

Gerade der kunstvolle Rhythmus von Worten und Versen war in den Augen der indischen Gelehrten den klassischen Zahlendarstellungen – mündlich oder mit Ziffern – deutlich überlegen. In poetischer Form konnten Zahlen ins Gedächtnis eingeprägt und selbst umfangreiche numerische oder astronomische Tabellen in Erinnerung behalten werden.

Dennoch ist erstaunlich, daß die indischen Astronomen selbst nach Entdeckung und Verbreitung einer dezimalen Zahlschrift nach dem Positionsprinzip noch lange Zeit dieses Verfahren bevorzugten, um Daten festzuhalten und zu übermitteln.

Man muß dazu wissen, daß die graphische Form der indischen Ziffern über Jahrhunderte hinweg nicht exakt festgelegt war. Jeder paßte sie seinem eigenen Schreibstil an. Ihre graphische Form konnte also nicht nur von einer Epoche zur anderen oder von einer Region zur anderen variieren, sondern auch von einem Schreiber zu seinem Kollegen, und was für die einen eine Zwei war, das konnte von anderen als Drei, Sieben oder gar Neun gelesen werden.

Wenn ein Schreiber einen Fehler machte, so war er unter diesen Umständen kaum zu entdecken. In den Augen der indischen Astronomen bot deshalb die Verwendung von Ziffern zu wenig Sicherheit und wies schwerwiegende Verwechslungsmöglichkeiten auf. Dagegen wurde in der poetischen Darstellung mit symbolischen Worten

Verschiedene Schreibstile der Grundziffern des dezimalen Positionssystems im heutigen Indien.

der Rhythmus eines Verses schon durch den kleinsten Fehler unterbrochen, so daß dieser mit Sicherheit sofort entdeckt werden konnte.

Rechenkünstler

Dennoch war auch dieses Verfahren noch unzureichend. Es erlaubte zwar die zuverlässige Darstellung und Weitergabe von Zahlen, war aber für arithmetische Operationen völlig unbrauchbar. Wie sollte man auch auf den Gedanken kommen, *Pfeile, Vokale* und *Planeten* zu addieren, *Ozeane* mit *Öffnungen des Körpers* zu multiplizieren oder zu subtrahieren oder gar die *Gesichter des Brahma* durch die *Arme Vishnus* zu teilen!

Trotzdem konnten die indischen Mathematiker sehr gut rechnen und selbst äußerst komplizierte Berechnungen anstellen. Verschiedene Zeugnisse belegen, daß schon im 7. Jahrhundert ihre Errungenschaften auf diesem Gebiet über die Grenzen hinaus bekannt wurden und die Bewunderung zahlreicher ausländischer Gelehrter erregten.

Im Jahr 662 n.Chr. lebte im syrischen Kloster Qenesre am Ufer des Euphrat ein Bischof namens Severus Sebokt. Er hatte Philosophie, Mathematik und Astronomie studiert und kannte sowohl die griechische Wissenschaft als auch die der Babylonier und der Inder. Eines Tages schrieb er, wohl durch den Hochmut mancher Griechen verletzt, eine Abhandlung, um sie zu mehr Bescheidenheit zu bringen. Er reklamierte zunächst die Erfindung der Astronomie für die Syrer, denn die Griechen seien bei den Gelehrten Babyloniens zur Schule gegangen, und diese seien – so Severus – Syrer. Er schloß daraufhin, mit gutem Recht, daß die Wissenschaft allen gehöre und allen Völkern und Personen zugänglich sei, die sich um sie bemühten; sie sei in keiner Weise Erbteil der Griechen. An dieser Stelle zitiert er die Inder als Beispiel:

»Ich werde hier nicht von der Wissenschaft der Hindu reden, die nicht einmal Syrer sind, nicht von ihren Entdeckungen in der Astronomie, die erfindungsreicher sind als die der Griechen und der Babylonier, nicht von ihrer wortreichen Art zu zählen und nicht von ihren Rechenkünsten, die mit Worten nicht zu beschreiben sind. Ich möchte nur von den Rechnungen sprechen, die mit neun Ziffern vollzogen werden: Wenn diejenigen, die glauben, deshalb an die Grenzen der Wissenschaft gestoßen zu sein, weil sie griechisch sprechen, diese Dinge gekannt hätten, wären sie vielleicht – wenn auch ein wenig spät – überzeugt worden, daß es auch andere gibt, die etwas wissen, nicht bloß Griechen, sondern auch Menschen anderer Zunge.«

Die indischen Gelehrten haben sich vor der Erfindung des Vorläufers unseres heutigen Rechnens lange mit den verfügbaren Mitteln beholfen. Und wie alle Rechner der Antike benutzten sie aufgrund der Unzulänglichkeit ihrer anfänglichen Zahlschrift arithmetische Geräte wie den Abakus oder das Rechenbrett.

Dabei herrschte der Gebrauch eines Abakus vor, dessen Spalten in feinen Sand gezogen wurden. Die erste Spalte von rechts wurde den Einern zugeordnet, die folgende den Zehnern, die dritte den Hundertern und so fort. Aber die indischen Gelehrten benutzten nicht wie ihre abendländischen Kollegen Kieselsteine oder Marken, sondern sie kamen schon früh auf die Idee, die ersten neun Ziffern ihrer alten Zahlschrift zu verwenden. Diese Ziffern wurden mit einem spitzen Gegenstand in Spalten je nach den Erfordernissen ihrer Rechnungen in den Sand geschrieben und ausgewischt, nachdem die Zahlen jeweils übertragen waren.

Sie stellten also eine beliebige Zahl wie beispielsweise 7 629 dar, indem sie im Stil der Zeit die Ziffer 9 in die Spalte der Einer, die Ziffer 2 in die der Zehner, die Ziffer 6 in die der Hunderter und die Ziffer 7 in die der Tausender schrieben:

7 6 2 9

Wenn eine Einheit einer bestimmten Ordnung fehlte, genügte es, die entsprechende Spalte leer zu lassen, wie beispielsweise in der folgenden Darstellung der Zahl 10 267 000:

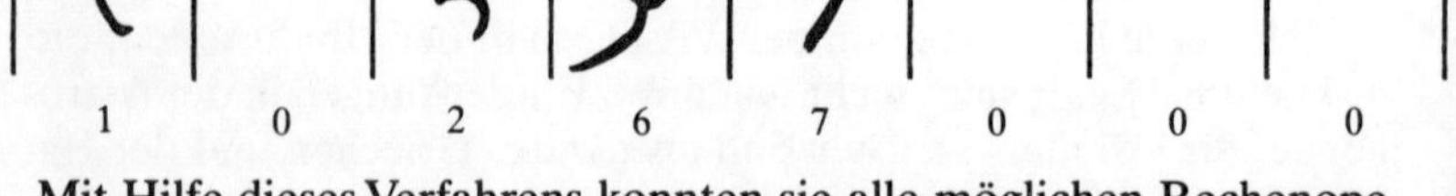

1 0 2 6 7 0 0 0

Mit Hilfe dieses Verfahrens konnten sie alle möglichen Rechenoperationen durchführen, ohne daß die Verwendung der Null notwendig war.

Allerdings war diese Art des Rechnens zu langwierig und erforderte vom Rechner anhaltende Aufmerksamkeit und fortdauernde

Übung. Sie war viel zu kompliziert, als daß sie jedermann hätte erlernen können. Doch der Beginn des 6. Jahrhunderts brachte große Umwälzungen in diesem Bereich.

Wie wir gesehen haben, hatten die indischen Gelehrten einige Generationen zuvor das Positionsprinzip und die Null erfunden. Um das Ergebnis einer Rechenaufgabe mündlich oder schriftlich auszudrücken – beispielsweise 9 100 –, sagten oder notierten sie etwa folgendes:

ATMOSPHÄRE.	LEERE.	MOND.	ÖFFNUNGEN
0	0	1	9

Diese Entdeckungen waren bis dahin allerdings nur auf die Zahl- und die symbolischen Worte angewandt worden. Aber das war nicht wichtig, da das Resultat vorhanden war. Entscheidend war das Verständnis dieser Worte, ansonsten war es lediglich eine Frage der Schriftkonvention.

Weshalb sollte man also nicht dieselben Resultate, wenigstens als Konzept, mit Ziffern auf dem Abakus darstellen, indem man das Positionssystem anwendet und ein besonderes graphisches Zeichen hinzufügt, das śūnya *oder »Null« darstellt?*

Diese Frage haben sich wohl die Rechner in Nordindien zu Beginn des 6. Jahrhunderts n.Chr. gestellt.

Es war eine lange und außergewöhnliche Entwicklung verschiedener numerischer Traditionen eines begabten Volkes, die schließlich durch die Verknüpfung zweier vollkommen unterschiedlicher Wege zur Lösung eines uralten Problems führte.

Mit einem Mal verschwanden die Spalten des Abakus, und die ersten neun Ziffern des alten indischen Zahlensystems erhielten nun einen variablen Wert, der von ihrer Position innerhalb der Zahlendarstellungen abhängig war. Die Null wurde durch einen Punkt symbolisiert – das Wort *bindu* (der Punkt) war eines der symbolischen Worte für »Leere« – oder aus noch unbekannten Gründen auch durch einen kleinen Kreis. Die moderne Ziffer Null war entstanden.

Aber nun wurden die Einheiten der verschiedenen Dezimalordnungen nicht mehr in der Reihenfolge der zunehmenden Potenzen von Zehn geschrieben, sondern man begann links mit der Ziffer für die höchste Zehnerpotenz. So wurde die Zahl 9 100 nunmehr folgendermaßen wiedergegeben:

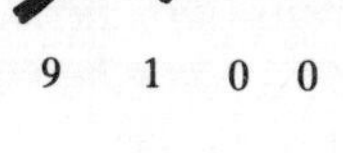

9 1 0 0

Diese Art der Anordnung der Zehnerpotenzen lag nahe, da sie der des Sand-Abakus entsprach, auf dem die Einheiten der verschiedenen Ordnungen regelmäßig von links nach rechts in abnehmender Reihenfolge nebeneinander dargestellt wurden:

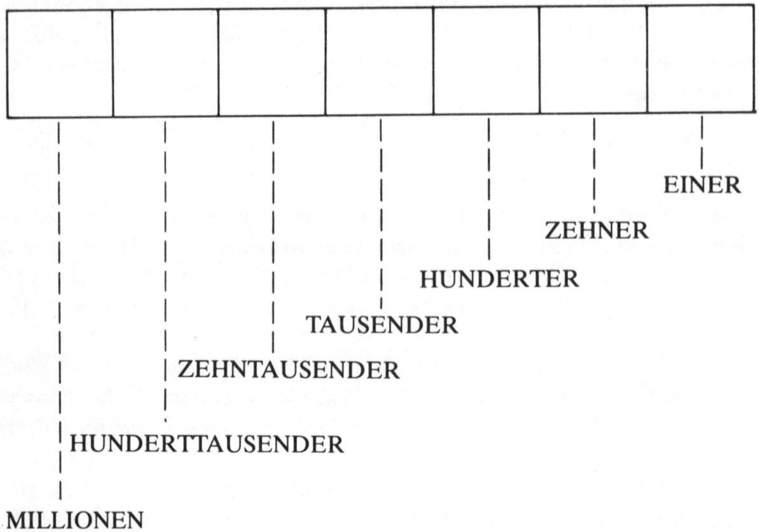

Nach und nach erfuhren die Rechenverfahren bedeutsame Veränderungen. Da das Rechnen auf dem Abakus langwierig und unnötig kompliziert war, erforderte es große Geschicklichkeit und verhinderte durch das ständige Auswischen das Entdecken möglicher Fehler.

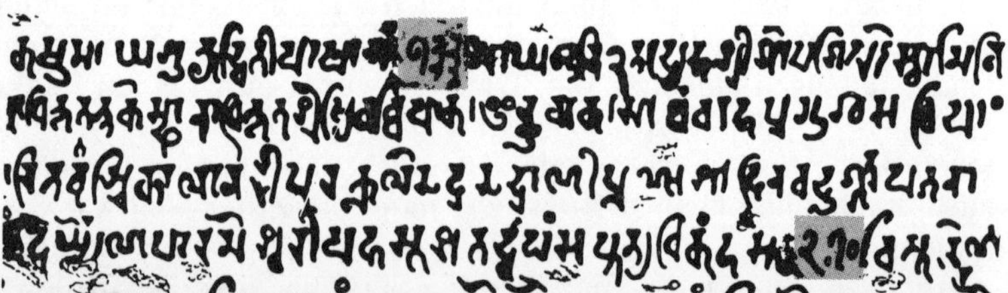

Ausschnitt aus einer Sanskrit-Inschrift aus dem Tempel von Gwalior, datiert auf das Jahr 876 n. Chr.; die Darstellungen der Zahlen 933 und 270 sind hervorgehoben.

Erst durch die endgültige Ablösung der Grundziffern von den Spalten des Sand-Abakus und die Erfindung eines Zeichens für Null leiteten die indischen Gelehrten offensichtliche Fortschritte ein. Diese Rechenexperten vereinfachten die Regeln und machten sie immer vollkommener, bevor sie den Punkt erreichten, der einige Jahrhunderte später die Grundlagen für unser heutiges schriftliches Rechnen bilden sollte.

Als Beispiel soll hier das Verfahren der Multiplikation dienen, wie es die indischen Mathematiker seit dem 6. Jahrhundert anwandten. Dieses Verfahren trug den Namen „durch Kästchen“ oder „durch Tabellen“ und wurde später durch die Araber an die Europäer weitergegeben, die ihm den seltsamen Namen *per gelosia* (aus Eifersucht) gaben.

Die Anordnung erscheint eigenartig, obwohl das Endergebnis wie bei unserem heutigen Rechenverfahren dadurch ermittelt wird, daß die Produkte der Ziffern des Multiplikanden und des Multiplikators miteinander addiert werden.

Die Aufgabe ist, 6538 und 547 miteinander zu multiplizieren.

Da der Multiplikand aus 4 Ziffern und der Multiplikator aus 3 Ziffern besteht, wird eine rechteckige Tabelle aus vier Spalten und drei Reihen gezeichnet. Über die Tabelle schreibt man von links nach rechts die Ziffern 6, 5, 3 und 8 des Multiplikanden, und links von unten nach oben die Ziffern 5, 4 und 7 des Multiplikators:

	6	5	3	8
7				
4				
5				

Anschließend wird jedes Feld dieser Tabelle durch eine Diagonale von links oben nach rechts unten in zwei Halbfelder geteilt. Dann wird in jedes Feld das Produkt aus der Ziffer am Anfang der Reihe und aus der Ziffer über der entsprechenden Spalte geschrieben. Dieses Produkt ist selbstverständlich kleiner als 100: Man schreibt die Ziffer für die Zehner in das linke untere Halbfeld und die der

Einer in das rechte obere. Wenn in einer der beiden Ordnungen Einheiten fehlen, so wird eine Null in dem entsprechenden Halbfeld festgehalten.

In das erste Kästchen rechts oben kommt so das Ergebnis der Multiplikation 8 x 7 = 56, wobei die 5 in das linke Halbfeld und die 6 in das rechte gestellt werden, und so wird auch mit allen anderen Ziffern verfahren:

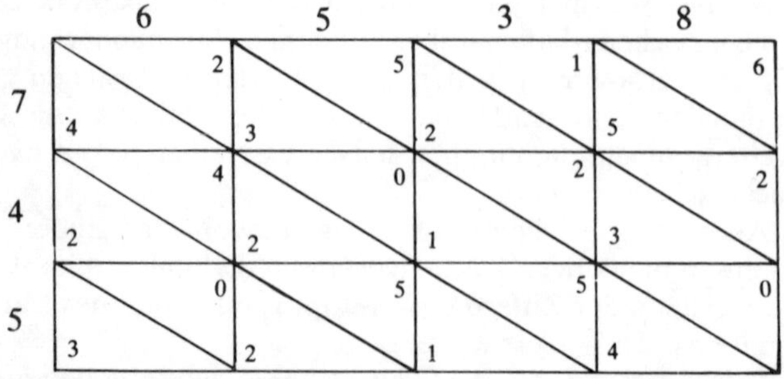

Außerhalb der Tabelle werden nun in jedem diagonalen Feld die Ziffern addiert, beginnend rechts oben mit der Ziffer 6. Danach wird diese Addition in jeder Diagonale durchgeführt, von rechts nach links und von oben nach unten. Wenn das Resultat einer Addition 10 oder mehr beträgt, werden die Zehner in die folgende Diagonale übertragen. Auf diese Weise erhält man nach und nach am Rand der Tabelle alle Ziffern des Endprodukts, das von links nach rechts gelesen wird: 3 576 286.

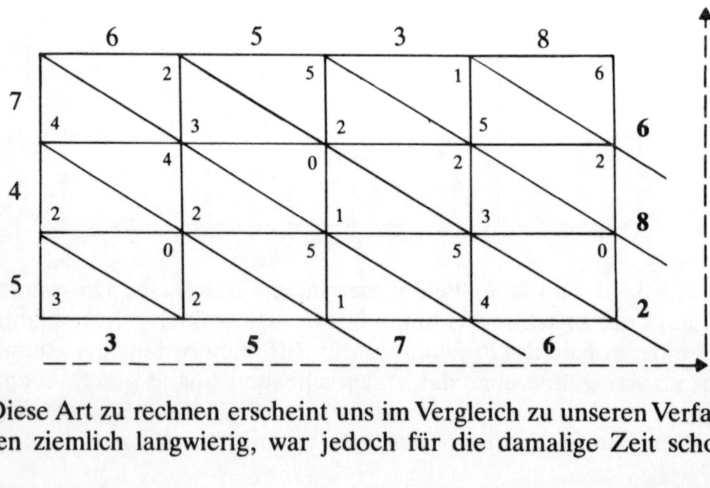

Diese Art zu rechnen erscheint uns im Vergleich zu unseren Verfahren ziemlich langwierig, war jedoch für die damalige Zeit schon sehr bemerkenswert. Und sie hatte den Vorteil, daß der Übertrag der Zahlen erst am Ende der Rechenoperation erfolgte, während er bei unserer heutigen Methode fortlaufend erfolgt.

Man kann sich leicht die Begeisterung vorstellen, mit der man sich seit dieser Zeit der zahlreichen Vorteile bewußt wurde, die diese grundlegende Entdeckung mit sich brachte. Den Indern ist es durch ihren schöpferischen Elan vor fast fünfzehn Jahrhunderten gelungen, Rechenverfahren zu entwickeln, die fast so einfach und schnell wie die heutigen waren.

Leere wird zum Synonym für Nichts

Die indischen Gelehrten unternahmen durch die Erfindung der Null und die strenge Anwendung des Positionsprinzips auf Grundziffern, die von jeder direkten bildhaften Vorstellung losgelöst waren, als erste den entscheidenden Schritt hin zur äußersten Vervollkommnung der Zahlschrift. Und ihnen gelang endlich auch die Verknüpfung der voneinander unabhängigen Entwicklungen der Zahlschrift und des Rechnens.

Indem sie die drei großen vorausgehenden Ideen miteinander verknüpften, haben sie nicht nur das moderne Rechnen und die moderne Zahlschrift erfunden, sondern theoretisch auch die Demokratisierung des Rechnens ermöglicht, das über Jahrtausende hinweg einer privilegierten Kaste vorbehalten war. Am Ende des 6. Jahrhunderts stand jedoch der letzte Schritt noch aus: die Perfektion des abstrakten Begriffs der Null, indem sie zu einer Zahl wie alle anderen gemacht wurde.

Bis zu diesem Zeitpunkt stand das symbolische Wort »Null« mit seinen verschiedenen Synonymen ebenso wie das mit dieser Vorstellung verbundene graphische Zeichen nur für eine leere Spalte oder einen leeren Raum.

So wußte beispielsweise einer, der einen schriftlichen Bericht über eine Person verfassen sollte, die ihr Hab und Gut verschwendet hatte, noch nicht, daß der kleine Kreis für »Null« auch das ausdrücken konnte, was jenem verschwenderischen Menschen geblieben war – nämlich »nichts«.

Wie die entsprechende babylonische Null oder die der Maya hatte die indische Null zu jener Zeit nur die Aufgabe, »Leerstellen« auszufüllen, die durch fehlende Einheiten in mündlichen oder schriftlichen Zahlendarstellungen hervorgerufen wurden.

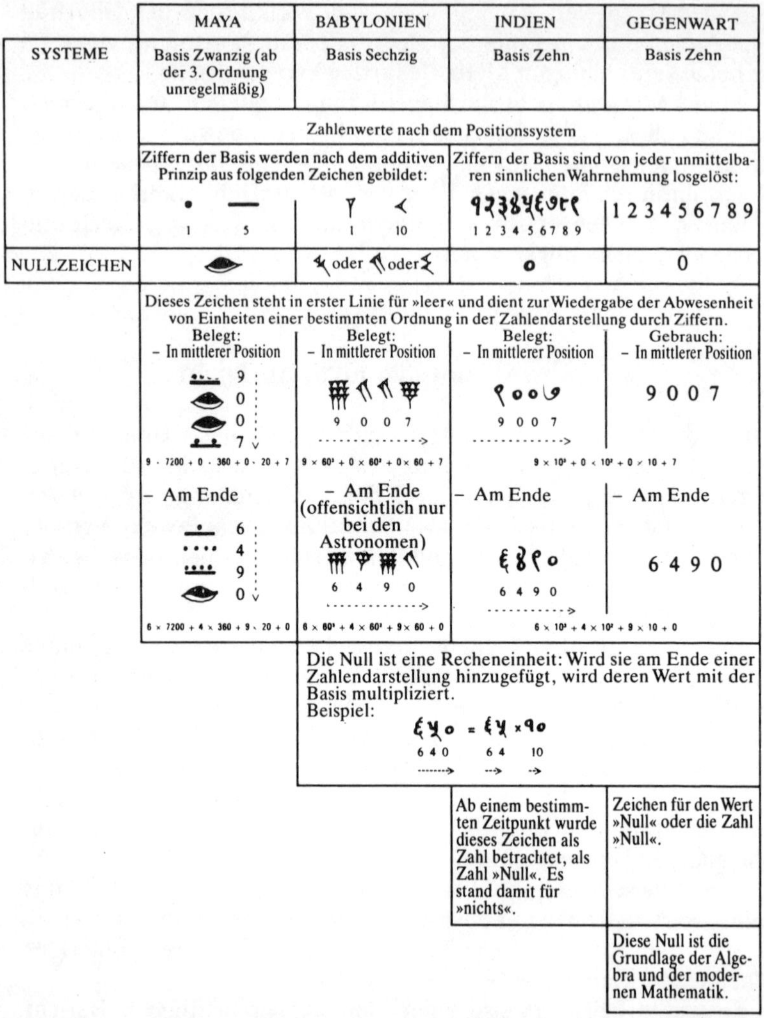

Vergleich der verschiedenen Nullen in der Geschichte.

Aber die indischen Mathematiker haben diese Lücke schnell geschlossen, und weniger als ein halbes Jahrhundert später stand dieser Begriff ohne Unterschied für »Leere« und für »Nichts« – er war um die heutige Bedeutung »Menge Null« oder »Zahl Null« erweitert worden.

Dank dieses entscheidenden Fortschritts konnte der Mathematiker und Astronom Brahmagupta in einem Werk aus dem Jahre 628 lehren, wie man die sechs Grundrechenarten (Addition, Subtraktion, Multiplikation, Division, Potenzierung und Wurzelziehen) möglichst einfach auf »Güter«, »Schulden« und »das Nichts« anwendete – also auf positive Zahlen, negative Zahlen und die Zahl Null.

Damit war die moderne Algebra entstanden, und der Gelehrte hatte eine ihrer grundlegenden Regeln entdeckt: *Eine Schuld, abgezogen vom Nichts, wird zum Guthaben, und ein Guthaben, abgezogen vom Nichts; wird zur Schuld* – das Gegenteil einer positiven Zahl ist negativ und umgekehrt.

Auch hier zeigte sich das Genie der Inder, indem sie zwei komplexe, offensichtlich verschiedene Begriffe miteinander verknüpften: das *Fehlen* und die *Null*.

Dies war eine außerordentliche Entdeckung, deren Einfluß sich nicht auf die Arithmetik begrenzte: Sie machte den Weg frei für einen verallgemeinernden Zahlbegriff, ermöglichte die Entwicklung der Algebra und spielte folglich eine wesentliche Rolle in allen Bereichen der Mathematik, der Naturwissenschaft und der modernen Technik.

Kapitel 10
Das goldene Zeitalter des Islam und Zaudern in Europa

Der Einfluß der indischen Wissenschaft wirkte nicht direkt auf Europa – es dauerte mehr als tausend Jahre, bis diese revolutionären Neuerungen von der abendländischen Welt endgültig akzeptiert wurden.

»Geboren und gesäugt wurde ich auf den Feldern unter den Landarbeitern; nunmehr habe ich geschäftliche und Haushaltsangelegenheiten in der Hand, seitdem die, die mir im Genuß meines Besitzes vorangingen, mir ihren Platz überließen. Leider weiß ich weder mit dem Pfennig noch mit der Feder zu rechnen« (Montaigne 1906, II, S. 436, 1.27).

Michel de Montaigne ist um 1580, auf dem Höhepunkt der Renaissance, in Frankreich einer der gelehrtesten Männer seiner Zeit, viel gereist und Besitzer einer umfangreichen Bibliothek. Und dennoch gesteht er ohne Scham ein, daß er nicht rechnen kann!

Vermutlich weiß er nichts von den fabelhaften Entdeckungen der indischen Gelehrten vor bereits mehr als einem Jahrtausend, denn seit dem Ende der Antike gibt es kaum Verbindungen zwischen den asiatischen Kulturen und der abendländischen Zivilisation.

Montaigne kennt nur zwei Arten des Rechnens – das Rechnen »mit dem Pfennig«, d.h. mit Marken auf einem Rechenbrett, und das Verfahren, bei dem man »mit einer Feder« Ziffern schreibt.

Das erste Verfahren ist die überlieferte komplizierte Art des Rechnens, die auf die Griechen und die Römer zurückgeht. Das zweite Verfahren – das Montaigne wohl den Arabern zuschreibt – ist in Wirklichkeit das schriftliche Rechnen, das von den Indern erfunden wurde. Niemand hat es ihm beigebracht, und vermutlich mißtraut er dieser Rechenmethode ebenso wie die meisten seiner Zeitgenossen.

Ohne die Araber als Mittler zwischen Indien und dem Abendland hätten die meisten von uns das Rechnen niemals erlernt, und Wissenschaft und Technik wären nie zu dem geworden, was sie heute sind.

Man kann die Bedeutung der Araber in allen Bereichen der Wissenschaft und der Kultur kaum genug würdigen. Zu einer Zeit, in der die abendländische Zivilisation das kulturelle Erbe der Antike weder antreten noch weitergeben konnte, gelang es ihnen, das Wesentliche dieses Erbes vor dem Vergessen zu bewahren, es zu verbreiten und fruchtbar zu machen.

Zwischen dem 8. und dem 13. Jahrhundert war die islamische Welt der Schauplatz einer der glänzendsten Epochen der Geschichte der Wissenschaft. In den von den Arabern eroberten Ländern wurden alle griechischen Werke über Philosophie, Naturwissenschaft und Literatur, die man finden konnte, gesammelt, ins Arabische übersetzt und sorgfältig studiert. Gesamtdarstellungen aller Wissensgebiete wurden verfaßt und fanden weite Verbreitung. Überall entstanden Universitäten und umfangreiche Bibliotheken. Städte wie Bagdad und Damaskus, dann Kairo, Kairouan, Fes, Granada und Cordoba wurden schnell intellektuelle und künstlerische Zentren, mit denen sich jahrhundertelang keine christliche Hauptstadt messen konnte.

Das alte Europa brauchte lange, um sich vom Untergang des Römischen Reiches und den Einfällen der Barbaren zu erholen. Bis zum Ende des 11. Jahrhunderts herrschten bei den christlichen Völkern politische Unordnung und wirtschaftlicher Niedergang. Wissenschaftliche Kenntnisse im heutigen Sinne waren nur elementar oder überhaupt nicht vorhanden. So stützte sich der Unterricht in Arithmetik beispielsweise auf ein Werk, das dem lateinischen Philosophen Boethius (5. Jahrhundert n.Chr.) zugeschrieben wird und weitgehend auf einem mittelmäßigen mathematischen Traktat des Griechen Nikomachos von Gerasa (2. Jahrhundert n.Chr.) fußte. Die angewandte Arithmetik beschränkte sich im wesentlichen auf das archaische Ziffernsystem der Römer, das Zählen mit den Fingern und das Rechnen mit Kieselsteinen oder Rechenmarken auf dem alten Abakus, der ebenfalls aus römischer Zeit stammte.

Die Herrscher Europas – vielleicht mit Ausnahme von Karl dem Großen – kümmerten sich kaum um die Kultur und versuchten nicht einmal, die wenigen übriggebliebenen antiken Schätze zu retten.

Die berühmte Bibliothek von Alexandria, die umfangreichste des griechischen Altertums, wurde zweimal geplündert und zerstört: Einmal im 4. Jahrhundert von christlichen Wandalen, ein zweites Mal von fanatischen Mohammedanern im 7. Jahrhundert. Zahlreiche Meisterwerke der griechischen Literatur und Wissenschaft wären für die Nachwelt verloren gewesen, wenn sie nicht vorher gesammelt und ins Arabische übersetzt worden wären. Nur dank der Werke des Arabers Ibn Ruschd (lat. Averroes) hat der heilige Thomas von Aquin den griechischen Philosophen Aristoteles studieren und seine Bedeutung ermessen können.

Aber das Interesse der Araber galt auch östlichen Kulturen, so bei den Ziffern zunächst den alphabetischen Zahlschriften der Griechen und Juden, deren Anwendung sie auf die 28 Buchstaben ihres eigenen Alphabets übertrugen.

Über die Vermittlung der Griechen und der Christen Syriens und Mesopotamiens entdeckten die Araber wieder das alte sexagesimale Positionssystem und die Null der babylonischen Gelehrten, das sie – auf ihre Schrift übertragen – in astronomischen Tabellen benutzten.

Aber es war eine Erleuchtung, als ihnen die Entdeckungen der Inder zur Kenntnis kamen.

Durch einträgliche Handelsbeziehungen mit Indien – über den Persischen Golf vom Hafen Basra aus – stießen die Araber auf Astronomie, Arithmetik und Algebra der Gelehrten dieser Kultur. Und seit dem Ende des 8. Jahrhunderts übernahmen sie die gesamte indische Zahlschrift: Ziffern, dezimales Positionssystem, die Null und die Rechenmethoden.

»Dieses System«, so schrieb begeistert ein zeitgenössischer arabischer Autor, ist »die umfassendste und praktischste, am leichtesten zu begreifende und am mühelosesten zu erlernende Methode. Sie bezeugt den durchdringenden Geist der Inder, ihr Schöpfertalent, ihr überlegenes Unterscheidungsvermögen und ihr erfinderisches Genie.« Mit bewundernswerter Offenheit und ohne jeden Anflug von Chauvinismus gelang es den Arabern, die Überlegenheit einer Entdeckung, die von ausländischen Gelehrten gemacht worden war, anzuerkennen und auf ihre eigene Kultur zu übertragen.

Aber die Araber haben nicht nur aus den reichen Vorräten der griechischen, der babylonischen und der indischen Kultur geschöpft, sondern auch einen beachtlichen eigenen Beitrag geleistet. Den Sammlungen und Übersetzungen der Werke der Vergangenheit fügten sie Kommentare hinzu, in denen griechische und indische Methoden miteinander verbunden und manchmal mit ursprünglich babylonischen Verfahren kombiniert wurden. Die Araber verstanden es hervorragend, die systematische Strenge der griechischen Mathematiker und Philosophen mit der in erster Linie praktischen Ausrichtung der indischen Wissenschaft zu verbinden. Damit konnten sie besonders in der Arithmetik, der Algebra, der Geometrie, der Trigonometrie und der Astronomie große Fortschritte erzielen.

Die Araber gaben der Wissenschaft also neue Anstöße und einen besonderen Charakter. Sie verhalfen ihr durch ihre Eroberungszüge und ihr missionarisches Bestreben nach Weltveränderung erstmals zu universeller Reichweite. Durch ihre beachtliche Leistung sollte die abendländische Welt bald eine geistige, wissenschaftliche und technische Erneuerung erleben, die ihre spätere beispiellose Expansion erst möglich machte.

Unter den zahlreichen außergewöhnlichen Mathematikern, die die arabisch-islamische Kultur in ihrem Goldenen Zeitalter hervorgebracht hat, muß der Samanide Mohammed Ibn Musa al-Charismi (um 780-850) erwähnt werden, der am Hof des Abbasidenkalifen al-Mamun Bibliothekar war, kurz nach der Zeit, in der Karl der Große über das Abendland herrschte. Dieser Gelehrte wurde durch zwei Werke berühmt, die stark zur allgemeinen Verbreitung der Rechenmethoden und algebraischen Verfahren indischen Ursprungs zunächst in der arabischen Welt und dann im christlichen Abendland beigetragen haben.

Das erste dieser Werke, das leider nur in lateinischer Übersetzung erhalten ist, beschäftigt sich mit der Arithmetik. Es ist das erste bekannte arabische Buch, in dem das dezimale Positionssystem und die entsprechenden Rechenverfahren aus Indien anhand von Beispielen ausführlich dargestellt werden. Es erlangte später in Westeuropa eine derartige Berühmtheit, daß der Name seines Verfassers selbst zu einem Synonym für das System wurde: Die latinisierte Form des Namens al-Charismi veränderte sich von *Alchoarismi* in *Algorismi, Algorismus* und schließlich in *Algorithmus*.

Dieser Begriff bezeichnete also in Europa lange Zeit das schriftliche Rechnen, wie es von den Indern erfunden worden war, bevor er seine heutige, erweiterte Bedeutung erhielt und jedes mathematische Verfahren nach einem bestimmten Schema bezeichnet, dessen Rechenschritte eng verkettet und in strikter Abfolge aneinander gereiht sind.

Das zweite Werk des al-Charismi war der Kunst der Algebra gewidmet und gleichfalls überaus berühmt – so berühmt, daß ihm die moderne Algebra ihren Namen verdankt: Das erste Wort des arabischen Titels dieses Werkes bezeichnete eine der beiden Vorstufen zur Lösung einer Gleichung – die Verteilung der Glieder der Gleichung auf die beiden Seiten in der Weise, daß alle Glieder positiv sind – und lautete *al-jabr*, übertragen ins Lateinische *algebra*.

Ziffern im Reich der Kalifen von Bagdad

Als das Positionssystem und die Rechenverfahren aus Indien das Land von 1001 Nacht erreichten, wurden die neun Ziffern zunächst ganz einfach übernommen.

Noch Mitte des 9. Jahrhunderts ähnelten die 2 ( ), die 3 ( ), die 4 ( ), die 5 ( ) und die 6 ( ) der Araber ihren indischen Vorbildern:

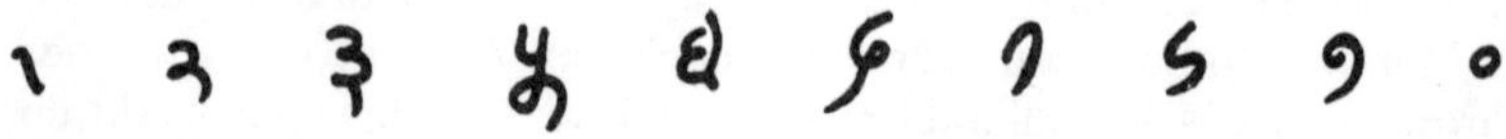

1 2 3 4 5 6 7 8 9 0

Die Null hatte nach den Worten von al-Charismi noch die Form eines »kleinen Kreises, ähnlich dem Buchstaben O«, wobei er auf den arabischen Buchstaben *ha* anspielte, der die Form (ه) eines kleinen Kreises hat.

Aber unter den Händen der arabisch-persischen Schreiber und Kopisten erfuhren die Ziffern aus dem Land der Gewürze allmählich graphische Veränderungen und entfernten sich von ihren Vorbildern:

Die indische 1 ( ) wurde zu ١
die indische 2 ( ) wurde zu ٢
die indische 3 ( ) wurde zu ٣
die indische 4 ( ) wurde zu ٤ , dann ع
die indische 5 ( ) wurde zu ۵ , dann ٥
etc.

Diese Veränderungen lagen nahe – schließlich mußten die indischen Ziffern dem Schreibstil der arabischen Länder des Orients angepaßt werden. Im Zuge dieser Entwicklung wurde auch der kleine Kreis für die Null in den Handschriften schließlich auf einen einfachen Punkt reduziert.

Aber es gibt noch eine weitere Erklärung für die Umformung der indischen Ziffern. Aus praktischen Gründen hatten die ostarabischen Schreiber die Gewohnheit, die Buchstaben ihrer Schrift nicht von rechts nach links, sondern von oben nach unten zu schreiben, wobei die Linien von links nach rechts aufeinanderfolgten:

OBER-
RAND DER
SEITE

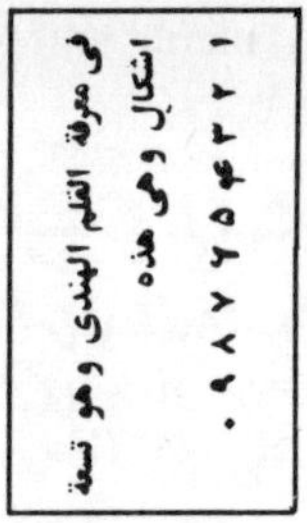

UNTER-
RAND DER
SEITE

Zum Lesen mußten sie ihre Handschriften lediglich um 90° im Uhrzeigersinn drehen, damit die Linien ganz normal von rechts nach links gelesen werden konnten:

OBERRAND DER SEITE

فى معرفة القلم الهندى وهو تسعة
اشكال وهى هذه
١ ٢ ٣ ۴ ٥ ٦ ٧ ٨ ٩ ٠

UNTERRAND DER SEITE

Diese Art zu schreiben hatte sich vor allem wegen der Größe der verwendeten Pergamentrollen eingebürgert und erklärt die Richtungsänderung, der einige indische Ziffern in arabischen Handschriften unterlagen.

Die neun indischen Ziffern fanden also in dieser ein wenig modifizierten graphischen Form in den arabischen Provinzen des Vorderen Orients Verbreitung:

١ ٢ ٣ ۴ ۵ ٦ ٧ ٨ ٩ ٠
٤ ٥
1 2 3 4 5 6 7 8 9 0

Diese Form wird heute noch in allen Ländern am Persischen Golf sowie in Ägypten, in der Türkei, in Syrien, in Afghanistan, in Pakistan und in mehreren Regionen des islamischen Indien verwendet. Und seit langem geben die Araber diesen Ziffern einen Namen, der keinen Zweifel an ihrem Ursprung läßt: *Hindi-Ziffern*.

Aber diese Ziffern sind noch nicht der eigentliche Ursprung unserer »arabischen Ziffern«. Wir haben unsere heutigen Ziffern zwar von den Arabern übernommen, aber von den *Westarabern* in Nordafrika und Spanien, und nicht von den Arabern des Vorderen Orients.

Dieses Dokument enthält in ostarabischen Ziffern das »Pascalsche Dreieck«; es belegt, daß die arabischen Mathematiker die Entwicklung des Binoms $(a + b)^m$ für ganzzahlige Exponenten schon seit Beginn des 11. Jahrhunderts kannten. Auszug aus einer arabischen Handschrift des Mathematikers As-Samaw'al Ibn Jahjala Al-Maghribi (gestorben 1180).

Die Entstehung der arabischen Ziffern

Die Einheit des arabisch-islamischen Reiches zerfiel früh, und Nordafrika und das islamische Spanien gehörten schon im 9. Jahrhundert nicht mehr zum Herrschaftsgebiet der Kalifen von Bagdad. Aber die Beziehungen zwischen den arabisch besetzten Gebieten rissen deswegen nicht ab – die regelmäßigen Pilgerfahrten nach Mekka, die Handelsbeziehungen, die Bevölkerungsbewegungen, sogar die Kriege und natürlich das Kommen und Gehen verschiedener Einzelreisender sorgten für vielfältigen Austausch.

Nachdem die orientalischen Araber die indische Arithmetik kennengelernt hatten, eroberte diese dank solcher Verbindungen auch alle »Bruderländer« des Maghreb und Spaniens sehr schnell.

Bis zu diesem Zeitpunkt hatten die westarabischen Rechner archaische Methoden angewandt. Aber seit Mitte des 9. Jahrhunderts wurden auch sie Experten im »Rechnen auf Sand« und handhabten bald auch sehr große Zahlen mit Leichtigkeit, denn die Ziffern und Rechenmethoden aus Indien erleichterten die Durchführung aller arithmetischen Operationen.

Wie im Reich des Kalifen hatten diese Ziffern anfangs eine Form, die der ursprünglichen indischen Schreibweise sehr nahekam. Aber im Laufe der Jahrhunderte veränderten sich die Ziffern in den maurischen Ländern und erhielten eine Gestalt, die sich stark von den *Hindi-Ziffern* im Vorderen Orient unterschied:

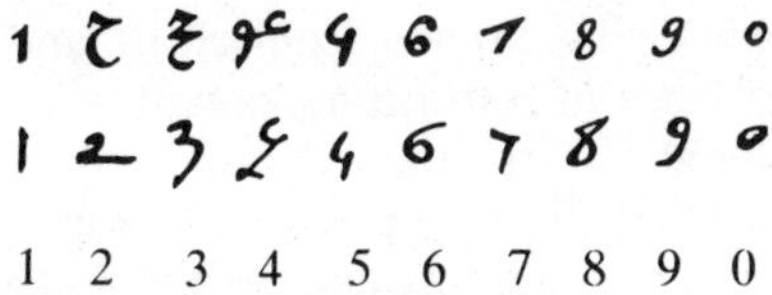

Die Westaraber nannten sie *Gobar*-Ziffern – »Staubziffern« – nach dem feinen Staub, mit dem die Rechner ihre Tafeln bestreuten, um darauf mit einem spitzen Gegenstand Ziffern zu zeichnen und zu rechnen.

Trotz der Variationen zwischen den *Hindi*- und den *Gobar*-Ziffern bleibt der indische Einfluß bei beiden offensichtlich.

Die Schreibweise der Westaraber erreichte von Spanien aus die christlichen Völker des mittelalterlichen Europa und brachte die Ziffern hervor, die wir heute kennen.

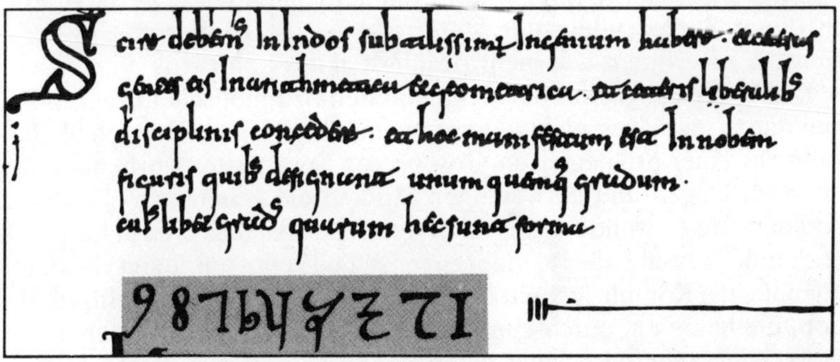

Spanische Handschrift, datiert auf das Jahr 976, mit den neun indisch-arabischen Ziffern; dies ist das älteste Zeugnis für den Gebrauch dieser Ziffern in Europa.

Da die Araber in dieser Zeit ein wissenschaftliches und kulturelles Niveau erreicht hatten, das dem der abendländischen Völker überlegen war, trugen diese Zeichen über Generationen hinweg den Namen »arabische Ziffern«.

Die erste Einführung arabischer Ziffern in Europa

Nunmehr bleibt noch zu berichten, wie die indischen Entdeckungen durch den arabischen Einfluß das Abendland erobert haben. Das geschah bei weitem nicht von heute auf morgen.

Als die Araber mit der indischen Zahlschrift und den entsprechenden Rechenverfahren in Berührung kamen, waren sie klug genug, ihre Überlegenheit zu erkennen und sie schnell zu übernehmen. Im Gegensatz dazu hielten die Christen Europas so hartnäckig an ihren archaischen Methoden fest und hegten solches Mißtrauen dem Neuen gegenüber, daß es Jahrhunderte dauerte, bis der »Algorismus«, wie das schriftliche Rechnen genannt wurde, sich endgültig durchgesetzt hatte.

Zwischen dem Untergang des Römischen Reiches und dem Ende des Mittelalters war das Bildungswesen im westlichen Europa kaum entwickelt. Die wenigen Privilegierten, die Unterricht erhielten, lernten zunächst lesen und schreiben, anschließend wurden sie in Grammatik, Dialektik, Rhetorik und manchmal in Musiktheorie unterrichtet. Danach brachte man ihnen höchst summarisch etwas Astronomie und Geometrie bei, dazu noch das Rechnen mit den Fingern und das Schreiben und Lesen der römischen Ziffern. Aber an dieser Stelle endete der Unterricht – eine Einführung in die Kunst des Rechnens war nicht Bestandteil des Lehrplans.

Die Ausführung selbst der elementarsten arithmetischen Operationen war zu jener Zeit nicht jedermann möglich. Dieser Bereich blieb vielmehr einer privilegierten Gruppe von Spezialisten vorbehalten, die nach langen und aufwendigen Studien die geheimnisvolle und komplizierte Anwendung des alten römischen Abakus erlernt hatten. Die große Achtung, die Rechner zu jener Zeit genossen, zeugt von der unendlichen Kompliziertheit der Rechenverfahren. Eine Multiplikation, die heute ein durchschnittliches Kind in einigen Minuten ausführt, konnte für diese Spezialisten mehrere Stunden äußerst schwieriger Arbeit bedeuten. Und ein Händler, der die Höhe seiner monatlichen Einnahmen und Ausgaben wissen wollte, mußte dafür die Dienste eines dieser Rechenspezialisten in Anspruch nehmen.

Ein Berufsrechner beim Ausführen mathematischer Operationen mit Rechenmarken auf dem Abakus (nach einer europäischen Illustration aus der Renaissance).

Ein reicher Kaufmann, der genügend Geld erworben hatte, um seinen Sohn kaufmännisch ausbilden zu lassen, soll eines Tages einen bedeutenden Spezialisten aufgesucht haben, um ihn zu fragen, welche Institution zu diesem Zweck die geeignetste sei. Die Antwort des Fachmanns klingt im 20. Jahrhundert unglaublich: »Wenn Ihr Euch damit begnügen wollt, ihn in der Ausübung von Additionen und Subtraktionen unterweisen zu lassen, so genügt irgendeine deutsche oder französische Universität. Legt Ihr dagegen Wert darauf, seine Ausbildung auf die Multiplikation oder die Division auszuweiten – vorausgesetzt, daß er dazu imstande ist – so werdet Ihr ihn in italienische Schulen schicken müssen«.

Italien stand zu jener Zeit in engem Kontakt mit Arabien und Byzanz, und seine Schulen hatten sich früh auf komplexe mathematische Operationen spezialisiert, während sich die französischen oder deutschen Universitäten nur mit den gängigsten Rechenverfahren beschäftigten, selbst noch im 14. und 15. Jahrhundert.

Daß diese Situation sogar bis ins 17. und 18. Jahrhundert hinein im wesentlichen unverändert blieb, belegt die Geschichte eines gewissen Samuel Pepys.

Dieser war Beamter bei der britischen Kriegsmarine und hatte die Universität von Cambridge absolviert. Er wurde danach ins Sekretariat der Admiralität berufen, wo ihm im Jahre 1662 die Verantwortung für die Geschäfte mit den Lieferanten übertragen wurde.

Trotz seiner einwandfreien Ausbildung war dieser Beamte nicht in der Lage, die zur Überprüfung der Bauholzkäufe für die englische Marine notwendigen Berechnungen anzustellen!

Er beschloß daraufhin, noch einmal in die Schule zu gehen, und reiste durch ganz Europa, um die Kunst des Rechnens beherrschen zu lernen. Und da Rechnungen in englischen Behörden nur mit Marken auf Tafeln ausgeführt wurden, mußte er lange Zeit schon um vier Uhr morgens aufstehen, um die entsprechenden Regeln zu studieren und sie sich anzueignen.

Schließlich hatte er es recht weit gebracht und begann, auch seine Frau auf diesem Gebiet zu unterrichten. Am Ende des Jahres des Herrn 1663 schrieb er folgendes in sein Tagebuch: »Meine Frau ist nun in der Lage, mühelos Additionen, Subtraktionen und sogar Multiplikationen durchzuführen. Aber ich wage es noch nicht, sie mit Divisionen zu verwirren.«

Man versteht nun, weshalb in der Rechenkunst geübte Menschen lange Zeit als Zauberer mit fast übernatürlichen Kräften angesehen wurden!* Dabei hätten die Abendländer schon lange vor den Kreuzzügen von den immensen Vorteilen der indischen Rechenmethode profitieren können, die die Araber seit dem 9. Jahrhundert an die Grenzen Europas gebracht hatten.

Eine solche Möglichkeit hatte sich Europa durch einen Europäer – und keinen unbedeutenden – geboten. In der Zeit um das Jahr

* In gewisser Hinsicht hat sich die frühere Hochachtung gegenüber den Rechnern bis heute erhalten, da die meisten Menschen noch immer mathematische Begabung mit Geschicklichkeit und Schnelligkeit im Umgang mit Zahlen verwechseln. Jeder Mathematiker wurde in seiner Karriere wenigstens einmal mit einer unfreiwillig ironischen Bemerkung konfrontiert wie: »Sie sind gut in Mathematik? Dann können Sie doch diese Rechenaufgabe in weniger als einer Minute für mich lösen!« Vielleicht mit Ausnahme einiger großer Mathematiker wie Wallis, Euler, Gauß und Ampère, die auch flinke und geschickte Rechner waren, ist die Mehrheit der Experten auf diesem Gebiet nicht begabter als andere Menschen. Umgekehrt ist das rechnerische Können so außergewöhnlicher Menschen wie Tom Fuller, Henri Mondeux oder Inaudi kein Beleg für ihre Intelligenz und ihre mathematischen Fähigkeiten.

1000 hätte ein wissensdurstiger französischer Mönch eine ähnliche Rolle spielen können wie der Samanide al-Charismi in der arabisch-islamischen Welt, und im christlichen Abendland die indischen Entdeckungen verbreiten können, die weniger als zwei Jahrhunderte zuvor in Andalusien eingeführt worden waren. Aber er fand keine Anhänger.

Dieser französische Mönch war Gerbert d'Aurillac, der im Jahre 999 unter dem Namen Silvester II. Papst wurde. Gerbert wurde um 945 in Aquitanien geboren und trat ins Kloster von Saint-Géraud d'Aurillac ein, wo er sich von den anderen Mönchen schnell durch seine Leidenschaft für das Studium unterschied. Mit scharfem Verstand und lebhaftem wissenschaftlichem Interesse machte er sich mit Mathematik und Astronomie vertraut; während eines langen Aufenthalts in Spanien wurde er dann von arabischen Lehrmeistern in der Handhabung des Astrolabiums, ihrer Zahlschrift und all ihrer Rechenverfahren unterwiesen.

Der Legende nach soll der zukünftige Papst des Jahres 1000 zur Erweiterung seiner Bildung bis nach Sevilla und Cordoba gereist sein und sich in der Verkleidung eines islamischen Pilgers zu den arabischen Universitäten Zutritt verschafft haben. Dies ist zwar nicht unmöglich, aber es ist dennoch wahrscheinlicher, daß Gerbert im Kloster von Santa Maria de Ripoll im christlichen Teil Spaniens geblieben ist. Denn diese kleine katalanische Stadt war ein berühmtes Bindeglied zwischen der christlichen und der islamischen Welt, und unser Mönch konnte dort zweifellos die Professoren, die er brauchte, finden.

Bei seiner Rückkehr nach Frankreich verfügte Gerbert jedenfalls über alles Wissen, das er sich nur wünschen konnte. Von 972 bis 982 findet man ihn in Reims, wo er die Domschule leitet. Sein Unterricht übt großen Einfluß auf die Schulen seiner Zeit aus und weckt im Abendland erneut das Interesse an der Mathematik.

Gerbert d'Aurillac steht am Anfang der Einführung der arabischen Ziffern in unsere Kultur – aber leider nur der arabischen Ziffern, nicht der Null, und auch nicht der Rechenverfahren aus Indien.

Was war geschehen?

Gerbert stieß jedesmal, wenn er die indo-arabischen Verfahren durchsetzen wollte, auf großen Widerstand. Die meisten Kleriker seiner Zeit, die sich als würdige und treue Erben der »großen« römischen Tradition betrachteten, konnten die Überlegenheit einer anderen Tradition nicht leicht zugeben. Die Zeit war sicherlich noch nicht reif für eine solche Revolution.

In diesem ersten Stadium wurden die von Gerbert eingeführten arabischen Ziffern nur verwendet, um den Gebrauch der alten Rechentafeln aus Caesars Zeiten zu vereinfachen. Anstatt in jede senkrechte Spalte des Abakus soviel Kieselsteine *(calculi)*, wie es Einheiten in einer entsprechenden Ordnung gab, zu legen, kam man auf die Idee, Rechenmarken aus Horn zu verwenden (*apices*), in die die arabischen Ziffern von 1 bis 9 eingeritzt waren. Jede dieser Marken erhielt einen eigenen Namen:

Zu dieser Zeit hatte natürlich niemand das Bedürfnis, die Null zu verwenden, da auf dem Rechenbrett mit seinen Spalten darauf verzichtet werden konnte. Um die Zahl 9078 darzustellen, genügte es nun, die Marke mit der 8 in die Spalte der Einer, die Marke mit der 7 in die der Zehner, die Marke mit der 9 in die der Tausender und nichts in die Spalte der Hunderter zu legen:

Die erste Verbreitung der arabischen Ziffern im Abendland erfolgte also nicht durch Bücher, sondern durch diese Marken. Und da diese Ziffern im Mittelalter nur unter Eingeweihten weitergegeben wurden, blieb der neue Abakus ausschließlich in den Händen einer kleinen Anzahl von Spezialisten.

Auf den Rechenmarken des Abakus um die Jahrtausendwende wurden die von Gerbert eingeführten Ziffern sehr phantasievoll wiedergegeben. Einige Graveure gingen sogar so weit, die ursprüngliche Form durch ein Zeichen zu ersetzen, das ihnen »logischer« erschien, wie häufig auch umgekehrte oder verdrehte Formen weitergegeben wurden.

Dies belegt ein Blick auf die Form der Ziffer 4, wie sie von den Arabern eingeführt wurde, und auf die verschiedenen Varianten, die man später antrifft:

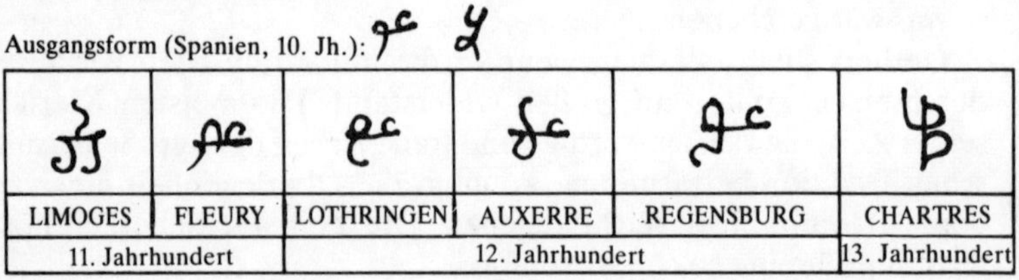

Eine Fünf konnte auf dem Kopf stehen, und in der einen Region konnte die 9 auf der rechten oder der linken Seite liegen, während sie in einer anderen die Stellung einer 6 hatte.

Von einem Graveur zum anderen, von einem Gebiet zum anderen und selbst von einer Generation zur nächsten waren die stilistischen Ausprägungen in einer Zeit, in der es noch keine Normierungen gab, naturgemäß unterschiedlich.

Solche Unterschiede lassen sich beispielsweise auch bei den Schreibern und Bildhauern in Indien und in den alten Kulturen Südostasiens feststellen. In jedem Gebiet wurde eine Grundform der Ziffern entwickelt, die den jeweiligen Schreibgewohnheiten und ästhetischen Vorstellungen folgte – ähnlich wie in der islamischen Welt, wo Schreiber und Kopisten dieselben Ziffern den unterschiedlichen arabischen Schreibstilen angepaßt haben.

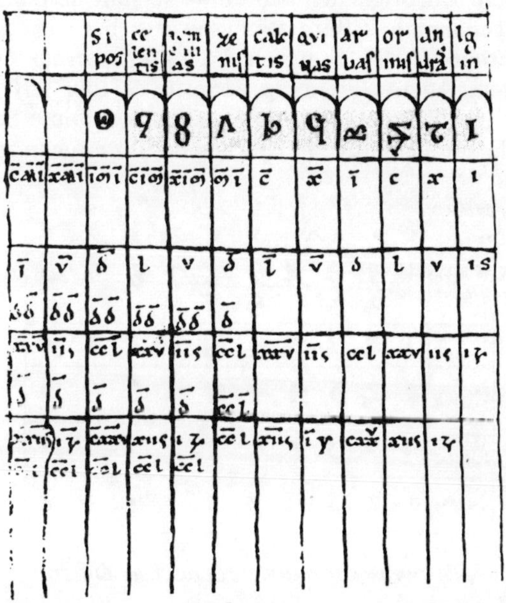

Die ***apices*** *des Mittelalters in einer lateinischen Handschrift des 11. Jahrhunderts.*

Diese Formenvielfalt zeigt sich deshalb auch bei den Schreibern und Graveuren des christlichen Abendlandes, wobei hier noch ein weiterer Faktor hinzukam: die *apices* wurden oft auf die Spalten des Abakus gesetzt, ohne daß auf die ursprüngliche Ausrichtung der

Zeichen Rücksicht genommen wurde. So sind »die verschiedenen Formen der Ziffern zwischen 10. und 12. Jahrhundert, die scheinbar kaum aufeinander zurückzuführen sind, nach einer Drehung um ihre eigene Achse in einem variablen Winkel fast deckungsgleich« (Beaujouan 1947, S. 303).

Dies hätte durch einen Punkt oder Strich auf jedem Hornscheibchen zur Markierung der Ober- oder Unterseite gelöst werden können, aber die Benutzer des Abakus sind nicht auf diese Idee gekommen. Und die Verwirrung war bald heillos.

Lediglich die beiden Ziffern, die in einer Reihe von Zahlen leicht verwechselt werden konnten, wurden deutlich unterschieden: Man gab der 6 stets eine eckige Form, während die runde Form der 9 beibehalten wurde.

Dies änderte sich erst in der Zeit nach den Kreuzzügen; es fand eine Rückkehr zur originalen Schreibweise statt und die Form der »arabisch« genannten Ziffern stabilisierte sich zusehends. Im 13. und 14. Jahrhundert bildeten sich die Ziffern heraus, wie wir sie heute kennen. Auch Gutenberg änderte bei der Erfindung des Buchdrucks um 1440 daran nichts Wesentliches. Diese Entdeckung trug vielmehr zur endgültigen Fixierung der inzwischen festgelegten Formen bei.

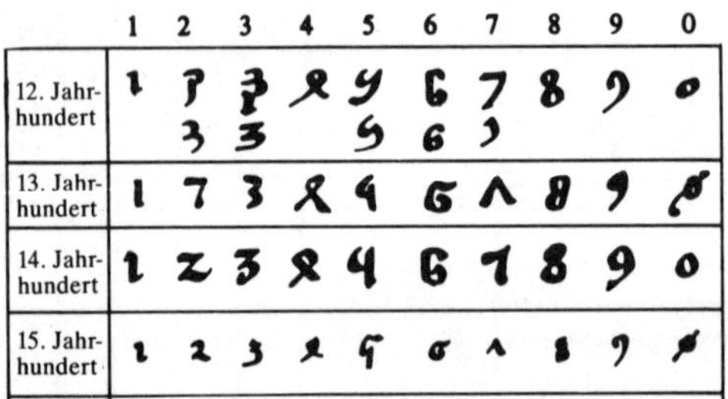

Die zweite Form der europäischen Ziffern.

Man hätte sich vorstellen können, daß mit dem Papst des Jahres 1000 eine neue Ära für Europa beginnen würde und daß die Christen durch die aus der arabisch-islamischen Welt eingeführte Zahlschrift bald alle möglichen Fortschritte erzielen würden. Aber diese Vorstellung, mit der Historiker vielleicht gerne spielen, bleibt müßig: Die Unwissenheit und der absolute Konservatismus der Europäer jener Zeit waren stärker. Die modernen Ziffern wurden zwar seit dem Ende des 10. Jahrhunderts nach Europa gebracht, aber 200 Jahre lang nur in einfachster Weise benutzt, um veraltete Methoden zu vereinfachen.

Einige Rechner leisteten selbst dagegen heftigen Widerstand. Sie waren noch konservativer als die anderen und gravierten auf ihre Hornscheibchen lieber die römischen Ziffern von 1 bis 9 als die »teuflischen Zeichen der Araber, dieser Handlanger des Satans«. Es wurde sogar gemunkelt, Gerbert sei ein Alchimist und Hexer; als er in die Wissenschaft der ungläubigen Sarazenen eingedrungen sei, habe er sicher seine Seele dem Teufel verschreiben müssen – schwere Anschuldigungen, die jahrhundertelang gegen den Gelehrten erhoben wurden.

Dies ging so weit, daß die päpstlichen Behörden noch im Jahr 1648 das Grab von Silvester II. öffnen ließen, um zu überprüfen, ob es noch von höllischen Teufeln bewohnt war.

Der Kampf zwischen Abakisten und Algoristen in der Renaissance

»Nachdem endlich die Christenheit lange genug die todten Knochen der Märtyrer angebetet, strömte sie zu dem Grabe des Erlösers selbst und erfuhr hier zum zweiten Male, dass es leer und der Christ auferstanden sei. Da erstand auch sie, kehrte um zu der Thätigkeit und den Geschäften des Lebens, erneuerte Regsamkeit trat ein in Handel und Gewerbe, die Städte erblühten, ein freier Bürgerstand gründete sich, Cimabue erfand wieder die untergegangene Malerkunst, Dante die Poesie. Da wagten auch grosse und kühne Geister, wie Abälard und der heilige Thomas von Aquino, in den katholischen Lehrbegriff die aristotelische Logik einzuführen, und es entstand die Schöpfung der scholastischen Philosophie. *(...) Endlich aber brach auch hier der Tag an, und die Menschheit erstarkte, von ihrer Befugniss, sich von den natürlichen Dingen durch Selbstdenken eine Erkenntniss zu verschaffen, Gebrauch zu machen.«* (Jacobi 1891, S. 309 f.).

Mit diesen großartigen Worten beschreibt der Mathematiker Carl Jacobi (1804-1851) in einem Aufsatz über Descartes die Renaissance. Sie ist gekennzeichnet durch eine Rückkehr zur Gelehrsamkeit und einen Aufschwung der großen Universitäten in Europa; gleichzeitig werden die arabischen Ziffern ein zweites Mal verbreitet. Nun gehen sie endgültig in den volkstümlichen Gebrauch über und erhalten ihre feste Form; als die Renaissance zu Ende geht, hat auch das Rechnen nach indischem Vorbild triumphiert.

Diese Entwicklung hat im Zeichen der Kreuzzüge, zur Zeit von Richard Löwenherz, begonnen. Es war zwar nicht das Ziel dieser unsinnigen Kriege, Kultur und Wissenschaft zurückzuerobern, aber wenigstens das haben sie erreicht. Zwischen 1095 und etwa 1270 versuchten die christlichen Fürsten und Ritter, den Ungläubigen des Orients mit dem Schwert ihre Tradition und ihre Religion aufzuzwingen. Aber es kam genau umgekehrt: Die Kreuzritter kehrten bereichert durch die Schätze jener Kultur nach Hause zurück, die sie im Heiligen Land hatten bekämpfen wollen. Dies ermöglichte schließlich den Fortschritt, den Gerbert d'Aurillac zwei oder drei Jahrhunderte zuvor dem Abendland nicht hatte aufzwingen können.

Durch zahlreiche Kontakte mit der islamischen Kultur, die diese Kriege notgedrungen mit sich brachten, erlernten einige Kleriker im Gefolge der Kreuzritter tatsächlich das Rechnen in der Art des Samaniden al-Charismi, bei dem man Ziffern ohne die Spalten des Abakus in den Sand schrieb. Die ersten europäischen »Algoristen« haben ihr Handwerk also vor den Toren Jerusalems gelernt. Im Gegensatz zu den »Abakisten« waren sie gezwungen, eine Null zu verwenden, um fehlende Einheiten darzustellen. Dieses Mal gelangten die arabischen Ziffern gleichzeitig mit der Null und den Methoden des schriftlichen Rechnens nach indischem Vorbild ins Abendland.

Weitere Kontakte mit der islamischen Welt ergaben sich auf der anderen Seite des Mittelmeeres und trugen ebenfalls zum Wiederaufblühen der Wissenschaften bei. Seit dem Ende des 11. Jahrhunderts waren in Spanien Übersetzer und Kompilatoren rege tätig und trugen arabische Texte oder griechische und indische Werke, die ins Arabische übersetzt wurden, zusammen. Die kulturellen Kontakte zwischen beiden Welten wurden immer häufiger, und mit jedem Tag kamen mehr Europäer nach Spanien mit dem Wunsch, sich Kenntnisse in Mathematik, Astronomie, Naturwissenschaften oder Philosophie anzueignen.

Langsam, aber sicher gelangte so im 12. und 13. Jahrhundert die Kenntnis der Werke von Euklid, Ptolemäus, Aristoteles, al-Charismi, al-Biruni und anderen nach Europa. Und nun waren es die Christen, die alles, was ihnen in die Hände fiel, ins Lateinische übersetzten.

Die Kreuzritter vor Jerusalem und die Gelehrten in Toledo fällten damit das Todesurteil für den Abakus. Nach ihrer Rückkehr in die Heimat verhehlten sie ihre Begeisterung für die neuen Rechen-

Das Rechnen mit der Feder mit Hilfe der »arabischen« Ziffern in einem gedruckten Werk des 15. Jahrhunderts.

methoden nicht, die soviel einfacher als das herkömmliche Verfahren waren, das noch immer nicht alle verstanden hatten. Diese Begeisterung wußten sie einem täglich wachsenden Kreis von Anhängern – einfachen Sterblichen, die nicht länger Spezialisten zu sein brauchten – zu vermitteln.

Diese Bewegung verstärkte sich zu Beginn des 13. Jahrhunderts durch den bestimmenden Einfluß des großen italienischen Mathematikers Leonardo von Pisa (um 1170-1250), besser bekannt unter dem Namen *Fibonacci,* der das islamische Nordafrika und den Nahen Osten bereist hatte. Dort wurde er von arabischen Lehrmeistern in ihr Zahlensystem, die Regeln des algebraischen Rechnens

Der Streit zwischen den »Abakisten«, den Vertretern des Rechnens mit ***apices*** *auf der Rechentafel, und den »Algoristen«, den Verfechtern des Rechnens mit der Feder und »arabischen« Ziffern. (Illustration aus einem englischen Werk des 16. Jahrhunderts).*

und die Prinzipien der Geometrie eingeführt. Mit diesen Kenntnissen verfaßte er 1202 eine Abhandlung, die in kurzer Zeit zum Brevier aller Verfechter des »Algorismus« wurde und stark zur Verbreitung und Entwicklung der Algebra beitrug. Diese Abhandlung erläuterte alle Regeln des Rechnens mit Ziffern auf Sand, aber ihr Verfasser hatte ihr den seltsamen Titel *Liber Abaci* – Buch des Abakus – gegeben. Vermutlich wollte er auf diese Weise Angriffen derer ausweichen, die das Monopol im Bereich der Zahlen hatten und das Rechnen mit Rechenmarken auf dem Abakus propagierten.

Von diesem Zeitpunkt an wurden die Anhänger des modernen Rechnens immer zahlreicher, und die Waagschale neigte sich deutlich zu ihren Gunsten – in Europa hatte die Demokratisierung des Rechnens begonnen.

Dennoch war die Schlacht noch lange nicht gewonnen. Berufsrechner, die ihre Rechnungen auf dem Abakus ausführten, wollten die Geheimnisse dieser Kunst eifersüchtig für sich behalten – verständlich angesichts ihres bedrohten Lebensunterhalts – und nichts von solchen revolutionären Methoden wissen, die es jedermann ermöglichten, arithmetische Operationen durchzuführen.

Aber es gab noch einen anderen, diesmal ideologischen Grund für die Ablehnung des indo-arabischen Zahlensystems.

Seit der Wiedergeburt des Wissens in Europa hatte die Kirche ein unbestimmtes Klima aus Dogmatismus, Mystizismus und Unterwürfigkeit gefördert; ihre wichtigsten Druckmittel waren die Sünde, die Hölle und das Seelenheil. Es gelang ihr damit tatsächlich, Wissenschaft und Philosophie unter ihre Kontrolle zu bringen – die Entwicklung dieser Fächer sollte auch weiterhin dem unbedingten Glauben an die Dogmen der Kirche unterworfen bleiben, und ihr Studium nur in völliger Harmonie mit der Theologie möglich sein.

Diese Zensur des Wissens legte den Forschergeist für mehrere Jahrhunderte in Fesseln und führte zu einigen Tragödien. Kirchliche Behörden brachten das Gerücht in Umlauf, das Rechnen auf arabische Art müsse sicher etwas Magisches oder gar Dämonisches haben, um so einfach und scharfsinnig zu sein: Es konnte nur vom Teufel selbst stammen! Von hier aus war es für manche Inquisitoren nur ein kleiner Schritt dahin, eifrige Anhänger des Fibonacci wie Hexen und Ketzer auf den Scheiterhaufen zu werfen.

Übrigens erklärt sich die Herkunft der französischen Worte *chiffre* (Ziffer) und *zéro* (Null) aus dieser Zeit der Verfolgung.

Als die Null im 12. Jahrhundert im Abendland eingeführt wurde, gab es dafür verschiedene Namen, die alle auf mehr oder weniger latinisierte Übertragungen des Wortes *Sifr* (Leere) zurückgingen, mit dem die Araber das ursprünglich indische *śūnya* bezeichnet hatten.

In seinem *Liber Abaci* gab Fibonacci der Null den Namen *cephirum,* der bis zum 15. Jahrhundert verwendet wurde. Nach einigen Änderungen wurde daraus im Italienischen das Wort *zefiro,* aus dem schließlich das 1491 erstmals benutzte französische Wort *zéro* entstand.

Aber vom arabischen Wort *Sifr* leitet sich auch das französische Wort *chiffre* (Ziffer) her, das seit fast 500 Jahren in den meisten Sprachen des Abendlandes die Grundzeichen einer Zahlschrift bezeichnet. Neben der lateinischen Transkription des arabischen Wortes *Sifr* gab es die Varainten *Sifra, Cifra, Cyfra, Tzyphra, Cifre, Cyfre* etc.

Ursprünglich wurden diese Worte nur in der Bedeutung von *Null* verwendet. Und im 13. Jahrhundert war in Frankreich der Ausdruck *Cyfre d'angorisme* (oder *Cifre en algorisme*) eine schlimme Beleidigung, mit der jemand als »nichtswürdig« beschimpft wurde.

Später änderte sich die Schreibweise des französischen Begriffs *cifre* zuerst zu *chifre* und schließlich zu *chiffre.* Aber noch zu Beginn des 15. Jahrhunderts wurde dieses Wort in seiner ursprünglichen Bedeutung – im Sinn von »Menge Null« – verstanden; erst seit 1491 erhält das Wort *chiffre* endgültig seine heutige Bedeutung. Das deutsche Wort *Ziffer* stammt ebenfalls vom arabischen Wort *Sifr* ab, entwickelte sich jedoch über die Zwischenformen *cifra* und *zifer* (das deutsche Wort *Null* geht dagegen auf das lateinische *nullus* –»keiner« – zurück).

In einigen Sprachen haben sich Spuren der ursprünglichen Bedeutung von *Sifr* erhalten: Im Englischen stand das Wort *cipher* lange für die Null, die in dieser Sprache heute *zero* heißt, während zur Bezeichnung der »Ziffer« die Wörter *digit, figure** und *numeral* benutzt wurden. Und im Portugiesischen bedeutet *cifra* sowohl »Null« als auch »Zahlzeichen«, während im Spanischen das Wort *cifra* für »Ziffer« und *cero* für »Null« steht.

Nun stellt sich die Frage, weshalb diese beiden Begriffe einander angeglichen wurden? Zur Erklärung muß noch einmal auf die Reaktion der katholischen Kirche im Spätmittelalter eingegangen werden. Ihr Widerstand, gemeinsam mit der Kaste der Berufsrechner, gegen die Ziffern und die indo-arabischen Rechenverfahren dauerte mancherorts bis ins 15. Jahrhundert.

Es scheint tatsächlich so, als habe die Kirche die Demokratisierung des Rechnens verhindern wollen, die sicherlich mit zum Verlust des kirchlichen Monopols im Bereich der Erziehung beitrug und folglich einen Machtverlust mit sich brachte. Die Kirche hätte lieber das Rechnen als ausschließlichen Aufgabenbereich von Spezialisten aufrechterhalten, die zudem selbst fast alle Kleriker waren.

Die arabischen Ziffern blieben so einige Zeit lang verboten, so daß die Anhänger des modernen Rechnens sie heimlich benutzen mußten, wie einen Geheimcode. Später fand das schriftliche Rechnen auf Sand oder mit der Feder große Verbreitung unter der Bevölkerung, die sich der grundlegenden Bedeutung der *cifra* – der Null – in solchem Maße bewußt war, daß sich dieses Wort schließlich als Bezeichnung für das gesamte System durchsetzte.

Daraus entstand jedoch ein schwerwiegender Widerspruch zwischen der Bedeutung des Wortes im allgemeinen Bewußtsein und bei den Gelehrten: Im einen Fall bedeutete *chiffre* »Zahlzeichen«, im anderen »nichts«. Die Gelehrten versuchten vergeblich, die ur-

* Bis ins 16. Jahrhundert hinein hießen auch im Deutschen die Zahlzeichen »Figuren«, während das Wort *cifra* auf die Null beschränkt blieb. (Anm. d. Übers.)

Holzschnitt aus der Margarita Philosophica des Gregorius Reisch (Freiburg 1503): Die Arithmetik, dargestellt durch die Frau in der Mitte, scheint eine Entscheidung im Streit zwischen »Abakisten« und »Algoristen« zu fällen – sie blickt in Richtung des Rechners, der arabische Ziffern verwendet, mit denen zudem auch ihr Kleid geschmückt ist. Auf diese Weise wird der Triumph des modernen Rechnens in Europa symbolhaft wiedergegeben.

sprüngliche Bedeutung durchzusetzen und mußten sich schließlich dem populären Gebrauch beugen. Sie lösten das Problem, indem sie im Fall der französischen Sprache für »nichts« das italienische Wort *zero* übernahmen.

Noch heute führt das französische Wort *chiffre* – im übertragenen Sinn – zurück in diese stürmische Epoche der europäischen Geschichte, da es in der französischen Sprache auch die Bedeutung »Geheimschrift« hat (eine kodierte Schrift, deren Zeichen und Worte häufig aus *Ziffern* im eigentlichen Sinne des Wortes bestehen*).

Nun leuchtet auch ein, weshalb Montaigne mitten im 16. Jahrhundert »weder mit dem Pfennig noch mit der Feder« rechnen konnte!

Tatsächlich dauerte der Streit zwischen den »Abakisten« – den unerbittlichen Verteidigern der römischen Ziffern und des Rechnens mit Rechenmarken auf dem Abakus – und den »Algoristen« – den Verfechtern des Rechnens mit indischen Ziffern – mehrere Jahrhunderte.

Sogar nach dem Triumph der neuen Methoden blieb die Verwendung des Abakus üblich. Man lehrte sie noch im 18. Jahrhundert, und die Menschen überprüften auch weiterhin sicherheitshalber alle Rechnungen, die sie mit der Feder ausgeführt hatten, auf dem Abakus. Auch die britischen Finanzbeamten kannten zur Berechnung der Steuern nur den Gebrauch des Rechenbretts – da dieses den Beinamen *exchequer* (Schachbrett) trug, heißt der britische Finanzminister noch heute »Chancellor of the Exchequer«.

Wohl hatte sich das Rechnen mit der Feder durch seine offenkundige Überlegenheit seit langem bei Wissenschaftlern und Gelehrten durchgesetzt. Aber Kaufleuten, Bankiers, Finanzleuten und Beamten, die augenscheinlich viel konservativer sind, fiel es sehr schwer, sich vom Abakus zu trennen.

Erst die Französische Revolution ergriff energische Maßnahmen – denn »den Vorteil, den ein freier Wanderer ohne Lasten gegenüber einem schwer bepackten hat, den hat auch die Rechnung mit Zahlen gegenüber der Rechnung mit Linien (auf einem Rechenbrett)«. Es war die Französische Revolution, die den Gebrauch des Abakus in den Schulen und in den Verwaltungen verbot.

Seit dieser Zeit konnten sich das moderne Rechnen und die moderne Wissenschaft ungehindert entwickeln. Ein zäher Widersacher war für immer besiegt.

---

* Auch im Deutschen bedeutet *chiffrieren* „in Geheimschrift abfassen“. (Anm. d. Übers.)

Literatur

Beaujouan, G., Recherches sur l'histoire de l'arithmétique du Moyen Age. In: *Ecole nationale des Chartes. Positions des thèses de la promotion de 1947*

Billard, R., *L'astronomie indienne. Investigation des textes sanskrits et des données numériques*. Paris 1971 (= Publications de l'École Française d'Extrême-Orient, Bd. 83)

Clairbone, R., *The Birth of writing*. Amsterdam ^{3}1978

Dantzig, T., *Le nombre, langage de la science*. Paris 1931 (engl. Originalausgabe: *Number, the language of science*. London 1930)

Gerschel, L., Comment comptaient les anciens Romains? In: *Hommages à Léon Herrmann*. Brüssel 1960, S. 386-397 (= Latomus, Bd. 44)

Gerschel, L., La conquête du nombre. Des modalités du compte aux structures de la pensée. In: *Annales, Économies, Sociétés, Civilisations* 17/1962, S. 691-714 (= Gerschel 1962a)

Gerschel, L., L'ogam et le nombre. In: *Études Celtiques* 10/1962, S. 127-166, S. 516-557 (= Gerschel 1962b)

Higounet, C., *L'Écriture*. Paris 1955 (= Que sais-je, Bd. 653)

Ifrah, G., *Histoire universelle des chiffres*. Paris 1981

Ifrah, G., *Universalgeschichte der Zahlen*. Frankfurt-New York ^{2}1987

Jacobi, C.G.J.: Über Descartes Leben und seine Methode, die Vernunft richtig zu leiten und die Wahrheit in den Wissenschaften zu suchen. In: *Gesammelte Werke*. Bd. 7. Berlin 1891, S. 309 ff.

Lemoine, J.G., Les anciens procédés de calcul sur les doigts en Orient et en Occident. In: *Revue des Études Islamiques* 6/1932, S. 1-58

Menninger, K., *Zahlwort und Ziffer. Eine Kulturgeschichte der Zahl*. 2 Bde. Göttingen ^{2}1957/58

Montaigne, M. de, *Essais*. Hrsg. v. F. Strowski. 5. Bde. Bordeaux 1906-1933

Niebuhr, C., *Beschreibung von Arabien*. Kopenhagen 1772

Register

À CHACUN SA COURSE

Guillaume Lalu
Avec Benjamin Steen

À CHACUN SA COURSE

MARABOUT

Hachette Livre, Département Marabout, 2025

PRÉFACE DE DENIS BROGNIART

Quand je t'ai rencontré pour la première fois, Guillaume, j'ai été frappé par ta qualité d'écoute, ta passion pour la course à pied et ton regard qui opère comme un buvard, prêt à traduire par des mots et des questions ton envie de comprendre l'autre dans sa pratique de cette activité chronophage et addictive du running ou du trail.

Tu ne te mets jamais en avant, tu auscultes ton interlocuteur avec bienveillance, toujours, car tu as compris que, derrière cette passion commune, tous les coureurs, quels que soient leur niveau et leurs objectifs, sont des êtres uniques, animés par des motivations diverses. C'est ce qui fait la richesse de cette discipline, sa complexité aussi, et c'est ce qui rend si intenses les rencontres faites en courant.

Pour gambader là où vous vous trouvez, il n'y a pas d'âge, pas de morphotype, pas de classe sociale privilégiée, mais un dénominateur commun : l'ambition de se dépasser, de se fixer des buts à atteindre, seul ou en groupe, à l'entraînement ou en compétition.

L'important, pour contredire le baron Pierre de Coubertin, ce n'est pas de participer, c'est d'abord de prendre du plaisir et de se projeter vers des challenges à sa mesure.

Il n'y a rien de plus gratifiant que de progresser, d'accélérer, d'améliorer sa foulée et de rentrer d'une séance avec ce sentiment de plénitude qui vous envahit après une bonne douche. C'est vrai pour le champion du monde comme pour le coureur débutant.

Toute personne en bonne santé peut courir, je serais même tenté de dire « doit courir ». Ça fait tellement de bien au corps et à la tête ! C'est, selon moi, le meilleur remède pour rester en forme, pour avoir confiance en soi.

Courir est l'activité de base par excellence, celle qui est accessible partout et par tous les temps. Dans chaque pays, sur les cinq continents, où je suis allé, j'ai toujours couru, pour une bonne suée, pour découvrir ou pour me lancer des défis.

Alors pourquoi pas vous aujourd'hui ? Vous hésitez encore, il ne faut plus !

Se poser la question, c'est déjà y répondre. Foncez, libérez-vous, croyez en vous. J'en suis sûr, vous allez vous surprendre, apprendre à mieux vous connaître, et éprouver des sensations et des sentiments nouveaux.

Et malgré les courbatures des débuts, vous aurez l'envie de recommencer parce que la course à pied, l'essayer, c'est l'adopter.

Vous n'êtes pas totalement convaincus ? On en reparlera plus tard... Je ne suis pas inquiet, on a tous vécu les mêmes appréhensions au départ. Mais c'est humain, on aime sortir de sa zone de confort, se lancer des challenges... On en a besoin !

De toute façon, si vous me lisez, c'est que vous avez déjà franchi le premier gué en ouvrant ce livre pensé par un amoureux de la course.

Guillaume va devenir un guide, il a regroupé tout ce qu'il a appris de sa propre pratique et de celle des autres, qu'il a écoutés des heures durant, avec passion.

Je ne connais pas plus belle sensation de sérénité que celle vécue dans la demi-heure qui suit un footing. Votre corps, certes fourbu, est plus léger, votre cerveau s'est aéré, vos neurones se sont régénérés. Profitez de ces instants comme suspendus, vous m'en direz des nouvelles !

Petit partage d'expérience pour vous le prouver : lorsque je dois résoudre un problème, je vais courir ; ça me libère l'esprit et ça m'aide à prendre au retour la bonne décision. Je me trouve plus clairvoyant après un run d'une heure.

Je le sens, j'ai réussi à vous convaincre, si ce n'était déjà fait...

Alors bonne course à toutes et à tous ! On aura sans doute l'occasion de se rencontrer sur une route ou un sentier...

Et ma sentence est irrévocable !

AVANT-PROPOS

29 mars 2022. J'assiste à la troisième des six étapes du Marathon des Sables (MDS) en spectateur. Longue de 32 kilomètres pour 900 mètres de dénivelé positif, elle est redoutée des participants déjà martyrisés, la veille, par une tempête de sable. Depuis mon arrivée sur le bivouac, concurrents et organisateurs me parlent du jebel El Otfal. Ce petit sommet est un haut lieu, un incontournable, un passage mythique au programme de chaque édition de cette course de 250 kilomètres en autosuffisance dans le désert marocain. J'ai demandé au chauffeur de me déposer au pied de cette difficulté. Après quelques centaines de mètres d'ascension sur une pente assez douce, les pieds dans le sable, il faut s'aider des mains pour continuer de progresser, puis carrément tirer sur une corde fixée à la rocaille pour atteindre le sommet. Je trimballe mon micro de podcasteur dans mon sac à dos, mais il est inutile de le sortir.

Je n'ai pas de mots assez forts pour décrire le panorama à 360 degrés tout autour de moi tandis qu'au loin j'aperçois la tête de course progressant dans un nuage de poussière. Quand les leaders arrivent à leur tour, je décide de leur emboîter le pas dans la descente. Je prends garde de rester à distance pour ne pas les gêner. Tout en courant, je prends conscience de vivre un moment de transcendance. Je me sens envahi par le sentiment d'être au parfait endroit au parfait moment. Et qu'importe si j'ai laissé mon chauffeur de l'autre côté de la montagne sans avoir déterminé notre point de rendez-vous alors que ma gourde est bientôt à sec.

J'ai débarqué dans le désert pour réaliser une série d'épisodes de mon podcast *Course Épique*. Je suis principalement des coureurs anonymes, indifférents au classement, animés du désir simple de mener à bien leur aventure. Plus les jours passent, plus mon admiration et mon émotion grandissent. Tout me séduit dans cette course itinérante créée et organisée depuis 1986 par Patrick Bauer[1]. La fatigue aidant, les fragilités affleurent, les vulnérabilités se dévoilent, les masques tombent, les artifices disparaissent pour laisser place à la beauté nue de cette épopée et de ceux qui la vivent.

De ces sept jours dans le désert, je vais rapporter de belles histoires dans mon enregistreur. Les huit épisodes généreront un pic d'audience déterminant pour l'avenir de *Course Épique*. Des épisodes en immersion au cœur de l'intime dont les auditeurs me parlent encore. Personnellement, je reviens à Paris transformé. J'ai du mal à atterrir. Je suis déconnecté. Une partie de moi est restée au jebel El Otfal, où j'ai été percuté par cette révélation : et si, moi aussi, je m'autorisais à rêver de prendre le départ de la prochaine édition du Marathon des Sables ?

Avant d'être le témoin de cette grande aventure, je n'avais jamais vraiment envisagé sérieusement cette hypothèse. Je considérais les *finishers* comme des ovnis, des « surhommes » dotés de facultés physiques et mentales hors du commun. Maintenant que j'ai vu ces femmes et ces hommes qui me ressemblent tant triompher

[1]Créateur de l'épreuve, Patrick Bauer a passé la main à Cyril Gauthier en 2023.

du Marathon des Sables, tout a changé. Pourquoi pas moi ? Et si c'était finalement possible ? En tout cas, cela vaut le coup de se donner une chance de vivre cette aventure.

* * *

Je ne suis pas un coureur-né. Enfant et adolescent, j'ai pratiqué le judo et joué au tennis. J'ai tapé dans un ballon de foot avec les copains le week-end. Mes idoles avaient pour noms Michael Jordan et Andre Agassi. J'ai toujours été fasciné par les grands sportifs capables de tirer la quintessence de leurs capacités pour repousser les limites humaines, physiques et mentales. Mais j'étais plutôt du genre à traîner en queue de groupe lors des séances de préparation physique. À la télé, je regardais avec curiosité les grands championnats d'athlétisme, fasciné par le spectacle et ému par ses acteurs, mais bien incapable de citer les records d'icônes comme Hicham El Guerrouj ou Haile Gebreselassie.

Mes héros de jeunesse avaient plutôt une guitare entre les mains. Ma vraie passion originelle, c'est la musique, plus précisément le rock indépendant. Encore aujourd'hui, je suis capable de me faire un marathon musical de huit ou dix heures par jour, le casque vissé sur les oreilles, avant de courir à un concert. J'aimais tellement la musique que j'en ai fait mon premier métier. Après mes études en sciences économiques, puis en communication, j'ai cherché à donner corps à ce rêve et j'ai rejoint Universal Music comme attaché de presse, puis chef de projet marketing. Mon job de rêve. Mais le secteur traversait une crise qui s'annonçait profonde et durable. C'était la fin des budgets pharaoniques. J'allais savourer ces six années avant de décider de m'envoler pour le Canada.

Visa de longue durée en poche, nous sommes partis, ma femme de l'époque et moi, dans l'idée de tenter notre chance au Québec.

C'est là-bas que j'ai rencontré la course à pied. Quelques mois avant mon retour en France, mon beau-frère Rémy m'a proposé de m'inscrire à Paris-Versailles. Je n'avais aucune idée de ce que cette course pouvait représenter, du niveau d'entraînement nécessaire, mais le défi me plaisait. Nous étions à la fin du printemps 2009. La course avait lieu en septembre. Je n'avais jamais couru, je n'avais aucun matériel, mais désormais j'avais un objectif. Je conserve un souvenir très clair de ma première sortie. C'était à l'occasion d'un week-end dans les Laurentides, une chaîne de montagnes près de Montréal. Un décor typique du Québec. Je suis allé courir sur une route toute droite, ligne jaune au sol, au milieu de la forêt. Trente minutes d'effort. Pas de quoi provoquer un coup de foudre pour la course à pied, mais à l'évidence, le premier pas d'une démarche.

Longtemps Paris-Versailles est restée ma course de cœur parce qu'elle a été la première. J'ai découvert le retrait des dossards, l'ambiance du départ sous la tour Eiffel, le partage de l'effort avec mon beau-frère et les copains embrigadés dans ce projet, la joie de franchir une ligne d'arrivée et le savoureux goût de la médaille. J'y suis revenu presque chaque année ensuite. Ç'a été pour moi le début d'une « escalade » très classique : premier marathon trois ans plus tard, à Paris (4 h 08'). Un deuxième l'année suivante, histoire d'essayer d'améliorer mon chrono (4 h 07'). La passion me gagnait course après course. Et la perspective de vivre ces moments d'effort et de partage avec des proches contribuait à la nourrir. Enfin, j'ai basculé vers le trail à partir de 2017, à l'occasion du Marathon des Causses, organisé à Millau dans le cadre du Festival des Templiers. J'ai alors découvert le terrain technique, le dénivelé, l'effort long, l'introspection qui va avec et les ravitaillements au roquefort. Un nouveau coup de foudre. J'ai immédiatement adoré la variété des terrains, des paysages et des allures ainsi que la connexion à la nature. Une expérience fondatrice, un appel, une ouverture vers un nouveau territoire. Et, sans que je le mesure, la porte d'entrée sur *Course Épique*.

Il m'a suffi de deux heures pour imaginer ce podcast. C'était une de ces longues après-midis du début du printemps 2020. Confiné chez moi en famille, en pleine crise du Covid, je m'étais installé sur mon lit pour réfléchir. Depuis plusieurs semaines, je couchais sur papier des idées de projets en lien avec la course à pied : un livre dont vous êtes le héros, un jeu vidéo, un jeu de société ? Sans suite. La révélation est venue lorsque ma compagne, Helena, m'a raconté qu'elle écoutait des podcasts en courant. C'est une manière tellement évidente de se cultiver ou de se divertir tout en faisant du sport. Moi qui courais constamment avec de la musique dans les oreilles, comment avais-je pu rater ça ?

Mon intuition, c'est que les histoires de coureurs à pied anonymes méritent d'être partagées. La course à pied est majoritairement abordée à travers un prisme technique ; j'aspire à en partager les émotions. Depuis que je cours, je suis aussi admiratif des élites que touché par tous ces anonymes qui fondent en larmes sur la ligne d'arrivée. Je peux rester des heures à observer ces amateurs vainqueurs de leur championnat du monde. Pourquoi courent-ils, que traversent-ils, que cherchent-ils ? Parce que je suis passé par là, j'ai envie de montrer, témoignages à l'appui, que la course à pied rend les gens différents, meilleurs, plus confiants en eux-mêmes.

Course Épique. Je trouve le nom comme une évidence. Quand j'étais jeune, la course hippique était l'un de mes passe-temps favoris lors de mes vacances en famille en Anjou. Avec les cousins, nous avions pris l'habitude de soulager nos parents de quelques pièces pour aller les jouer à l'hippodrome. J'adorais vibrer pour mon cheval à côté des gars du coin, Gitane maïs au bec. De course hippique à course épique, il n'y a qu'une syllabe. L'amoureux des calembours que je suis ne pouvait résister à la tentation. J'ai ensuite bricolé le premier logo en une demi-heure.

Tout est allé très vite. Fort de mon héritage en agence de communication, à mon retour du Québec, je pense d'emblée *Course Épique* comme une marque. Mais c'est un projet passion à l'ambition modeste. Jamais je ne me suis dit qu'il fallait atteindre tant de milliers d'écoutes à telle date, encore moins que cela pourrait devenir mon job. S'il y avait dix-sept auditeurs, ce serait déjà super. J'aspire avant tout à échanger avec des gens passionnés et passionnants, capables d'inspirer ma pratique et celle des quelques auditeurs qui tomberaient sur *Course Épique*. L'enjeu est relatif. Il n'y a pas de barrière infranchissable à l'entrée. On peut se lancer sans se ruiner en matériel. Je me sens à l'aise à l'oral. Et dernier élément qui achève de me convaincre : j'ai déjà en tête le nom de l'invité de mon premier épisode. Voilà comment, moins de 72 heures après avoir phosphoré dans ma chambre, je me retrouve devant un micro.

Ce premier épisode est totalement imparfait mais aussi totalement dans l'esprit de ce que va devenir et rester *Course Épique*. J'ai appelé une vieille connaissance, un ancien copain de boulot. Il s'appelle Guillaume Pellan, Gui pour les intimes. Son histoire, c'est celle d'un amateur qui s'écroule à 500 mètres de l'arrivée d'un semi-marathon à Londres en 2014. Deux mois de coma plus tard, il se réveille avec les jambes perforées de huit drains et trente kilos de moins. Avant qu'il ne tombe inanimé, sa température a atteint 43 °C. Ses reins ont cessé de fonctionner. Il a fallu plonger son corps dans de la glace avant de le transporter à l'hôpital… À son réveil, son médecin lui signifie qu'il a disputé sa dernière course. Hors de question pour Gui, qui lui répond qu'il reviendra le voir avec la médaille de *finisher* du marathon de Londres, qui se tient neuf mois plus tard. De ses premiers pas autour de sa maison jusqu'à la ligne d'arrivée, il va me raconter cette quête personnelle à la portée universelle. À la fin de notre entretien, j'ai appuyé sur le bouton « off » et je me suis immédiatement dit deux choses : 1. J'ai follement envie que le plus de personnes possible découvrent cette histoire poignante. 2. Vite, un autre épisode !

Depuis, *Course Épique* occupe chaque seconde de mon esprit. Un soir de novembre 2021, je me décide à faire le grand saut et j'entreprends de m'y consacrer à temps plein. Je veux donner toute sa chance à ce projet, faire entendre ces histoires. Je me sens investi d'une mission. J'ai alors 45 ans, trois enfants, et l'impression de dire à ma compagne : « Chérie, j'ai envie de tout miser sur mon groupe de rock. Pour l'instant, on joue encore dans une cave. Mais fais-moi confiance, promis, ça va marcher. » Je ne la remercierai jamais assez de la confiance qu'elle m'a témoignée. Un pari, une mission.

***

À raison d'un épisode tous les dix jours, le numéro 100 est déjà dépassé le 23 avril 2023, au moment de prendre le départ du Marathon des Sables. La promesse du podcast s'est affinée. Je la répète désormais avant chaque épisode : « Athlète émérite, coureur confirmé ou anonyme passionné… Quand la légende d'une course et la destinée d'un coureur se rencontrent, c'est dans *Course Épique* qu'elles se racontent. » Pour la première fois, je m'apprête à être le sujet du podcast en faisant vivre ma course de l'intérieur avec un dossard de participant. Cette série constitue un marqueur majeur de l'histoire du podcast. Sans doute parce que j'ai vécu, micro à la main et sincérité au bord des lèvres, ce que traversent mes invités.

Grâce à ma participation, quelques mois plus tôt, au Half MDS de Fuerteventura, je sais que je suis capable de passer les trois premières étapes d'une trentaine de kilomètres chacune. En revanche, la longue étape du jour 4 me rend nerveux. Chaque année, c'est le juge de paix. Quand nous avons reçu le *roadbook*, nous avons découvert sa distance : 90 kilomètres. C'est la plus longue de l'histoire de l'épreuve. Ce ne sont pas juste 90 kilomètres. C'est une journée et une nuit dans le désert après déjà 100 kilomètres d'efforts sous un soleil de plomb et déjà quatre nuits sur le bivouac.

Cette année-là, la course est organisée à une période assez tardive, au printemps. Rien à voir avec l'édition 2021, dramatique, marquée par le décès d'un concurrent et un taux d'abandons record à cause d'une épidémie de gastro-entérite et d'une température redoutable. Mais il fait chaud, très chaud même. De nombreux concurrents sont contraints de renoncer avant de rejoindre directement l'hôtel à Ouarzazate. Je rêve, bien sûr, de confort, d'une douche, d'un buffet à volonté, mais je ne m'imagine pas m'arrêter avant la ligne d'arrivée, ce n'est pas négociable.

La longue étape tant redoutée va être le grand moment que j'attendais. Le briefing de Patrick Bauer au départ me rassure quand il nous dit que nous partons pour une grande randonnée à réaliser en trente heures maximum. Alors que je m'inquiétais de la distance, je comprends que j'ai plus d'une journée pour rallier l'arrivée. Il n'y a pas de raison que je ne sois pas en mesure de le faire dans ce délai, quitte à dormir sur le parcours.

Vingt heures et dix minutes plus tard, j'aperçois l'arche. Je viens de vivre une aventure exceptionnelle, extrêmement puissante, dans le désert avec deux amis chers, François et Julien. Les souvenirs se bousculent. Je me souviens de nos fous rires, de nos galères, de nos encouragements mutuels, de ces instants d'éternité sous une voûte étoilée à couper le souffle. Tout au long de cette étape, je me suis rappelé les paroles de mes invités dans le podcast. Je m'accroche à l'idée que je suis à quelques heures de réaliser un accomplissement majeur dans ma vie. Il faut serrer les dents et tenir. Je n'ai pas le droit ni l'envie de lâcher là.

Au moment de la remise de la médaille sur la ligne d'arrivée de l'ultime étape, j'accueille sobrement mon statut de *finisher* du MDS. J'ai fait le job. J'avais visualisé mille fois cette scène. J'imaginais des larmes. Domine alors plutôt la satisfaction de m'être bien préparé, d'avoir traversé des moments difficiles et d'être allé au bout de mon objectif. L'émotion et la fierté viendront plus tard. Mais ces sentiments vont me porter de longs mois. Dans l'avion du retour, confronté à de fortes turbulences, j'en arrive même – très égoïstement et de façon irrationnelle – à me dire qu'il peut bien se crasher, cela n'a plus d'importance : je suis *finisher* du MDS. Cet accomplissement peut paraître dérisoire pour beaucoup de gens et je le comprends. Mais pour moi, cela a énormément de sens, pour tout le processus engagé depuis mon premier voyage au Marathon des Sables 2022 jusqu'à la ligne d'arrivée de cette édition 2023.

J'ai fini par parvenir à la conclusion que je ne participerai plus à cette épreuve, pour garder ce souvenir intact. Dans son écrin immaculé. C'est encore très sensible, trop émouvant pour que je me sente capable de réécouter les épisodes qui relatent cette aventure. Mais la nature humaine est ainsi faite qu'il m'est aussi impossible de penser que j'ai réalisé la plus grande aventure de ma vie à 46 ans. Il n'y aura pas d'autre MDS – à moins qu'un de mes enfants ne souhaite, un jour, vivre cette course avec moi –, mais je m'inventerai d'autres défis. Ils seront différents et sûrement tout aussi beaux.

Personnellement, je me suis réalisé dans un défi de 250 kilomètres dans le désert. Il m'a fallu une dizaine d'années de pratique avant de me lancer ce défi. Je n'en avais jamais rêvé avant de le vivre et je réalise aujourd'hui que chaque étape, chaque entraînement, chaque parcours de 10 kilomètres m'avait déjà permis de m'élever.

Il n'y a pas de petite distance, de petit défi, de petit exploit. C'est seulement une histoire d'échelle : la sienne. Chacun peut trouver un challenge à sa mesure, un accomplissement dans la course à pied qui changera sa vie pour le meilleur. Un tour de pâté de maisons, cinq kilomètres, un semi-marathon ou, pourquoi pas, un ultra-trail ? Qu'importe. C'est un long chemin qui vaut la peine d'être foulé. Et si, à votre tour, vous vous y engagiez ?

Chapitré en quatre parties, ce livre vous accompagne de la décision de vous lancer dans la course à la réalisation de vos objectifs, en passant par les premiers pas et la construction de votre vie de coureur. Mais ce n'est pas un manuel d'entraînement. Vous ne trouverez pas ici de plan pour réussir votre marathon en douze semaines. Ce que je tiens à partager n'est pas tant comment courir mais pourquoi courir.

Pour appuyer cette réflexion, je me suis nourri des voix qui ont marqué le podcast. Depuis 2020, j'ai beaucoup appris des conversations avec des coureuses et des coureurs de tous les niveaux, de tous les âges, de toutes les conditions. Certains ont réalisé des exploits hors de portée du commun des mortels. D'autres présentent des profils atypiques ou portent des histoires extraordinaires. Tous ont en commun la course à pied, d'y avoir consacré beaucoup de leur temps et d'avoir beaucoup reçu en retour. Le moment est venu pour moi de transmettre tous ces trésors qui m'ont été offerts au fil de ces échanges. Il s'agit moins d'aspirer à leur ressembler que de s'inspirer de leur parcours, de se laisser porter par leur souffle et guider par leurs expériences, sans laisser personne sur le bord de la route.

Puissent ces mots vous encourager à passer à l'action. Quels que soient le point de départ et le rythme, c'est un chemin qui mérite d'être pris. Car courir change la vie.

PARTIE I

En route

« Le peloton est cosmopolite et intergénérationnel. »

10 août 2024. Depuis quinze jours, la France et le monde vivent au rythme des Jeux olympiques. À la veille de la cérémonie de clôture, il reste une épreuve, totalement nouvelle, à vivre : le Marathon Pour Tous. Pour la première fois de l'histoire des Jeux, 20 024 coureurs amateurs sont attendus sur un parcours identique à celui des marathons officiels hommes et femmes (42,195 kilomètres). 20 024 autres doivent courir sur un 10 kilomètres tracé au cœur de Paris. J'ai la chance de participer à cet événement historique. Je vais vivre un moment inattendu, intense, dingue, sur un parcours exigeant, visitant de grands monuments comme le Louvre, le château de Versailles ou la tour Eiffel. L'ambiance est exceptionnelle. Des milliers de spectateurs du monde entier sont massés sur le bord de la route, tout au long du parcours. Le peloton comprend toutes les franges de la société. Il est à la fois cosmopolite et intergénérationnel. Ces femmes et ces hommes sont âgés de 20 à 85 ans sur le marathon, de 16 à 94 ans sur le 10 kilomètres. Existe-t-il d'autres terrains de jeu présentant une telle diversité ?

Parler de privilégiés pour évoquer les heureux participants ce soir-là n'est pas exagéré. On s'est arraché les dossards. Combien de coureurs ont-ils tenté de décrocher un sésame ? Difficile à dire, mais leur nombre dépassait de très loin celui des places disponibles.

Si ce 10 kilomètres et ce Marathon Pour Tous ont clôturé en beauté les Jeux de Paris, cet événement témoigne aussi de la vitalité de la course à pied. Deux marathons ont été courus à Paris en 2024, l'épreuve annuelle classique et celui des JO. En tout, ils ont réuni 70 000 coureurs. À l'image de ces deux événements, la plupart des grandes courses doivent clôturer leurs inscriptions des semaines, des mois à l'avance… Les professionnels du running se frottent les mains. Estimé à un milliard d'euros par an en France, c'est le marché sportif le plus important. Sa croissance semble sans fin. Comme c'est réjouissant de constater cet appétit décuplé des Français pour la course à pied et plus généralement pour le sport !

On n'a jamais autant couru qu'entre 2020 et 2021. C'était en pleine crise du Covid, quand le jogging figurait parmi les rares dérogations au confinement, avec les courses alimentaires et la sortie du chien. Ceux qui ne couraient pas encore et n'avaient pas de toutou à la maison s'étaient alors mis à la course à pied. Une déferlante telle que le gouvernement français avait dû prendre des mesures d'encadrement : obligation de courir seul, une heure et une fois par jour maximum, dans un rayon d'un kilomètre autour de chez soi et muni obligatoirement de son attestation dûment horodatée. C'était l'époque des boucles tracées autour de son pâté de maisons, des défis pour le moins créatifs pour occuper le temps et l'esprit, et des infographies dans les médias pour schématiser les projections de gouttelettes par les coureurs en fonction de leur vitesse.

À en croire les chiffres de l'Observatoire du running, créé par le syndicat professionnel Union Sport & Cycle, le nombre de coureurs a atteint durant cette période le chiffre record de 13,4 millions. Soit 27 % de la population française. Plus d'un Français sur quatre. Un bond de 1,6 million par rapport à 2019 alors qu'on ne recensait en 2017 « que » 7,8 millions de pratiquants.

On peut rire de cet esprit français capable de tout – y compris de se mettre au sport – pour contourner les règles. La réalité, c'est que partout dans le monde (surtout dans les grandes villes), la même frénésie pour le running a été observée et analysée comme un rappel spectaculaire de notre besoin viscéral d'exercice.

Si les néocoureurs du Covid n'ont pas tous continué à poncer la chaussée à la fin de la crise sanitaire, près de 12,5 millions de Français pratiquaient encore régulièrement la course à pied en 2024. 8 millions d'entre eux déclarent réaliser au moins une sortie par semaine, la moyenne se situant autour de deux séances hebdomadaires. On peut aborder la question sous tous les angles : que ce soit en termes de vitesse, de nombre de kilomètres par sortie ou de sorties par semaine, tous les indicateurs sont à la hausse. C'est dire l'ampleur de ce phénomène, qui concerne presque autant les femmes (49 %) que les hommes (51 %) - une autre très bonne nouvelle.

L'explication est simple. C'est presque devenu une lapalissade : il est difficile, voire impossible, de trouver une activité sportive présentant un rapport simplicité/bénéfices meilleur que celui de la course à pied. Il suffit d'acheter une paire de baskets, de les lacer, de sortir et d'enclencher le mouvement. Une foulée, puis une autre... Pas besoin de terrain spécifique, de partenaire, de formation ou de connaissances préalables, c'est un mouvement instinctif, presque primitif, à la portée de tout un chacun.

Tous nés pour courir

Born to Run n'est pas seulement le nom d'un album de Bruce Springsteen, c'est aussi le titre du plus gros best-seller consacré à la course à pied. Ce livre a été publié en 2009[1] par le journaliste américain Christopher McDougall, qui allait devenir une rock-star du running grâce à cet ouvrage. Ce récit d'aventures, qui se présente comme une longue enquête menée par l'auteur sur les origines de la course à pied, a pour point de départ une question en apparence toute simple. Alors qu'il vient de se blesser, il demande à son médecin : « Pourquoi mon pied me fait-il

[1] Traduit en français aux éditions Paulsen Guérin.

si mal ? » Celui-ci lui répond : « Votre problème, c'est la course. [...] Le corps humain n'est pas fait pour ce genre d'agression. Le vôtre encore moins... »

McDougall mesure en effet 1,95 m et pèse 104 kilos. Depuis qu'il s'est mis à courir, il enchaîne les blessures. Mais l'explication un peu courte du médecin ne le satisfait pas. Pour lui prouver qu'il se trompe, le journaliste décide d'investiguer. Cela le mènera notamment dans le nord du Mexique sur la piste des Tarahumaras, une tribu mexicaine isolée dont les membres parviennent à couvrir des distances folles sur un terrain accidenté simplement chaussés de sandales rudimentaires. Au fil des pages, on croise aussi des trafiquants de drogue, des personnages mystérieux comme Micah True, alias « el Caballo blanco », un coureur d'ultra vivant en ermite reclus dans ces montagnes, ou encore Scott Jurek, figure majeure de la discipline aux États-Unis. McDougall reviendra de son immersion dans le Copper Canyon convaincu que la source de ses blessures provient de la technologie embarquée dans les baskets modernes. Ce livre contribuera à faire émerger le courant du minimalisme, qui invite les coureurs à revenir à une foulée naturelle grâce au port de chaussures extra-fines.

Pour valider son intuition, l'auteur va confronter ses observations avec deux chercheurs : Dennis Bramble, biologiste de l'université d'Utah, et Daniel Lieberman, un anthropologue de l'université Harvard. Les deux scientifiques accèdent alors à une notoriété mondiale, hors des cercles universitaires. Leur contribution majeure date en réalité de 2004, quand ils ont publié dans la revue scientifique *Nature* leur article *Endurance running and the evolution of* Homo.

Leurs travaux leur ont permis de démontrer que la course à pied serait le propre de l'espèce humaine, en analysant comment

**« Si vous refusez
de croire
que vous êtes né
pour courir,
vous niez
non seulement
l'histoire,
mais aussi
ce que vous êtes. »**

Christopher McDougall

Homo sapiens (dont nous sommes tous issus) a développé des adaptations spécifiques pour se nourrir et a su en tirer un avantage déterminant pour survivre à d'autres hominidés comme l'homme de Néandertal. En développant leurs facultés pour la course, nos lointains ancêtres ont pu notamment pratiquer la chasse à l'épuisement, cette technique qui consiste à pourchasser une proie intrinsèquement plus rapide, comme une antilope, jusqu'à ce qu'elle tombe de fatigue. Voilà pourquoi, selon Bramble et Lieberman, après des milliers d'années d'évolution et d'adaptations physiologiques et squelettiques, l'humain bénéficie d'un corps de coureur de fond.

Première particularité clé : la transpiration. Présentes sur tout notre corps, nos glandes sudoripares permettent de refroidir le « moteur » comme chez aucun autre animal : « La plupart des mammifères cessent de galoper après une courte distance car ils ne peuvent pas refroidir leur température corporelle assez vite pour éviter l'hyperthermie. Les êtres humains, de manière unique, peuvent courir de longues distances dans des conditions chaudes et arides qui provoquent une hyperthermie chez les autres mammifères, parce que notre thermorégulation est très efficace », écrivent les chercheurs dans un autre article. Autres particularités importantes, un ligament de la nuque qui permet de stabiliser la tête pendant la course, des muscles fessiers puissants, des tendons d'Achille capables de restituer l'énergie, et des articulations élastiques comme la voûte plantaire, les genoux ou la colonne vertébrale, à même d'absorber les chocs.

Nous sommes tous nés pour courir. Une fois lancés, la plupart des coureurs à pied, quels que soient l'intensité de leur pratique et leur niveau de performance, témoignent de l'importance de la course dans leur vie. C'est un cadre, un fil directeur qui rythme leurs semaines, mois, années. Et si la course n'est pas remboursée par la Sécurité sociale, c'est un « médicament » puissant, sans effet secondaire, reconnu par la communauté scientifique, qui contribue à lutter contre l'épidémie de sédentarité qui sévit dans nos sociétés modernes. La course améliore la santé physique et mentale de ses pratiquants.

95 %

Les Français courent de plus en plus. Mais ils ne bougent pas encore assez, selon l'Agence nationale de sécurité sanitaire de l'alimentation, de l'environnement et du travail (Anses), qui estime que 95 % des adultes français sont exposés à un risque de détérioration de la santé en raison d'un manque d'activité physique ou d'un temps trop long passé assis. Cette préoccupation a conduit le gouvernement à déclarer la promotion de l'activité physique et sportive comme grande cause nationale pour 2024, visant à encourager une pratique régulière et à lutter contre la sédentarité.

68 % de la population n'atteint pas le minimum recommandé de 30 minutes d'activité modérée à intense cinq fois par semaine, avec une inégalité très marquée entre les hommes (57 %) et les femmes (82 %). Reprenant les prescriptions de l'OMS, l'Anses préconise d'effectuer du renforcement musculaire une ou deux fois par semaine et des exercices de souplesse deux ou trois fois par semaine. Vous voilà prévenus, il va falloir faire de la place dans votre agenda de la semaine ! Chez les jeunes, les chiffres sont également préoccupants : 37 % des enfants et 73 % des adolescents pratiquent moins d'une heure d'activité par jour, minimum préconisé par l'OMS. Dans cette classe d'âge des moins de 18 ans, la France traîne en queue de peloton au niveau mondial.

Courir pour vivre mieux et plus longtemps

« Pourquoi tu cours ? » Lorsqu'on pose cette question rituelle, la plupart des pratiquants répondent qu'ils cherchent avant tout à être en bonne santé (59 %) et bien dans leur corps (58 %). À titre indicatif, la compétition ne concerne que 23 % des sondés par l'Observatoire du running[1]. Améliorer ou simplement prendre soin de sa santé est effectivement l'un des principaux bénéfices d'une pratique régulière.

Dans son livre *La Clinique du coureur – La santé par la course à pied* (éd. Mons), le physiothérapeute québécois Blaise Dubois cite Edward Stanley : « Ceux qui pensent qu'ils n'ont pas de temps pour l'exercice physique devront tôt ou tard trouver du temps pour être malades. » Difficile de dire mieux, tant la course à pied, en plus de maintenir en forme, améliore la qualité de vie et réduit les risques de développer des maladies.

Intervenant pour former des professionnels de la santé travaillant au contact des sportifs, le groupe de recherche de la Clinique du Coureur épluche depuis 2009 toutes les publications scientifiques en lien avec le sport et plus particulièrement la course à pied. Selon les chiffres compilés par Blaise Dubois et ses équipes, traduisant le consensus médical, il n'y a que des bénéfices à attendre d'une pratique régulière.

La course à pied améliore le VO_2 max (c'est-à-dire le volume d'oxygène maximal que votre corps peut utiliser pendant un effort intense,

[1] Sondage réalisé en 2024 auprès de 3 000 personnes représentatives de la population française.

reflétant votre capacité cardiovasculaire et votre potentiel d'endurance). Elle prévient l'obésité. Elle permet de réduire de 60 % toutes les causes de mortalité en diminuant significativement les risques de développer des cancers, de faire un accident vasculaire cérébral (AVC) ou de développer des maladies cardiovasculaires et pulmonaires. Elle empêche aussi le développement du diabète de type 2, améliore la vie des patients atteints de maladies chroniques et permet de ralentir le vieillissement. Elle agirait même contre la maladie d'Alzheimer. Elle renforce la densité des os. Elle prévient aussi les douleurs au dos et améliore la qualité du sommeil… Une liste presque sans fin.

Rien ne prouve, en revanche, les effets délétères supposés de la course sur les articulations, en particulier les genoux, comme on a pu le prétendre dans le passé. Ce cas est particulièrement éclairant. Certes, il est possible de se faire une entorse ou de se blesser, en raison d'un volume ou d'une intensité d'entraînement mal adaptés. Mais la course à pied n'est pas l'ennemie des cartilages. Certains ont pu soupçonner que la répétition des impacts au sol pourrait être à l'origine de lésions. De nombreuses études ont prouvé le contraire en indiquant plutôt qu'une pratique régulière permettrait d'entretenir les cartilages. Des médecins de l'hôpital de Vienne (Autriche) ont ainsi pratiqué des IRM sur des marathoniens à dix ans d'intervalle. Résultat : les articulations de la quasi-totalité des sujets n'avaient subi aucune dégradation. Un seul coureur présentait des problèmes, mais un examen plus approfondi aurait permis de démontrer l'existence de dommages cartilagineux préalables à ses débuts de coureur. Conclusion catégorique des chercheurs : « Pratiquer la course à pied de manière régulière joue un rôle protecteur et non destructeur. » Il serait même conseillé aux personnes souffrant déjà d'arthrose du genou de courir de manière raisonnable et très progressive.

Tout comme l'entraînement renforce les muscles, les articulations et les capacités cardiovasculaires, il permettrait d'entretenir les cartilages. Le docteur en physiothérapie du sport et responsable R&D à la Clinique du Coureur Jean-François Esculier relève « une proportion d'arthrose de seulement 3,5 % chez les coureurs récréatifs, soit environ trois fois moins que les individus sédentaires qui ne pratiquent pas la course à pied (10,2 %) ». Seule exception : les coureurs compétiteurs de haut niveau, plus touchés que les non-pratiquants (13,3 %).

Un sport issu de la contre-culture américaine

Le running tel que le pratiquent aujourd'hui des millions d'amateurs de manière plus ou moins récréative est un sport jeune. Son origine remonte aux années 1960-1970 aux États-Unis, sur la vague du mouvement hippie et de la contre-culture, dans une époque marquée par des mouvements sociaux : lutte contre la ségrégation, féminisme, opposition à la guerre du Vietnam. L'une de ses premières figures fut le coureur américain Steve Prefontaine, un athlète à la carrière éclair décédé en 1975, à l'âge de 24 ans, dans un accident de voiture. Personnage sans concession, se consumant d'un feu brûlant pour la course à pied, il a inspiré les premières générations de joggers outre-Atlantique. Un mouvement accompagné et soutenu par Nike, fondé à Portland (Oregon) par Phil Knight et Bill Bowerman, qui fut le coach de Prefontaine. Le Marathon de New York, lancé en 1970 avec 127 participants et disputé en boucle dans Central Park, a amorcé la transformation de la course de rue en phénomène mondial. En France – où le mouvement doit beaucoup à la revue *Spiridon* –, le premier Marathon de Paris s'est couru en 1976 dans le bois de Boulogne avec 126 concurrents au départ.

**« Peu importent
la vitesse
ou la distance
parcourue.
Si vous mettez
vos chaussures
et sortez courir,
vous êtes un coureur,
vous faites partie
de ce club. »**

Kara Goucher

« Oh ! La course à pied, ce n'est pas fait pour moi… » J'ai souvent entendu cette sentence définitive de la part de personnes persuadées de ne pas avoir les capacités requises pour courir. Il suffit d'observer autour de soi pour découvrir à quel point la course à pied, sport universel, ne laisse, au contraire, personne de côté. J'ai pu le mesurer au gré de mes rencontres pour *Course Épique*. Qu'ils soient jeunes, moins jeunes, avec un passé de sportif ou non, malades, en situation de handicap, bousculés par les aléas de la vie, ces coureuses et ces coureurs démontrent avec force que tout est possible.

Courir en partant de zéro

Un dimanche de novembre 2023, Valentine (25 ans) scrolle sur Instagram quand elle tombe sur des images du Marathon de New York. « Je me suis dit : "Waouh, ça a l'air génial, j'ai trop envie de le faire !" », raconte cette jeune éducatrice spécialisée, installée en Auvergne. Un coup de cœur. Un coup de folie aussi, car elle n'a alors jamais couru. Ce détail ne l'arrête pas et elle envoie aussitôt un message à sa sœur Pauline (33 ans) pour lui proposer de la rejoindre dans ce projet. Cette dernière, responsable qualité dans un labo de compléments alimentaires et mère de deux enfants, court de temps en temps, histoire de « sortir des biberons et des couches ». Mais rien de sérieux. Elle traîne, en plus, une douleur au genou que son kiné ne parvient pas à faire passer. Pourtant, elle suit sa petite sœur : « J'ai tout de suite dit : "Oui, mais… pas maintenant." À ce moment-là, je n'étais pas du tout dans la course. J'ai dit qu'il fallait qu'on se prépare, qu'on y aille progressivement et qu'on verrait dans plusieurs années. J'ai ce côté carré, organisé, rationnel de la grande sœur. »

Attention, spoiler pour ceux qui voudraient écouter cet épisode n° 154 de *Course Épique* : les deux Auvergnates n'ont pas encore pris leurs dossards pour le marathon le plus prestigieux du monde. Suivant la recommandation de Pauline, elles ont décidé de bâtir, brique après brique, un pont entre le Puy-de-Dôme et Manhattan. Première étape : Valentine soigne sa tendinite au genou baskets aux pieds. « La course à pied m'a permis de guérir. Je n'avais plus du tout mal quand je courais alors que la douleur revenait dès que j'arrêtais. » Puis elles s'inscrivent à une première course de 10 kilomètres, moins de cinq mois après avoir eu la révélation. Un essai transformé : « On est obligées d'adorer cette ambiance, cette émulation, c'est tellement fédérateur ! On s'est immédiatement dit qu'on voulait revivre ça. » Elles visent alors le semi-marathon de Run in Lyon (21 km), début octobre 2024, et entreprennent de se préparer à raison de trois sorties par semaine (un footing, une séance de fractionné et une sortie longue[1]). « On a beaucoup progressé, alors qu'au début, c'était compliqué de faire cinq kilomètres », apprécie Valentine. « Les premiers pas sont difficiles, confirme sa sœur. Mais il ne faut pas abandonner, ça devient rapidement du plaisir. » Si bien que, moins d'un an après être parties de zéro, les deux Auvergnates parviennent à franchir la ligne d'arrivée d'un semi. À l'arrivée, elles tombent dans les bras l'une de l'autre : « On s'est d'abord dit : "C'est bien, on l'a fait." Puis : "Le Marathon de New York, c'est mort." » Une réaction à chaud, évidemment vite oubliée... Central Park les attend ! Ce n'est plus un délire, c'est un objectif.

---

[1] L'entraînement fractionné consiste à alterner des phases de course rapide avec des phases de récupération active ou de repos. Par exemple : 1 000 mètres de course à allure rapide, puis deux minutes de course lente ou de marche, à répéter cinq ou six fois. Cette méthode, qui fait consensus, permet de progresser rapidement.

« Si tes rêves ne te font pas assez peur, c'est qu'ils ne sont pas assez grands. »

Mike Horn

Il n'y a pas d'âge pour courir

Nous n'avons pas de date de péremption. C'est la grande leçon donnée par Paulette Desroches en 2023 lorsque cette femme octogénaire, dix fois grand-mère, termine le Half Marathon des Sables du Maroc (HMDS), une course de 70 kilomètres en trois étapes.

Cette aventure lui a été « offerte » le 4 janvier 2023 par son petit-fils Gaëtan pour son 80e anniversaire. Le plus difficile a été de convaincre le reste de la famille de laisser partir cette super-mamie dans cette aventure. Certains estimaient que l'envoyer en cure de thalassothérapie aurait été plus adapté à son âge. Pas Gaëtan. Ni Paulette, ravie de se lancer dans cette aventure avec son petit-fils et sa fille Florence (la mère de Gaëtan) : « J'ai regardé à quoi cette course ressemblait : 70 kilomètres en trois jours, c'était jouable. J'ai dit oui tout de suite. »

Ce n'est pas son premier gros défi. Cette femme originaire de Mâcon court depuis ses 40 ans. Mère dès l'âge de 17 ans, elle a chaussé ses baskets après son divorce d'avec le père de son quatrième enfant. « Je traversais une période difficile, mon médecin me donnait des cachets, m'a-t-elle raconté quand je l'ai reçue avec Gaëtan. Il m'a dit que les médicaments ne servaient à rien et qu'il valait mieux faire le tour de ma maison pour me prendre en main. Ça m'a secouée d'une force ! J'ai commencé par un parcours santé de 1,7 kilomètre. Au début, je n'étais pas capable de faire 500 mètres en courant. Mais je me suis prise au jeu, j'ai couru de plus en plus : que du bonheur ! J'y vais tous les jours. C'est vital. Je marche, je pense à plein de choses. C'est puissant. »

Dès l'arrivée de la première étape dans le désert marocain, elle devient la mascotte de la caravane de ce HMDS. Tous réunis pour l'accueillir, les participants lui font une haie d'honneur. « Tout le bivouac a clamé mon nom, s'étonne-t-elle. Ça dépasse tout ce que j'imaginais. Je ne pouvais pas faire un pas sans qu'on me reconnaisse. Un rêve éveillé. J'étais heureuse et fière de moi. [...] Dans ma tête, je n'avais pas 80 ans. »

Alors qu'elle est allée au bout de son aventure quasiment sans problème, son histoire devient virale. C'est que Paulette est un exemple, un symbole. Son nom est désormais connu dans les Ehpad, où l'écho de son exploit a rencontré une résonance certaine : « Beaucoup d'infirmières m'ont demandé de faire des selfies pour qu'elles puissent inspirer leurs patients âgés. C'est une manière de montrer qu'il n'y a pas que l'équipement de la salle de bains ou du salon à prendre en compte [pour aménager la vie des seniors], mais qu'il faut se bouger les fesses. Moi-même, je ne vais pas bien quand je reste dans mon canapé, à cause de ma hernie discale. Ma solution pour ne pas avoir mal, c'est d'aller marcher... »

Un an avant l'exploit de Paulette, j'avais aussi été bluffé par le défi de Frédéric de Lanouvelle et de sa fille Cécile, également dans le désert marocain, mais pour le Marathon des Sables de 250 kilomètres. Amateur chevronné, déjà trois fois *finisher* du MDS, Frédéric avait eu l'idée de faire vivre cette expérience à sa fille aînée pour son 16e anniversaire. Précision utile de celle-ci : « J'étais partante, il n'a pas eu à me forcer. » Autre précision : l'âge minimal requis pour participer à cette course est justement de 16 ans, sous réserve de l'accord préalable de l'organisation et de l'autorisation des parents ou tuteurs légaux. Frédéric et sa fille n'ont pas regretté une seconde. « Elle a été bluffante. Depuis qu'on a commencé la préparation, il y a six mois, je vois sa détermination dans ses yeux. J'étais confiant, vu le taux de *finishers* sur cette course autour de 95 %. Il y a eu des moments difficiles, parfois je me suis dit : "Aïe, ça va être dur !" Mais elle a été solide comme un roc », témoignait Frédéric à l'arrivée. Quant à Cécile, 665e sur 801 (54 h 49' 19"), elle a quitté le désert avec le sentiment d'avoir renforcé sa relation avec son père et... avec l'effort : « Je me souviendrai longtemps du lever de soleil au matin de la grande étape quand on s'est allongés sur nos tapis dans le désert. On s'est dit qu'on se reposait vingt minutes avant de repartir sans la frontale. Plus tard, j'ai ressenti une grosse émotion à l'arrivée. Je savais que ce serait difficile, mais peut-être pas à ce point. On est fiers d'être allés au bout. »

Le marathon sous les trois heures à plus de 70 ans

La course au record du monde du marathon dans la catégorie 70-74 ans fait rage. En 2003, Ed Whitlock, coureur anglo-canadien, devient le premier septuagénaire à passer sous les trois heures (2 h 59' 10''), un seuil mythique pour tout coureur amateur. Il établit ensuite des records exceptionnels : 70-74 ans (2 h 54' 48''), 75-79 ans (3 h 04' 54''), 80-84 ans (3 h 15' 54'') et 85-89 ans (3 h 56' 38''). Depuis, ce record chez les 70-74 ans est tombé en 2022 dans l'escarcelle du Hollandais Joseph Schoonbroodt (2 h 54' 19''). Chez les femmes, la Française Laurence Alnet a établi le record mondial 70-74 ans à La Rochelle en 2024 en 3 h 26' 40'' ; Jenny Hitchings, elle, possède depuis 2023 le record 60-65 ans bien en-deçà des trois heures : 2 h 49' 45''.

De 16 à 80 ans, il n'y a pas d'âge pour s'accomplir dans et par la course, et même pour relever des défis ou réaliser des exploits. L'Italien Marco Olmo en est sans doute l'exemple le plus frappant. En 2006 et 2007, ce conducteur d'engins dans une cimenterie remporta coup sur coup l'Ultra-Trail du Mont-Blanc® (UTMB) à l'âge de 57 et 58 ans[1]. Sa recette : une vie de labeur à l'ancienne, une bonne génétique, un cœur qui bat au repos à 34 pulsations par minute, la faculté naturelle de pouvoir s'alimenter en course sans écœurement, une grande expérience des courses de fond et une stratégie millimétrée fondée sur le respect strict de ses allures. « Des journalistes français m'avaient décrit comme un coureur qui n'avait pas un rythme de conquérant mais qui épuisait ses adversaires », aime-t-il rappeler avec malice dans une forme de comparaison avec la technique de chasse ancestrale de l'*Homo sapiens*... L'étonnant règne de l'Italien a pris fin en 2008 avec la victoire de son exact opposé, l'Espagnol Kilian Jornet, remportant à 20 ans la première de ses quatre victoires autour du mont Blanc. Consacrer en deux ans deux athlètes avec trente-huit ans d'écart, quelle autre discipline peut s'en vanter ?

Ludovic Pommeret va confirmer l'absence d'âge idéal en triomphant de l'UTMB en 2016 à l'âge de 41 ans. Une victoire qui ouvre alors le chapitre le plus prolifique de sa carrière. Vainqueur de la Diagonale des Fous 2021 (165 km et 10 000 m D+), après une arrivée main dans la main avec Daniel Jung, et de la Hardrock 100 miles 2024 (165 km et 10 000 m D+ dans le Colorado) huit jours avant son 49e anniversaire, record de l'épreuve en prime (21 h 33' 06"), cet ingénieur travaillant pour le contrôle aérien

[1] L'Ultra-Trail du Mont-Blanc (marque déposée) est un ultra-trail créé en 2003. Long de 170 km pour 10 000 mètres de dénivelé positif (D+), ce nec plus ultra mondial de la discipline fait le tour du massif du plus haut sommet d'Europe.

semble se bonifier au fil des ans. Lors de la Hardrock 2024, il a ainsi réalisé la course parfaite qu'il espérait vivre un jour dans sa carrière : « Cela a été une journée de rêve. Toute la course, j'attendais que ce rêve se transforme en cauchemar. Mais non, j'ai tenu jusqu'au bout. » Une parcours riche en enseignements alors que Ludovic a forgé la quasi-totalité de son palmarès après l'âge de 40 ans : « Beaucoup de quadras et de quinquas me remercient, constate-t-il. Ils me disent que ma longévité leur donne de l'espoir. »

La course contre la maladie

Parmi tous les coureurs passés à mon micro, Anaïs Quemener occupe une place à part. Elle fut l'une des toutes premières invitées de *Course Épique*, en juin 2020, avant de revenir plusieurs fois dans le podcast. Depuis notre premier échange, ce symbole de résilience a signé une autobiographie, *Tout ce que je voulais, c'était courir* (éd. Flammarion), et fait l'objet d'un documentaire, *Anaïs*, réalisé par Hélène Hadjiyianni (2023). Ce n'est pas étonnant, vu son parcours hors du commun, sa détermination sans faille et sa personnalité solaire malgré les obstacles dressés sur sa route. Je ne crois pas avoir jamais rencontré quelqu'un d'aussi souriant qu'Anaïs.

Aide-soignante de nuit et coureuse de haut niveau le jour, cette athlète de la région parisienne a vu sa vie basculer le 7 août 2015 quand on lui a diagnostiqué un cancer du sein triple négatif de stade 3, autrement dit très agressif et avancé avec présence de métastases ganglionnaires. Elle a alors 24 ans et des rêves de coureuse plein la tête. Pendant huit mois, elle va suivre un traitement lourd – chimiothérapie, immunothérapie, radiothérapie – avant de subir plusieurs opérations d'ablation de ses deux seins, de reconstructions et d'explantations de ses prothèses... « J'ai d'abord été dans le déni, raconte-t-elle. J'ai commencé à accepter seulement à la fin des cures de chimio. J'ai vécu des moments difficiles quand je me voyais dans le miroir : je n'avais plus de cils, plus de sourcils, plus de cheveux. J'arrivais sur la fin des traitements, je savais que j'allais avoir l'ablation de mes seins. Cela commençait à être dur. »

La course à pied sera bien plus qu'une béquille. Malgré les traitements qui la mettent à plat, elle garde le contact avec sa passion et son groupe d'entraînement. « Comme j'étais en aplasie, j'étais en manque de défenses immunitaires et je ne pouvais plus travailler à l'hôpital. La seule chose que je pouvais faire dans la journée, c'était courir, ou en tout cas sortir. C'était vraiment mon moment. J'oubliais la maladie. Cela ne durait peut-être qu'une heure, mais pendant une heure, j'étais comme tout le monde. J'avais besoin de ce moment-là où j'oubliais la maladie. »

Durant cette période, elle tient même à accrocher quelques dossards. Elle doit faire des pieds et des mains pour convaincre un médecin de lui octroyer un certificat médical. Un combat pas aussi difficile que celui qu'elle mène contre la maladie. Mais un combat malgré tout. Conserver une activité est absolument indiqué aux personnes atteintes d'un cancer ; stresser son corps en compétition, sans doute moins : « C'est un médecin du club de Tremblay qui me connaissait avant ma maladie. Jusque-là, on m'avait dit que l'entraînement, c'était OK, mais qu'il fallait éviter la compétition, qu'il ne fallait pas me dépasser. Mon père [Jean-Yves, qui est également son coach] a dû lui expliquer que ne pas me donner ce certificat, c'était un peu me laisser mourir dans mon canapé. »

Ses chronos sont évidemment très dégradés par rapport à ce qu'elle était capable de faire quelques mois auparavant. Mais il s'agit pour elle de monter au front, les baskets aux pieds : « Je voulais prouver aux gens que c'était possible alors qu'on me disait que je ne pouvais pas le faire. C'était ma manière de mettre les bouchées doubles. Cela m'a aidée à m'en sortir. Porter un dossard, c'était être vivante. »

Le plus beau restait à venir. Rapidement revenue à son niveau après l'arrêt des traitements, elle envoie un immense message d'espoir en triomphant du championnat de France de marathon le 18 octobre 2016, moins d'un an et demi après sa première cure de chimiothérapie. Elle s'impose ce jour-là à Tours en 2 h 55′ 26″, avec une immense émotion, portée par un supplément d'âme : « Je répète souvent que j'ai vécu ma maladie comme un marathon. En fin de parcours, j'imaginais que j'étais au 37e kilomètre mais que je verrais bientôt le bout. Depuis, je cours avec plus de mental. Après être passée par tout ça, je me dis que je ne vais pas me plaindre, que je vais y arriver et que je vais m'en sortir. Je suis encore plus optimiste qu'avant. »

Depuis, sa carrière s'est emballée. Elle n'est pas passée loin de se qualifier pour les JO de Paris en 2024 en portant son record sur marathon à 2 h 28′ 43″, à 1 minute 53 des minima pour être sélectionnable. Elle est aussi devenue une icône de la lutte contre le cancer et une star de la course à pied, un modèle pour les malades comme pour les coureurs du dimanche : « Quand je reçois des messages de gens malades ou non qui me confient que mon parcours les a motivés et leur a donné envie de courir, c'est la plus belle des victoires. »

À l'été 2024, je me retrouve devant le placard de Béatrice Bourlon, d'où débordent ses 138 médailles. Ses préférées sont celles fièrement glanées lors d'un défi de trois marathons en trois jours réalisé à Cambridge en Angleterre. Elle possède aussi un joli palmarès dans des courses d'ultra-fond allant des 100 kilomètres aux six jours. Autant dire une vie de coureuse accomplie pour cette manageuse d'un laboratoire d'analyses médicales. Pourtant, Béatrice souffre d'un diabète de type 1 en raison d'une maladie auto-immune atteignant son pancréas. Elle n'en tire aucune fierté, au contraire : « J'ai mis très, très longtemps à accepter cette maladie. Je n'en parle jamais », me confie-t-elle. Elle a bien fait de s'ouvrir enfin, car son histoire est inspirante.

Si elle a découvert le running par hasard en participant à un 5 kilomètres avec des collègues de boulot, elle a vite chopé le virus. Rapidement, Béatrice rejoint un groupe et enchaîne les compétitions. Mais il lui a fallu beaucoup de détermination. D'abord, elle a dû convaincre le corps médical : « Quand j'ai voulu courir mon premier marathon, je suis allée voir mon endocrinologue, raconte-t-elle. Cette dame m'a dit : "Mais pourquoi voulez-vous courir un marathon ?" Je lui ai répondu : "C'est vrai, je devrais m'installer dans mon canapé, manger des frites et boire de la bière, ce serait plus intéressant..." Les médecins nous disent d'avoir une activité sportive. Mais ils n'aiment pas trop, car ils se sentent parfois démunis face à des profils de sportifs malades, même si cela commence à se démocratiser. » Malgré tout, Béatrice s'accroche. La course, m'explique-t-elle, lui a permis de mieux comprendre sa maladie, les réactions de son corps, et l'aide au quotidien à mieux vivre avec son diabète : « Ma pratique permet de réguler la glycémie. Quand je cours, j'ai besoin de moins d'insuline. C'est quand même pas mal. Je ne pense jamais à ma maladie quand je cours, c'est un peu mon problème. Je cours, je cours. Et parfois, ça me rattrape... Mais ça n'altère pas mon plaisir, ça fait partie de moi. Je fais avec. »

Vainui Laux, elle, ne vit pas seulement avec sa maladie. Cette jeune femme (de 37 ans lors de notre rencontre) originaire de Polynésie française lutte à grandes foulées. Alors qu'elle est atteinte d'une spondylarthrite ankylosante (l'arthrite du jeune adulte touchant la colonne vertébrale et le bassin), elle m'a raconté son combat lors d'un footing dans les bois autour de chez elle, au Mesnil-le-Roi, près de Paris. « Je cours pour aller mieux », m'annonce-t-elle dès le début de notre conversation. Diagnostiquée cinq ans auparavant, elle s'est inspirée de témoignages de personnes souffrant de la même affection : « Je ne pouvais plus bouger du tout. C'est une maladie très handicapante. On finit immobilisé, avec une canne pour marcher ou dans un fauteuil roulant. J'avais vraiment peur pour mon futur. Ce n'était pas une issue possible pour moi. Alors j'ai cherché des solutions pour m'en sortir. Et c'est passé par l'alimentation et le sport. »

Elle ne le cache pas, Vainui est passée par des moments difficiles : « J'étais au bout de ma vie après sept kilomètres lors de ma première sortie. » Mais elle s'est accrochée coûte que coûte avant de sentir les symptômes de la maladie refluer : « J'ai commencé petit à petit avec beaucoup de discipline, j'allais courir même quand c'était la tempête dehors, explique-t-elle. Il faut de la patience. Mais, après deux ans de course à pied, j'ai pu diviser par quatre mon traitement. Mon corps est plus fort et j'ai moins d'inflammations. Mon rhumatologue est finalement très content. Il apprend aussi de cette expérience, en comparant avec les patients qui se contentent de prendre des médicaments. »

Le week-end précédant notre rencontre, Vainui avait disputé une Spartan Race (une course d'obstacles) à Morzine, dans les Alpes. Elle a aussi bouclé quelques trails avant de s'attaquer à la SaintéLyon, une course de nuit de 82 kilomètres en plein hiver entre Saint-Étienne et Lyon ! Mais sa plus grande victoire, elle la savoure au quotidien : « Je pensais, par exemple, que je ne pourrais plus prendre l'avion, tant la position assise plusieurs heures était devenue insupportable. Aujourd'hui, j'ai l'impression d'avoir retrouvé une vie normale. »

Courir malgré le handicap

Disputer la SaintéLyon constitue une énorme aventure pour chaque concurrent. Cela peut même se révéler être l'objectif d'une vie pour certains participants de la région. Appartenant au patrimoine local, cette course, née en 1952, consiste à relier Saint-Étienne et Lyon de nuit, le premier week-end de décembre, sur les sentiers des monts du Lyonnais (78 km, 2 500 m D+). Au mieux, il fait froid. Au pire, glacial. Pour Nicolas Ronget, au départ de l'édition 2023 de cette doyenne des courses nature en France, c'est plus qu'un défi, c'est un saut dans le vide. Atteint d'une maladie qui affecte ses nerfs optiques, ce jeune kiné lyonnais souffre d'une myopie très sévère et de contractions oculaires : « À l'école, même en étant au premier rang, je ne voyais pas ce qui était écrit au tableau, décrit-il. À part si le prof écrivait très gros, mais quand je dis très gros, c'étaient des lettres qui faisaient un quart de la hauteur du tableau. » Imaginez, avec cette faible acuité visuelle, courir de nuit la SaintéLyon à la lueur de la frontale, dans la boue, la neige, et au milieu de 7 000 autres concurrents... Même avec un guide, difficile de croire à la réussite d'une telle entreprise.

Mais cette mission revêt pour Nicolas un caractère essentiel. C'est l'aboutissement d'un long processus de réappropriation de son destin. Plus jeune, il s'est tellement refermé sur lui-même qu'il a arrêté le sport. Il a pesé jusqu'à 120 kilos avant de se reprendre en main et de trouver sa voie presque par hasard : « J'ai eu mon diplôme de kiné en juillet 2021. Et, en août, une patiente qui court me parle de l'UTMB. Elle me dit : "Je suis sûre que c'est un Français qui va gagner." J'ai répondu "OK". Mais honnêtement, le trail, je ne connaissais pas. L'UTMB encore moins. Ça m'a intrigué. Le week-end, j'ai suivi la course. Je me suis passionné pour Mathieu Blanchard. Je me suis dit que c'était cool mais impossible pour moi à cause de mes yeux. Finalement, en en parlant avec des collègues, j'ai accepté d'essayer de participer au Lyon Urban Trail... » Une révélation. Il perd plus de quarante kilos, allonge la foulée et la distance, que ce soit à l'entraînement ou en compétition.

Sa SaintéLyon va être épique. Il parvient à rallier Lyon après 14 h 23' 16" d'efforts conjugués avec son guide, Mathieu. Ce n'est pas une ligne d'arrivée, c'est une porte ouverte sur un vaste champ des possibles. « Pour moi, cela signifie que tu peux avoir un handicap, tu peux avoir des difficultés dans ta vie, mais que ça ne t'empêchera pas de réussir. Il faut juste te donner les moyens et tu réussiras. Peut-être pas au premier coup, peut-être que ça va être au deuxième, au troisième, au dixième, mais si tu veux vraiment réussir, tu réussiras. C'est un énorme gain de confiance dans le sens où il n'y a plus grand-chose qui me fasse peur. »

Femmes enceintes : le changement de paradigme

Longtemps les professionnels de santé ont conseillé aux femmes enceintes d'adopter une attitude prudente en limitant leur activité physique afin de prévenir les fausses couches et les accouchements prématurés. Or, des études scientifiques récentes ont plutôt montré les bienfaits de l'exercice (dont la course à pied) sur la santé des femmes et de l'enfant, sauf dans les cas de grossesse à risque. Il est nécessaire d'adapter sa pratique au fur et à mesure de la grossesse et, notamment, de ne pas s'exposer au risque de contact ou de chute. Et de manière générale, la poursuite de la course à pied pendant la grossesse doit absolument se pratiquer sous la surveillance de son médecin.

Lors de sa deuxième grossesse, la traileuse Julie Roux a ainsi maintenu ses sorties jusqu'au terme de sa grossesse : « J'ai couru jusqu'au bout, même si, à la fin, je ne sais pas si on pouvait appeler ça de la course à pied, explique-t-elle. Dans l'intention, je courais, mais je serais sûrement allée aussi vite en marchant. J'avais besoin de me bouger et d'être dehors. Grâce à l'expérience de mon premier enfant, je savais que je pouvais le faire. Ce n'était pas quelque chose qui allait altérer ma santé ou celle du bébé. »

Quant à la reprise de l'activité physique après une grossesse, elle doit se faire de manière progressive et au cas par cas.

Course au féminin : la révolution Kathrine Switzer

On observe la parité dans la pratique de la course à pied, tout du moins sur les distances dites courtes. Cela n'a pas toujours été ainsi. Il a fallu attendre 1984 et les JO de Los Angeles pour que le marathon féminin soit introduit dans le programme olympique. Cette avancée doit beaucoup à la journaliste Kathrine Switzer, qui fut la première femme à courir un marathon à Boston, en 1967, alors que la fédération américaine l'interdisait. À l'époque, on pense que la course de fond peut faire descendre l'utérus, provoquer l'infertilité ou développer des attributs masculins. Engagée sous le nom de « K.V. Switzer » – en référence à l'écrivain J.D. Salinger et pour ne pas éveiller les soupçons –, elle court dans un survêtement ample avec son dossard 261, entourée de son coach et de son petit ami, quand l'organisateur Jock Semple tente brutalement de l'extraire au 6e kilomètre en hurlant : « Sors de ma course et donne-moi ton numéro ! » Une scène captée par des photographes dont les images feront le tour du monde. Défendue par son compagnon et d'autres concurrents, Kathrine Switzer terminera malgré tout sa course, en 4 h 20'. « Je me suis dit : "Peu importe comment, je dois finir cette course. Quoi qu'il m'en coûte, je dois aller au bout, même en finissant sur les mains ou sur les genoux. Si je ne finis pas, on dira que les femmes ne peuvent pas le faire." », racontera-t-elle plus tard. Kathrine Switzer sera déclassée et suspendue, mais son combat aboutira en 1972 avec l'ouverture du marathon de Boston aux femmes. Troisième de cette édition, l'Américaine remportera le Marathon de New York en 1974. Elle reste aujourd'hui encore une défenseuse infatigable de la place des femmes dans la course à pied.

Un esprit sain en plus d'un corps sain

Qu'on souhaite faire le vide ou se recentrer, la course à pied constitue une merveilleuse machine à gamberger ou à décompresser. Quoi de mieux, en effet, pour laisser vagabonder ses pensées que de respirer à pleins poumons, bercé par le rythme régulier de sa foulée ? Une sorte d'élévation par la course. « Je ne fais pas du sport parce que c'est sain. En réalité, c'est davantage un mécanisme métaphysique. Je veux pouvoir échapper au corps. Je veux que mon esprit puisse s'évader du corps, si je m'y applique. Mais ça ne marche que si j'en ai la pleine possession. Le corps doit être un temple. Une structure stable dont je puisse me libérer », affirme avec philosophie l'écrivain japonais Haruki Murakami, grand coureur de marathons et d'un 100 kilomètres, qui a intégré la course dans son processus créatif. Il l'a magnifiquement expliqué dans son livre *Autoportrait de l'auteur en coureur de fond*. Des lignes qui ont une valeur universelle : « Je suis un homme de type physique, pas intellectuel, écrit-il. [...] C'est seulement lorsque je suis physiquement aux prises avec un fardeau concret et que mes muscles protestent (et quelquefois hurlent) que mon compteur intellectuel grimpe un tant soit peu et qu'enfin je me dis : "Ça y est, j'ai compris !" Inutile d'ajouter qu'il me faut pas mal de temps, et bien sûr beaucoup d'efforts, pour me hisser à chaque niveau, pas après pas, pour parvenir à une conclusion. »

Les vertus d'une sortie de course à pied ne se limitent pas à faire fonctionner l'inspiration. Troisième raison invoquée par les coureurs, par ordre d'importance, pour expliquer leur besoin de courir : 50 % d'entre eux chaussent aussi leurs baskets pour « évacuer le stress et l'anxiété, se défouler ou se détendre[1] ». 39 % disent aussi courir pour « s'évader » et 37 % pour « prendre du plaisir ».

De nombreuses études confirment ce lien entre l'exercice physique et le bien-être mental. Il agirait comme un dopant des fonctions cognitives et comme un antidépresseur naturel. C'est en effet un « sas », une respiration dans nos vies menées à cent à l'heure, d'une urgence à l'autre, sans parler des heures passées devant les écrans.

L'explication est aussi hormonale. Comme tous les sports d'endurance, la course est l'une des activités physiques les plus propices à la production d'adrénaline et de cortisol, qui nous « boostent » au départ, puis de dopamine et d'endorphines, ces hormones du plaisir aux effets anesthésiants et euphorisants qui nous permettent de supporter les éventuelles douleurs de l'entraînement avec un sentiment de plénitude. Une demi-heure d'effort suffirait pour irriguer le corps de cette douce vague et en profiter pendant et après la séance... Autre hormone synthétisée pendant la course : la sérotonine, aussi appelée hormone du bonheur et de l'attachement. C'est elle qui nous accroche et nous réclame de recommencer le lendemain d'une belle sortie. Bonne nouvelle, ces hormones sont hautement addictives ! Voilà pourquoi, en cas de dépression légère, des thérapeutes n'hésitent pas à prescrire l'activité physique à leurs patients. Dans les cas plus graves, c'est aussi fortement recommandé en plus d'une prise en charge plus spécifique.

---

[1] Source : Observatoire du running.

**« Il n’y a pas
beaucoup
de problèmes
dans la vie
qu’une longue course
à pied ne peut
résoudre.
C’est juste que,
parfois,
la course doit être
un peu plus longue. »**

Krissy Moehl

Courir, c'est enfin un chemin, un horizon, l'entraînement rythmant nos semaines, l'esprit tendu vers un objectif. Les coureurs semblent le ressentir de manière intuitive. 28 % d'entre eux apprécient d'être « challengés » dans leur pratique. 28 % également espèrent améliorer leur mental et/ou gagner de la confiance en eux. Un chiffre qui atteint 44 % chez les jeunes de 18 à 24 ans. Rien de mieux pour l'estime de soi que de faire une belle sortie, d'aller au bout d'une séance d'entraînement ou de franchir la ligne d'arrivée d'une course en ayant donné le meilleur de soi-même.

La course aide aussi à réparer les blessures psychologiques. J'en ai eu la démonstration en discutant avec Alban Berson. J'ai invité cet ultra-traileur à mon micro à la fin de l'année 2023. J'avais entendu parler de lui à l'issue de l'UTMB, qui constitue une sorte de championnat du monde de la discipline, dont il a pris la 13e place en 2022 (6e Français). Une performance remarquable en soi, d'autant plus qu'il avait déjà passé le cap de la quarantaine. C'est moins pour ses résultats que pour son histoire personnelle que j'attendais beaucoup de ma conversation avec Alban quelques mois plus tard.

Entre les âges de 17 ans et 34 ans, il a peu à peu sombré dans l'alcool et la consommation de substances toxiques, d'abord dans le milieu des concerts punks et des rave-parties dans sa Normandie natale, puis dans les Alpes, où il a travaillé dans la restauration. « Je n'avais pas trop de limites, j'étais dans les extrêmes, expose-t-il. C'était quotidien, ça revenait tous les soirs. À la fin, il ne s'agissait plus de faire la fête, il s'agissait avant tout de chercher sa dose d'alcool. Je me suis fait peur. Il m'est arrivé d'avoir des black-out. Je me réveillais dans mon lit. Je ne savais pas comment j'étais revenu chez moi alors qu'il y avait trois ou quatre kilomètres à faire tout seul dans la neige. »

Il a touché le fond en 2015 à la fin d'une saison d'hiver d'enfer. Fatigué par les services sous tension, usé par les fêtes à rallonge, il sombre : « J'ai fait un gros burn-out, une grosse déprime. » Son médecin l'envoie en hôpital psychiatrique à Briançon. Il est censé se reposer trois ou quatre mois. Il sort au bout de quatre jours : « Autant j'étais très, très content d'arriver, autant j'étais très pressé de repartir. Mais je me suis promis que c'était la dernière fois que je venais là. Il fallait que je me trouve une passion, une occupation pour arrêter les conneries. » Ce sera la course à pied. Grâce à sa pratique, il va reprendre le contrôle de sa vie, éviter les rechutes et se reconstruire. À sa deuxième course, quelques mois après son hospitalisation, il s'impose dans un trail de 17 kilomètres : « C'est là que ça a matché. » Courir devient une nouvelle addiction, plus saine, qui lui permettra de se mettre en évidence dans des courses renommées comme l'Échappée Belle 2019 (2e), l'Ultra-Trail de Madère 2023 (4e) ou les Traces des Ducs de Savoie (TDS) 2024 (2e). Devenu pisteur-secouriste, il se félicite chaque jour d'avoir troqué la bière (il en boit toujours mais avec modération) pour les bornes : « Je suis très fier d'être passé de cette vie d'autodestruction dans les excès à cette rigueur et cette passion pour le sport. Aujourd'hui, je fais attention à mon alimentation, je profite de la nature et de la montagne, et j'essaye de performer. Cela me donne beaucoup de confiance et me procure des émotions. »

Je trouve beaucoup de points communs entre l'histoire d'Alban et celle de Marion. Cette habitante d'Aix-les-Bains a souffert de troubles du comportement alimentaire (TCA) sévères. Touchée par l'anorexie à l'adolescence, elle a ensuite navigué entre divers TCA, tels que la boulimie, l'orthorexie et l'hyperphagie, tout en restant dans une forme de déni. À l'aube de ses 25 ans, elle est hospitalisée en psychiatrie. Depuis ce jour, elle a décidé de ne plus se cacher et de faire face à la maladie. Peu à peu, elle va reprendre la course à pied avant de pousser les portes d'un club d'athlétisme. « Un déclic, analyse-t-elle. Je découvre le trail, qu'on peut partager de bons moments en courant, des week-ends en montagne, le plaisir de la vitesse… Je le vis comme une révélation. À partir de là, les choses se sont inversées. Alors que je courais pour perdre du poids, je me suis mise à manger pour courir. »

En 2023, pour ses 30 ans, elle finit de reprendre le contrôle sur sa vie en réalisant l'un de ses rêves : participer au Trail de Bourbon (100 km, 6 000 m D+), l'une des courses du Grand Raid de La Réunion. « Honnêtement, c'est le plus beau jour de ma vie, mon plus bel accomplissement de vie, au-delà du sportif », dit-elle en repensant à son arrivée sur le stade de La Redoute à Saint-Denis. « Aller au bout, c'était aussi montrer que, malgré la maladie, on peut réaliser de très grandes choses et qu'il ne faut pas se dire qu'on est foutu. Longtemps je me suis dit que j'avais gâché ma vie entre 15 et 30 ans et que je ne pourrais jamais rattraper le temps perdu. En allant au bout de cette course, je me suis rendu compte que plein de belles choses m'attendaient. »

De son côté, Vincent Machet montre que courir n'est pas une question de morphologie. Personnage « hors gabarit », comme il se décrit lui-même, ce Marseillais particulièrement attachant s'adonne à sa passion pour la course malgré un poids oscillant entre 140 et 160 kilos. Une échappatoire dans le contexte d'une histoire familiale cabossée par la maladie et le décès précoce de sa mère.

Indifférent au regard des autres, il a commencé à courir à l'âge de 15 ans, la musique de *Rocky IV* dans les oreilles : « C'est devenu une sorte d'addiction. Je ne vais pas dire une hygiène de vie, parce que j'étais déjà très costaud à l'époque, mais je courais pour être en forme, me sentir bien et fort. C'est vite allé vers autre chose. J'ai eu un besoin de liberté, de m'épanouir, de voir la vie autrement », explique Vincent Machet, qui a raconté son histoire dans le livre *Trop gros pour courir* (éd. Mons).

S'il n'a jamais couru pour maigrir, en revanche il jugule son poids pour courir. Sa passion dévorante l'a mené jusqu'au Marathon de New York, qu'il dispute pour ses 40 ans, juste après la mort de son père : « Le paramètre le plus compliqué a été la nourriture, ça n'a jamais été mon fort. Ma nutrition est liée à mes états d'âme. [...] Pour le reste, j'aime le dépassement, j'ai le goût de l'effort, j'aime pousser la machine un peu plus loin, je n'ai pas eu de difficultés, même si mes coachs ne m'ont pas ménagé. » Il ira au bout en 6 h 20', porté par le souvenir de ses parents, auxquels il pense sitôt la ligne franchie. Un souvenir mémorable qui l'accompagne au quotidien : « Il y a tous ces gens qui vous encouragent comme si vous étiez le plus grand des champions. Et pourtant vous êtes dans le fond, dans les 45 000es. J'ai vécu une grande aventure. »

Toutes ces histoires le démontrent : tout le monde peut courir. C'est une activité profondément ancrée dans la nature humaine et une source de bien-être général. À la fin de *Born to Run*, Christopher McDougall rapporte l'une de ses conversations avec le biologiste Dennis Bramble, au cours de laquelle le scientifique fait la démonstration de la puissance de la course à pied :

« Ce que nous avons découvert, c'est que, à partir de 18 ans, les coureurs s'améliorent chaque année pour plafonner à 27 ans, explique Bramble. Après 27 ans, ils commencent à régresser. Alors la question est : à quel âge retrouve-t-on les performances de ses 18 ans ? » Réponse selon les études et calculs du scientifique : « 64 ans. »

Autrement dit, un sportif ayant couru toute sa vie aura à 64 ans le même potentiel physique qu'à ses 18 ans ! Conclusion de McDougall : « On ne s'arrête pas de courir parce qu'on vieillit. On vieillit parce qu'on arrête de courir. »

PARTIE II

Kilomètre 0

« On ne se met pas à courir tout à fait sans raison. »

Le coureur le plus populaire du monde est sans doute un personnage de fiction. Ses premiers pas sont entrés dans l'histoire sur les écrans de cinéma : « *Ce jour-là, sans raison particulière, je décidai d'aller courir un peu* », raconte Forrest Gump, le personnage du film de Robert Zemeckis, tandis qu'on le voit quitter l'allée de sa maison au sprint. « *Alors j'ai couru jusqu'au bout de la route. Et une fois arrivé là, je me suis dit que je pourrais courir jusqu'au bout de la ville. Et une fois arrivé là, je me suis dit que je pourrais courir à travers le comté de Greenbow. Et puisque j'étais déjà allé si loin, autant courir à travers le grand État d'Alabama. C'est ce que j'ai fait. Puis, sans raison particulière, j'ai continué à courir…* » Il ne s'arrêtera plus, sillonnant les États-Unis en long, en large et en travers, d'un océan à l'autre, pendant 3 ans, 2 mois, 14 jours et 16 heures. « *Ils ne voulaient pas croire que quelqu'un puisse être assez bête pour courir aussi longtemps sans raison* », dit-il aussi, en évoquant les questions des journalistes quand son histoire commence à se répandre dans le pays. Sans tomber dans la psychologie de comptoir, Forrest Gump ne court pas juste pour courir. Il court aussi après le souvenir de l'être aimé, Jenny. C'est elle qui, lorsqu'ils étaient enfants, a libéré sa foulée alors qu'il portait des prothèses de jambes. C'est la scène de la réplique culte *« Cours, Forrest ! Cours ! »* qu'elle hurle pour l'encourager à fuir ses harceleurs. C'est elle, aussi, qui lui a offert sa paire de Nike Cortez. Elle, enfin, qui l'a quitté le jour où il a décidé *d'« aller courir un peu »*.

On ne se met pas à courir tout à fait sans raison. Il faut juste trouver la sienne et se lancer en faisant en sorte que cette activité devienne et reste un plaisir.

Grâce à des milliers d'années d'évolution et d'adaptations réalisées dans le but de survivre, l'être humain est fait pour courir. Sauf qu'aujourd'hui, ce n'est plus une nécessité, encore moins une question de vie ou de mort (à moins d'avoir à échapper à une tornade ou à un lion). Pour nous nourrir, il nous suffit d'ouvrir une application de livraison à domicile sur notre smartphone. Nos courses (celles du supermarché) sont livrées sur le pas de la porte. Beaucoup d'entre nous travaillent toute la journée assis devant un ordinateur. Même nos distractions, comme regarder un film, peuvent se consommer sans que nous ayons à quitter notre domicile...

C'est ce que relève le Dr Bramble dans le livre *Born to Run*. « À la différence de tous les autres organismes, les humains sont en proie à un conflit entre le corps et l'esprit : nous avons un corps taillé pour la performance, mais un cerveau constamment à la recherche de l'efficacité. [...] Vous savez comme moi combien c'est agréable de courir parce que vous en avez l'habitude. Mais perdez cette habitude et la petite voix la plus convaincante sera celle de votre vieil instinct qui vous ordonne de vous reposer. Ironie du sort, notre formidable endurance a permis à notre cerveau d'obtenir la nourriture nécessaire pour se développer, mais ce cerveau limite désormais notre endurance. »

Ce paradoxe, c'est la théorie de la « dysévolution » développée par Daniel Lieberman. Selon le professeur de Harvard, l'homme ne serait pas adapté à son mode de vie occidental de sédentaire endurci. Grande nouvelle : nous ne serions pas faits pour le manque d'effort ! « Même si les bienfaits de la course à pied sont nombreux, il est illusoire de penser que monsieur et madame tout-le-monde courront sans de fortes incitations. Par conséquent, si la course à pied n'est plus nécessaire, nous devons la rendre amusante », insiste Lieberman dans *La Clinique du coureur* (éd. Mons). Parce que nous ne sommes plus obligés de courir, nous devons trouver une bonne raison de nous lever le matin et de chausser nos baskets malgré la fatigue, le confort de la couette, la météo pluvieuse ou trop chaude, des notifications à consulter ou je ne sais quelle autre bonne excuse pour procrastiner. À chacun de trouver l'argumentaire qui entretiendra la flamme et viendra rappeler qu'on ne regrette jamais d'être allé courir.

Pourquoi tu cours ?

On distingue la motivation extrinsèque de la motivation intrinsèque. La première est induite par des facteurs qui ne sont pas directement liés à la pratique d'une activité ou la réalisation d'une tâche. Elle tire sa source de l'espoir d'une récompense, d'un résultat, d'une reconnaissance ou bien d'une forme ou d'une autre de pression. C'est, par exemple, courir pour perdre du poids ou pour tenir le coup physiquement tout au long d'un match de football. C'est participer à une compétition pour épater les collègues à la machine à café ou pour avoir le plaisir de poster sa médaille de *finisher* sur Instagram. C'est s'engager dans une course avec son entreprise par appartenance au groupe ou pour ne pas passer pour le rebelle du service.

La motivation intrinsèque provient, à l'inverse, de besoins ou de désirs internes. Des tripes, en bref. Elle est liée à une satisfaction ou à un intérêt pour l'activité en elle-même et ne se nourrit d'aucune récompense ou pression extérieure. C'est courir pour se sentir bien dans son corps et dans sa tête, pour se dépasser, pour éprouver un sentiment de liberté, pour se reconnecter à la nature. Pour résumer, c'est pratiquer pour le plaisir de courir, parce que c'est une activité qui nous fait du bien.

« Si tu veux courir, cours un kilomètre. Si tu veux changer ta vie, cours un marathon. »

Emil Zatopek

On considère en général la motivation intrinsèque comme étant plus puissante, plus épanouissante et plus pérenne. Mais les ressorts de la motivation extrinsèque ne sont pas à interpréter négativement et peuvent s'avérer utiles en fonction des circonstances. Libre à chacun de composer son propre cocktail avec les bons ingrédients.

Ce subtil dosage entre motivation intrinsèque et motivation extrinsèque, Simon Dugué a mis du temps à le trouver. Ce réalisateur-photographe influent et coureur amateur m'a reçu chez lui à Beaufort, dans les Alpes, pour me parler de son travail auprès de sportifs professionnels, mais aussi de sa pratique personnelle.

Trentenaire diplômé de Sciences Po Paris, il s'est détourné de son destin de futur haut fonctionnaire pour s'adonner à sa passion viscérale pour la course, et l'ultra-trail en particulier, personnellement et professionnellement. Il la vit, il en vit. Il s'épanouit dans cette pratique. À une exception près : la compétition. Plus précisément, les Traces des Ducs de Savoie (plus souvent appelée la TDS). Cette course (148 km, 9 500 m D+) organisée en ouverture de la semaine de l'UTMB le fait vibrer. Le parcours, qui traverse le massif du Beaufortain, passe littéralement dans sa rue. Mais avant de lui rendre cet amour, la TDS l'a rongé.

Après un premier abandon en 2021, il s'enferme dans l'erreur l'année suivante. Alors qu'il s'apprête à abandonner une seconde fois de suite, il s'autoanalyse sur les sentiers : « Je me demande alors si je ne suis pas au départ de cette TDS pour prouver aux autres ce dont je suis capable, avant de me le prouver ou de me dépasser. Et ça me rend triste. » Avec le recul, il analyse avec lucidité ce qui lui est arrivé : « J'avais déjà échoué, j'étais en train d'échouer de nouveau. J'ai pris conscience que je faisais ça pour les mauvaises raisons. Jusqu'à ce moment-là, je me voilais la face. J'ai longtemps attaché de l'importance à ce que les autres percevaient de moi en tant que sportif. C'est pour ça que j'ai un rapport un peu difficile à la compétition. Quand je suis au départ d'une course, c'est avant tout pour faire le job. [...] Je me suis rendu compte que je donnais énormément d'importance au résultat. Mais c'est toujours déceptif quand on ne s'intéresse qu'au résultat, parce que le résultat n'est jamais à la hauteur. Sauf quand tu gagnes l'UTMB, ce qui n'arrivera jamais. Et dès qu'on sort un peu de ce schéma de la performance, on perd ses moyens. Mentalement, cela devient alors très difficile. »

Il lui faudra laisser une édition partir sans lui avant de réussir à terminer cette course en *happy end* en 2024. De retour pour une troisième tentative, il a, cette fois, rallié l'arrivée, porté par une motivation plus intrinsèque. Un gros coup de fatigue l'a ralenti en chemin, mais finalement, franchir la ligne l'a comblé : « Cette fois, j'étais dans un état d'esprit assez différent des deux premières tentatives. J'étais convaincu que j'allais aller au bout. J'avais toujours une idée de chrono en tête. Je ne m'interdisais pas de rêver, si j'étais dans un grand jour, de pouvoir faire une bonne performance. Mais clairement, dans tous les cas, je savais que même si ça ne se passait pas comme je l'avais imaginé, j'allais switcher. L'objectif, c'était de voir Chamonix. »

Une quête de sens

Pour donner du sens à sa pratique sportive, rechercher son « pourquoi » (souvent évoqué aussi dans sa version anglaise, le « *why* ») s'avère précieux. Cette méthode est celle utilisée par Mathieu Blanchard, avec qui nous avons collaboré tout au long de l'année 2022 pour la production d'un podcast intitulé *Dans mon bain*.

Alors que cet ultra-traileur français du team Salomon, à l'époque installé une partie de l'année à Montréal, venait de monter sur la troisième marche du podium de l'UTMB 2021, nous nous sommes retrouvés autour d'un projet de nouveau podcast avec l'objectif de dévoiler l'envers du décor du sport de haut niveau dans un format original de journal intime enregistré directement par Mathieu, son magnéto à la main.

Le thème du *why* a été choisi par Mathieu dès le troisième épisode, après le débriefing de sa participation à l'édition 2022 de l'Ultra-Trail de Cape Town et un deuxième rendez-vous consacré à sa période de coupure en fin d'année. Ce n'est pas un hasard s'il a d'emblée abordé cette question. En ce début d'année 2022, il s'interroge sur la ligne directrice à donner à sa saison. Et pour cela, « rechercher le pourquoi est de loin le meilleur moyen de donner un sens à sa vie, à ses projets, d'être tout simplement 100 % aligné avec ce qu'on fait », insiste-t-il.

Simon Sinek, le boss du *why*

La théorie du *why* a été popularisée par le conférencier britannique Simon Sinek, auteur en 2009 du best-seller *Start with Why : How Great Leaders Inspire Everyone to Take Action* (*Commencer par pourquoi : comment les grands leaders nous inspirent à passer à l'action*, Performance édition), dont les travaux ont considérablement influencé le monde de l'entreprise et du marketing. Son propos consiste à donner la priorité à la raison d'être.

Il utilise le schéma du *golden circle*, qui se présente sous la forme de trois cercles concentriques. Au centre se trouve le *why* (pourquoi), puis le *how* (comment) et enfin le *what* (quoi), respectivement dans le deuxième et le troisième cercle. Pour Sinek, la plupart des personnes ou des organisations pensent leur activité et communiquent avant tout en fonction de ce qu'elles font (le *what*). Rares, en revanche, sont celles capables de formuler leur *why*, c'est-à-dire ce qui motive leur action.

Le conférencier fait remarquer que les personnalités réellement innovantes savent inspirer le monde en communiquant avant tout sur le « pourquoi » (la cause noble, les valeurs) avant de détailler le « comment » (le processus) et le « quoi » (la mission, le produit). Il utilise l'exemple très parlant d'Apple, qui a bâti son succès sur son « pourquoi » : la remise en question du *statu quo*, en l'espèce, penser différemment. Comment ? En créant des produits qui ne sont pas seulement fonctionnels mais aussi intuitifs et agréables à utiliser. Et ce alors que son « quoi » ne différencie pas Apple de ses concurrents : fabriquer des produits technologiques innovants.

Selon Mathieu Blanchard, le modèle du *why* fonctionne à merveille dans la course à pied pour identifier ses sources de motivation avant de penser à l'entraînement et aux objectifs. « En travaillant sur moi, j'ai pris conscience que je devais fuir certains "pourquoi" ou, du moins, mieux les équilibrer et les hiérarchiser, explique-t-il. Je me suis aperçu, par exemple, que dans une vie antérieure, certains "pourquoi" que j'estimais prioritaires ne me rendaient pas si heureux que ça. Côté professionnel, j'avais, par exemple, fait de l'accumulation matérielle et de la croissance financière un "pourquoi" principal : drapeau rouge ! Et côté sportif, j'avais mis assez vite la performance en tant que principal "pourquoi" : deuxième drapeau rouge ! »

Sa méthode pour déterminer son ou ses « pourquoi » est simple : « Je prends une feuille de papier en mode paysage, sur laquelle je tire une grande ligne pour représenter l'année écoulée, de janvier à décembre, et sur laquelle je recense tous les moments marquants. Plus je les note haut sur la feuille, plus ces moments ont été forts en émotions positives, alors que les moments négatifs sont notés en bas. [...] Cela me permet d'identifier des grands thèmes récurrents et de dégager mon ou mes "pourquoi". »

Un exercice à reproduire régulièrement car le(s) « pourquoi » évolue(nt) au fil de la vie personnelle, professionnelle et sportive. « En 2014, lorsque j'ai commencé à courir, mon "pourquoi" était simplement de me remettre en forme pour me sentir bien dans ma peau, pour reprendre le contrôle de ma respiration et pour apprécier l'image que je voyais dans le reflet d'un miroir, confie ainsi Mathieu Blanchard. [...] Après un an ou deux, j'ai pris conscience que courir me permettait aussi de me sentir plus libre, parce que je commençais à être un peu oppressé dans la société, dans la ville, dans mon petit bureau. [...] Puis j'ai commencé à découvrir le monde de la performance. La course me permettait de me dépasser un petit peu plus, de me pousser un peu plus à l'entraînement. Et après un an ou deux d'expérience, j'ai aussi pris conscience que la course à pied était loin d'être un sport individuel et que, bien au contraire, c'était un sport ultra social. Et ce "pourquoi" est devenu important pour moi... »

Ma méthode en six étapes pour trouver son *why*

#1. Retournez aux origines. Écrivez quelques lignes sur votre première expérience de course. Quels sentiments l'accompagnaient ?

#2. Explorez vos émotions actuelles. Listez des adjectifs ou des phrases courtes qui décrivent ce que vous ressentez pendant et après une sortie ou une course.

#3. Analysez vos motivations profondes. Qu'est-ce qui compte vraiment pour vous dans cette pratique, au-delà du simple plaisir de courir ? Classez vos réponses par ordre de priorité.

#4. Identifiez vos déclencheurs. Notez les événements, moments ou pensées qui vous donnent envie de chausser vos baskets. Sont-ils liés à des motivations intrinsèques (épanouissement personnel) ou extrinsèques (performance, reconnaissance) ?

#5. Résumez votre *why*. À partir de vos réflexions, écrivez une phrase claire et simple qui synthétise votre motivation profonde. Ça y est, vous tenez votre *why* !

#6. Visualisez votre *why*. Fermez les yeux et imaginez une scène où vous courez, pleinement connecté à votre *why*. Cette image mentale deviendra une ancre précieuse pour vous motiver dans les moments de doute.

Même après dix ans de pratique, cette question du pourquoi reste prépondérante dans la pratique de Mathieu Blanchard. Dans sa communication, il l'a remis en avant au cours de sa saison 2024, qui a connu des rebondissements. Vainqueur au printemps de la Maxi-Race, un trail exigeant organisé autour du lac d'Annecy (93 km, 5 200 m D+), face à une concurrence très relevée, il estime s'être ensuite fourvoyé en se détournant de sa « cause noble » à l'approche de l'Hoka UTMB® Mont-Blanc. Arrivé au départ fin août à Chamonix avec une pancarte de favori accrochée dans le dos, il est passé à côté de sa course. Rapidement contraint à l'abandon, il a expliqué sa contre-performance par une blessure au tendon d'Achille (syndrome de Haglund) mal soignée depuis plusieurs saisons. Mais la cause était sans doute plus profonde, analyse-t-il avant de

« Celui qui possède un pourquoi qui le fait vivre peut supporter tous les comment. »

Friedrich Nietzsche

se tourner, sept semaines plus tard, vers son objectif suivant, la Diagonale des Fous à La Réunion. Dans un texte posté sur le réseau social LinkedIn, il écrit alors : « Je reviens à mon "pourquoi" d'origine. Celui de l'aventure. » Une motivation très ancrée chez cet ancien adepte de la plongée sous-marine qui adore les expériences sportives loin de tout.

Le résultat sera spectaculaire, surpassant toutes ses attentes. En tête d'un bout à l'autre de la traversée de l'île, il remporte cette course mythique dès sa première participation, dans un temps record au regard du kilométrage de cette édition (23 h 25' 02" pour 175 km et 10 107 m D+). Quelques jours après, il est revenu sur ce changement décisif d'état d'esprit : « J'ai touché le fond, analysé, fait un recadrage, confiait-il avec franchise. Depuis deux ans, mon objectif principal était la performance. Mon mantra était : "Je vais gagner l'UTMB." Je ne pensais qu'à ça, je ne me répétais que ça. Et ça m'a fait l'effet complètement inverse... Plus je me le répétais, plus la pression montait. Plus la flamme en moi s'inhibait. Je n'étais pas vraiment convaincu que je voulais courir la Diagonale des Fous. J'hésitais même à continuer l'ultra-trail. J'ai touché le fond. Puis, au milieu de ce désert de pensées négatives, j'ai trouvé une oasis. L'aventure. » Son "pourquoi". Il l'avait d'ailleurs écrit en toutes lettres dans le titre de son autobiographie : *Vivre d'aventures* (éd. Flammarion).

La puissance du pourquoi s'illustre souvent dans le contre-exemple, lorsque des coureurs mal aiguillés par leur boussole personnelle ont la franchise d'expliquer leur erreur. C'est le cas d'un de mes amis, traileur amateur, Thibault Vignes. *Finisher* de la Diagonale des Fous 2023, il allait avoir une sorte de révélation pendant l'Hoka UTMB Mont-Blanc 2024, qu'il abandonne dès le deuxième ravitaillement, sans raison physique. Quelques minutes après avoir décroché son dossard, il partage un message vocal aussi sincère qu'éloquent dans lequel il explique avoir compris sa méprise : « Je me heurte au problème que j'avais déjà rencontré à la Diagonale des Fous, raconte-t-il alors d'une voix calme. Je me suis inscrit par défi, par orgueil. Mais ces courses ne sont pas faites pour moi. J'ai réussi la Diag', j'en suis fier, mais moralement, je souffre terriblement. C'est vraiment un calvaire. C'est ce que j'ai connu à la Diag'. Je n'ai pas le souvenir d'avoir pris du plaisir. Pourquoi m'infliger ça, à part pour dire que je tiens mes engagements ? Je sais que je suis tenace. Je n'ai pas besoin de m'infliger ça. Je n'ai rien à prouver. Mais si je n'ai pas de plaisir, ce n'est pas intéressant. Là, j'avais l'impression que j'étais en train de cocher une case. » S'il avait écouté ses aspirations profondes, sans doute n'aurait-il pas validé son formulaire d'inscription. Cette désillusion, si c'en est une, a eu la vertu de le mettre au clair avec lui-même et de lui permettre de se réaligner avec sa pratique de la course à pied. Parce que la course à pied réclame un engagement important, quel que soit son niveau ; bien vivre sa pratique nécessite d'identifier clairement ses motivations profondes avant de se lancer.

À chacun sa bonne raison

Identifier son pourquoi pour trouver et conserver l'envie et la joie de courir : cette question taraude souvent les invités de *Course Épique*. J'ai ainsi eu une longue conversation sur le sujet avec Nicolas Martin après sa deuxième place aux championnats du monde de trail long à Chiang Mai, en Thaïlande, en 2022. Pilier de l'équipe de France depuis de longues années, cet athlète et coach s'interrogeait alors sur ce qui allait encore attiser sa flamme une fois le haut niveau derrière lui. « Si tu veux durer, il faut développer l'amour de s'entraîner davantage que l'amour de performer », affirme-t-il, positionnant son pourquoi sur l'acquisition de l'expertise de l'entraînement plutôt que sur le niveau obtenu grâce à l'entraînement. « Des gens qui vont avoir une motivation uniquement liée à la compétition ne vont s'entraîner que pour obtenir un résultat. La problématique, c'est que ça fonctionne tant que tu réussis en compétition. Mais dès lors que tes résultats ne seront plus à la hauteur de tes attentes, tu ne trouveras plus de sens dans ce que tu fais. Souvent, ces gens-là parlent de sacrifices. Moi, je ne parle pas du tout de sacrifices dans ma pratique sportive. Certains jours, je ne nie pas que c'est inconfortable, quand tu fais des séances difficiles. Si quelqu'un me disait que l'on peut aussi être performant sans cet entraînement, je resterais parfois dans mon canapé, et ce serait OK. Mais globalement, ma motivation, c'est vraiment cette envie de faire du sport, de trouver et de dépasser mes limites. » Avec le temps, Nicolas a même appris à être indulgent avec lui-même en « acceptant qu'il y a des moments où on n'a pas envie d'aller chercher ses limites, m'avoue-t-il. Et ça, c'était quelque chose que j'avais du mal à accepter quand j'étais un athlète plus jeune. Aujourd'hui, je sais que je ne suis pas un fainéant. Mais si je n'ai pas envie de faire certaines choses, c'est qu'il y a peut-être des raisons physiques, mentales. Le jour où je me dirai ça à toutes les séances, il sera sûrement temps d'arrêter la compétition ». Mais quand ce jour sera venu, il n'arrêtera pas pour autant de courir et de s'entraîner.

Répondre à la question du pourquoi n'est pas réservé aux coureurs les plus experts, au contraire. Mieux vaut s'interroger dès le départ. J'en ai discuté, par exemple, avec Hervé Mathoux. Invité à disputer le Marathon de New York, puis le Marathon Pour Tous des JO de Paris 2024, le présentateur du Canal Football Club n'avait jusque-là participé qu'à quelques petites courses sans être devenu accro, loin de là : « Je ne suis pas vraiment dans un rapport passionnel avec le fait de courir. » Un euphémisme : « Je ne me suis jamais dit : "Qu'est-ce que c'est super, d'aller courir !" On m'avait dit : "Tu verras, tu vas courir, et au bout d'un moment, ça va devenir indispensable à ta vie." Franchement, jamais ça ne m'est arrivé. Au contraire, j'ai toujours eu à me dire qu'il fallait que j'aille courir. Je ressens surtout le plaisir de l'après, quand je sens un bien-être, quand j'ai conscience de mon corps, d'être plus affûté… » Autant dire qu'il partait de loin. Il va puiser son pourquoi dans le collectif, au sein d'une équipe montée par un partenaire, et par goût du défi. Un challenge qu'il s'est lancé, piqué au vif par la réaction de ses enfants lorsqu'il a évoqué ce projet avec eux : « Ils m'ont dit : "Toi, faire un marathon ? C'est n'importe quoi, jamais tu n'y arriveras. Tu n'as pas le mental pour ça, tu n'as aucun mental." Du coup, je leur ai répondu : "Vous savez quoi, je vais le faire." Une fois que tu as dit ça à tes enfants, il faut s'y mettre. » Il s'y est tenu et n'a pas eu à le regretter en parvenant à couper la ligne d'arrivée à Central Park.

Je me souviens aussi avoir été surpris par ma discussion avec Sandrine Duguay, qui n'a pas hésité une seconde à me dire lors de notre rencontre : « Je n'aime pas courir. » Pourtant, cette infirmière quinquagénaire est une passionnée et multiplie les challenges sur toutes les distances. Pour elle, la course, c'est bien plus que du sport, c'est une philosophie de vie. Ses vacances et son travail sont organisés en fonction de son calendrier de courses, témoignant de sa détermination. Ni la quête de chrono ni l'espoir de décrocher des médailles ne motivent Sandrine. Pour elle, l'essentiel est ailleurs. Sa motivation principale ? Le plaisir, tout simplement : « Je n'aime pas les descentes, j'ai peur, dit-elle. Sur le plat, je ne suis pas rapide. En général, je finis bien mes courses uniquement parce que je n'aime pas me faire mal. Mais j'aime passer une ou deux nuits dehors. J'aime rencontrer les gens, j'aime faire des photos des coureurs, des oiseaux, des animaux, des bois... Je ne sais pas pourquoi. » Mais ça suffit à la motiver. Et c'est l'essentiel.

C'est à chacun de trouver la recette qui fera naître, puis entretiendra le désir de course à pied. Allez piocher dans vos motivations intrinsèques et extrinsèques vos bonnes raisons, et n'oubliez pas de les interroger au fur et à mesure de votre pratique. Surtout, n'attendez pas d'avoir intellectualisé la démarche pour vous lancer. La méthode Forrest Gump – « J'avais juste envie de courir » – fonctionne aussi. Et s'il faut absolument trouver une bonne raison, gamberger pendant votre sortie ne pourra que vous aider à comprendre pourquoi vous avez envie de courir.

L'important, c'est de se lancer

S'il suffit de chausser ses baskets et de mettre un pied devant l'autre pour commencer à courir, les premières foulées sont, en règle générale, laborieuses. Rares sont les néopratiquants capables d'éprouver d'emblée du plaisir. Parce que le corps n'est pas adapté à cet effort nouveau, les débuts s'achèvent plus souvent par un coup de barre, les muscles et les poumons en feu, que par un coup de foudre. Mieux vaut être prévenu...

Avant d'avoir l'étincelle, il faut accepter de passer outre la souffrance ou, au moins, l'inconfort. Tous les témoignages vont dans ce sens. Demandez à un coureur régulier, comptant des années de pratique derrière lui, de vous décrire les sensations de son dernier footing en date : il les évoquera avec simplicité, sans détails marquants. Interrogez-le, en revanche, sur sa toute première sortie : il y a fort à parier que l'exercice lui aura laissé un souvenir mitigé, pour ne pas dire douloureux.

La première sortie : un cap à passer

« Ce qui est fou, c'est qu'on déteste tous ça au début. Ce n'est fondamentalement pas agréable de courir », affirme sans ambiguïté Alexandre Boucheix, alias Casquette Verte sur les réseaux. Dix ans après avoir fait ses premiers pas de coureur dans le bois de Vincennes, ce Parisien ne regarde pas à la dépense d'énergie. Courir une trentaine de kilomètres est devenu son pain quotidien. Chaque année, il enchaîne les ultra-trails avec un appétit démesuré (dix en 2023 !), décrochant au passage quelques belles victoires et accessits dans des épreuves de prestige. Et lorsqu'il n'enchaîne pas les compétitions, il se lance des défis XXL comme une traversée Beaufort-Annecy dans les Alpes ou son projet de relier à pied Paris à Honfleur, en Normandie… Autant dire que courir est devenu pour lui une seconde nature.

Mais avant d'être capable de totaliser 10 000 kilomètres par an et de devenir l'un des invités les plus réguliers de *Course Épique*, Alexandre a commencé comme tout le monde : dans la douleur. Désireux de renouer avec une activité physique après ses études en école de commerce, il s'était laissé convaincre par un collègue de travail de chausser les baskets. L'application de course à pied Strava a conservé la trace de ses débuts : une sortie de 7 kilomètres en 45 minutes le 5 avril 2014, puis deux footings de

2,7 kilomètres respectivement en 19′ 18″ et 17′ 39″ les 24 et 27 avril de la même année. Et ensuite ? Plus rien pendant trois mois. « J'ai fait demi-tour au premier faux plat, se remémore-t-il. J'ai le souvenir que c'était atroce. Je fumais encore beaucoup et je n'avais aucune condition physique. C'était juste de la souffrance. La première fois, quand je rentre, je me dis : "OK, c'est naze, j'arrête." »

Autre exemple marquant, Yoann Stuck. Ce coureur et traileur lyonnais reconnaissable à sa longue barbe, vainqueur notamment de l'ÉcoTrail de Paris en 2023, s'était lancé pour se remettre en forme alors qu'il menait une vie dissolue entre ses deux boulots – vendeur le jour, pizzaïolo le soir – et son goût pour la fête. Son objectif alors qu'il chausse ses baskets pour la première fois ? Arrêter de fumer sans prendre trop de kilos supplémentaires alors que l'aiguille de la balance flirte avec les cent kilos… « Je l'ai fait pour moi. Quand tu n'as pas encore 30 ans, que tu es en surpoids, que tu tousses le matin et que tu sens que tu es fatigué toute la journée, ce n'est pas normal. À cet âge-là, tu dois être en pleine forme. Alors je me suis pris par la peau des fesses et je me suis dit qu'il fallait arrêter les frais. J'étais en train de puiser dans mon capital santé. Donc, je me suis tourné vers le sport le plus simple. Pour ma première sortie, mon matériel était vraiment minimaliste : des sneakers [NdA : des baskets de ville], un short de foot et un tee-shirt en coton. C'était au mois d'août, dans le Sud. Autant dire que ce n'était pas forcément la meilleure des choses à faire… Ma sortie a duré vingt minutes et ç'a été vraiment horrible. Je ne me suis pas dit que la course à pied était faite pour moi. »

Tiffany Prinz, une coureuse alsacienne, est elle aussi partie de zéro, après ses études. Plus jeune, elle avait pratiqué le twirling bâton (la version sportive des majorettes) en club. Mais pour se reprendre en main, c'est vers la course qu'elle s'est tournée : « En 2019, ça faisait quelques mois que je faisais un régime parce que je ne pouvais vraiment plus me voir dans un miroir. Sauf que c'était très compliqué de me limiter dans l'alimentation parce que j'adore manger et passer de bons moments à table. Je m'étais rendue à l'évidence qu'il fallait que je fasse du sport. Je voyais des gens courir en bas de chez moi. Je me suis dit : "J'ai des baskets, j'ai un short et un tee-shirt dans mon armoire, je vais essayer d'aller courir." J'y suis allée. J'ai couru 500 mètres. Et j'ai arrêté. »

Tous ont persévéré et fini par trouver le plaisir. Casquette Verte a rapidement basculé vers des courses, enchaînant Semi-Marathon de Paris, Marathon de Paris et SaintéLyon dès l'année suivante, mais il estime qu'il lui a fallu deux ans avant de « vraiment kiffer ». Yoann Stuck, lui, explique avoir éprouvé de la satisfaction dans son opiniâtreté à changer de mode de vie et avoir utilisé la course à pied comme un moyen de visiter la ville de Lyon, où il venait d'emménager : « Je me suis retrouvé et je me suis découvert. » Quant à Tiffany Prinz, elle a apprécié chaque petit progrès : « Au bout de trois ou quatre semaines, je me suis rendu compte qu'on pouvait progresser vite, au niveau du souffle et de la distance qu'on est capable de faire. Chaque semaine, j'allais toujours au même endroit et j'essayais à chaque fois d'aller à l'arbre suivant, à celui d'après, puis à celui encore après. »

La bonne nouvelle, c'est que la plupart des néocoureurs enregistrent des progrès assez rapides. Il leur faut juste prendre le temps de se façonner un corps de coureur capable d'encaisser le choc d'une cadence moyenne de 170 à 180 pas par minute (traumatisant pour les muscles, les os et les articulations), d'améliorer leur technique de course pour tendre vers une foulée économe et de booster petit à petit leur VO_2 max[1] pour ne pas être trop essoufflés. Le secret ? Stresser son corps, se reposer et recommencer, autrement dit s'entraîner. Ce qui me fait dire que ce n'est pas la première sortie la plus importante, mais plutôt la deuxième, effectuée malgré les courbatures et les souvenirs probablement désagréables des premiers pas. Ne lâchez pas, le run en vaut la chandelle !

110 euros

C'est le coût moyen d'une paire de chaussures de running, que ce soit pour la course sur route ou pour le trail, mais il est possible de trouver des modèles tout à fait corrects pour beaucoup moins. La durée de vie moyenne des chaussures se situe autour de dix-sept mois (de 400 à 800 kilomètres selon les marques et les modèles). Nécessaires pour se lancer dans de bonnes conditions, les textiles de base (short et tee-shirt technique) peuvent également se trouver à des tarifs très bas, inférieurs à 50 euros pour la panoplie. Inutile d'investir davantage pour débuter ! La course à pied est considérée comme l'un des sports les moins chers car elle ne nécessite pas de licence obligatoire ni l'accès payant à un équipement. La note peut cependant monter avec l'achat de chaussures de compétition haut de gamme, d'une montre GPS ou du matériel complet pour le trail (sac d'hydratation, veste imperméable, bâtons, etc.).

[1] Le VO_2 max exprime le volume maximal d'oxygène que l'organisme peut utiliser par unité de temps. Pour schématiser, il s'agit de la quantité d'oxygène que les poumons sont capables d'inspirer, de transmettre dans le sang, et que les muscles vont devoir capter. Elle s'exprime en litres ou millilitres d'oxygène par minute (L/min) ou par kilogramme de poids de corps (mL/min/kg). Plus elle est élevée, plus le sportif possède un « moteur » important.

Éloge de la progressivité

Quand il s'est mis à la course à pied, Mathieu Blanchard n'a pas non plus échappé à la tentation du « plus jamais ça ». Il a déjà 26 ans, ce jour de mars 2014, lorsqu'il referme la porte de son appartement à Montréal, direction le mont Royal, une petite colline dominant la ville. Alors qu'il a programmé une sortie de dix kilomètres, il rebrousse chemin au bout de trois, sans avoir atteint le pied de l'ascension... Il attendra une semaine avant de ressortir ses baskets : « Mon ego a voulu retenter le challenge, raconte-t-il. C'est devenu une obsession. Et je me suis pris au jeu... » Sans doute un peu trop, reconnaît-il : « Je commençais à découvrir cet environnement. Et puis je suis allé sur le site du Marathon de Montréal. J'ai cliqué sur le bouton "inscription". Dès que j'ai reçu mon email de confirmation, cela a donné un nouvel élan à ma passion. Je me suis dit : "Il faut que tu sois prêt à courir le plus vite possible dans quatre ou cinq mois." Cela m'a encore plus motivé pour me préparer, m'entraîner, pour découvrir ce sport en profondeur. Mais c'était une grosse erreur. J'ai commencé en mars 2014. Et en septembre 2014, je courais un marathon ! J'ai pris un plan d'entraînement au hasard dans un livre avec un volume d'entraînement beaucoup trop important par rapport à mon niveau et à mon adaptation physiologique et tissulaire de l'époque. Durant tous ces mois, j'ai été blessé. Pas au point de ne pas pouvoir courir, mais des inflammations et des petites douleurs classiques de course à pied vraiment pas agréables. Pour moi, c'était normal. Je me disais que tous les coureurs devaient vivre ça. J'étais challengé par mon ego, je voulais préparer et réussir à faire ce marathon parce que j'avais dit à tout le monde que je m'étais inscrit... Avec le recul, ce n'était pas très sain de commencer trop vite, trop long. Cela a mis du temps avant que j'en prenne conscience et que je me mette à courir sans douleur et dans le plaisir... »

53 minutes

C'est la durée médiane d'activité en 2024 sur Strava[1], l'application leader auprès des coureurs à pied et des cyclistes (135 millions d'utilisateurs dans le monde). Par ailleurs, l'allure médiane se situe à 6,22 minutes par kilomètre, soit une vitesse de 9,4 km/h. Cela signifie que la moitié des utilisateurs de Strava courent moins d'une heure et à une vitesse inférieure à 10 km/h lorsqu'ils chaussent leurs baskets. Par ailleurs, si 16 % des coureuses et 17 % des coureurs inscrits sur l'application ont participé au moins à un semi-marathon dans l'année, seuls 5 % des femmes et 8 % des hommes ont pris part à un marathon. L'immense majorité des coureurs a donc une pratique récréative de la course à pied.

On se trompe en considérant qu'il ne sert à rien d'enfiler sa tenue pour une sortie de moins d'une heure et de moins de 10 kilomètres. Mieux vaut commencer très petit. Les physiologistes et les coachs prescrivent aux débutants des séances très courtes, allant de moins de 10 minutes à un quart d'heure, faites d'alternance entre course à une allure de footing et marche. Il sera toujours temps après quelques jours ou semaines d'entraînement d'augmenter les intensités, les durées et les distances de course. L'essentiel, selon ces spécialistes, réside dans la progressivité très douce des charges d'entraînement et la régularité. Mieux vaut courir trois fois 10 minutes la première semaine qu'une fois 30 minutes.

« Pour les tout premiers pas, je conseille de se donner un objectif comme le tour du pâté de maisons avec 5 minutes de

[1] Le scratch est le classement général d'une course, tous sexes et toutes catégories confondus, basé uniquement sur l'ordre d'arrivée des participants.

course et 1 minute de marche, si possible en regardant son cardio », détaille Laurence Klein, qui n'est pas seulement la coach de l'équipe de France de 100 kilomètres, mais aussi la mienne et celle de nombreux autres amateurs. « Deux à trois sorties par semaine suffisent, éventuellement avec un peu de vélo. Et on augmente ensuite peu à peu la distance de course sans dépasser 20 minutes le premier mois, tout en continuant d'intégrer de la marche. »

Une telle méthode permettra de créer des adaptations durables, d'entretenir la motivation grâce à des progrès ressentis au quotidien et d'alimenter le plaisir. Conseillée aux débutants, cette stratégie de la progressivité reste parfaitement valable pour les coureurs plus aguerris. Un consensus se dégage en effet dans la communauté scientifique selon lequel les blessures interviennent le plus souvent en cas de changement dans l'entraînement, comme une augmentation brutale du volume, de l'intensité ou de la part du dénivelé. Autre conseil valable pour tous les coureurs : écouter les signaux envoyés par le corps et le cerveau.

L'intérêt de courir lentement pour progresser

Les coureurs débutants ont souvent tendance à courir trop vite en effectuant toutes leurs sorties à une vitesse proche du « seuil », c'est-à-dire à peu près à 90 % de leur fréquence cardiaque maximale (FCM). En réalité, pour être efficace, l'entraînement doit comporter des séances variées. Dans les grandes lignes, il s'agit de réaliser la majorité des sorties à une allure d'endurance fondamentale, c'est-à-dire avec une perception d'effort relativement basse, et d'ajouter quelques séances de seuil et de vitesse, si possible en fractionnés. Les sorties lentes à 60/70 % de la FCM vont permettre de renforcer le muscle cardiaque et la capillarisation des muscles.

Le troisième pilier

Soupeser ses objectifs est un exercice difficile quand on ne mesure pas encore ses capacités, mais c'est aussi un passage nécessaire pour entretenir la flamme. Réussir à assouvir ses envies en restant aligné avec ses motivations personnelles, tout en conservant un équilibre général, c'est ainsi que la course va devenir et rester une activité épanouissante. C'est un thème que j'aborde souvent avec Laurence Klein. Ces discussions m'ont incité à lui donner la parole dans une série de podcasts intitulée *L'instant coaching*. Nous avons, un jour, évoqué la juste place à accorder à la course dans nos vies. C'est un dosage subtil à trouver entre ce que Laurence appelle les « trois piliers » : la vie familiale, la vie professionnelle et la vie personnelle, où la course devra trouver sa place.

« C'est très important de ne pas être trop gourmand et de ne pas se mettre des objectifs inatteignables, insiste-t-elle. Pour mettre toutes les chances de son côté, il faut tenir compte de tout son environnement avant de définir un objectif. Le cercle familial est très important. Il ne faut pas qu'il y ait une notion de sacrifice, ni pour soi ni pour ceux qui nous entourent. Par exemple, on ne va pas se fixer un objectif important en même temps que des vacances en famille. Il faut aussi faire attention au niveau professionnel en évitant que ne se télescopent des objectifs sportifs et une période durant laquelle la charge de travail est importante. Si on sait que l'on a une rentrée compliquée au travail, il est inutile de trop miser sur cette période au niveau sportif. Ou alors il faut

« La course ne peut être que le principal des choses secondaires. »

Jean-Michel Faure-Vincent

avoir conscience qu'on prend le risque d'avoir une charge mentale et physique à supporter en même temps. »

Cette articulation entre vie familiale et professionnelle, d'un côté, et vie sportive, de l'autre, a été au cœur de la carrière de Thomas Lorblanchet. Marié et père de deux filles, ce kiné a connu une riche carrière de traileur (quatre victoires au Grand Trail des Templiers, champion du monde 2009) sans sacrifier les autres pans de sa vie. Son épouse étant professeure, et habitant Clermont-Ferrand, Thomas a naturellement orienté ses choix de courses vers les Templiers, disputés fin octobre sur un terrain vallonné, de manière à ne pas perturber les vacances d'été en famille : « J'ai construit ma stratégie d'entraînement et, plus largement, ma stratégie de vie en fonction de ma famille, et j'ai élaboré mon profil en lien avec l'endroit où je m'entraîne et les courses dans lesquelles je voulais performer », m'a-t-il expliqué.

En 2012, il a fait une exception en allant disputer (et gagner) la Leadville 100 Run, une classique américaine renommée. Pour bien vivre cet objectif, il est parti avec sa famille plusieurs semaines aux États-Unis pendant l'été afin de s'adapter à l'environnement de l'épreuve tout en partageant une expérience enrichissante avec les siens. Désormais coach, il incite ses athlètes à trouver ce point d'équilibre : « La course à pied doit s'inclure dans une vie qui est souvent très prenante. Dans une pratique loisir, on peut être performant, mais le sport doit être au service de la vie en général, et pas l'inverse. [...] Il y a une grande différence entre réussir sa vie et être performant. »

« Quand j'ai
une heure de libre,
ce qui est très rare,
je cours. Ce temps-là
est noté
sur mon agenda.
Sinon on trouve
toujours toutes
les bonnes raisons
de ne pas y aller. »

Rio Mavuba

Un coach pour éviter les erreurs

On l'a dit, la course à pied peut se pratiquer de manière totalement libre. Magazines spécialisés, livres, podcasts (évidemment), chaînes YouTube, groupes sur les réseaux sociaux, etc. : les sources d'informations sont multiples et permettent à chacun de se documenter. Ces recherches ne seront jamais inutiles. Beaucoup de coureurs, dans un souci de simplicité, préfèrent courir selon leur envie, leur humeur et leur forme du jour. Cela fonctionne - les exemples sont nombreux - à condition de respecter les règles de progressivité, de régularité et de diversité. Opter pour un entraînement variant les distances, les allures, les terrains et le dénivelé permet de progresser. En guise d'inspiration, les nombreux plans d'entraînement disponibles dans diverses publications peuvent servir de bases intéressantes.

Cela dit, nombreux sont ceux qui préfèrent se rapprocher d'experts pour les guider dans leur pratique. Il peut suffire pour cela de rejoindre un club ou un groupe de coureurs ; il y en a forcément près de chez vous. Seul, on va plus vite. Ensemble, on va plus loin : cette formule semble particulièrement bien fonctionner dans la course à pied. Selon Strava[1], 58 % de ses utilisateurs déclarent vouloir nouer des liens *via* leur pratique de la course. Parmi ces coureurs, 43 % espèrent améliorer leurs performances en courant en groupe et 34 % affirment que cette pratique collective les aide à ne pas lâcher leur programme d'entraînement. Les datas de l'application font d'ailleurs apparaître que les sorties réalisées en groupe sont 40 % plus longues que celles réalisées en solo.

---

[1]Strava, l'année sportive : rapport des tendances 2024.

Pour encore plus de personnalisation, le recours à un coach peut s'envisager quel que soit le niveau du coureur. « On peut avoir un coach perso sans être élite, ç'a été une très grosse révélation », m'a confié, par exemple, Marion, qui s'est servie de la course à pied pour guérir de ses troubles du comportement alimentaire. « Mon premier coach m'a permis de m'améliorer, mais ça n'a pas forcément matché sur le plan émotionnel. J'ai besoin d'être très cadrée, de quelque chose de très carré. Du coup, j'ai rencontré un second coach qui a tout changé. »

C'est aussi le sens du témoignage d'Emma Rota. Cette journaliste et réalisatrice de documentaires s'était mise à la course pour arrêter de fumer. Elle a d'emblée fait la démarche de s'entourer et ne l'a pas regretté : « J'ai fait les choses dans l'ordre, pour une fois, et j'ai été patiente, ce qui est très rare. Il n'y a aucun terrain dans ma vie où je suis patiente, sauf en course à pied. J'ai fait les choses très scolairement. Je me suis inscrite à un club d'athlétisme. J'ai eu un entraîneur génial qui m'a dit qu'avant de penser au marathon, j'allais devoir faire les séances comme tout le monde et commencer par le b.a.-ba, à faire des éducatifs, à apprendre ce que c'est, l'athlétisme. Il m'a même appris à me nourrir correctement. Et je suis montée petit à petit en distance, mais vraiment très, très lentement. »

S'entourer d'un coach permet d'éviter de commettre des erreurs et, au final, de gagner du temps. « Un coach permet de ne pas brûler les étapes, explique Laurence Klein. L'idée, c'est d'aider une personne à se connaître et à poser les bases. Si on rate les fondations, les murs seront moins solides. Le coach va analyser le niveau de l'athlète, son historique sportif, ses forces et faiblesses. Il va fixer des objectifs clairs (améliorer la vitesse, augmenter l'endurance, préparer une compétition), élaborer un programme structuré et progressif adapté aux contraintes et à la disponibilité de l'athlète. Il va évaluer les progrès grâce à des tests VMA[1] ou à des séances spécifiques. Il va corriger les erreurs de posture et de foulée pour optimiser la performance et réduire le risque de blessure, adapter les séances en fonction des performances, de la fatigue ou d'éventuelles blessures. Enfin, il va encourager l'athlète, maintenir sa motivation et l'aider à surmonter les périodes difficiles, à gérer le stress avant une compétition et à développer des stratégies de gestion de l'effort pendant les courses. En somme, un coach est à la fois un formateur, un motivateur et un guide qui permet à l'athlète de progresser de manière saine et efficace en lui ôtant une certaine charge mentale. »

Accrocher un dossard ou pas ?

En 2023, la Fédération française d'athlétisme (FFA) a enregistré 2,3 millions de résultats dans des épreuves de running. Ce chiffre – en hausse de 22 % par rapport à l'année précédente – témoigne de la vitalité de la pratique et de l'appétit des coureuses et des coureurs pour la compétition. Sur les 12,4 millions de Français adeptes plus ou moins réguliers de la course à pied, tout le monde

[1] La VMA ou vitesse maximale aérobie est la vitesse à partir de laquelle un coureur consomme le maximum d'oxygène, c'est-à-dire atteint le VO_2 max. On estime généralement qu'un sportif peut tenir cette vitesse 4 à 8 minutes. Facile à évaluer grâce à un test réalisable sur une piste ou une route plane, la VMA est un outil utile permettant de mettre en évidence les vitesses cibles en course et lors des entraînements.

n'a pas encore franchi le pas. Disputer des compétitions ne constitue pas un passage obligé. Mais pour ceux qui seraient tentés, il y en a pour tous les goûts, toutes les distances, tous les terrains et tous les niveaux, des épreuves de 5 aux 100 kilomètres sur route, en passant par le marathon, des trails de 10 kilomètres aux ultras de 165 kilomètres, voire davantage, sans parler des cross et des courses d'obstacles.

Route ou trail, une frontière de plus en plus poreuse

En tout, 10 785 courses figuraient au calendrier de la FFA en 2023 (+ 5 % par rapport à 2022). Historiquement mieux implantée, la course sur route demeure la plus pratiquée, avec 2 125 événements (soit 3 825 courses, une organisation regroupant souvent plusieurs formats différents) pour 1,4 million de résultats. Mais derrière, le trail connaît un développement exponentiel avec 1 778 événements comptabilisés en France en 2023 (pour un total de 4 267 courses) et 854 000 résultats. Selon le rapport 2024 de l'Observatoire du running, si 59 % des coureurs en compétition se contentent de ne disputer que des courses sur route, les barrières entre route et sentier sont en train de sauter. De plus en plus de personnes passent sans transition du bitume aux cailloux (39 %) ; seule une petite minorité de purs traileurs ne courent que sur les chemins (2 %). Depuis les années 2010, on a même vu naître les trails urbains, à mi-chemin entre les deux pratiques, disputés en ville mais sur des terrains accidentés, avec des passages dans des montées ou des descentes d'escaliers.

Le trail, une offre en pleine expansion

Bien qu'il existe quelques exemples de courses sur sentier plus anciennes, on peut dater la naissance du trail des années 1970. C'est à cette époque qu'est fondée en Grande-Bretagne la *Fell Runners Association*, qui organise des courses de montagne assez *roots*, et qu'ont lieu les premières éditions de classiques comme Sierre-Zinal en Suisse (1974) ou la Western States en Californie (1977). En France, la SaintéLyon a été lancée en 1952, mais la doyenne des courses nature françaises n'a autorisé les concurrents à courir qu'à partir de 1977 (auparavant, seule la marche était autorisée). La 6000D à La Plagne (1989) fait, elle aussi, figure d'événement précurseur. Mais la discipline s'est réellement implantée en France à partir de la création de la Grande Course des Templiers dans les Causses en 1995. Le grand bond en avant a été effectué après la création de l'Ultra-Trail du Mont-Blanc en 2003, qui a donné le coup d'envoi à la démocratisation et à la mondialisation de la discipline. Un succès immédiat tel que les organisateurs ont dû mettre en place un système d'inscriptions par tirage au sort à partir de 2009.

Il n'y a pas de terrain idéal. Selon *La Clinique du coureur* (éd. Mons) : « Aucune surface ne cause plus de blessures si on y est pleinement adapté. Les surfaces planes, comme la route, la piste et le tapis, obligent à répéter la même gestuelle. Ces mouvements identiques induisent un stress spécifique sur certaines parties du corps. Si l'on est bien adapté, ce n'est pas un problème. [...] Monter une côte augmente la force de propulsion et donc le stress appliqué sur la chaîne postérieure (tendon d'Achille, fascia plantaire, etc.). Descendre une côte augmente la force d'impact et la phase de freinage, intensifiant ainsi le stress sur le talon, la bandelette ilio-tibiale et la rotule. Encore une fois, tout est une question d'adaptation. »

Ces éléments sont à prendre en compte au moment de choisir ses courses. Lorsqu'on habite en ville, il est nécessairement plus facile de préparer une course sur route qu'un trail en montagne. « Un coureur ressemble à son environnement », répète souvent Baptiste Chassagne. Cet ultra-traileur a passé la majeure partie de sa vie en ville. Né à Lyon, il a fait ses études à Sciences Po Paris avant de revenir habiter dans sa ville natale. Mais déterminé à briller à l'UTMB, il s'est finalement établi en Haute-Savoie, de manière à faire corps avec les sentiers de la course de ses rêves. « En passant de plus en plus de temps ici, j'ai élargi un petit peu ma zone de confort, explique-t-il. Ce qui me paraissait engagé ou technique avant ne l'est plus. C'est une question de perception. » Un détail qui compte selon lui. Dixième pour sa première participation, il est monté sur la deuxième marche du podium dès sa deuxième participation : « C'est un énorme avantage. Je pense que je suis peut-être le seul coureur élite à avoir dormi la veille et à avoir fait sa sieste dans son lit juste avant l'UTMB... »

La compétition pour structurer sa pratique

L'usage veut qu'on parle indifféremment de « course » ou de « compétition » pour évoquer les organisations officielles chronométrées donnant lieu à un classement. Derrière ces mots se cachent deux conceptions différentes de la course à pied avec un dossard. Si tous les types de participants se retrouvent derrière la même ligne de départ, tous n'ont pas le même objectif. Quelques-uns visent le podium dans une recherche de performance. Les autres espèrent simplement rallier la ligne d'arrivée, passer un bon moment collectif, se dépasser un peu plus que d'habitude et profiter des ravitaillements. Quoi qu'il en soit, ce cadre plus formel donne une autre dimension à sa pratique.

Il y a ceux qui ne doutent de rien. Emportés par un enthousiasme débordant dans la nuit du 31 décembre au 1er janvier, ils s'inscrivent à leur première course avant d'avoir acheté une paire de running. Et il y a ceux qui franchissent le pas après quelques semaines ou mois de pratique. Mais la question de participer ou non à une compétition intervient généralement assez tôt chez les néocoureurs. Se lancer dans la compétition est devenu vraiment facile. Vu le nombre de courses au calendrier et leur diversité, il y a forcément une course adaptée à vos envies et à votre niveau à côté de chez vous. Rien de plus simple, en plus, pour s'inscrire. Pas besoin d'avoir une licence ni même un certificat médical. Depuis le 1er avril 2024, la visite obligatoire chez le médecin a été remplacée pour toutes les courses par un parcours de prévention santé (PPS) à effectuer en ligne.

Se projeter dans la participation à une première course constitue une aide précieuse. La compétition permet de structurer sa pratique, que l'on soit débutant ou aguerri. C'est une date butoir et un chemin à paver. Entre l'inscription et le départ, cette échéance va occuper les pensées, constituer une motivation concrète pour sortir jour après jour et progresser. Elle va inciter à mettre en place un plan, si ce n'est un programme d'entraînement, permettant d'arriver dans le meilleur état de forme possible le jour J. Autant dire une manière facile, presque automatique, d'organiser sa pratique à court et long terme lorsqu'on prévoit des rendez-vous espacés les uns des autres. Épingler un dossard, c'est aussi apprendre à se dépasser, à se découvrir, en profitant de l'émulation collective et des encouragements du public pour réaliser des performances dont on ne se pensait pas capable. Une course, c'est enfin un examen de passage, une photographie de son niveau du moment, une porte vers des progrès à réaliser (ou pas), en tout cas vers d'autres défis, d'autres horizons.

Ce chemin a changé la vie de Tiffany Prinz. Après avoir dépassé le dernier arbre du parc où elle a fait ses premiers entraînements pour perdre du poids, la jeune Alsacienne a rapidement voulu se mesurer à son premier 10 kilomètres dans sa ville de Sélestat. « J'étais très stressée, m'a-t-elle raconté. Dans le sas de départ, je me souviens que je regardais tout le monde. Je me disais : "Ils sont tous super bien équipés, super bien faits, je vais terminer dernière, je n'arriverai à rien." Deux jours avant la course, je m'étais aperçue que je n'avais jamais couru 10 kilomètres. J'avais dit à mon copain qu'il fallait que j'aille essayer. Il m'a répondu que personne ne court 10 kilomètres deux jours avant son premier 10 kilomètres en compétition ! Mais je suis bornée et têtue. Et nous sommes allés courir 10 kilomètres pour me prouver que je pouvais y arriver. J'ai fait à peu près la même chose le dimanche. C'était difficile, mais j'en garde un super bon souvenir. En ville, il y avait plein de gens qu'on connaissait. C'était super sympa. On était fiers. Après, on est allés manger un brunch, contents d'avoir couru notre premier 10 kilomètres. » Un événement fondateur. Quelques mois plus tard, elle disputait son premier trail, avant de progresser à grandes enjambées jusqu'à sa victoire à l'Ultra-Trail des Païens 2023 (109 km, 3 820 m D+). À l'arrivée de cette course, elle a pu mesurer tout le chemin parcouru : « La compétition procure de bonnes raisons d'être fier de soi. Cela booste la confiance qu'on a besoin d'aller chercher en profondeur. Personnellement, j'ai eu une progression et une évolution normales. Je n'ai pas grillé d'étapes et je me suis entraînée comme tout le monde. Le plus important, c'est la détermination et la régularité. Il faut avoir conscience qu'on ne peut pas aimer ce sport tout de suite parce que c'est quand même très difficile et que cela peut paraître très ingrat. C'est comme quand on est enfant et qu'on n'aime pas les légumes, ça vient petit à petit… Il faut se laisser du temps et ne pas baisser les bras. Se fixer un objectif, c'est important. Moi, au tout début, c'était juste de faire le tour du parc de cinq kilomètres à côté de chez moi. »

De l'autre côté du spectre, il y a les purs compétiteurs, ceux qui cherchent à tendre, course après course, vers la meilleure version d'eux-mêmes. « Je n'aime pas faire le déplacement pour rien, admet ainsi Thibaut Garrivier sans faux-semblants. Je ne peux pas imaginer arriver sur une course à 85 %, ça me rend fou. Je ne m'entraîne pas pour ça. J'y vais pour faire le max. » Installé à Annecy, ce traileur traverse la vie avec exigence.

Radiologue et athlète élite du team Hoka, il a d'abord mis son esprit compétiteur au service de son projet professionnel afin de devenir un radiologue de haut niveau : « J'ai toujours été assez scolaire. En fin de troisième, je savais déjà que je voulais faire de la médecine et j'étais déjà focus là-dessus, raconte-t-il. L'objectif, c'était d'obtenir le niveau le plus élevé pour le concours d'entrée, puis l'internat. Je voulais mettre toutes mes forces dans cette bataille. Il n'y avait pas de place pour autre chose. À cette époque, le sport était secondaire. » Une fois son objectif professionnel atteint, il s'est lancé dans le sport avec la même détermination : s'entraîner en visant l'excellence pour décrocher les meilleurs résultats possibles. Il va rapidement obtenir des succès dans des courses internationales, comme la Transvulcania 2019, puis à la course Courmayeur-Champex-Chamonix (CCC) 2021, l'une des épreuves de la semaine de l'UTMB : « C'était vraiment ultra sain. À la fois, je prenais énormément de plaisir avec mes potes à l'entraînement, et en compétition, c'était très sérieux. À l'époque, je mettais beaucoup de choses en place pour que ça fonctionne pendant la course. Aujourd'hui, la démarche est complètement différente dans la mesure où le sport a pris une place énorme dans ma vie. » Désireux de ne pas faire de choix, il s'accomplit en tentant d'obtenir les meilleurs résultats possibles (6e de l'UTMB 2023) malgré son emploi du temps chargé au travail : « Ma plus belle réalisation, c'est d'être capable de faire ça en sachant ce que je mène comme vie derrière. Je cherche la perf dans l'ubiquité. Je cherche à être parmi les meilleurs, bon partout, à ne pas avoir de points faibles. »

Les off : la course sans dossard

Se lancer un défi, planifier la préparation, s'entraîner, s'y frotter... Il est aussi possible de construire sa pratique sans dossard accroché sur le ventre grâce aux projets off. Popularisés par des athlètes comme Kilian Jornet et François D'Haene, ces défis personnels permettent à ceux qui ont l'ambition et le courage de les monter de se challenger tout autant qu'en compétition sans dépendre de personne. Ces projets attirent les coureurs en quête d'authenticité et de liberté, mais imposent une préparation et une logistique importantes.

Le principe consiste à imaginer une aventure à sa mesure et à laquelle le coureur saura donner du sens pour rester motivé, car le processus peut s'avérer beaucoup plus lourd qu'une simple inscription à une course. Avec les formats off, pas de ravitaillement, de balisage, d'équipe médicale ; c'est aussi le prix de cette liberté. D'ailleurs, les amateurs de off ne sont, en général, pas exclusifs et participent également à des compétitions officielles, les défis personnels étant considérés comme une respiration ou un pas de côté.

Le off a évidemment eu le vent en poupe pendant la crise sanitaire du Covid-19, quand les courses étaient à l'arrêt. À cette époque, j'avais évoqué avec l'athlète Camille Bruyas sa participation à la Grande Traversée. Ce projet avait été imaginé par les membres du team Salomon au chômage technique lors de l'été 2020. Ils ont couru à huit en se passant le relais de l'Alsace jusqu'à Nice en sept jours, sur 1 000 kilomètres. « L'idée est née pendant le confinement, m'avait-elle expliqué. On ressentait tous un manque de motivation. » Ce défi a eu le mérite de redonner un but à sa pratique : « On n'avait pas de chrono. Mais moi, j'avais en tête de voir le coucher de soleil au Grand Mont [NdA : son point d'arrivée dans le massif du Beaufortain]. C'était mon petit objectif. » Finalement, elle a apprécié cette aventure collective organisée dans une ambiance à mille lieues de celle des compétitions : « L'idée, c'était de ne pas se mettre de pression, d'aller chercher des sentiers qu'on ne connaissait pas et de ne pas regarder le chrono. Le off, c'est complètement différent. On profite beaucoup plus du paysage, on discute, on est dans le partage. Franchement, j'ai adoré. »

S'inscrire à une course reste, malgré tout, la façon la plus simple de se lancer un défi.

PARTIE III

En course

« Il n'est pas nécessaire de s'attaquer à un tel défi pour connaître le grand frisson d'un sas de départ. »

Saleté de poussière dans l'œil ! À Chamonix, chaque dernier vendredi du mois d'août, on croise les mêmes regards de chaque côté des barrières à l'occasion du départ de l'UTMB. L'ambiance monte crescendo sur la place du Triangle-de-l'Amitié, où quelque 2 500 participants s'agglutinent au pied de l'église. Ce n'est pas un départ de course, c'est un cérémonial, une liturgie. Ludovic Collet, voix du trail et speaker historique de l'événement, récite son texte dans une dramaturgie bien rodée, invitant les concurrents à partir à la rencontre de leur légende sur le mythique sentier du GR TMB, qui fait le tour du sommet le plus haut d'Europe occidentale.

Puis, soudain, c'est le moment de l'hymne de la course, le bien-nommé *Conquest of Paradise* de Vangelis, bande originale du film *1492* de Ridley Scott sur la découverte de l'Amérique par Christophe Colomb. Ça ne manque jamais : la signature musicale de l'épreuve déclenche son flot de larmes derrière les lunettes fumées des concurrents. Une émotion contagieuse qui étreint les spectateurs.

Tout est exacerbé et plus spectaculaire parce que c'est l'UTMB, une course mythique, réservée à une poignée de coureurs capables de venir à bout d'une boucle de 170 kilomètres en montagne (10 000 m D+) et de patienter plusieurs années avant de décrocher un dossard au tirage au sort. Mais il n'est pas nécessaire de s'attaquer à un tel défi pour connaître le grand frisson d'un sas de départ.
En avant pour cette grande aventure qu'est la course, dont l'intensité n'est pas proportionnelle au nombre de kilomètres à parcourir !

Cette immersion dans l'ambiance de Chamonix un jour d'UTMB illustre à merveille la puissance des émotions générées par la participation à une course. Cet événement, qui réunit fin août, chaque année, plus de 10 000 coureurs sur des formats allant de 15 à 330 kilomètres, s'est d'ailleurs doté d'un slogan évocateur : *Meet your extraordinary!* (Rencontrez votre extraordinaire !) C'est une *punchline* d'experts du marketing à la *Just do it*. Mais le message est clair : c'est une invitation à écrire sa légende, quel que soit son niveau et quelle que soit la distance à couvrir pour terminer.

Accrocher un dossard n'est jamais anodin. Certes, il ne s'agit pas de se prendre pour un champion. Mais c'est se placer dans les conditions idéales pour exprimer le meilleur de soi-même avec ses moyens du jour. Une course, c'est une organisation, avec ses ravitaillements, ses bénévoles, une logistique, un contexte, permettant aux participants de ne penser qu'à leur effort. C'est une émulation, une vague qui vous emporte et vous pousse à donner plus que d'habitude, presque malgré vous. C'est aussi une plongée dans l'inconnu, un scénario impossible à écrire à l'avance, des hauts et des bas, des surprises bonnes ou mauvaises, bref : la promesse d'un chemin plein de rebondissements. Une course, c'est enfin une ligne d'arrivée à franchir, pour certains un chrono à réaliser, un classement à obtenir ou encore une barrière horaire à ne pas dépasser. Prendre un départ, c'est partir à l'aventure ou à la recherche de ses limites, se sublimer, parfois passer outre à la douleur inhérente à ce sport, pour se découvrir et en sortir grandi.

La préparation

Avant de connaître le grand frisson, s'inscrire pour une course, c'est s'engager dans un processus de préparation, peut-être tout aussi précieux que la compétition en elle-même. Les coureurs aguerris et rompus à l'exercice ont l'habitude de dire qu'« arriver sur la ligne de départ est déjà une première victoire ». Une manière de souligner qu'une course ne commence jamais au coup de pistolet, mais des mois auparavant avec le coup d'envoi de la préparation. C'est toute la difficulté et tout l'intérêt de la compétition, qui focalise les pensées et les efforts des coureurs tendus vers leur objectif.

Comment établir son calendrier

Pour arriver dans le meilleur état de forme à la fois physique et mental sur la ligne de départ le jour J, la plupart des spécialistes et des coachs conseillent de limiter le nombre de « courses objectifs » dans l'année. Ces compétitions sont celles qui vont motiver et mobiliser pleinement le coureur. C'est le cœur de sa saison. Ma coach, Laurence Klein – parfois sceptique en me voyant quelquefois multiplier les dossards sans ligne directrice –, recommande d'identifier au maximum trois rendez-vous au cours de l'année (voire un ou deux pour les débutants), et ce, quelle que soit la distance.

« Il est important de veiller à ce que les objectifs soient assez éloignés les uns des autres afin de pouvoir refaire une préparation spécifique et de se remettre en question après chaque course pour atteindre le prochain objectif que l'on s'est fixé », insiste-t-elle.

Se contenter de trois courses principales n'empêche pas d'ajouter d'autres dossards à son programme. « Derrière ces objectifs A, on peut jalonner son année d'autres types de courses intermédiaires, détaille-t-elle. Ces objectifs B ou C servent de répétition et font partie de l'entraînement, c'est-à-dire qu'ils sont intégrés au plan d'entraînement global. »

Ces courses secondaires ont valeur de tests à effectuer sans pression. Elles permettent de simuler une allure cible sur une distance plus courte (par exemple, sur un 10 kilomètres avant un semi-marathon), ou encore de valider les chaussures, le matériel et la nourriture que l'on a prévu d'utiliser le jour de l'objectif. Ces courses sont à disputer au cœur d'une période d'entraînement normal, comme une séance en situation, alors que les courses objectifs interviennent à la fin d'une période de repos.

Cette parcimonie dans le nombre d'objectifs par saison est si importante qu'il a été gravé dans le marbre au sein du team trail Salomon, comme me l'a expliqué Jean-Michel Faure-Vincent lorsqu'il en était encore le manager : « Nous imposons un nombre maximum de courses à ne pas dépasser au cours d'une saison. Un athlète spécialiste de courtes distances allant jusqu'au marathon ne peut pas prendre plus de 10 départs, y compris les courses de préparation. En comptant la coupure annuelle de deux mois, cela fait une course par mois, ce qui ne fait pas beaucoup. L'idée, c'est de protéger le sportif, son corps et son mental. Cela va permettre de se régénérer après chaque course avant de se repréparer. »

Spécialiste de l'ultra-trail, François D'Haene est encore plus comptable de ses apparitions en compétition. Le quadruple vainqueur de l'UTMB (2012, 2014, 2017, 2021) se contente de deux objectifs annuels et d'une ou deux épreuves préparatoires. Il avait pris cette décision après son énorme saison 2014, au cours de laquelle il avait réalisé un triplé unique Ultra du mont Fuji-UTMB-Diagonale des Fous, qu'il a ensuite eu du mal à digérer. Son retour à moins de gourmandise explique, selon lui, son exceptionnel taux de réussite (10 victoires sur 12 ultra-trails entre 2012 et 2021) et sa longévité : « Cela représente seulement 12 ultras en dix ans ; il est là, le secret, estimait-il avant d'être victime, en 2022, d'une grave blessure à la cheville à la réception d'un vol en parapente. Je vais toujours vers les courses qui me motivent et qui ont un sens à tel ou tel moment de ma carrière. J'en ai gagné 10 sur 12, mais j'en ai surtout terminé 12 sur 12. Ce chiffre me fait plaisir. Je ne suis pas surhumain. La clé, c'est d'arriver frais le jour J, avec de la motivation. Quand tu as envie, que tu prends le temps de bien faire les choses, que tu y vas progressivement et que tu n'en fais pas trop, tout est faisable... »

Pour ne pas avoir suffisamment écouté ce conseil, il m'est arrivé de ressentir un ras-le-bol. Un comble alors qu'il s'agit d'une passion chevillée au corps. À la fin d'une saison 2024 et d'un été chargés tant sportivement que professionnellement avec *Course Épique*, j'avais prévu d'enchaîner l'OCC (57 km, 3 500 m D+) et le Grand Trail des Templiers (80 km, 3 500 m D+) moins de deux mois plus tard. Une perspective qui, en temps normal, aurait dû m'enthousiasmer. Au lieu de ça, alors que je disputais l'OCC, je me suis surpris à me demander à quoi bon m'imposer un nouveau cycle de préparation, à penser que je serais mieux avec mes enfants et à interroger le poids pris par la course dans ma vie personnelle. Un trop-plein qui me força à requestionner mon *why* pendant de longues semaines, à davantage écouter ma coach et à basculer sur une course plus courte aux Templiers. Une expérience enrichissante et utile pour entretenir durablement le plaisir de courir.

Célébrer la période d'entraînement

No pain, no gain (pas de douleur, pas de progrès). Entraînement difficile, course facile. Les formules martiales qui conditionnent la réalisation de son objectif à l'exécution d'un labeur pénible ont longtemps fait office de mantras. On n'a rien sans rien dans la course à pied, c'est une certitude. On ne réalise pas ses objectifs sans préparation. Et s'entraîner nécessite de produire des efforts répétés, d'accepter de l'inconfort et même parfois de se faire violence pour enfiler ses baskets. Certes. Mais faut-il considérer l'entraînement comme une lutte contre soi-même ? Au contraire, la plupart des coachs et préparateurs actuels préfèrent inverser la logique en mettant l'accent sur la notion de plaisir. Il ne s'agit pas de nier la difficulté mais de s'engager dans une voie pavée d'obstacles, de s'améliorer jour après jour pour s'accomplir par la course. C'est accepter la difficulté et s'enthousiasmer des progrès.

Ce sentiment peut être ressenti dès les premiers mois de pratique, comme me l'ont confié Valentine et Pauline, ces deux sœurs auvergnates venues à la course après que l'une d'elles avait été inspirée par des images du Marathon de New York. Instantanément déterminées à le disputer un jour, elles ont entamé cette longue route en commençant par un 10 kilomètres, puis un semi-marathon. Trois entraînements hebdomadaires et une motivation entretenue dans un souci d'émulation réciproque leur ont suffi pour apprécier chaque étape : « J'ai trop aimé cette prépa, me dit l'une d'elles. Il y a eu des moments où on a détesté notre coach, Fabien, quand on faisait les fractionnés, mais on a vraiment vu notre progression. C'est vite passé. » Un avis partagé par sa sœur : « Le plaisir naît de la discipline. C'est se montrer qu'on est capable de suivre un programme et louper le moins possible de séances. Une fois sur la course, on se rend compte que la prépa est efficace et qu'on est capable. »

La puissance des pensées positives

En 2014, le physiologiste Samuele Marcora et ses collègues de l'université de Bangor ont réalisé une expérience auprès de treize cyclistes auxquels ils ont demandé de pédaler à une allure prédéterminée jusqu'à l'épuisement. Ils avaient placé face à eux des écrans affichant par flashs de 16 millisecondes des visages souriants ou tristes. Résultat : les cobayes auxquels on présentait des visages joyeux ont pédalé en moyenne trois minutes de plus et ont exprimé un inconfort moindre. Pour aller plus loin, Marcora a ensuite réalisé une autre expérience en testant deux groupes de cyclistes : l'un formé à des méthodes d'autosuggestion ; l'autre vierge de recommandations. Sans surprise, le groupe autosuggestion, se répétant des phrases simples comme « Je me sens bien » ou « Accroche-toi ! », a résisté 18 % de plus que l'autre. « Avec ces résultats à l'esprit, l'idée que la psychologie du sport peut aussi influencer votre sensation de l'effort ne semble plus autant tirée par les cheveux », commente le chercheur et journaliste américain Alex Hutchinson dans son livre *Endurance* (éd. Amphora). Conclusion : autant produire ses efforts dans la joie et le relâchement. La sensation de difficulté sera moins prononcée, et le résultat meilleur.

J'ai rencontré le meilleur promoteur de la « préparation heureuse ». À l'été 2024, j'ai pris le train direction Combloux, en Haute-Savoie. À la gare, j'ai été accueilli par Baptiste Chassagne. J'entretiens des liens étroits avec cet ultra-traileur. Ensemble, nous avons réalisé plusieurs épisodes dont une série de podcasts sur la nutrition. Cette fois, mon projet consistait à passer vingt-quatre heures en immersion dans son quotidien alors qu'il en finissait avec sa préparation pour l'Hoka UTMB Mont-Blanc 2024. Nous ne savions pas encore que Baptiste allait réaliser quelques jours plus tard une performance de haut vol autour du mont Blanc pour décrocher la deuxième place. Un résultat qui allait donner un poids et une résonance supplémentaires au récit qu'il m'a fait de son année de préparation. Même si l'on parle là d'un athlète professionnel, son discours est universel et donne des clés que chacun peut accrocher à son trousseau de coureur.

Dixième de cette course en 2023 à la fin d'une saison éprouvante, Baptiste Chassagne a décidé d'en faire son objectif prioritaire l'année suivante. « La première des choses que j'ai changées, c'est que j'ai vraiment fait de l'UTMB (fin août) et de la SaintéLyon (début décembre) mon focus cette année », m'a-t-il expliqué après m'avoir fait visiter le chalet où ce Lyonnais de naissance a passé quasiment toute l'année, à 1 070 mètres d'altitude. « Dès le mois de janvier, je les ai notés comme des objectifs prioritaires. Et à partir de là, j'ai tout construit autour de ces objectifs. [...] On parle souvent de la gestion de l'effort pendant une course. Mais il y a aussi une gestion de l'effort pendant la préparation. J'ai profité de ces six premiers mois pour construire la base de ce nouveau chapitre et poser un objectif intermédiaire qui était la MaXi-Race. » Son but : se présenter au départ de l'UTMB à la fois prêt physiquement et frais mentalement : « Si tu arrives frais, tu vas pouvoir résoudre un problème quand il se présente et t'adapter. Alors que si tu arrives cramé après 5-6 courses dans la saison, ce petit problème peut être la petite goutte d'eau qui fait déborder le vase. »

Ce découpage de saison lui a permis de planifier sa préparation méthodiquement, creusant d'abord les fondations avant de

« Quand tu ressens
la douleur de l'effort,
fais tout ton possible
pour l'oublier.
Le seul moyen
d'y arriver
est de sourire,
d'être heureux
et d'être...
en train de courir. »

Eliud Kipchoge

construire sa montée en régime brique après brique. « J'ai eu un hiver très consciencieux, assez loin des compétitions, où j'ai fait beaucoup de ski alpin avec beaucoup de dénivelé pour développer l'endurance de force, mais aussi pour essayer de minimiser la charge mentale. Sans dossard, il n'y a pas forcément l'obligation de créer un pic de forme, ce qui permet de conserver une charge d'entraînement élevée plusieurs semaines d'affilée. »

Début juin, ce premier objectif, la MaXi-Race (93 km, 5 200 m D+), allait s'avérer très précieux. Quatrième de la course, il a pu se situer dans un contexte de concurrence élevée et identifier ce qui l'avait sorti du podium. Une réflexion primordiale pour la suite : « Cela a été une parfaite répétition, analyse-t-il avec du recul. J'ai eu la chance de commettre des erreurs sur cette course de préparation et de pouvoir en tirer les enseignements. L'erreur principale, c'est que je me suis mis trop tôt à penser au résultat. Au bout d'une heure et demie, deux heures, j'ai commencé à me dire : "Tiens, c'est ma journée, c'est peut-être aujourd'hui que je vais gagner, que je vais faire podium ou que je vais montrer que je suis présent." En fait, il restait encore six ou sept heures de course, et je n'étais pas dans l'instant présent. Résultat : j'ai pris très peu de plaisir. C'est une erreur qu'il ne faudra pas refaire. »

À partir de là, il va entrer dans la phase de préparation spécifique, longue de douze semaines, au cours de laquelle il va peu à peu allonger les distances sur un terrain ressemblant de plus en plus à celui de son objectif. Une séquence entrecoupée de deux petites courses intermédiaires considérées comme des séances d'entraînement. C'était un homme accompli, prêt à donner le maximum, qui s'apprêtait à se tourner vers son objectif principal lors de notre rencontre : « Je suis serein, reposé, apaisé, épanoui, promettait-il. J'ai vraiment bien bossé. J'ai été rigoureux sans jamais être rigide. J'ai été discipliné tout en restant souple. Je suis assez fier du chemin parcouru. J'aimerais bien que ça se concrétise par une course au cours de laquelle j'arriverais à prendre du plaisir assez longtemps. Je me dis aussi que peu importe ce qu'il adviendra : ce bloc d'entraînement a certes été fait pour une course spécifique, mais il a été précieux dans une logique de carrière. De toute façon, j'ai passé un cap. »

En définitive, il s'est présenté au départ aligné sur son *why*, armé physiquement et concentré sur l'objectif. Parce qu'il n'y a pas de hasard, il a réussi la course presque parfaite, en tout cas à 100 % de ses capacités du jour. « Ce chemin était bien balisé, apprécie-t-il après coup. Je n'ai pas vécu que des bons moments. Parfois, c'était dur. Mais je n'ai vécu que des beaux moments. J'ai compris qu'en étant un homme épanoui, on était un athlète performant. C'est en tendant vers cet état au quotidien que j'ai réussi à aligner les planètes le jour J. »

L'affûtage, cette période aussi importante que stressante

Période tampon entre la fin de l'entraînement et la course, cet instant clé est le sujet de nombreux questionnements chez les coureurs de tous les niveaux. L'affûtage consiste à réduire progressivement le volume des séances, en général deux semaines avant l'objectif, afin d'arriver reposé au départ et de bénéficier d'un effet rebond après l'assimilation du travail effectué en amont. Là où le coureur aurait tendance à vouloir maintenir à tout prix son état de forme, il est aujourd'hui admis qu'à l'approche de la course, il est nécessaire de baisser jour après jour le nombre de kilomètres et de conserver, voire d'augmenter légèrement l'intensité afin de rester alerte. La plupart des plans d'entraînement intègrent cette phase primordiale, mais chaque coureur étant différent, l'expérience permet d'ajuster la durée et la vigueur du coup de frein afin d'optimiser sa forme le jour J.

Tout optimiser n'est cependant pas à la portée de tout le monde. Gaël Schormans prouve que l'on peut, au contraire, bien vivre sa course malgré une préparation minimaliste. Ce pur amateur a fait de la phrase « arriver sur la ligne de départ est une première victoire » son mantra. Ce coureur de 110 kilos a attiré mon regard à l'arrivée du Semi-Marathon de Paris 2022, qu'il a fini devant la voiture-balai. J'ai été si touché par ses derniers mètres sur la place de la Bastille que nous nous sommes retrouvés quelques jours plus tard devant un micro.

Ce père de famille s'était inscrit à cette classique de 21 kilomètres quelques mois plus tôt, en même temps que son épouse et sa belle-sœur. Mais la valeur du chemin préparatoire, la joie de la progression, la course comme vecteur de structuration de son quotidien… Il n'a rien expérimenté de tout cela. Infirmier libéral ne comptant pas ses heures, il s'était mis à courir à intervalles irréguliers après la période du Covid-19 par besoin d'un « exutoire ». Il a commencé par des footings de trois kilomètres avant d'allonger la distance. Un jour, il a voulu aller voir jusqu'au bout de la voie verte passant à côté de chez lui. Il en a été quitte pour une sortie inattendue de dix-neuf kilomètres. Mais cette sortie longue restera sans lendemain : « C'est difficile quand tu rentres tard du boulot, m'expliqua-t-il. Tu n'as pas forcément envie d'aller courir, parce que tu es crevé par ta journée… »

Lors des trois mois précédant son semi de Paris, il doit même se contenter d'une seule et unique sortie. Et elle n'a pas été une partie de plaisir : « J'ai souffert de grosses crevasses aux orteils. Après ça, cela n'a plus été possible de courir. Je me suis dit : "Je me soigne et je courrai le jour venu." Le but, c'était uniquement de finir, mais c'était un gros point d'interrogation. »

L'absence de préparation ne l'empêchera pas de vivre une intense émotion. Des crampes aux ischios l'obligent à s'étirer une première fois dès le 6e kilomètre. Puis il commence à souffrir des mollets au 10e kilomètre. « Mais quand j'ai un objectif en tête, je ne lâche pas, j'ai été éduqué comme ça. Quand tu commences quelque chose, tu vas jusqu'au bout. » Il va tenir, alternant marche et course, dernier de la course en 3 h 33', mais *finisher* avant tout : « Je me suis alors dit : "Je l'ai fait, j'ai réussi à tenir jusqu'au bout." Même ma femme pensait que je n'allais pas réussir. À chaque fois qu'une ambulance passait, elle regardait si je n'étais pas dedans. Pour quelqu'un qui fait presque 110 kilos, c'est pas mal de réussir à finir, surtout sans prépa. Quand la tête veut, le corps fait ! » Et Gaël n'a pas regretté une seconde d'avoir osé s'aligner malgré son manque d'entraînement. Le résultat l'a même convaincu de relever plus tard un nouveau défi. Mais en se préparant, cette fois...

La blessure, pas de panique

Rares sont les sports auxquels on associe aussi directement la blessure que la course à pied. Ce n'est pas sans raison, c'est (presque) un passage obligé. Statistiquement, la communauté scientifique considère que 50 % des coureurs à pied vont se blesser au moins une fois dans l'année. Il y a mille façons de se faire mal en courant, mais l'immense majorité des blessures intervient en cas d'augmentation trop importante de l'entraînement en termes de vitesse, de distance parcourue, de répétition des efforts ou de travail en côte. D'autres facteurs peuvent être sources de blessures, comme la fatigue générale, le stress, la nutrition, l'usure des chaussures, la technique de course ou encore les accidents.

21 %

Selon un sondage de l'Observatoire du running[1], les blessures ou les douleurs récurrentes figurent au tout premier rang des raisons invoquées par les personnes ayant arrêté définitivement de courir (21 %). Cette raison est avancée avant l'âge (17 %), la lassitude (15 %) et très loin devant le manque de temps en raison de contraintes professionnelles (7 %).

Quelle qu'en soit l'origine, la blessure représente la bête noire des coureurs. Il faut néanmoins distinguer le petit pépin du gros coup d'arrêt. « Je me suis pas mal blessé par le passé et j'en parlais beaucoup, mais en réalité tout le monde se blesse, témoigne le traileur et radiologue Thibaut Garrivier. Finalement, je ne me blesse pas plus que les autres. En revanche, j'ai connu une fracture de fatigue au pied avec récidive dont la guérison a nécessité onze mois d'arrêt. Une grosse blessure, honnêtement, c'est très dur à vivre. On se dit forcément que c'est du temps perdu pendant lequel on ne réalise pas ses objectifs. J'ai dû mettre en place beaucoup de choses au niveau soins, kiné, préparation physique, réduction du temps de travail pour m'en sortir. Et c'est dans ces moments-là que l'on voit l'intérêt d'être équilibré dans sa vie. Cette

[1] Rapport 2024.

pause m'a permis de réaliser d'autres projets, comme mon déménagement. Sans cette pause, je ne sais pas où j'aurais trouvé le temps de chercher une maison... »

« C'est toujours une frustration de se blesser quand on a beaucoup travaillé », m'a aussi confié l'ancien champion de 400 mètres haies Stéphane Diagana, qui prend plaisir à courir sur route depuis la fin de sa carrière d'athlète de haut niveau sur piste. « Mais ça l'est forcément moins pour quelqu'un comme moi, qui a abordé l'athlétisme par le plaisir de la course, par le plaisir de l'entraînement, avec une motivation intrinsèque forte. Quand j'étais blessé, je ne me disais pas : "J'ai perdu trois mois de ma vie à m'entraîner et ça ne paye pas en retour." Je n'avais pas une motivation intrinsèque tournée vers le résultat, la compétition, même si c'était un objectif. C'est plus facile de vivre la blessure dans ce contexte que lorsque vous êtes dans un contexte de sacrifice. Je n'ai jamais fait de sacrifices, j'ai fait des choix, et c'est une différence fondamentale. »

Lorsqu'une blessure survient, n'importe quel coureur a l'impression que le ciel lui tombe sur la tête, surtout en pleine période de préparation. Aussitôt, un compte à rebours s'enclenche dans son cerveau. Puis deux questions principales surgissent : « Est-ce que je serai rétabli pour l'objectif ? », « Si oui, est-ce que je serai à 100 % ? » Il s'agit avant tout de garder la tête froide pour franchir l'obstacle et repartir de l'avant. Il convient d'abord de se tourner vers des professionnels de santé le plus rapidement possible afin d'établir un diagnostic et de mettre en place un protocole de guérison. Chaque cas est évidemment à considérer spécifiquement, mais on observe aujourd'hui une modification dans les approches des thérapeutes. De plus en plus, on conseille aux coureurs non pas de stopper complètement toute activité physique, mais d'adapter leur pratique ou de se tourner vers des sports « portés », tels que le vélo ou la natation, moins traumatisants.

Arthur Joyeux-Bouillon m'a parfaitement parlé de toutes les étapes à passer. Au printemps 2024, ce traileur a été victime d'une sévère entorse de la cheville avec arrachement osseux dans une descente de l'Ultra-Trail de l'île de Madère, son premier objectif de la saison en avril. Un gros coup de frein et un coup sur la tête pour cet athlète qui visait une bonne place à l'Hoka UTMB Mont-Blanc cinq mois plus tard : « Jusque-là, je n'avais jamais été stoppé par une blessure au cours de ma carrière, m'expliqua-t-il en redéroulant le fil des événements. J'avais de gros doutes sur la suite de ma saison. » Il a procédé méthodiquement. Une fois le diagnostic posé, il a fait le bilan de la situation avec son kiné et son coach. « Je suis resté deux semaines sans courir, ce qui est un record pour moi. C'était une première ! Mais il ne fallait pas que ma cheville reste statique. Quatre jours après l'entorse, je refaisais du home-trainer (vélo stationnaire) afin d'évacuer l'inflammation. Puis j'ai beaucoup nagé. Ma chance, c'est que j'aime bien ça puisque je viens de la natation. J'imagine ce que peuvent ressentir les gens blessés qui ne peuvent rien faire. On doit vite déprimer. Moi, j'avais cette chance de pouvoir faire cinq kilomètres dans l'eau. Ça me calmait et cela faisait du bien à ma cheville. En six semaines, j'ai pu revenir à un bon état de forme. » Trois mois plus tard, il était de nouveau opérationnel avant de décrocher le meilleur résultat de sa carrière à l'UTMB (6e). S'il ne va pas jusqu'à considérer sa blessure comme une chance, en tout cas, la résolution efficace de son problème lui a permis de transformer cette pause en occasion de s'entraîner différemment, de recréer une forme de fraîcheur mentale et de décupler son envie de renouer avec les sentiers : « Il faut toujours voir le positif lorsque quelque chose de négatif survient. Et là,

« Si vous pensez que l'aventure est dangereuse, je vous propose d'essayer la routine… Elle est mortelle. »

Paulo Coelho

avec la natation, le positif a consisté à travailler le gainage et le haut du corps, ce qui est très utile pour l'usage des bâtons. J'ai vraiment positivé. »

Il n'est pas nécessaire de tout sacrifier

Dans l'imaginaire, on a souvent du coureur à pied l'image d'un ascète dévoré par sa passion, pesant ses aliments, préférant rester dans le canapé les jambes dans des bottes de récupération à une soirée entre amis, et à cheval sur ses huit heures de sommeil par nuit. Je ne me reconnais pas dans ce portrait, même si j'avoue décliner poliment les verres d'alcool et faire attention à ce que je mets dans mon assiette à l'approche de courses importantes. Mais il n'est pas nécessaire de tout sacrifier. Je dirais même qu'il est nécessaire de ne rien sacrifier pour s'épanouir dans la course à pied.

« J'ai quatre piliers dans ma vie : ma famille, mon travail, le sport et ma vie sociale. C'est quand je trouve le bon équilibre entre ces quatre piliers que je suis bien dans mes baskets », témoigne François Guignot, mon compagnon de course depuis plus de dix ans. Ce Parisien court depuis une quinzaine d'années et dispute en moyenne quatre ou cinq compétitions par an, en veillant à ne pas s'enfermer dans un format. Conscient de la tendance naturelle de certains coureurs à « chercher la perf », il explique comment il tente de « garder les pieds sur terre » et de ne rien sacrifier : « Je cours pour manger et boire ce que je veux, pas l'inverse. C'est-à-dire que je ne vais pas arrêter de faire des grosses bouffes avec mes copains à cause de la course à pied et que je ne vais pas me mettre à avaler de la poudre conçue en laboratoire à l'approche d'une course parce que c'est soi-disant efficace pour la perf. En revanche, faire du sport régulièrement pousse à être plus raisonnable et à passer à l'eau quand les copains passent au deuxième digestif. Je fais juste attention dix ou quinze jours avant une course. Finalement, la course m'aide à me tempérer. Je veille aussi à ce qu'elle ne prenne pas trop de place. Par exemple, lors de vacances d'été en Bretagne, des proches m'ont fait remarquer que courir cinq fois par semaine, c'était trop. Désormais, je ne me fixe plus d'objectif fin août-début septembre, parce que j'estime que passer du temps avec ma femme, mes filles et mes amis, c'est important pendant la période précieuse des congés. On ne peut pas avoir les curseurs de tous ses piliers constamment au plus haut. Il faut que le mental se ressource de temps en temps grâce aux autres piliers. C'est un équilibre qui est en permanence instable et qui se compense au cours de l'année. »

Légende de l'ultra-trail et viticulteur dans le Beaujolais de 2012 à 2021, François D'Haene s'est fait le chantre d'une vie équilibrée sans privations. « Si vous avez l'habitude de prendre un petit apéro le soir avec votre épouse ou votre mari et que cela vous fait du bien, pourquoi s'en priver, tout en restant raisonnable ? dit-il. À l'approche des compétitions, je conseille plutôt de ne pas changer ses habitudes. » François D'Haene a adopté cette philosophie très tôt dans sa carrière, après une mauvaise expérience lors de l'été 2011, alors qu'il s'apprêtait à disputer son premier UTMB. Déterminé à briller, il passe un été studieux, entièrement dévoué à sa préparation. Malgré un état de forme impeccable, il doit se résoudre à l'abandon à quarante kilomètres de l'arrivée, le moral en berne : « Cette course, tu voulais y aller pour en prendre la température. Or, tu t'es entraîné comme si tu voulais la gagner. Résultat : tu as perdu ton été et ta course. [...] Plus jamais ça », écrit-il en se parlant à lui-même dans son livre autobiographique

La Vie courante (éd. Paulsen Guérin). Il ne fera pas la même erreur l'année suivante : « Je vis ma vie sans rien sacrifier à cet UTMB, je pars en vacances avec mes potes, je passe un super été. » Avec sa première victoire à Chamonix à la clé… Depuis, il conserve ce mode de vie : « Je tiens à conserver une vie sociale, à garder un lien fort avec ma femme et mes enfants. Je veux vivre ma vie familiale et ma passion avec la même intensité, avoir d'autres activités, partager des choses entre amis. »

Ce souci est aujourd'hui très répandu. Sur le sujet de l'alimentation, mieux vaut manger sainement et équilibré toute l'année, c'est une évidence. Lors de phases d'entraînement poussé et à l'approche de la compétition, les nutritionnistes conseillent aux athlètes une alimentation riche en glucides pour fournir de l'énergie et de limiter les plats trop riches, les fibres crues et les épices pour faciliter la digestion, ainsi que l'alcool. Mais il ne s'agit pas de s'interdire le moindre pas de côté. « En me voyant grand et mince, beaucoup de gens pensent que je fais très attention à ce que je mange, que je dois éviter les trucs gras, raconte Aurélien Dunand-Pallaz, vainqueur notamment de la Diagonale des Fous 2023. En fait, il ne vaut mieux pas m'avoir à table parce je mange énormément, que ce soit en phase d'entraînement ou pendant des périodes off. En revanche, les deux ou trois jours avant la course, j'évite de manger ce qui marche moins bien pour le ventre… »

La blessure fantôme

Il existe un type de douleurs moins facile à traiter qu'une entorse ou une tendinite : les blessures fantômes. On en parle peu, mais elles sont très courantes. Elles se réveillent à quelques jours du départ d'une compétition importante.

Cette sensation de mal-être ou de douleur est apparue sans raison objective, avant de s'installer et de rentrer dans le cerveau du coureur.

On peine à établir l'origine de ces « vraies fausses » blessures. On peut les attribuer au stress. On peut aussi les considérer comme un signal envoyé par le corps réclamant du repos avant d'avoir à produire un effort intense le jour J. Ou, au contraire, comme la manifestation d'un corps chamboulé par le repos d'avant-course. Dans tous les cas, c'est une sensation désagréable et perturbante. « Ça m'est arrivé deux fois : la veille d'une course, puis lors d'une période de repos pré-course, témoigne Stéphane. Ces douleurs ont disparu dès les premiers mètres. Je pense que c'est une manifestation inconsciente de la peur qui m'a fait croire que je n'étais pas prêt alors que tous les voyants étaient au vert. » Sabrina m'a rapporté quasiment la même expérience : « J'ai du mal à comprendre ce qui s'est passé. Peut-être le stress, le manque de confiance en moi. » Malgré l'expérience, des coureurs continuent d'être affectés par ces blessures fantômes, mais parviennent à en rire ou à les relativiser.

Top départ

C'est devenu un rituel d'avant-course pour beaucoup de coureurs. À la veille du grand départ, ils prennent en photo leur matériel pour le poster sur les réseaux sociaux. Une manière d'annoncer leur participation à leur communauté, de mettre en valeur leurs partenaires lorsqu'ils en ont, et de procéder à un inventaire afin de s'assurer pour la cinquième fois qu'ils n'ont rien oublié. Spoiler : vous oublierez forcément quelque chose. Cette ultime vérification n'est pas inutile. D'ailleurs, on conseille généralement aux coureurs de préparer leur matériel quelques jours avant le départ, pourquoi pas avec une check-list sous les yeux. En tout cas, pas à la dernière minute. J'aurais dû suivre cette recommandation un peu plus tôt, car je dois avouer être arrivé un jour sur une course sans mon short...

Je ne suis pas le seul. Dans un épisode consacré à sa première course post-maternité, le Trail des Cabornis (22 km), près de Lyon, Laure Desmurs a raconté comment elle avait oublié ses... chaussures : « Pourtant, j'étais prête pour cet événement, je m'étais préparée. C'était la première fois que je courais à nouveau en course [NdA : depuis son accouchement] avec cette charge mentale de devoir penser à tout : les affaires de ma fille Faustine, les affaires pour la course, les affaires pour manger, etc. Faustine, elle, n'a manqué de rien... » Après une parenthèse sans course, elle attendait beaucoup de cette épreuve de reprise : « J'avais rêvé que je volais sur les sentiers. C'était cette sensation que je venais chercher, plus qu'une première place. Il y avait de la nervosité. Une ligne de départ, c'est toujours un peu stressant. Même d'y penser, ça donne la chair de poule, et le ventre se serre parce que c'est toujours une forme de finalité, d'un entraînement, d'une saison, d'un projet. Moi, cette finalité, c'était ma reprise. J'étais stressée, oui, mais tellement impatiente. »

Tout le monde, en effet, peut être cueilli par cette émotion de l'arche de départ à la portée symbolique forte. À quoi pensent ces concurrentes et concurrents parfois émus aux larmes ? Sans doute aux longs mois de préparation, à tous les espoirs placés dans les heures qui vont suivre, sûrement à leurs familles et à leurs proches, embarqués eux aussi dans ce projet, à ceux qui ne peuvent être à leurs côtés, bref, à toutes les bonnes raisons qui les ont amenés là.

« Une ligne de départ, c'est un carrefour entre tout ce qui s'est passé et tout ce qu'on attend de l'avenir », m'a dit joliment Nuno Pires. Ce coureur s'est pris de passion pour la Diagonale des Fous après un voyage touristique à La Réunion. Se retrouver quelques années plus tard au départ, sur le front de mer à Saint-Pierre, dans cette ambiance de folie au milieu de milliers de spectateurs, l'a plongé dans un torrent d'émotions : « Dans la journée, j'étais très rationnel, pragmatique. J'ai fait un dernier check pour vérifier que rien ne manquait. Puis, au moment de partir pour le départ, j'ai commencé à perdre mes repères. À la Diagonale, on doit attendre deux ou trois heures, ce qui fait qu'on a beaucoup de temps pour réfléchir. Beaucoup de choses passent par la tête. C'est un mélange de *flashback* (retour en arrière) et de *flashforward* (bond en avant). On pense à tout le cheminement et à toutes les épreuves qui nous attendent. Tout s'entremêle. Parfois, j'avais l'impression d'être spectateur de cette scène comme dans un rêve. Et la seconde d'après, je revenais dans mon corps. J'avais les larmes aux yeux, des frissons, cela remplissait chaque centimètre de mon corps... Les gens qui m'entourent ont contribué à cette émotion, qu'ils soient à mes côtés ou pas. Quand on est bien accompagné, c'est très communicatif. Une fois, au départ d'une course, une amie m'a envoyé un message vocal. Je l'ai écouté alors qu'il faisait encore nuit. C'était tout simple. Elle me disait juste : "Je crois en toi, je sais que tu vas y arriver." Ses mots et son émotion m'ont porté jusqu'à la ligne d'arrivée. »

Avancer à son propre rythme

En course à pied, on se « bat » avant tout contre soi-même. Pour obtenir le meilleur résultat possible et bien vivre sa compétition,

**« Déterminer
la bonne allure
est un exercice très difficile.
Il faut accepter
de s'ennuyer.
Rien n'empêche de prendre
des risques,
d'aller momentanément
plus vite, à condition
de garder à l'esprit
qu'il faudra récupérer
à un moment
ou à un autre. »**

François D'Haene

il est nécessaire de faire sa propre course, c'est-à-dire de rester dans sa bulle et d'adopter son propre rythme. Cela signifie adopter une gestion de l'effort et de l'allure adaptée à son niveau, à sa forme du jour, à la distance, au terrain et à la difficulté. En bref, il s'agit de lisser son effort en optimisant son rythme à chaque instant, sans pour autant se mettre dans le rouge et risquer la panne d'essence quelques kilomètres plus loin. Cet équilibre n'est pas facile à mettre en place et nécessite d'apprendre à se connaître au fur et à mesure de sa progression. Préparer son tableau de marche et l'exécuter sera probablement plus facile en course sur route, où il suffira, entre guillemets, de respecter ses allures kilomètre après kilomètre. Ce sera plus compliqué en trail, où l'alternance de terrains techniques et roulants, de montées et de descentes, rendra la perception de l'effort plus délicate et subjective.

Rester dans sa propre course et à ses allures est un subtil dosage à trouver, car on participe aussi à des courses pour bénéficier de l'adrénaline du départ et de l'émulation des autres concurrents. Autant de facteurs qui permettent de se sublimer mais qui brouillent les sensations, au risque de se brûler les ailes.

Vincent Machet en avait totalement conscience quand il a participé au Marathon de New York. Ce coureur de plus de 140 kilos, que l'on a déjà croisé dans le premier chapitre, rêvait de s'immerger dans l'ambiance de cette épreuve qui réunit des milliers de coureurs et de spectateurs sur le bord de la route : « Même si je suis parti dans la dernière vague, je me retrouve à courir avec des gens à côté de moi, c'est une chose rare, plaisante Vincent, habitué aux dernières places. Je me suis laissé porter par cette ambiance. Et puis je profite du décor. Mes yeux se baladent. Je vis mon rêve à fond ! Mais je tâche quand même de rester concentré sur ma course. »

C'est une nécessité alors qu'il avance « sur le fil du rasoir ». « Mon objectif, c'est de terminer. Sauf grosse blessure, ce n'est pas possible d'abandonner. Mais je dois finir en bon état. Donc j'ai toujours fait très attention à ma gestion de course, sinon je sais que cela peut vite être compliqué. Je suis dans le dur quasiment dès le début. Ma fatigue me rejoint très vite. Alors je verrouille le mental. L'important, c'est de continuer à avancer. Au début, j'avance par tranches de cinq kilomètres. Et au fur et à mesure que mon corps fatigue, mon mental pivote et j'avance kilomètre par kilomètre. »

Cette concentration permet à Vincent de laisser, malgré tout, libre cours à son esprit de compétition. Comme il le dit : « Quand on met un dossard sur le bide, c'est pour faire la course ! Il faut se donner des challenges. J'ai quand même la notion de compétition. À un moment, j"ai vu un coureur au loin. Je me suis dit : "Celui-là, je vais le fumer." Je me suis senti pousser des ailes. J'ai dû accélérer de 0,02 km/heure. Mais j'étais content de moi. » Une fois ce concurrent laissé sur place, Vincent devra vite retrouver sa concentration, « même dans les 300 derniers mètres, parce que ça peut être interminable quand on n'a plus rien. J'ai vraiment essayé de conserver ma posture, de gérer mon souffle et ma foulée. Peu importe si c'est une foulée de fourmi ; l'essentiel, c'est d'avancer ! »

Accepter les coups de « moins bien »

Une course est une aventure parce qu'elle fait inévitablement passer par des moments difficiles. Lorsque l'on prend le départ d'une épreuve - surtout sur une distance que l'on ne pratique pas habituellement -, la question n'est pas tant de savoir si l'on va avoir des coups de « moins bien », mais plutôt quand ils interviendront et comment les surmonter. Quelle que soit la difficulté de l'épreuve et quel que soit son niveau de pratique, il y a fort à parier qu'un coureur aura à traverser des temps forts et des temps faibles. Il faut se méfier des deux, ne pas se laisser emporter par l'enthousiasme quand tout va bien et ne pas céder au découragement quand tout va moins bien.

« Une course, c'est une vie en accéléré. Il y a des moments où tu es tellement au fond que tu penses que tu ne vas pas t'en sortir. Et puis, finalement, tu trouves des ressources incroyables », m'a dit Romain Patrux, un coureur amateur transformé par son expérience sur une course longue.

Quand un passage à vide survient, il est important de ne pas se projeter sur la distance qu'il reste à couvrir d'ici l'arrivée, mais au contraire, de se concentrer sur l'obtention de petites victoires comme, par exemple, faire un kilomètre de plus ou rejoindre le prochain ravitaillement. Il est essentiel de réussir à découper la course en sous-objectifs et de ne pas regarder à l'horizon. « En course, on passe tous par des hauts et des bas, confirme la coureuse américaine Hillary Gerardi. Ce sont les montagnes russes avec des pics et des vallées. Tu sais qu'après un sommet, il y a forcément une descente... Plus la course est longue, plus ces phases sont longues. Il faut accepter la difficulté et la fatigue.

C'est normal ! Et il faut se rappeler que si toi, tu es fatigué, les autres le sont aussi. »

Le plus bel exemple de grand écart entre les sensations dans une seule et même course nous est offert par Ludovic Pommeret, auteur d'une folle remontée lors de l'UTMB 2016, dont chacun peut s'inspirer.

Lors de ses quatre participations précédentes, ce coureur déjà âgé de 41 ans n'avait jamais réussi à boucler ce grand tour autour du mont Blanc. « Je voulais conjurer mes échecs, me dit-il dans un épisode intitulé *La remontada*. Et là, c'est la malédiction qui vient me frapper encore une fois. Je me dis qu'un chamane a pris sa petite poupée de Ludovic Pommeret et lui a planté une aiguille dans le cœur… » Il est pris de maux de ventre violents avant le début de l'ascension du col du Bonhomme (sommet au 43e kilomètre), qui marque le vrai début de la course. « Je dois m'arrêter à cause de problèmes gastriques. C'est vraiment l'enfer. Tous les coureurs me doublent. C'est un chemin de croix qui commence. » Dans son esprit, sa course est finie : « Je ne me suis pas dit que j'allais abandonner parce que je voulais briser cette malédiction avec l'UTMB. Mais je pensais dormir à Courmayeur à mi-parcours et prendre la fin de course comme un entraînement pour les Mondiaux de trail qui avaient lieu deux mois plus tard. »

Il pointe en 48e position au ravitaillement des Chapieux, au 50e kilomètre, où il retrouve sa femme et ses filles en pleurs. Alors qu'elles ne devaient pas être là, leur présence lui donne un regain d'énergie. « J'ai essayé de reprendre un gel énergétique. Il ne voulait pas passer, mais je ne voulais pas le recracher. Il a fini par passer. Et puis, petit à petit, j'ai essayé de reprendre un peu de marche-course, puis de course. » Débute alors son incroyable remontée, sa condition s'améliorant doucement mais sûrement. « Je me donnais des objectifs à court terme, comme reprendre un coureur dont je voyais la frontale. J'essaye toujours de décomposer les courses en petits morceaux tout en gardant en tête l'objectif final, parce qu'on ne peut pas tout donner sur un objectif à court terme. » Une autre course commence. Alors qu'il a compté une heure de retard, il revient à 15 minutes de la tête de course à Champex, à 45 kilomètres de l'arrivée. Il finit par reprendre et dépasser le leader, l'Américain Zach Miller, avant de l'emporter. « Ma devise, maintenant, c'est que rien n'est perdu tant qu'on n'a pas franchi la ligne. » Pour l'anecdote, il apprendra a posteriori que son coach avait envoyé un SMS à son épouse dans lequel il recommandait d'abandonner au 50e kilomètre. Le message n'a heureusement jamais atteint sa destinataire en raison d'un réseau téléphonique capricieux. Il s'en est fallu de peu que l'un des plus beaux chapitres de l'histoire de la course à pied ne s'écrive jamais.

Le flow

Parmi toutes les émotions provoquées par la pratique de la course à pied, il en est une que les coureurs recherchent comme le saint Graal : le *flow* (également appelé la « zone » à la fois en français et en anglais). Tous les coureurs ne vivent pas cette expérience ultime quasi mystique. Cet éden, où le bonheur de courir s'exprime de manière absolue, ne se trouve que de manière très exceptionnelle, le plus souvent sans prévenir, sans que l'on sache comment et pourquoi.

Après sa victoire aux championnats d'Europe de trail 2024 à Annecy, Clémentine Geoffray m'a parfaitement décrit cette sensation, y compris dans la difficulté de trouver les mots, car le *flow* échappe par définition à la rationalité : « À chaque fois, c'était en descente, qui est mon point fort, le moment où je m'éclate le plus. Cela me rappelle le kayak, qui a été mon premier sport, dans lequel il fallait lire la rivière. Là, c'est pareil, il faut lire le sentier. Je suis tellement concentrée que j'en oublie la technicité et l'effort. Je prends énormément de plaisir mais dans un état de concentration extrême. Je ne sais pas comment l'exprimer... En fait, les deux vont de pair. Je pense que si je n'étais pas aussi concentrée, je ne prendrais pas autant de plaisir, parce que ça ne se déroulerait pas aussi bien. »

Le concept de *flow* a été théorisé hors du champ du sport par Mihály Csíkszentmihályi, auteur en 1990 du livre *La Psychologie du bonheur*. Selon ce psychologue hongrois qui a beaucoup travaillé sur la créativité, l'épanouissement plein et entier passerait par la réalisation d'objectifs élevés grâce à la mise en œuvre de compétences importantes. Et de prendre l'exemple d'un compositeur « tellement impliqué dans son processus créatif » que sa « main écrit la musique toute seule sur le papier ». Ses travaux se sont rapidement propagés dans la sphère du sport et de la préparation mentale. Habitués à répéter le même geste à l'infini afin d'optimiser leur potentiel et de l'exprimer le jour J en compétition, les sportifs ont trouvé un écho dans ce concept. Le *flow*, c'est l'état de grâce, ce moment où l'athlète exécute de manière automatique, dans un état de concentration tendant vers la transe. C'est un joueur de basket enchaînant les tirs à 3 points aussi bien que le coureur fonçant vers son record personnel ou la ligne d'arrivée sans effort apparent comme s'il se regardait lui-même en train de courir.

Comment reconnaître le *flow* ?

#1. Concentration intense. Sentiment d'agir pleinement dans le moment présent.

#2. Perte de la conscience de soi.

#3. Sentiment de transe.

#4. Sentiment de clarté totale.

#5. Sensation de contrôle absolu de la situation.

#6. Distorsion de la perception du temps.

#7. Motivation intrinsèque pour l'activité.

Par définition, il est impossible de prendre conscience du *flow* au moment où l'on s'y trouve, l'intense concentration sur ce que l'on est en train de faire étant un prérequis. La rencontre avec le *flow* se savoure a posteriori. Et c'est une drogue puissante, comme en témoigne Mathieu Blanchard, qui l'a, selon lui, expérimenté deux fois dans sa carrière. La première fois lors de l'UTMB 2022, qu'il termine deuxième derrière Kilian Jornet : « Tout était aligné, je volais. » Puis lors de sa Diagonale des Fous remportée en 2024. « Il y a une part de magie là-dedans, affirme-t-il. Si je pouvais revivre ce moment sur une autre course, franchement, je prends ! J'aimerais avoir les clés pour retrouver ces sensations. Malheureusement, on ne les trouve jamais. Mais j'essaye quand même d'analyser ce que j'ai fait les mois précédents… » En espérant que les mêmes causes produiront les mêmes effets. Même si maîtriser sa pratique est nécessaire pour atteindre le *flow*, celui-ci n'est pas réservé aux athlètes de haut niveau. Selon les spécialistes, quelques critères sont à conjuguer, comme se fixer un objectif précis, stimulant, ni trop facile ni trop difficile, et se placer dans un contexte favorisant la concentration extrême, comme la compétition. Le reste relève du mystère. Et c'est tant mieux.

Explorer la limite

On peut accrocher un dossard en compétition pour de multiples raisons. L'une d'elles peut être l'envie de se challenger, de se dépasser, de pousser le curseur de ses capacités. Le contexte aide à se sublimer et à explorer ses propres limites dans une forme de quête d'excellence personnelle, car chacun, à son échelle, peut mener ce corps-à-corps avec lui-même.

Pour évoquer ce voyage intime, retournons sur la ligne d'arrivée de l'UTMB. En 2023, Jim Walmsley l'a franchi en vainqueur depuis plus d'une heure, mais personne ne songe à quitter la place du Triangle-de-l'Amitié. Le public attend fiévreusement la première femme, Courtney Dauwalter, qui avance péniblement vers un exploit de légende. Sur l'écran géant, tout le monde voit la reine incontestée de la discipline piocher pour tenter de conserver son avance sur l'Allemande Katharina Hartmuth. C'est une image rare. Depuis son accession au plus haut niveau, l'Américaine a pris l'habitude d'assommer ses concurrentes et de rivaliser avec les hommes (entre autres résultats, 7e de l'UTMB 2021 et 4e de la Diagonale des Fous 2022 au scratch[1], sourire Ultrabrite aux lèvres. Cette fois, elle doit serrer les dents. Après avoir réalisé une incroyable performance à

[1] Le scratch est le classement général d'une course, tous sexes et toutes catégories confondus, basé uniquement sur l'ordre d'arrivée des participants.

la Western States 100 miles fin juin en Californie (1re femme, 6e au classement scratch), avoir enchaîné trois semaines plus tard avec une nouvelle démonstration à la Hardrock 100 miles dans le Colorado (4e au scratch), l'Américaine est finalement accueillie triomphalement par la foule dans les rues de Chamonix, où elle parachève ce triplé insensé, sans véritable récupération entre les courses, au prix d'une souffrance extrême dans la deuxième partie de course. « C'était vraiment très, très dur, commente-t-elle. J'ai vite compris que je n'avais que cinquante miles dans les jambes. Après, il a fallu tenir le coup du mieux que je pouvais. J'étais vraiment en souffrance. »

Courtney Dauwalter connaît bien cet état. Elle a même donné un nom à l'endroit où elle le rencontre lors des courses difficiles auxquelles elle participe : la « *pain cave* » (grotte de la douleur), un concept dont beaucoup de coureurs s'inspirent désormais. Dans un article du *New York Times*, elle avait confié que cette découverte, après son abandon lors de sa première participation à un 100 miles en 2012, avait constitué une évolution majeure dans sa carrière. « Pendant mes premières années, je pensais que la grotte de la douleur était un point de non-retour et qu'y entrer annulait toutes nos chances d'atteindre la ligne d'arrivée [...], développe-t-elle dans le livre *La Course en tête* (éd. Mons). J'ai tenté d'inverser l'histoire dans ma tête et de transformer cette grotte non plus comme un endroit à éviter, mais comme un endroit où je veux aller. Parce qu'en y allant, je m'améliore et je pose les fondations de ma prochaine visite. À force, c'est même quelque chose que je célèbre. C'est super intriguant pour moi de tenter d'agrandir continuellement cette grotte. [...] Je pense que ça donne un but à l'effort. »

L'allégorie de la *pain cave* de Courtney Dauwalter exprime parfaitement le rôle du cerveau dans la performance. Une question qui agite les scientifiques spécialistes de l'effort depuis une trentaine d'années et dont les développements sont loin d'être terminés. Longtemps, on a analysé le corps humain comme une machine sous le seul angle de la mécanique et cru les limites de l'endurance fixées – *grosso modo* – par le VO_2 max (le moteur), les muscles et le squelette (le châssis), et les apports en nutrition (l'essence). Une approche qui reste fondée et alimente toujours la littérature scientifique, mais à laquelle il manquait un élément selon Tim Noakes. Ancien rameur devenu marathonien et coureur d'ultra, ce scientifique sud-africain a été précurseur en expliquant que les limites physiques sont en réalité fixées et imposées par le cerveau. Il a fait part de cette conviction dès 1996 lors du congrès annuel de l'American College of Sports Medicine en déclarant : « Ce qui est vraiment intéressant à propos de l'exercice, ce n'est pas tant que les gens meurent, disons, d'insolation ou en escaladant l'Everest... Le fait est que la majorité ne meurt pas, et cela est bien plus intéressant », rapporte Alex Hutchinson dans *Endurance* (éd. Amphora). Une manière de se demander pourquoi le corps ne dépasse pratiquement jamais ses limites au-delà du raisonnable. Il allait apporter la réponse plus tard : grâce au « gouverneur central », terme désignant scientifiquement le cerveau. Selon Noakes, son rôle serait de limiter l'effort par anticipation dans un réflexe de protection avant que le corps ne dépasse les limites dangereuses pour sa survie à plus ou moins court terme. Pour le scientifique, il existe une preuve toute simple de sa théorie : « l'accélération finale » des coureurs que l'on observe à chaque arrivée. Alors qu'ils semblaient à bout de forces, comment ont-ils fait pour sprinter sur les derniers mètres ? C'est que leur cerveau a estimé qu'il n'y avait plus de danger...

Que nous enseignent ces détours par la grotte de Courtney Dauwalter et le laboratoire de Tim Noakes ? Que nos limites ne sont

**« Lorsque je m'aligne
sur une course,
je me rappelle
que mon plus cruel
adversaire
sera le circuit
de protection
bienveillant
de mon propre
cerveau. »**

Alex Hutchinson

pas uniquement physiques. Et qu'il est possible de les repousser en retardant la mise en route des mécanismes de protection par le cerveau, grâce à l'entraînement et à l'expérience. C'est tout l'intérêt de la compétition, qui, quel que soit notre niveau, peut nous permettre – si tel est notre désir – de nous mesurer à nous-même et de nous pousser dans nos retranchements, tout en veillant à ne pas mettre notre intégrité physique en danger.

Le 22 octobre 2022, Alexandre Boucheix (alias Casquette Verte) termine à la 103e place de la Diagonale des Fous en 35 h 01' 35". Une frustration pour le coureur parisien, qui rêvait de figurer dans le top 10 de sa course de cœur. Mais les circonstances de cette édition de l'ultra-trail traversant l'île de La Réunion ont rendu sa course tellement épique qu'il est arrivé au stade de La Redoute fier de son parcours. Que s'est-il passé ? Alors qu'il progresse comme prévu dans la première partie du parcours, il est victime d'une chute en voulant dépasser un groupe de marcheurs arrêtés sur le chemin : « Je me suis dit : "Eh merde !" Je me vois basculer dans le ravin, là, en arrière, sans savoir ce qu'il y a dans ce trou. Je ne sais pas combien il y a de mètres au-dessous... Je tape avec le haut de ma fesse gauche. Je continue de dégringoler. Ma chute est finalement interrompue par un arbre. » Hissé sur le sentier par les témoins de sa chute, il reprend rapidement sa route, mais en sale état. « Je suis complètement sonné. Je mets quatre ou cinq kilomètres à me rendre compte que cette douleur devient de plus en plus paralysante. Au bout d'un moment, je n'arrive plus du tout à avancer. Je me demande si je ne me suis pas pété le coccyx... »

Il parvient à rallier le ravitaillement de Cilaos (kilomètre 75) : « Là, je comprends que c'est fini. Je pleure de déception parce qu'à cet instant, je suis incapable de continuer. » Mais son état d'esprit va totalement changer après un détour par l'infirmerie, où il est examiné par une médecin : « Elle me dit : "Ce n'est pas cassé." [...] J'avais totalement renoncé. Mais elle a été forte en réussissant à me faire switcher. Soudain, je me dis : "Peu importe la douleur, je vais y aller !" La médecin m'avait prévenu que l'hématome serait douloureux jusqu'à ce que ce soit chaud. Et qu'après, ce serait bon. C'est exactement ce qui va se passer. À ce moment-là, je ne réfléchis plus, mon cerveau est déconnecté. Et j'arrive à finir la course... » Il en a tiré, dit-il, « un superbe apprentissage ».

Un sport collectif

La course à pied, sport individuel ? Bien au contraire ! Je ne compte plus les témoignages de coureurs évoquant l'importance du collectif. C'est vrai au quotidien, le groupe aidant à rester motivé à l'entraînement. Mais cette énergie est décuplée en course, comme me l'a raconté Stéphane Diagana quand je l'ai invité à revenir sur son expérience au Marathon de Londres en 2006.

L'ancien champion de 400 mètres haies avait prévu de participer accompagné d'un ami : « Mais, pour une fois, ce n'était pas moi qui étais blessé... » Une déception pour les deux hommes, qui espéraient courir ensemble sous les trois heures. Mais l'ancien champion va rapidement trouver un partenaire de substitution parmi les concurrents de cette épreuve disputée dans une ambiance festive : « À un moment, je me rends compte qu'il y a quelqu'un qui court à côté de moi et qui reste là. Je vois qu'on est vraiment dans le même rythme. Je me tourne sur le côté, je le regarde. Il me demande : « Trois heures ? – Oui, oui. – *Let's go !* » On discute un peu. Il me raconte qu'il est écossais. Et voilà, on court. »

Ils ne vont plus se séparer : « En marathon, il y a toujours des hauts et des bas. À un moment, je lui ai dit d'y aller parce que le rythme était un peu trop soutenu. Mais il refuse : "Non, je reste avec toi, on court ensemble." Un peu plus tard, c'est moi qui l'attends, et ainsi de suite. On a des coups de "moins bien" chacun à des moments différents, mais on fait la course ensemble. »

Ils se perdent de vue seulement à l'approche de la ligne d'arrivée, Stéphane Diagana souffrant d'un début de crampe aux mollets qui ne remet pas en cause son projet de passer sous la barre des trois heures. Mais l'histoire n'est pas finie : « Je franchis la ligne, je prends ma couverture de survie pour ne pas prendre froid, et là, je le vois. Je ne sais plus s'il s'appelait John ou Paul. Bref, on se prend dans les bras. Et puis on se perd à nouveau dans la foule. Cela aurait pu être le début d'une amitié. On ne s'est jamais revus. Mais ce n'est pas grave. Qu'est-ce qui peut vous permettre de tomber dans les bras d'une personne dégoulinant de sueur alors que, trois heures avant, vous ne la connaissiez pas ? C'est la magie de la course à pied. On a vécu quelque chose d'incroyable et cela a fait tomber toutes les barrières. Cela crée des liens à une vitesse incroyable. »

Il y a ceux avec qui l'on court qui nous stimulent en cours de route. Et il y a ceux qui attendent, assistent et encouragent aux ravitaillements. Ceux à qui l'on pense, à qui l'on se raccroche. Ce sont les membres de la famille, mais aussi les amis que l'on embarque dans l'aventure. Ils apportent un confort matériel, un soutien moral, un regard juste. Un rôle essentiel, difficile, ingrat, mais riche en émotions quand l'aventure est partagée. « On est seul à courir, mais ce n'est pas du tout un sport individuel », martèle le traileur Arthur Joyeux-Bouillon, qui souligne l'importance primordiale de sa compagne, Justine : « Cela fait dix ans que je cours des ultras et cela fait dix ans qu'on est ensemble. Si elle est dispo, je n'envisage pas de participer à une course sans elle. C'est une alchimie difficile à trouver. Avant, je la questionnais tout le temps : "Mais t'es sûre que t'as envie de venir ?" Un jour, elle m'a demandé d'arrêter : "Si je viens, c'est que j'en ai envie, je fais partie du projet. On forme un duo." Elle m'aide à aller dans mes retranchements dans les moments de grosse fatigue, quand le cerveau lâche un peu. Au quotidien, elle voit à quel point je me donne à l'entraînement, à quel point je suis passionné par la course à pied. C'est la seule qui me voit m'entraîner des heures dans le froid, avant d'aller sous la douche tout habillé, tellement je suis frigorifié. J'adore, mais c'est parfois très dur. Et elle, elle est là pour le voir et me le rappeler le jour J. Elle sait ce qu'il faut me dire pour ne pas que je lâche. »

Il n'y a sans doute que les proches qui soient capables de trouver les mots. À moins qu'ils ne soient les seuls qui comptent quand une difficulté se présente. Exemple avec Jean-Yves Baron, qui a marqué les esprits des auditeurs de *Course Épique*. Cet amateur a fini dernier de la Diagonale des Fous 2018, pile à la limite de la barrière horaire des 66 heures. Il ne serait jamais parvenu au bout de la course sans le soutien de sa famille, restée en Métropole : « Je devais partir avec mes deux filles et ma femme. Mais, finalement, ma femme n'a pas pu, pour une raison professionnelle. Et mes deux filles se sont désistées », raconte-t-il. Mais elles seront bel et bien présentes au moment clé, alors qu'il erre sur le chemin des Anglais, un sentier infâme constitué d'énormes blocs de roche volcanique totalement disjoints les uns des autres. À 25 kilomètres de l'arrivée, c'est l'une des dernières difficultés techniques de la course : « Je me suis tordu la cheville, puis, quelques mètres plus loin, je suis tombé. Et là, je me suis dit : "T'appelles la famille et tu dis que tu arrêtes parce que tu n'en peux plus." Je n'avais plus du tout le moral. J'ai envoyé un message : "C'est fini pour moi." Quelques secondes après, une de mes filles m'a contacté pour me dire : "Tu ne peux pas abandonner, il faut que tu continues, c'est formidable, ce que tu fais". Quand j'ai raccroché, j'avais changé d'état d'esprit. Je me suis dit : "Je n'ai pas fait onze heures d'avion pour arrêter à vingt kilomètres de l'arrivée. Vas-y !" C'est incroyable, mais je me suis mis à courir. [...] Mon mental s'est inversé. Je me suis mis en mode guerrier. »

Les bénévoles, ces héros de l'ombre

Impossible de terminer cette réflexion consacrée à l'importance du collectif sans mettre un coup de projecteur sur les bénévoles. Sans eux, aucune course ne pourrait avoir lieu, pas même les plus grandes manifestations organisées par des sociétés commerciales. Ils sont là pour aiguiller les participants, de la remise des dossards à l'arrivée, assurer la sécurité aux carrefours, assurer les ravitaillements et les postes de secours, etc.

Parce qu'ils sont au plus près des coureurs, ils sont aussi les premiers à pouvoir rebooster grâce à une parole réconfortante, voire, parfois, au prix d'un petit mensonge sur la distance restant à parcourir, pour ne pas décourager les coureurs. Une proximité renforcée depuis quelques années dans certaines courses qui prennent soin de faire imprimer le prénom des concurrents sur les dossards.

Les mots des bénévoles contribuent à porter jusqu'à la ligne d'arrivée. Pauline raconte comment elle ne serait sans doute pas allée au bout de son premier trail de 21 kilomètres sans les paroles d'une bénévole : « Dès la première barrière horaire, j'étais au bout du rouleau. J'ai vingt minutes d'avance sur mon tableau de marche, mais je suis épuisée, je veux arrêter. La bénévole arrive, me tape dans le dos et me demande : "Tu as mal quelque part ? Enfin, je veux dire une vraie douleur ?" Je lui réponds avec un grand étonnement que non : "Mon corps veut rester à ce ravitaillement alors que ma tête veut repartir." Alors elle m'a dit : "Allez, poulette, pense à tous ceux qui n'ont pas eu de dossard, pense à ceux qui ne passeront pas cette barrière horaire, pense à tous ceux qui ne peuvent pas courir. C'est ton premier, tu es jeune, mais ça te servira de base pour la suite. Tu es capable de finir !" Alors je l'ai terminée. »

Autre auditrice de *Course Épique*, Chloé doit, elle aussi, une fière chandelle à une bénévole, c'est le cas de le dire : « C'était lors de la SaintExpress [NdA : une course de nuit de 44 kilomètres en marge de la SaintéLyon]. À mi-parcours, ma lampe frontale a lâché. J'ai dû utiliser la lampe de mon téléphone pour rejoindre le ravitaillement. Alors que j'ai les larmes aux yeux, une bénévole me demande si ça va. Je lui explique que je vais devoir abandonner. Impossible de courir vingt-cinq kilomètres de nuit dans ces conditions... Elle m'a interdit d'abandonner et est allée chercher sa propre lampe frontale en me disant : "Tiens, prends la mienne et finis à fond. Tu ne dois rien lâcher." Je lui dois ma course : si elle ne m'avait pas remotivée et aidée, j'aurais clairement abandonné. »

Évoquer ces anonymes si importants fait naître un regret personnel. Celui de ne pas avoir encore expérimenté la course de l'autre côté avec une casquette de bénévole. Une ligne de plus à ajouter sur ma *wishlist*.

PARTIE IV

La ligne d'arrivée

« On se fixe des objectifs pour se motiver. Or, ce qui apporte la paix et la joie, ce n'est pas leur accomplissement mais ce qu'on déploie pour y arriver. »

Il est le *finisher* ultime, le père de la distance reine de la course à pied. Selon la légende, Phidippidès aurait couru entre Marathon et Athènes en 490 av. J.-C. pour annoncer la victoire des Athéniens sur les Perses. À peine l'hémérodrome – nom grec des messagers coureurs – aurait-il eu le temps de livrer la bonne nouvelle (« Nous avons vaincu ! ») qu'il mourut d'épuisement, terrassé par son effort de 42 kilomètres. Problème : il y a erreur sur la personne. Le messager en question s'appelait Euclès, un écrivain ayant confondu les deux noms, six siècles après les faits… La véritable histoire de Phidippidès est moins spectaculaire, car elle s'achève sur un *happy end*, mais elle est plus inspirante. Envoyé chercher des renforts à Sparte, le messager a en réalité effectué 245 kilomètres à pied depuis Athènes. 36 heures d'efforts pour… rien, les alliés des Athéniens observant alors une trêve militaire. Ni une ni deux, il tourna les talons, mais fut pris d'hallucinations sur les hauteurs de Tégée. Lui apparut alors Pan, le dieu de la Nature, qui lui demanda d'ériger un temple à sa gloire. Ce sera chose faite après la victoire des Athéniens à l'issue de la bataille de Marathon. Cet exploit gratuit a inspiré la création du Spartathlon en 1983 sur un parcours comparable à celui couvert par Phidippidès. Trois fois vainqueur de cette épreuve (2006, 2007, 2008), le légendaire coureur américain Scott Jurek s'est nourri de la trace laissée par le messager, comme il le rapporte dans son livre *Eat & Run* (éd. Paulsen) : « L'histoire de Phidippidès résume tout ce qu'il faut savoir sur la course à pied, écrit le septuple vainqueur de la Western States 100 miles. [...] On se fixe des objectifs pour se motiver. Or, ce qui apporte la paix et la joie, ce n'est pas leur accomplissement mais ce qu'on déploie pour y arriver. Comme disent les autocollants qu'on trouve sur beaucoup de pare-chocs [aux États-Unis], ce n'est pas la destination qui compte, mais le voyage. En poursuivant le sien, Phidippidès a trouvé bien plus que ce qu'il cherchait, quelque chose d'inaccessible au commun des mortels. » Tout était là depuis le Ve siècle av. J.-C. Ce qui est en jeu dans une course dépasse de loin la ligne d'arrivée.

C'est un spectacle dont je ne me lasse pas. Il suffit de se poster sur la ligne d'arrivée de n'importe quelle course pour découvrir tous les visages de la course à pied. Ils sont jeunes, vieux, affûtés ou joufflus, concentrés ou extatiques, souriants ou déformés par la douleur… Mais tous expriment une émotion vraie dont les traces sont bien plus durables que les courbatures. Qu'importe d'où elle vienne, que ce soit la joie d'avoir réussi un objectif, la frustration d'un échec, la fierté d'être allé au bout de la course et/ou de soi-même, une aventure partagée, la fin d'un parcours difficile ou la découverte d'une sensation nouvelle : franchir une ligne d'arrivée, c'est une émotion qui nous transporte et nous rappelle que nous sommes bien vivants.

Un voyage dont on revient transformé

Églantine Chesneau n'aurait jamais imaginé jusqu'où la course à pied allait la mener lorsqu'elle s'est inscrite, presque par hasard, au 10 kilomètres de Fontainebleau. Pour cette illustratrice et autrice de BD, cette première course est une telle découverte qu'elle a épinglé son dossard dans son dos au lieu de l'accrocher sur le ventre… Cette petite erreur ne la perturbe que quelques secondes dans le sas de départ avant qu'elle soit rattrapée par la magie de la course. À sa grande surprise, elle se trouve tout à fait à sa place au milieu de cette foule de coureurs : « Ce qui m'a vraiment frappée, c'était de voir tous ces profils de gens hyper différents qui venaient là comme à une fête. Pour moi, la compétition, c'était pour des athlètes suréquipés qui se la racontent un peu et veulent battre un record. J'avais peur d'arriver dernière. Je me faisais tout un délire. En fait, tous ces gens avaient l'air très normaux », raconte cette jeune maman qui s'était mise à la course à pied à la naissance de sa fille, après qu'un déménagement l'avait éloignée de ses cours de gym suédoise.

Elle n'avait pas fini d'être chahutée par cette première expérience : « Au départ, il y a ce moment où tout le monde lève les bras en l'air et tape des mains. J'ai été surprise par l'émotion que cela m'a procurée. J'avais l'impression d'être dans un orchestre ou une chorale. Finalement, j'ai passé la ligne de départ avec presque les larmes aux yeux. Puis je fais ma petite course, qui se passe classiquement. Je suis étonnée par tous ces gens qui me soutiennent. Je passe la ligne d'arrivée et on me donne une médaille. Je retrouve ma fille de 3 ans, qui me dit : "Maman, tu as gagné la course !" Je suis tellement d'accord. »

Cette première victoire va la mener vers d'autres succès personnels. D'abord, le Semi-Marathon de Paris 2018, puis le Marathon de Paris 2019. Pour elle, c'est un Everest, une distance intimidante. Elle invite d'autres néomarathoniens à lui faire part de leur histoire. Une manière de se décomplexer, de se sentir moins seule et de documenter cette aventure. « Une personne m'a beaucoup touchée en me disant qu'on devenait marathonien pendant la préparation. C'est très juste : le jour du marathon, c'était seulement le tour d'honneur. »

Églantine va vivre l'expérience totale : le trac du départ, les premiers kilomètres qui défilent, puis le « mur » du marathon, cet épuisement très fréquent aux alentours du 30-35e kilomètre, lorsque l'essence vient à manquer. Une amie lui offre un relais bienvenu dans les derniers kilomètres, alors qu'elle s'est enfermée dans sa « bulle », comme elle dit, quelque part entre concentration extrême, introspection et grande fatigue. Elle coupe finalement la ligne en 5 h 14, atteignant l'objectif qu'elle s'était fixé : courir jusqu'au bout. « Dans le dernier virage, je me rends compte que je vais devenir marathonienne, raconte-t-elle. Une grosse émotion monte d'un coup. Mais quand je passe la ligne, je ne ressens pas grand-chose. Je suis sonnée, comme anesthésiée, dans un état d'amnésie, un peu hypnotique. Je vais retrouver mes proches, je fonds en larmes, mais je ne sais pas trop ce que je ressens. [...] Je crois que ce n'est que quelques jours après que les émotions sont remontées et que j'ai vraiment pris conscience. »

Depuis, cette course l'habite. Pour le meilleur. Elle pensait être arrivée. En réalité, son marathon allait se prolonger des mois, non plus sur le pavé parisien mais sur sa planche à dessin. Profondément imprégnée de cet épisode, de la préparation à la remise de la médaille de finisheuse, en passant par les témoignages de ses homologues néomarathoniens, Églantine va plancher sur une BD intitulée *Alors on court – Chroniques d'un premier marathon* (éd. Michel Lafon). « Il faut reconnaître que toute cette expérience m'a pas mal obsédée, au point que j'avais envie de me pencher sur ce sujet. Je n'avais pas le choix parce qu'elle ne sortait pas de ma tête. »

Souvenirs éternels

On peut vivre la grande aventure au coin de la rue, passer littéralement le pas de sa porte et se construire des souvenirs inoubliables. C'est l'expérience rapportée par Gilles Bouleau lors de notre conversation dans l'épisode 28 de *Course Épique*. Le présentateur du JT de 20 heures de TF1 nourrit une passion pour la course à pied depuis ses études. « C'est une hygiène mentale et physique indispensable que je conçois comme un sport collectif. Les gens ont une conception erronée. C'est vraiment un partage. » Chaque année, avec son groupe d'amis coureurs, le journaliste se lance des défis, sur tous les terrains et toutes les distances. C'est ainsi qu'en 2015, il s'inscrit pour l'ÉcoTrail de Paris, une course de 80 kilomètres dont la ligne d'arrivée se situe au premier étage de la tour Eiffel.

À cause d'un agenda surchargé, il se présente au départ avec un déficit de préparation et se rend rapidement compte que sa course va être difficile : « J'avais un plan de bataille. Je me disais que c'était faisable de courir en dix heures. Mais rien n'a marché. Mes plans se sont effondrés au premier coup de canon. C'est allé mal tout de suite : au 25e kilomètre, j'avais des crampes, j'étais lourd, incapable d'avancer. Je ne me suis jamais installé dans un bon rythme. C'est mystérieux. Des années après, je ne sais toujours pas pourquoi. Mais cela m'a amené à vivre quelque chose que je n'avais pas prévu. Ç'a été tragique et magnifique grâce à la générosité de trois camarades qui m'ont dit : "On te porte s'il le faut, mais nous allons t'emmener jusqu'au bout." »

Ses amis et son expérience vont lui permettre de ne rien lâcher malgré la douleur physique et mentale. « Il ne faut pas se mentir, la seule promesse toujours tenue en course à pied, c'est qu'il existe une part de souffrance, en tout cas de douleur, parce qu'on pousse le moteur à fond, définit-il avec justesse. C'est le mental qui permet de l'accepter, de l'intégrer, de la relativiser et de la positiver. »

Ses derniers mètres n'en seront que plus émouvants. Son récit contient à peu près tout ce que ressentent les coureurs à la fin d'une course difficile : « Les derniers kilomètres sont magnifiques. Vous vous pincez en vous disant : "Mon gars, t'as surmonté tout ça, t'as réussi !" Et alors que j'étais mort, à l'agonie, à la frontière du Samu une demi-heure avant, soudain, je me mets à courir comme un Kényan dans les escaliers de la tour Eiffel. Mes copains m'attendent, on monte tous ensemble. C'était génial. Soudain, je n'avais plus ni froid, ni faim, ni mal. J'en viens à me dire que j'aurais pu courir 200 bornes de plus. Je le croyais vraiment ! »

Cette course aurait pu être un mauvais souvenir. Au contraire, des années plus tard, sa mémoire n'a retenu que « la joie » de la ligne d'arrivée, l'émulation collective et le sentiment d'avoir soulevé des montagnes : « C'est un accomplissement obscur et modeste. Terminer en 11 h 30, c'est un très mauvais temps. Mais des années plus tard, je me souviens encore de certains passages, de certains sentiments, de la douleur, de fous rires, du soulagement de l'arrivée… C'est un peu déplacé de dire ça, mais il y a une certaine fierté de ne pas m'être laissé submerger par l'envie d'abandonner. On ne parle pas d'une ascension hivernale de l'Annapurna [NdA : le premier sommet de plus de 8 000 mètres conquis par des alpinistes, les Français Maurice Herzog et Louis Lachenal]. Mais cela réclame non pas du courage mais au moins de la ténacité. Et c'est une assez belle vertu. »

Nouveau départ

Il y a des arrivées en forme de point final. Et d'autres qui ouvrent un nouveau chapitre. C'est l'histoire de Tifany Huot-Marchand, qui a vécu le Marathon Pour Tous, en marge des Jeux olympiques de Paris 2024, comme une renaissance après un très grave accident. Championne de patinage de vitesse, spécialiste du short-track, cette Franc-Comtoise avait vu sa vie basculer le 9 octobre 2022, lors d'une compétition à Heerenveen, aux Pays-Bas. Fauchée par une concurrente, elle chute dans les tapis de protection avec une violence inouïe. Le début d'un long combat. Victime d'une fracture d'une vertèbre cervicale avec atteinte incomplète de la moelle épinière, elle se retrouve paralysée. « J'ai tout de suite su que je ne sentais plus rien », témoigne-t-elle au micro de *Course Épique*. Bien qu'elle soit prise en charge à une vitesse record et opérée moins de deux heures après son accident, le diagnostic est réservé. Mais une étape après l'autre, elle va se remettre sur pied, déterminée à reprendre sa carrière de sportive là où elle l'a laissée. Ce ne sera finalement pas possible, car elle devra annoncer sa retraite sportive, mais la jeune femme se trouve vite un autre défi.

« J'étais encore à l'hôpital aux Pays-Bas quand j'ai reçu une vidéo de Tony Estanguet (le président du comité d'organisation de Paris 2024) où il me faisait part de son soutien. C'était un message assez émouvant et assez fort. Et il me disait aussi qu'il était au courant de mon envie de participer au Marathon Pour Tous et qu'il me proposait de relever ce défi. C'était tellement gentil d'avoir pris le temps de me faire cette vidéo et de me garder un dossard. Je me suis dit que je finirais cette course même si je devais ramper... »

Un peu plus d'un an et demi après son accident, être au départ est une première victoire. Une vive douleur à la hanche survenue dès le 14e kilomètre va l'handicaper. Mais elle a surmonté des douleurs tellement plus intenses sur son lit d'hôpital qu'elle préférera voir « le verre à moitié plein » et poursuivre son effort : « J'avais les larmes aux yeux. Mais je me suis dit : "Je n'ai jamais abandonné de ma vie, ce n'est pas maintenant que je vais commencer". »

Son émotion n'en sera que plus forte une fois la ligne d'arrivée franchie : « Cette distance me donnait le vertige. Pour moi, c'était énorme. J'ai toujours eu beaucoup d'admiration pour les gens qui terminaient un marathon, et c'est pour ça que j'avais envie d'en courir un. À l'arrivée, j'étais dans l'instant présent. Mais plus tard, dans la nuit, j'ai pris conscience que j'avais couru toute cette

**« Pour se mettre
en marche,
il suffit d'avoir 5 %
de réponses
à ses questions.
Les 95 % restants
viennent le long
du chemin. »**

Mike Horn

distance. C'était quand même vraiment fou. J'ai cru que j'allais abandonner et pourtant je suis allée au bout. C'est une grande fierté. [...] Je ne sais pas si on peut parler de révélation, mais cela a confirmé que ma tête est beaucoup plus dure que mon corps. Si je n'avais pas eu ce mental, je ne serais pas allée au bout de cette course. »

« Encore et toujours, le sport m'a sauvée », résumera-t-elle. Si elle ne se voit pas courir d'autres marathons, cette expérience lui a ouvert l'appétit et l'horizon : « J'ai envie de me lancer dans d'autres projets à vélo et de continuer la course à pied sur des distances moins longues. Faire d'autres projets sportifs, c'est ce qui m'anime. »

L'arrivée d'une vie

En mars 2023, j'ai réussi à obtenir une interview d'Aurélien Sanchez pour le 110ᵉ épisode de *Course Épique*. À l'époque, on s'arrache ce Toulousain, sorti de l'anonymat quelques jours plus tôt en devenant le premier Français *finisher* de la mythique Barkley. Cette épreuve américaine atypique, à mi-chemin entre le trail et la course d'orientation, a lieu chaque année à la fin de l'hiver dans le parc national de Frozen Head (Tennessee). Elle est l'œuvre du truculent Gary Cantrell, alias Lazarus Lake (également surnommé Laz), génial organisateur depuis 1986 de cette anomalie aux règles uniques. Pour les quarante concurrents sélectionnés par le maître du jeu, il s'agit de boucler cinq tours d'un circuit hors sentier, sans balisage, en 60 heures maximum (12 heures par tour), en alternant sens horaire et antihoraire, sans autres outils pour s'orienter qu'une basique carte touristique et une boussole.

Les participants évoluent dans un décor hostile sur des pentes abruptes au milieu d'une épaisse forêt jonchée de ronces. Un passage sous une prison désaffectée (lire l'encadré ci-dessous) leur impose de marcher dans une rivière à la température glaciale. Pour prouver qu'ils ont bien respecté le tracé, les participants doivent trouver des livres cachés sur le parcours (13 en 2023) et déchirer les pages correspondant à leur numéro de dossard. Officiellement, la distance totale est de 100 miles (161 kilomètres), mais elle se situe plus sûrement autour de 210 kilomètres, pour plus de 20 000 mètres de dénivelé positif.

Avant Aurélien Sanchez, ils n'étaient que 15 à avoir touché cinq fois la *yellow gate*, cette barrière forestière jaune faisant office de ligne de départ et d'arrivée. Un exploit pour la beauté du geste, car il n'y a pas de vainqueur à la Barkley, ni quoi que ce soit à gagner, à part finaliser des années de dévotion pour ce rêve quasi inaccessible.

Nous en étions à évoquer son départ pour la dernière boucle quand j'ai demandé à Aurélien à quel moment il s'était autorisé à imaginer qu'il allait réussir. C'est alors qu'un trop-plein d'émotions a fait rouler des larmes sur sa joue et dérailler sa voix. « Désolé, c'est très dur d'en parler », s'excuse-t-il, alors que je peine à relancer la discussion, tant je suis touché.

C'est que cette *yellow gate* n'est pas une ligne d'arrivée comme les autres. Elle ne fait pas seulement rêver les aspirants *finishers*, elle les obsède. L'épreuve a été créée pour ça : « La Barkley est un problème à résoudre », s'amuse en effet Lazarus Lake, qui corrige la complexité de l'équation au fil des éditions de manière à conserver un taux de réussite de seulement 1 %. « Ceux qui touchent la *yellow gate* à cinq reprises ont quelque chose de plus », dit-il encore (*Les Finisseurs*, éd. Mons).

Une évasion à l'origine de la Barkley

Pour créer la Barkley, Lazarus Lake s'est inspiré d'un fait divers : l'évasion, en 1977, de James Earl Ray du pénitencier de Brushy Mountain State, où il purge alors une peine de 99 ans pour l'assassinat de Martin Luther King. Sa fuite dure 55 heures. Perdu dans le parc de Frozen Head, le fugitif n'a parcouru qu'une douzaine de kilomètres. Une distance ridicule selon Laz, qui prétend qu'il aurait été capable de couvrir 160 kilomètres. Soit à peu près le défi qu'il allait proposer aux concurrents de la Barkley à la création de l'épreuve en 1986.

Ce n'est pas un hasard si l'on compte parmi les finisseurs une majorité d'ingénieurs et de scientifiques. C'est le cas d'Aurélien Sanchez, qui s'est expatrié à Phoenix, Arizona, pour exercer son métier d'ingénieur informatique de 2016 à 2019. C'est là-bas que cet ancien footballeur amateur s'est mis à randonner de manière de plus en plus poussée pour occuper son temps libre. Il a découvert la Barkley de retour d'une longue marche dans le Grand Canyon. « J'ai cherché sur Google les courses les plus dures du monde, raconte-t-il. À chaque fois, la Barkley remontait. J'ai regardé l'histoire de la course, je me suis imprégné des rapports des coureurs. Et là, je me suis dit : "J'ai envie de vivre cette expérience." [...] Les deux ou trois premières années, c'était une fascination et une très grosse obsession. Ma vie entière tournait autour de ce projet. Finalement, ça m'a accompagné six ans. »

Il fait ses devoirs pour tenter de convaincre Laz de l'inviter, enchaînant tentatives de record, dont celles du John Muir Trail (359 kilomètres), et ultra-trails. Sa patience est mise à rude épreuve, l'organisateur restant sourd à ses candidatures jusqu'à l'édition 2023.

Mais l'attente a du bon. Quand il se présente enfin devant la *yellow gate*, il est prêt après avoir poussé à fond tous les curseurs de la préparation physique et mentale, sans oublier sa connaissance encyclopédique de la course.

« La Barkley a longtemps été pour moi une nécessité, c'est ce qui a fait que j'ai réussi à finir, admet-il. Mais je dirais que j'ai fait face à cette nécessité avec sagesse dans la mesure où j'ai fini par me dire : "Tu es en train de vivre ton rêve, profites-en à fond, donne-toi les moyens de ne pas avoir de regrets." »

Bénéficiant de conditions clémentes et de l'expérience de vétérans de l'épreuve, Aurélien va boucler les cinq tours sur un nuage. S'il a connu des moments difficiles et s'est égaré plusieurs fois, il a récité sa partition à la perfection : « Toutes les étoiles se sont alignées dès ma première participation : une préparation de dingue, une météo parfaite, une forme de feu... J'ai éprouvé des sensations incroyables, que je n'avais jamais eues sur d'autres courses. À tel point que sur la cinquième boucle, je suis parti vraiment déterminé, poussé par l'adrénaline avec une sorte de fraîcheur physique. Je n'ai pas envie de faire croire que c'était facile, parce que c'est un sacré défi, mais j'ai vécu mon rêve éveillé pendant plusieurs boucles. Je me suis beaucoup amusé. J'étais obsédé par cette course, j'en rêvais depuis six ans et je l'ai vécue. Du coup, quand j'arrive au dernier virage et que j'entends la foule crier, tout devient réel. Là, j'ai eu beaucoup d'émotions et j'ai commencé à pleurer... »

L'enjeu dépasse largement le fait de terminer, de finir premier ou d'entrer dans l'histoire en tant que premier *finisher* français de la Barkley. C'est un sentiment beaucoup plus profond. Aurélien a ressenti moins de fierté que de gratitude d'avoir pu vivre ce long voyage : « J'ai remercié chaleureusement Laz parce qu'il a

**« La vie n'est
pas une course.
Il n'y a pas
de ligne d'arrivée.
On s'acharne
à atteindre un but,
mais ce n'est pas
le plus important.
Ce qui compte,
c'est comment
nous y parvenons. »**

Scott Jurek

contribué à ces six années que je viens de passer durant lesquelles je suis devenu une meilleure personne. Cette aventure m'a beaucoup marqué dans mon quotidien. Elle m'a apporté de la sagesse. Je serai à jamais reconnaissant envers Laz d'avoir eu cet impact dans ma vie. »

Ode aux derniers des finishers

Les images de son arrivée ont fait le tour du monde. Dans le final du marathon féminin des JO de Paris 2024, Kinzang Lhamo arrête de courir, marche, s'arrose le visage, puis reprend sa course à petite foulée sous un tonnerre d'applaudissements et d'encouragements. Depuis plusieurs kilomètres, un cortège de spectateurs accompagne la concurrente du Bhoutan en détresse. Émus par le chemin de croix de la dernière de l'épreuve, ils étaient d'abord une poignée autour d'elle. Puis la foule n'a cessé de grossir jusqu'à son arrivée après 3 h 52′ 59″ d'effort, plus de une heure trente après la première, Sifan Hassan. La championne olympique a réalisé un exploit rarissime en s'imposant dans ce marathon après ses médailles de bronze sur 5 000 et 10 000 mètres quelques jours plus tôt, mais l'opiniâtreté de Kinzang Lahmo semble avoir davantage imprimé la rétine des témoins, qu'ils soient sur le bord de la route ou devant leur écran de télé : « C'est un moment d'humanité pur, puissant et bouleversant », écrit le lendemain le journal *L'Équipe*, qui consacre un long article à l'épopée de la Bhoutanaise, considérée comme « l'incarnation de l'esprit olympique ».

Pour *Course Épique*, j'ai interviewé des champions et des coureurs aux parcours incroyables, mais les récits de course faisant le plus réagir sont ceux consacrés aux derniers des *finishers*. Leurs histoires suscitent à chaque fois l'admiration, y compris des coureurs de haut niveau. Non seulement ces amateurs ont, comme tous les concurrents, à se battre avec eux-mêmes, mais ils ont souvent un adversaire en plus : la barrière horaire. C'est le temps maximal fixé dans certaines courses à des points de contrôle au-delà duquel les participants sont mis automatiquement hors course. Un couperet, une pression constante qui transforme leur épopée en contre-la-montre digne d'un scénario de film. Pas de bombe à désamorcer, mais un tic-tac obsédant. Et un authentique sentiment de victoire pour ceux qui parviennent à couper le fil avant la *deadline*.

Abdennour Benmammar, héros de l'épisode 9 de *Course Épique*, a couru l'UTMB 2018 avec cette épée de Damoclès au-dessus de la tête d'un bout à l'autre de la course. Cet infirmier, père de trois enfants, savait à quoi s'en tenir. « Je n'ai absolument rien à voir avec les autres coureurs, se dit-il alors qu'il patiente dans le sas de départ. La plupart sont affûtés, avec des physiques d'ultra-trailer, ce qui n'est pas mon cas. Je ne ressemble même pas à un coureur. Au départ, j'avais l'impression d'être celui qui s'est trompé de course. » Il a quand même un peu d'expérience de ces situations. Habitué à jouer avec les barrières horaires, il s'est fixé un tableau de marche précis en calculant la moyenne des chronos des trois derniers participants de l'édition précédente : « J'avais tout étudié. Je savais qu'à telle heure, il fallait que je sois à tel endroit. »

Il parvient à mi-parcours, au ravitaillement de Courmayeur, avec une heure dix d'avance. Après s'être reposé et avoir mangé, son avance sur le temps limite a fondu à... cinq minutes. Plus tard, il pense être hors délai alors qu'il forme un groupe avec quatre autres concurrents : « À 4 heures du matin, on appelle le PC. On leur dit : "Il ne faut pas nous disqualifier, c'est pas possible, on n'a pas vu votre barrière." En fait, on avait bipé en passant devant un camion. On n'avait pas fait attention. »

Une éclaircie de courte durée. Souffrant des frottements répétés sur les cuisses, il doit laisser partir ses compagnons, le temps d'enfiler un pantalon de pluie : « À partir de là, la course a été compliquée au niveau physique. » Mais il reste en course, en se répétant sa phrase fétiche comme un mantra : « La douleur est éphémère, les regrets de l'abandon sont éternels. »

La barrière horaire devient encore plus concrète encore quand il est rattrapé par les « fermeurs » bénévoles dans l'ascension vers La Flégère, l'une des dernières difficultés. Ils vont le pousser à ne rien lâcher : « Ils m'ont motivé. Sans eux, j'aurais ralenti et j'aurais été hors course. » Pointant avec sept minutes de retard au dernier poste de contrôle, il bénéficie de l'indulgence des commissaires pour rallier la ligne en dernière position (46 h 56' malgré une barrière théorique à 46 h 30'). Une arrivée triomphale devant la grande foule rassemblée pour la remise des récompenses aux vainqueurs : « C'était génial ! Tout le monde était là pour applaudir. Je reçois une vraie ovation. J'ai eu une pensée pour ceux qui ont terminé douze heures avant et qui sont arrivés dans l'anonymat en pleine nuit. Moi, j'ai eu la même arrivée que Xavier Thévenard [NdA : le vainqueur de cette édition] ! J'étais crevé mais tellement heureux. Je n'avais pas de larmes parce que j'étais sec, mais le cœur était à bloc. [...] Puis je me suis retrouvé sur le podium avec ma tête sur l'écran géant installé face à la foule. Une copine m'a dit ensuite : "Tu peux arrêter la course à pied, tu ne vivras pas mieux." Elle a raison. »

Jamais, en effet, il ne connaîtra une émotion plus intense que celle de finir lanterne rouge. Le dernier est avant tout un *finisher*. Le plus symbolique de tous.

Géraldine Juge a vécu le même ascenseur émotionnel lors de la CCC 2023. À la lutte avec la barrière horaire, cette entrepreneuse, exerçant dans les pompes funèbres à Genève, a cru son aventure terminée à une trentaine de kilomètres de l'arrivée : « Je regarde l'heure, je fais un calcul, je n'arrivais pas très bien à réfléchir. Je pensais ne jamais y arriver. Je me suis dit : "Tant pis ! De toute façon, le trail, c'est nul, la marche était trop haute. Tu n'aurais jamais dû t'inscrire à ce truc. Je n'étais pas assez bien préparée. Tu ne dois rien à personne." J'ai fait le deuil de ma course. Et puis, finalement, je me suis dit : "Non, tu ne vas pas t'asseoir"... »

Repartie de plus belle, elle tient le coup jusqu'au dernier poste de contrôle, où elle passe ric-rac sous le *cut* : « Pendant toute la montée, j'avais imaginé que le commissaire de course allait me dire que c'était trop tard. En fait, je suis dans les temps. Il m'attendait avec un grand sourire et il m'a demandé comment j'allais. Il m'a dit que j'allais y arriver. J'ai cru que c'était une question. Il a dû me préciser que c'était une affirmation. Je n'oublierai jamais son visage. »

Huit kilomètres plus bas, elle franchissait la ligne d'arrivée avec 6 minutes d'avance sur la barrière horaire (26 h 30). Dernière de sa catégorie mais heureuse comme personne : « J'ai passé l'arche. Je me suis effondrée. Je n'y croyais pas. C'était un rêve. Si c'était à refaire, je ne changerais rien du tout à ma course. Ç'a justement été savoureux de réussir dans ces conditions. Ça m'a appris qu'il y a toujours une lueur au bout du tunnel. C'est vrai dans le sport comme dans ma vie d'entrepreneuse. J'aime bien faire des liens entre les deux : il y a toujours des solutions. »

L'abandon n'est pas un échec

On ne cesse, dans ces pages, d'évoquer des histoires de *finish* épiques et de dépassement de soi. Mais il arrive de craquer physiquement ou de lâcher mentalement. Et il est parfois plus raisonnable de s'arrêter ou, tout simplement, impossible de continuer malgré toute la volonté du monde. Dans cette situation, il s'agit d'essayer de prendre de la hauteur.

Abandonner est souvent une décision difficile à prendre, car la frontière entre courage et obstination peut s'avérer très mince quand la lucidité vient à manquer. « Avant de s'arrêter, il faut avoir pesé tous les paramètres », conseille la coach Laurence Klein, de manière à discerner s'il s'agit d'un moment de faiblesse et de découragement passager, ou d'une réelle défaillance. « Avant de craquer complètement, il est possible de réduire son allure, par exemple de 10 secondes par kilomètre pendant 3 kilomètres, ajoute Laurence. 30 secondes du temps final, ce n'est rien du tout ! Mais cela peut permettre de basculer de l'abandon à une certaine aisance et de retrouver un esprit positif. J'ai vu des athlètes repartir et être très forts sur des fins de course. »

Évidemment, cela ne suffit pas toujours. Il est alors plus prudent de ne pas s'acharner : « On peut supporter des douleurs physiques et mentales en course, mais la souffrance, c'est autre chose, différencie Laurence pour expliquer la nuance entre un coup de moins et un cas de force majeure. À ce moment-là, il faut s'arrêter. On ne peut pas tout demander à un corps qui casse. Il en va de sa santé. On ne joue pas sa vie sur une course. »

3 %

C'est le taux d'abandons au Marathon de Paris 2024. Sur les 55 922 participants, 54 175 ont réussi à rallier l'arrivée. Pourtant, 46 % des engagés disputaient à cette occasion leur premier marathon. Cette proportion d'abandons extrêmement faible augmente évidemment plus la distance est longue, et la course difficile, jusqu'à atteindre plus de 30-35 % dans les ultra-trails.

L'une des histoires d'abandon les plus marquantes de *Course Épique* m'a été racontée par Coline Margo. Alors qu'elle disputait le Marathon de Tours 2021, cette coureuse amatrice a été obligée de s'arrêter après… 41,9 kilomètres, à moins de 300 mètres de la ligne d'arrivée. Autant dire qu'elle était arrivée. Mais la jeune femme n'a jamais regretté de ne pas être allée au bout. Au contraire, elle estime qu'elle aurait dû s'arrêter plus tôt.

Ses ennuis commencent peu après la mi-course. Mais la jeune femme poursuit son chemin de croix, déterminée à rejoindre son mari, qui l'attend sur le bord de la route au 38e kilomètre. « Je ne suis pas fière de dire ça, mais je n'ai pas même pensé à l'abandon, confie-t-elle. Je n'en étais techniquement pas capable parce que mon esprit était déjà trop loin, j'étais déjà trop peu lucide pour me dire que ça n'allait vraiment pas. » Lors de sa première expérience sur la distance au Marathon Nice-Cannes, elle avait consenti à lever le pied après le 32e kilomètre : « C'est un enseignement que j'aurais dû retenir… » Cette fois, elle va foncer dans le mur sans s'en rendre compte. « Je ne maîtrisais plus rien du tout. Je ne reconnaissais rien alors que la course avait lieu dans ma ville et que j'avais étudié le parcours. J'avais du mal à attraper les idées. Ça devenait très compliqué de penser. »

Son mari décide pour elle de faire une pause alors qu'il ne lui reste plus qu'un virage à passer avant de franchir la ligne : « L'idée, c'était de s'arrêter deux minutes et de repartir [...] Là, mon cerveau s'est éteint. J'ai un trou de mémoire d'environ une demi-heure. »

Elle apprendra plus tard l'origine de sa défaillance : une déshydratation et une hyperthermie. Prise en charge par les secours, elle pourra rentrer chez elle deux heures plus tard. Sans regrets. « Un soignant m'a proposé d'aller me chercher la médaille en me disant que j'étais presque arrivée et que je la méritais. Il était compatissant : "Vous devez être tellement déçue." Mais non. Sur le coup, je suis contente d'être vivante parce que c'est vraiment tout ce qui compte. Je ne suis pas déçue parce que je suis allée au bout de moi-même. Je n'ai pas lâché, ce qui n'est pas très positif. Mais je ne peux pas m'en vouloir. J'ai fait tout ce que je pouvais. Et ce qui n'a pas fonctionné, quelque part, ce n'est pas ma faute, ce n'est pas une question de manque de préparation. »

Cette mauvaise expérience n'a pas eu de conséquences pour Coline, qui a conservé sa passion pour la course et continue de disputer régulièrement des compétitions.

Tous les abandons ne sont heureusement pas aussi dramatiques. Mais cela reste souvent un moment difficile à vivre, surtout quand il vient ponctuer une préparation sérieuse. « Amateurs comme élites, je ne connais pas un seul coureur qui n'ait pas subi d'échec », dédramatise la coach Laurence Klein dans un épisode du podcast intitulé « Comment se remotiver après un résultat décevant ». Elle sait de quoi elle parle. Lors du Marathon des Sables 2023, elle avait dû se résoudre à abandonner alors qu'elle participait à l'épreuve avec son fils, Lilian. Un défi à la fois sportif et familial qui lui tenait à cœur. « C'était mon championnat du monde ! dit-elle pour donner la mesure de l'importance de ce

« Je ne perds jamais :
soit je gagne,
soit j'apprends. »

Nelson Mandela

projet. Cela a été très dur quand mon corps a lâché pour un souci de santé. Je n'arrivais plus à marcher. Ma déception a été terrible. J'avais l'impression que le monde entier m'en voulait d'avoir raté ce rendez-vous, alors que c'était moi qui m'en voulais. Il faut être capable de se dire que ce sont des choses qui arrivent et se remettre le pied à l'étrier. Sur le coup, je me suis dit que le désert et moi, c'était terminé. Mais quand mon fils m'a envoyé un bouquet de fleurs et un gentil mot pour me dire "Bon rétablissement et rendez-vous au MDS 2024", j'étais la plus heureuse des femmes et des mamans. » Et encore plus quelques mois après, quand mère et fils ont finalement mené au bout ce défi familial.

Comme Laurence le dit, « il y a toujours du positif dans le négatif ». Il faut en effet se servir d'un échec. « Il est nécessaire d'analyser, de pointer du doigt les raisons de l'échec et de s'ajuster en conséquence, ajoute-t-elle. Et ensuite, comme quand on tombe de cheval, il faut rapidement se remettre en selle et se fixer un petit objectif pour repartir plus fort. » D'une certaine manière, ces accidents de parcours font partie du chemin, tant qu'ils ne viennent pas balayer d'un revers de main l'essentiel : le plaisir de courir.

Magali Blanchet illustre parfaitement ce propos. Cette coureuse amatrice est passée par tous ces sentiments après son abandon au Marathon de Tours au 35ᵉ kilomètre. Lors de cette édition très chaude, elle se met à vomir tout ce qu'elle tente d'ingurgiter à partir du 25ᵉ kilomètre. Partie avec un objectif chronométrique précis (courir en moins de quatre heures), elle doit renoncer, la mort dans l'âme : « J'ai essayé de tenir dans ces conditions. Mais je suis passée à 6 minutes, puis à 7 minutes au kilomètre alors que j'étais partie sur les bases de 5′ 30″ au kilomètre. À un moment, j'ai lâché psychologiquement. »

Sur le coup, cet abandon la déçoit énormément alors qu'elle nourrissait de hautes ambitions personnelles. « Je me disais que ce n'était pas possible de m'être entraînée comme ça, trois, quatre fois par semaine, pour ne pas finir. C'était très, très dur. J'avais aussi un petit sentiment de culpabilité. »

S'ensuit l'analyse : « L'objectif des quatre heures était trop ambitieux. J'aurais mieux fait de partir plus doucement. Et puis il y avait des facteurs externes puisqu'il faisait vraiment très chaud, ce qui, sans doute, a déclenché ce problème que je n'avais jamais ressenti auparavant. »

Enfin, le rebond. Dans son cas, il intervient très rapidement : « Le lendemain, je me suis dit que ce n'était pas possible. J'ai regardé quel était le premier marathon suivant en France. Il y avait Lyon quinze jours après. L'idée, c'était de ne pas rester sur un échec. Cela vaut aussi dans la vie personnelle et professionnelle. On peut se dire que, même si on n'a pas réussi une fois, on a le droit de réessayer. »

À nouveau en difficulté à partir du 30e, elle va quand même aller au bout. « J'ai eu un regain d'énergie au 39e. Il ne me restait plus que trois kilomètres. Je suis repartie sur un rythme tout à fait correct. Et là, c'était du plaisir. C'est une grande satisfaction de terminer, parce que je partais avec cet objectif-là. [...] J'ai eu le sentiment du devoir accompli et une grande fierté d'avoir fini. »

Le temps de la célébration et du repos

« Plus jamais ça ! » Rares sont les coureurs à ne pas avoir juré qu'on ne les y reprendrait plus, le cerveau embrumé par l'inconfort des derniers kilomètres. En règle générale, cette promesse ne résiste pas à une bonne nuit de sommeil. Pourquoi ? Est-ce le résultat d'un biais de positivité ? d'une réinterprétation cognitive ? d'un effet de distanciation ? Ces mécanismes psychologiques de distorsion de la réalité, bien documentés, jouent peut-être un peu. Ou bien s'agit-il simplement de ce torrent d'émotions générées par la course, finalement plus fort que tout, au point que le « Plus jamais ça ! » soit remplacé sans transition par « Quand est-ce que j'y retourne ? ». Et alors qu'ils étaient sincèrement décidés à ne plus accrocher de dossard, voilà ces coureurs déjà sur Internet à la recherche de leur prochaine course…

Coureuse amatrice, Justine a souvent éprouvé ce sentiment : « Cela m'arrive principalement après des courses de longues distances ou des épreuves courtes et intenses comme les 10 kilomètres, alors que cela m'arrive moins sur semi-marathon ou en trail. Je pense que le fait de se mettre dans le rouge prend le dessus. Je me demande pourquoi je m'inflige ça, pourquoi je me mets dans un tel état. Et en plus en payant pour ça, alors qu'il existe plein d'autres activités très sympathiques ! Pour mon premier marathon, j'ai mis une semaine à prendre du recul avant d'envisager de peut-être en refaire un dans ma vie. Mais deux semaines plus tard, je savais que j'en referais un l'année d'après. Pour mes courses suivantes, quand j'ai terminé avec ce sentiment, il s'est dissipé après que j'ai mangé un bon plat de pâtes et dormi quelques heures. Maintenant, je sais pertinemment que quand je me dis "Plus jamais ça", c'est en fait "Plus jamais ça jusqu'à la prochaine fois". Je laisse mon cerveau digérer dans son coin, et on passe à autre chose... »

Autre coureuse témoignant de ce curieux phénomène : Cassandre. À l'arrivée de la SaintéLyon (82 km, 2 500 m D+), cette coureuse lâche à ses proches : « C'était ma dernière, je prends ma retraite sportive. » « J'ai eu l'impression d'en avoir vraiment marre du kilomètre 50 à l'arrivée, explique-t-elle. Je ne voulais plus ressentir ça, je n'avais eu aucun plaisir. » Quinze jours après, sa retraite était repoussée à plus tard : « Je me suis racheté une paire de baskets neuve et je suis repartie. Dans un premier temps sur des petites sorties à allure rapide. Puis j'ai de nouveau eu envie d'allonger les distances. La dopamine me manquait ! »

Avant de se tourner vers le défi suivant, il est urgent de célébrer la course que l'on vient de terminer, de savourer cette réalisation et le chemin parcouru pour en arriver là, et de ne pas zapper la période de repos. On l'a vu dans la partie précédente, les coachs et les spécialistes recommandent de se limiter à trois gros objectifs par an et de respecter l'enchaînement logique préparation-course-récupération, dans un souci d'efficacité, mais aussi pour éviter les blessures et conserver le plaisir de courir. Cette phase commence généralement par du repos total, avant une reprise progressive de l'entraînement. La durée de chaque étape dépend de plusieurs facteurs : la distance et la difficulté de la course que le coureur vient de terminer, l'état général dans lequel il a fini, mais aussi son niveau, ou encore son emploi du temps les jours qui suivent, son activité professionnelle, etc. À titre indicatif, on considère qu'après une course moyenne ou longue, il faut observer un jour de repos total par tranche de 10 kilomètres.

Autrement dit, après une épreuve, par exemple, de 80 kilomètres, 8 jours d'inactivité s'imposent...

Athlète et coach, Nicolas Martin porte une attention particulière à sa récupération et à celle de ses athlètes, surtout s'ils sont amateurs. Si elle ne doit pas être négligée pendant la préparation, il estime qu'elle est doublement importante après une course. « Je fais partie des gens qui s'investissent fortement mentalement quand ils font une course, dit-il. Ensuite, pendant quatre ou cinq jours, je n'ai pas trop envie d'entendre parler de course. Ça me dépasse quand je vois des gens courir le lendemain d'une course. Je me demande d'où provient cette envie après une course de six ou sept heures. Déjà, physiquement, ce n'est pas recommandé. Et mentalement non plus. Personnellement, j'ai du mal à dissocier le physique et le mental. Parce que quand tu t'entraînes dur, tu es obligé de faire appel à ton mental. Et donc, quand tu as besoin de récupérer physiquement, c'est quand même rare que tu n'aies pas besoin de récupérer aussi un petit peu mentalement. »

Traileuse amatrice, Solenn Guérin tient aussi à lâcher prise après ses objectifs et les longs mois de préparation qui les ont précédés. Jonglant au quotidien entre son métier, son rôle de maman et ses entraînements, elle éprouve le besoin de débrancher de la course à pied, pour mieux y revenir par la suite : « C'est exigeant, note-t-elle. J'essaye d'assurer un peu sur tous les fronts. Je fais de mon mieux, ce qui réclame de la concentration, de la présence mentale, intellectuelle. C'est fatigant à long terme. Après mes courses, j'ai envie de faire du sport différemment. J'aurais du mal à m'en passer. Mais je pense que c'est important, dans des périodes de repos ou de coupure, de retrouver une vie sociale, de voir des gens qui ne courent pas et de reprendre une vie, entre guillemets, normale. »

« L'une des plus grandes richesses dans la vie, c'est d'être capable d'être assis dans un canapé sans rien faire et de se sentir bien. C'est un signe de bonne santé mentale. »

Nicolas Martin

Baptiste Chassagne adopte cette stratégie. Après ses courses importantes, le 2e de l'Hoka UTMB Mont-Blanc 2024 se réserve des plages de repos lui permettant de s'adonner à ses autres passions, comme la musique électro, et de se consacrer à son entreprise de communication et à ses proches. « Typiquement, je me prévois un gros mois de boulot pour retrouver une vie un peu plus conventionnelle, décorrélée de la démarche de performance. Je suis beaucoup plus souple. Au même titre que ma compagne s'adapte tout l'été, là, c'est à moi de m'adapter. Je retrouve un quotidien calé sur celui de ma compagne, de ma famille et de mes proches. Je peux être disponible. C'est une période que j'attends. En calant cette période à l'avance, je sais que si ma course ne se passe pas bien, j'aurai ensuite un mois qui va me permettre de m'épanouir, et que si tout se passe bien, j'aurai un mois pour atterrir. »

Le blues post-course

Passer à côté d'une course-objectif peut être difficile à vivre. Mais il peut être tout aussi dur de rebondir après une grande joie. C'est ce qui est arrivé à Jean-Yves Baron, le dernier de la Diagonale des Fous 2018, dont nous avons déjà parlé (voir page 143). Proche de l'abandon, remis en selle par un coup de fil à sa fille, il va finalement passer de l'obscurité à la lumière. À l'arrivée au stade de La Redoute à Saint-Denis, il est accueilli avec la même ferveur que le vainqueur. Une tradition locale inscrite dans l'ADN de l'épreuve qui va bouleverser sa vie.

« Soudain, je me retrouve avec une quinzaine de journalistes, et on m'apprend que ma fin de course est filmée en direct sur Canal+, raconte-t-il. Un truc de fou. Alors que je pensais finir ma course tranquille comme un coureur lambda, je deviens un héros. J'arrive au stade, et c'est un déchaînement. Il y a des gens qui chantent, qui braillent, qui hurlent, un bruit pas possible. Derrière l'arche d'arrivée, il y a un mur de journalistes et de photographes qui m'attendent comme si j'avais gagné la Ligue des Champions. Je suis félicité par François D'Haene et Benoît Girondel, qui avaient gagné la course. On me fait monter sur le podium... C'était surréaliste, comme dans un film. » La surprise est totale, le contraste saisissant, les émotions décuplées : « Je suis passé à un cheveu de l'abandon, mais quelque chose m'a poussé à continuer, dit-il. J'avais un ange au-dessus de la tête, une énergie, quelque chose de supérieur. On touche presque au divin. »

Sans avoir le temps de passer par la douche, il doit prendre la direction de l'aéroport pour attraper l'avion du retour qui doit décoller une heure plus tard... Il est alors mis dans une voiture et escorté par des motards de la gendarmerie, gyrophares allumés. La suite est encore plus incroyable lorsqu'il est invité par le commandant de bord dans la cabine de pilotage : « Il me dit : "C'est incroyable, ce que vous avez fait." Et il ajoute : "C'est vous qui allez faire décoller l'avion." Il pousse son copilote, je m'assois à côté de lui. Il me dit : "Bon, vous vous taisez parce que la tour de contrôle ne doit pas savoir que vous êtes là, et ensuite je vous dirai ce qu'il faut faire." Et j'ai fait décoller un Boeing 747 ! »

Depuis, Jean-Yves a arrêté de courir, comme s'il voulait conserver ce souvenir intact. « C'est très compliqué, admet-il. On m'a sollicité pour retourner à La Réunion, où des gens voudraient me revoir, y compris des personnalités politiques. Mais j'ai touché quelque chose de tellement profond que je ne pourrai plus ressentir ça. C'est une histoire incroyable, impossible à dupliquer, ce n'est pas possible. » Un peu comme s'il était allé au bout de son chemin, comme si la course à pied lui avait donné tout ce qu'elle avait à lui donner et qu'il n'avait rien de plus à en attendre. Même des années plus tard, ce souvenir reste sensible au point qu'il lui est impossible de rester longtemps devant les images de la Diagonale des Fous : « Je suis arrivé à mon Graal, explique-t-il, c'est-à-dire avoir pleinement confiance en moi, être bien dans ma vie, dans mon corps, connaître mes limites, mes capacités. Aujourd'hui, je suis arrivé au top de ce que je pouvais faire et de ce que j'avais envie de faire. »

Accomplir un rêve à l'issue d'une longue préparation peut aussi laisser place à un grand vide. C'est ce qu'a ressenti l'athlète Sylvain Cachard après son titre de champion d'Europe de course en montagne 2022 en Espagne (17,8 km, 900 m D+). Sur le coup, lorsqu'il franchit la ligne, il est pourtant au comble du bonheur. À l'approche de la ligne, il est pris de sanglots en prenant conscience que la victoire ne peut plus lui échapper : « Je sens que ça va être quelque chose de très, très fort, revit-il. Une petite voix dans ma tête avant me dit : "Sylvain, profite, ça va être quelque chose de ouf !" Je prends le drapeau France, je chiale, je gueule, il y a mon père à l'arrivée et tout. Il n'y avait pas grand monde sur le parcours, mais je m'en foutais parce que, pour moi, c'était vraiment trop beau de m'être fixé cet objectif et de le réussir. Je repense alors que j'ai intégré l'équipe de France en junior 1 en 2016. J'étais le dernier junior sélectionné. Et six ans plus tard, je suis champion d'Europe élite. C'était inimaginable il y a quelques années et même quelques mois en arrière. Je pense aussi aux jours précédents et au contrôle que je m'étais imposé. Je n'arrêtais pas de me dire : "Ne cède pas à l'émotion." Du coup, je lâche tout à l'arrivée. C'est énorme. Mais c'est la raison pour laquelle le contrecoup a été énorme derrière.

C'est le revers de la médaille d'or. Sylvain va ressentir une forme de blues bien connu des sportifs quand un objectif après lequel on court depuis des années devient réalité. « On est préparé à beaucoup de choses, mais on n'est pas préparé à réaliser un rêve, avoue-t-il. Pour la première fois depuis cinq ou six ans, j'ai pris deux semaines de vacances avec mon frère et des potes. C'était vraiment bien. Mais ensuite, émotionnellement, j'étais tout le temps en train d'essayer de revivre ce grand moment que j'avais vécu. Je donnais beaucoup trop d'importance au résultat que je venais de faire. Finalement, c'est assez malsain de se définir par ça. J'étais un peu triste parce que j'avais gagné les Europe. Personne ne peut comprendre ça. C'est symbolique, il m'a fallu neuf mois pour renaître. Je ne dis pas que j'étais triste pendant neuf mois, mais c'est le temps qu'il m'a fallu pour vraiment me relancer et retrouver des motivations saines. »

Et après ?

Une ligne d'arrivée est une porte ouverte sur la prochaine ligne de départ. C'est le cycle de la vie. Derrière un sentier se cache toujours un autre sentier. Gare, cependant, à ne pas tomber dans la surenchère systématique et à ne pas confondre mieux avec plus. Finir un 10 kilomètres ne signifie pas forcément enchaîner lors de sa prochaine course avec un semi-marathon ou un marathon. On peut ne pas avoir couru de marathon ou d'ultra-trail et considérer à juste titre avoir une vie de coureur épanoui.

La bigorexie, l'addiction à la course

L'addiction au sport existe et elle porte un nom : la bigorexie. Officiellement reconnue comme une maladie depuis 2011 par l'Organisation mondiale de la santé (OMS), elle « touche toute personne pratiquant une activité sportive à trop forte dose pour son corps ». Présente essentiellement dans les sports d'endurance et le culturisme, elle conduit généralement à l'isolement et au surentraînement. Ce syndrome de surentraînement intervient en effet quand le sportif s'acharne à s'entraîner de plus en plus malgré un état de surmenage. Dans certains cas, des mois, voire des années sont nécessaires pour sortir de ce gouffre.

Coach de trail reconnu, l'ancien sélectionneur de l'équipe de France Philippe Propage observe avec un regard inquiet cette tendance à vouloir allonger les distances. Lors d'un épisode de *Course Épique*, il a spontanément souhaité aborder cette question : « Je trouve qu'on fait de plus en plus difficile, de plus en plus dur, de plus en plus long. On va trop vite, on veut tout et tout de suite. C'est vrai dans le sport mais aussi dans notre vie moderne en général. » Du haut de son immense expérience, ce coach installé à côté de Saint-Étienne craint de voir des néopratiquants se blesser et se lasser s'ils ne respectent pas les étapes nécessaires avant d'allonger les distances : « Des gens me contactent pour que je les prépare pour faire un ultra alors qu'ils n'ont pratiquement encore rien fait. J'ai plutôt tendance à essayer de les décourager. Il y a une banalisation de la longue distance. On voit des images magnifiques dans les magazines, mais ce n'est quand même pas à la portée de tout le monde. Personnellement, j'ai pratiqué le trail pendant quatre ans avant de monter sur le Trail des Templiers, qui faisait alors 70 kilomètres, alors que je venais du marathon. Aujourd'hui, les Templiers sont devenus pour certains une sortie longue de préparation. Cela me fait un peu peur parce qu'on n'a pas le recul suffisant pour connaître les répercussions sur la santé physique et peut-être aussi sur la santé mentale. »

Traileur dominant sur les distances de 40 à 80 kilomètres en 2023 et 2024, Thomas Cardin est ainsi régulièrement questionné sur l'éventualité de s'aligner sur des distances supérieures. Mais le champion d'Europe 2024 de trail n'a jamais cédé à la mode du toujours plus, préférant rester fidèle aux formats de courses sur lesquels il prend le plus de plaisir : « On ne passe pas d'un 40 bornes à un 100 bornes en un claquement de doigts, estime ce professeur des écoles. J'ai déjà fait des formats 80 qui me correspondent bien, mais 100, c'est encore différent. Si j'y viens, je me laisserai deux, trois ans pour essayer d'être performant. Mais je ne me dirige pas inexorablement vers l'ultra. Je n'en ai pas forcément le désir. Je resterai toujours attaché à ce format marathon, même si j'ai des envies de nouveauté et de découverte. »

La course à pied est un chemin. Pas une fuite en avant.

CONCLUSION

Faut-il y voir un signe de la place désormais centrale occupée par la course à pied ? Les coureurs sont aujourd'hui si nombreux – si omniprésents – qu'ils sont devenus des cibles de choix pour les meilleurs *snipers* du stand-up. Prenez l'humoriste Marina Rollman, qui, avec son œil affûté, n'hésite pas à pointer du doigt, dans son sketch *L'addiction au sport*, cette étrange évolution : « Les coureurs, on les a perdus, dit-elle. La preuve : ils ne se cachent plus. Longtemps, le running, c'était un truc comme l'échangisme, que tu faisais dans les bois ou dans des salles spécialisées. C'était cool, ils étaient avec leur communauté. Maintenant, ils courent en ville. Mais la ville n'est pas faite pour ça ! Tu le vois bien aux feux rouges, ils ne savent pas quoi faire. Ils vont en avant, en arrière, on dirait des hirondelles pendant une éclipse, c'est tragique ! Et surtout, nous, les citoyens marchant, on les gêne. Quand ils te voient, ils ne te contournent pas. Ils font des petits bruits dans ton dos. Et là, il faut que tu te pousses pour laisser passer un gars qui va très vite nulle part. »

Avec un brin d'autodérision bien placée, on ne peut s'empêcher de reconnaître que ce portrait fait mouche. Pour le profane, impossible de considérer la course comme un plaisir, encore moins comme une nécessité.

Mais si l'on tourne souvent en rond, ou plutôt en boucle, courir ne mène jamais nulle part. Au contraire, courir transporte, élève, transforme. Ce n'est pas qu'une question de santé physique et mentale, car si c'était le seul enjeu, nous ne serions pas des millions à chausser nos baskets par tous les temps, à investir dans des dossards et à choisir de souffrir pour en tirer quelque chose de plus grand. De plus intime.

Les témoignages, d'amateurs comme d'élites, qui jalonnent ce livre s'accordent tous sur une vérité : la course n'est pas un simple acte mécanique, c'est une prise de position radicale.

Courir, c'est se mettre en mouvement, c'est choisir d'avancer à chaque instant, d'embrasser le chemin qui se dessine sous nos pieds. Courir, ce n'est pas un sport, c'est un art de vivre, un mode d'existence. Chaque foulée, chaque inspiration, même dans la difficulté, nous façonne. La course à pied n'est pas une simple discipline sportive, mais un lien sacré entre le corps et l'âme.

Courir, c'est choisir de vivre plus fort, dans la victoire comme dans l'échec. Car chaque course, chaque obstacle est une promesse de renouveau, de progrès. Il n'y a jamais de véritable échec dans la course, seulement des étapes qui jalonnent un chemin sans fin.

La course nous change à chaque souffle. Elle nous ramène à notre humanité la plus pure, elle nourrit notre quête de sens et, dans un monde souvent fragmenté, elle forge des connexions humaines, transformant l'effort individuel en un partage commun. On ne devient peut-être pas plus rapide, mais on devient à coup sûr quelqu'un de plus complet, plus riche, plus entier, porté par une force secrète que tout le monde peut découvrir.

Ce superpouvoir, accessible à tous – ou presque –, nous rend plus vivants.

Puisse ce livre, par ses mots et ses récits, vous offrir l'élan nécessaire pour vous engager sur ce chemin... Votre chemin.

MERCI...

À mes amours, Olympe, Octave, Oscar, il n'y a pas un pas de la vie courante ou une foulée sur les sentiers que je ne fasse sans penser à vous,

À Helena, de m'avoir fait comprendre que c'était possible... et d'avoir permis que ça le devienne. Je mesure chaque jour ma chance de partager ta vie,

À Maman, Papa, Charlotte, pour votre amour inconditionnel, que je vous retourne ici,

À Rémy, qui a changé ma vie ce jour de 2009 en me proposant ce premier dossard,

À la Muxu Family, toujours à l'heure pour témoigner son amour,

À François, pour tous ces kilomètres partagés et notre précieuse amitié,

À mes amis, indispensables piliers de vie,

À Élodie, de m'avoir ouvert les portes du Marathon des Sables,

À la tente 105, mes frères du désert,

Aux invités du podcast que vous avez croisés ici, au détour d'une page, et qui sont une inépuisable source d'inspiration,

Aux centaines de coureurs qui sont passés au micro de *Course Épique* et qui auraient aussi trouvé toute leur place ici,

À toi, Gui Pellan, à jamais le premier,

Aux auditeurs du podcast, qui m'ont confié une part de leur intimité en m'offrant une place privilégiée au creux de leurs oreilles, et sans qui rien n'aurait été possible,

À ceux qui m'ont dit que *Course Épique* a, d'une façon ou d'une autre, joué un rôle dans leur cheminement,

À tous ceux que j'ai eu la chance de rencontrer grâce à la course à pied,

À l'équipe élargie de *Course Épique*, pour son engagement et la contribution à son succès,

À mon ami Nicolas Fréret – à quand notre prochain grand col Ferret ?

À mon popote Baptiste et à la famille Chassagne, parce qu'on n'a jamais combiné aussi généreusement la tête, le cœur et les jambes,

À Benjamin, pour cette merveilleuse chance d'avoir partagé avec toi l'écriture de ce livre,

À Denis, pour l'immense honneur que tu m'as accordé en acceptant d'en signer la préface,

À Guillaume, d'avoir cru en ce projet,

À l'équipe Marabout, pour son regard avisé et bienveillant de chaque instant,

À vous, dont j'aurais aimé que vous puissiez un jour lire ce livre,

À vous, enfin, qui avez ce livre entre les mains. Le moment est venu de le fermer et d'enfiler vos baskets, non ?

À la course à pied, qui rend la vie (encore) plus belle.

SOMMAIRE

Retrouvez le podcast *Course Épique*

Mise en page : Nord Compo
Préparation de copie : Karine Elsener
Relecture : Camille Mathieu

Imprimé en Espagne par Unigraf
Pour le compte des éditions Hachette Livre (Marabout)
58, rue Jean Bleuzen – 92178 Vanves cedex
contact@marabout.com

Dépôt légal : avril 2025
ISBN : 978-2-501-19334-4

7268117/01